中国国家标准汇编

477

GB 25648～25667

（2010年制定）

中国标准出版社　编

中国质检出版社
中国标准出版社
北　京

图书在版编目（CIP）数据

中国国家标准汇编：2010年制定．477：GB 25648～25667/
中国标准出版社编．—北京：中国标准出版社，2011
ISBN 978-7-5066-6531-5

Ⅰ．①中…　Ⅱ．①中…　Ⅲ．①国家标准-汇编-中国-2010
Ⅳ．①T-652.1

中国版本图书馆CIP数据核字(2011)第187831号

中国质检出版社
中国标准出版社出版发行
北京市朝阳区和平里西街甲2号(100013)
北京市西城区三里河北街16号(100045)
网址：www.spc.net.cn
总编室：(010)64275323　发行中心：(010)51780235
读者服务部：(010)68523946
中国标准出版社秦皇岛印刷厂印刷
各地新华书店经销

*

开本 880×1230　1/16　印张 36.75　字数 1 007 千字
2011年12月第一版　2011年12月第一次印刷

*

定价 220.00 元

出 版 说 明

1.《中国国家标准汇编》是一部大型综合性国家标准全集。自1983年起，按国家标准顺序号以精装本、平装本两种装帧形式陆续分册汇编出版。它在一定程度上反映了我国建国以来标准化事业发展的基本情况和主要成就，是各级标准化管理机构，工矿企事业单位，农林牧副渔系统，科研、设计、教学等部门必不可少的工具书。

2.《中国国家标准汇编》收入我国每年正式发布的全部国家标准，分为“制定”卷和“修订”卷两种编辑版本。

“制定”卷收入上一年度我国发布的、新制定的国家标准，顺延前年度标准编号分成若干分册，封面和书脊上注明“20××年制定”字样及分册号，分册号一直连续。各分册中的标准是按照标准编号顺序连续排列的，如有标准顺序号缺号的，除特殊情况注明外，暂为空号。

“修订”卷收入上一年度我国发布的、修订的国家标准，视篇幅分设若干分册，但与“制定”卷分册号无关联，仅在封面和书脊上注明“20××年修订-1，-2，-3，……”字样。“修订”卷各分册中的标准，仍按标准编号顺序排列（但不连续）；如有遗漏的，均在当年最后一分册中补齐。需提请读者注意的是，个别非顺延前年度标准编号的新制定的国家标准没有收入在“制定”卷中，而是收入在“修订”卷中。

读者配套购买《中国国家标准汇编》“制定”卷和“修订”卷则可收齐上一年度我国制定和修订的全部国家标准。

3.由于读者需求的变化，自1996年起，《中国国家标准汇编》仅出版精装本。

4.2010年我国制修订国家标准共2846项。本分册为“2010年制定”卷第477分册，收入国家标准GB 25648～25667的最新版本。

中国标准出版社

2011年8月

目　　录

ICS 91.220
P 97

中华人民共和国国家标准

GB/T 25648—2010

道路施工与养护机械设备 稳定土拌和机

Road construction and road maintenance machinery and equipment—Soil stabilizer

2010-12-01 发布 2011-03-01 实施

中华人民共和国国家质量监督检验检疫总局
中国国家标准化管理委员会 发布

前言

本标准的附录A为资料性附录。

本标准由中国机械工业联合会提出。

本标准由全国建筑施工机械与设备标准化技术委员会(SAC/TC 328)归口。

本标准起草单位:徐工集团徐州徐工筑路机械有限公司、长安大学、陕西建设机械股份有限公司。

本标准主要起草人:吴继霞、谢立扬、吕高级、王蕾、平德纯、张陈。

道路施工与养护机械设备 稳定土拌和机

1 范围

本标准规定了道路施工与养护机械设备　稳定土拌和机(以下简称稳拌机)的术语和定义、分类、技术要求、试验方法、检验规则、标志、使用说明书、包装、运输与贮存。

本标准适用于轮胎式稳定土拌和机和履带式稳定土拌和机。

2 规范性引用文件

下列文件中的条款通过本标准的引用而成为本标准的条款。凡是注日期的引用文件,其随后所有的修改单(不包括勘误的内容)或修订版均不适用于本标准,然而,鼓励根据本标准达成协议的各方研究是否可使用这些文件的最新版本。凡是不注日期的引用文件,其最新版本适用于本标准。

GB/T 3766　液压系统　通用技术条件(GB/T 3766—2001,eqv ISO 4413:1998)

GB 5226.1　机械安全　机械电气设备　第1部分:通用技术条件(GB 5226.1—2002,IEC 60204-1:2000,IDT)

GB/T 7920.10　道路施工与养护设备　稳定土拌和机　术语和商业规格(GB/T 7920.10—2006,ISO 15688:2003,MOD)

GB/T 7935　液压元件　通用技术条件

GB/T 8419　土方机械　司机座椅振动的试验室评价(GB/T 8419—2007,ISO 7096:2000,IDT)

GB/T 8420　土方机械　司机的身材尺寸与司机的最小活动空间(GB/T 8420—2000,eqv ISO 3411:1995)

GB/T 8499　土方机械　测定重心位置的方法(GB/T 8499—1987,idt ISO 5005:1977)

GB/T 8592　土方机械　轮胎式机器转向尺寸的测定(GB/T 8592—2001,eqv ISO 7457:1997)

GB/T 8595　土方机械　司机的操纵装置(GB/T 8595—2008,ISO 10968:2004,IDT)

GB/T 9969　工业产品使用说明书　总则

GB/T 13306　标牌

GB/T 14039—2002　液压传动　油液　固体颗粒污染等级代号(ISO 4406:1999,MOD)

GB 16710.1　工程机械　噪声限值

GB/T 16710.2　工程机械　定置试验条件下机外辐射噪声的测定

GB/T 16710.3　工程机械　定置试验条件下司机位置处噪声的测定

GB/T 16710.4　工程机械　动态试验条件下机外辐射噪声的测定(GB/T 16710.4—1996,eqv ISO 6395:1988)

GB/T 16710.5　工程机械　动态试验条件下司机位置处噪声的测定(GB/T 16710.5—1996,eqv ISO 6396:1996)

GB/T 17299　土方机械　最小入口尺寸(GB/T 17299—1998,idt ISO 2860:1992)

GB/T 17300　土方机械　通道装置(GB/T 17300—1998,idt ISO 2867:1994)

GB/T 19929　土方机械　履带式机器　制动系统的性能要求和试验方法(GB/T 19929—2005,ISO 10265:1998,MOD)

GB/T 19933.2　土方机械　司机室环境　第2部分　空气滤清器的试验(GB/T 19933.2—2005,

ISO 10263-2:1994,IDT)

GB/T 19933.4　土方机械　司机室环境　第4部分　司机室的空调、采暖和(或)换气试验方法(GB/T 19933.4—2005,ISO 10263-4:1994,MOD)

GB/T 19933.5　土方机械　司机室环境　第5部分　风窗玻璃除霜系统试验方法(GB/T 19933.5—2005,ISO 10263-5:1994,MOD)

GB/T 20082　液压传动　液体污染　采用光学显微镜测定颗粒污染度的方法(GB/T 20082—2006,ISO 4407:2002,IDT)

GB 20178　工程机械　安全标志和危险图示　通则(GB 20178—2006,ISO 9244:1995,MOD)

GB/T 20418　土方机械　照明、信号和标志灯以及反射器(GB/T 20418—2006,ISO 12509:1995,MOD)

GB 20891　非道路移动机械用柴油机排气污染物排放限值及测量方法(中国Ⅰ、Ⅱ阶段)

GB/T 21152　土方机械　轮胎式机器　制动系统的性能要求和试验方法(GB/T 21152—2007,ISO 3450:1996,IDT)

GB/T 21153　土方机械　尺寸、性能和参数的单位与测量准确度(GB/T 21153—2007,GB/T 21153—2007,ISO 9248:1992,MOD)

JB/T 5943　工程机械　焊接通用技术条件

JB/T 5945　工程机械　装配通用技术条件

JB/T 5946　工程机械　涂装通用技术条件

JTJ 034　公路路面基层施工技术规范

JTJ 057　公路工程无机结合料稳定材料试验规程

3　术语和定义

GB/T 7920.10确定的术语和定义适用于本标准。

4　分类

4.1　型式

4.1.1　按行走方式:轮胎式和履带式。

4.1.2　按拌和装置在车辆上安装的位置:中置式和后置式。

4.1.3　按拌和转子旋转方向:正转转子和反转转子。

4.2　型号

产品型号中的主参数代号为拌和宽度(m)×10,型号中的其他信息由企业自定。

4.3　基本参数

稳拌机的基本参数见表1。

表1　基本参数

项　目		主参数系列							
主参数	拌和宽度/m	1.4	1.6	1.8	2	2.1	2.3	2.5	2.8
基本参数	最大拌和深度/mm	≥300							
	工作速度/(km/h)	≤3.5							

5　技术要求

5.1　基本要求

5.1.1　稳拌机应符合本标准的要求,并按经规定程序批准的图样和技术文件制造。

5.1.2　所用原材料应符合有关标准的规定，并应附有质量保证书，必要时应进行检验，确认合格后方可使用。

5.1.3　通用件、标准件应符合有关标准的规定，并应有合格证或质量保证书，进厂时应进行检查，确认合格后方可装配，自制件应经质检部门检验合格后方可装配。

5.1.4　装配应符合 JB/T 5945 的规定。

5.1.5　稳拌机应在以下条件下正常工作：

——－5 ℃～40 ℃的温度范围内；

——Ⅰ级～Ⅳ级的土壤；

——海拔高度不大于 1 000 m。

5.1.6　稳拌机应启动平稳，换挡可靠，运转灵活、可靠。

5.1.7　配备全密封司机室应符合 GB/T 19933.2、GB/T 19933.4、GB/T 19933.5 的规定。

5.1.8　应设置表示各机构工作位置的操作指示牌。

5.1.9　结构布局应便于保养、维修，经常检修、润滑、调整及紧固的部位，应具有足够的作业空间，其最小入口尺寸应符合 GB/T 17299 的规定。

5.1.10　操作空间应符合 GB/T 8420 的规定。

5.2　性能要求

5.2.1　稳拌机拌和稳定土的质量应符合 JTJ 034 的规定，水泥稳定土水泥含量与设计值相对误差不大于 1%，石灰稳定土石灰含量与设计值相对误差不大于 2%。

5.2.2　整机重量及轴荷误差应不超过设计值的±3%。

5.2.3　拌和深度误差应不大于设计值的±3%。

5.2.4　拌和宽度误差应不大于设计值的±1%。

5.2.5　最高行驶速度及各挡行驶速度偏差不应超过设计值的±5%。

5.2.6　最小转弯直径应不大于 20 m。

5.2.7　轮胎式稳拌机的最大爬坡度应不小于 20%。履带式稳拌机的最大爬坡度应不小于 25%。

5.2.8　轮胎式稳拌机的转向盘自中位向左、右两侧自由转动的行程(转角)不大于 15°。稳拌机转向轮转向后应能自动回正。

5.2.9　履带式稳拌机直线行驶的跑偏量不大于直线测量距离的 1%。

5.2.10　最小离地间隙应符合以下要求：

——转子中置式稳拌机不小于 350 mm；

——转子后置式稳拌机不小于 450 mm。

5.2.11　换挡机构应操作灵活，定位可靠，不得有跳挡和自行脱挡现象。

5.2.12　传动部件应运转正常、无异常响声。

5.2.13　离合器应接合平稳，分离彻底，正常工作。

5.2.14　操纵机构应符合 GB/T 8595 的规定。

5.2.15　整机应有良好的密封性能，按额定负荷作业 1.5 h 后停机，各油管接头、油塞部位 10 min 内不得渗漏。水箱、水管接头 5 min 内应无有水珠滴下。

5.2.16　司机室座椅应能保证司机方便地进行操作，并可根据需要调节位置，座椅的振动应符合 GB/T 8419 的规定。

5.3　拌和装置

5.3.1　拌和深度应能调节。

5.3.2　转子应根据用户需求可更换。

5.3.3　拌和的刀头应具有良好的互换性，安装和更换方便。

5.3.4　转子轴承应保持良好的润滑状态。

5.4 **洒水装置**

5.4.1 洒水装置应能满足生产需要的供水量，管路不得漏水。

5.4.2 管路连接应可靠，并应具有防锈措施。

5.4.3 应工作可靠，喷洒均匀。

5.5 **液压系统**

5.5.1 液压系统应符合 GB/T 3766 的规定，液压元件应符合 GB/T 7935 的规定。

5.5.2 液压油温应不大于 80 ℃。

5.5.3 液压油固体颗粒污染等级应不大于 GB/T 14039—2002 中-/18/15 的规定。

5.5.4 转子升降油缸的沉降量不大于 5 mm/h。

5.5.5 应具有良好的密封性能，不允许有渗漏和空气吸入。

5.5.6 应设置液压油滤清器报警装置。

5.6 **电气系统**

5.6.1 电气系统应符合 GB 5226.1 的有关规定。

5.6.2 电气装置应安全可靠。

5.6.3 外部照明和信号装置应符合 GB/T 20418 的规定。

5.6.4 应安装作业照明装置。

5.7 **可靠性**

整机作业可靠性考核时间为 300 h，首次故障前工作时间应不小于 150 h，平均无故障工作时间应不小于 150 h，可靠度应不小于 85%。

5.8 **安全和环境保护**

5.8.1 稳拌机应有过载保护装置。

5.8.2 对司机和维护人员构成危险的所有旋转、往复运动和高温部位，均应有防护和隔离装置。

5.8.3 作业人员上下通道和作业位置应符合 GB/T 17300 的规定。

5.8.4 在涉及人身及设备安全的地方应设置醒目的安全标志和危险图示标志，安全标志和危险图示应符合 GB 20178 的规定。

5.8.5 制动性能应符合以下规定：

——轮胎式稳拌机制动性能应符合 GB/T 21152 的规定；

——履带式稳拌机制动性能应符合 GB/T 19929 的规定。

5.8.6 噪声限值应符合以下规定：

——机外辐射噪声限值应符合 GB 16710.1 的规定；

——司机耳旁噪声不大于 88 dB(A)。

5.8.7 排气污染物排放限值应符合 GB 20891 的规定。

5.9 **整机外观质量**

5.9.1 整机外表面不应有明显痕迹、尖棱、锐边、毛刺及凹凸现象。

5.9.2 外观涂漆质量应符合 JB/T 5946 的有关规定。

5.9.3 焊接件应符合 JB/T 5943 的规定。

5.9.4 各种仪表、标牌、标志应端正明显、字迹清晰、平整光洁、不应有明显的擦伤痕迹。

5.9.5 各种管路应排列整齐，固定可靠。

6 试验方法

6.1 试验条件

6.1.1 试验准备

6.1.1.1 试验用的稳拌机样机安装调试完毕，处于正常状态。

6.1.1.2　样机使用的燃油与润滑油牌号应符合产品使用说明书的的规定，同一次试验应使用同一批燃油与润滑油。

6.1.1.3　轮胎气压应符合使用说明书的规定，误差不得超过±10 kPa。

6.1.1.4　在整个试验期间，样机应根据使用说明书进行技术保养，不得任意调节、更换及修理，对保养修理工作应作详细记录。

6.1.1.5　试验前按表 A.1 填写样机性能参数和主要部件的型号、参数。

6.1.2　气候条件

试验时天气应为晴天或阴天，风速不超过 3 m/s。

6.1.3　试验用仪器设备和测量精度

6.1.3.1　试验用的仪器、量具应经国家法定计量检定机构检定，且在其检定有效期内方可使用。

6.1.3.2　各种直接测量参数，若无特殊说明，均取三次测量的平均值。测量精度应符合 GB/T 21153 的规定。

6.1.4　试验场地

6.1.4.1　定置试验场地

应为平整、坚实的干硬性地面，在样机最大外形尺寸范围内，地面各向坡度应不大于 0.5%，平面度要求不大于 3 mm/m^2。

6.1.4.2　牵引、行驶性能试验场地

应为平整、坚实的干硬性路面，试验路面的直线部分不少于 100 m，宽度应不小于稳拌机行驶状态宽度的二倍。跑道两端应具有稳拌机的转向区域，跑道纵向坡度应不大于 1%，横向坡度应不大于 1.5%。最小转弯直径试验场地的面积应能允许稳拌机作全圆周运动。爬坡和坡道驻车制动试验场地坡度不小于 20%。

6.1.4.3　作业试验场地

作业试验场地的长度不少于 50 m，场地宽度应能拌和四个单程，地面应平坦。其纵向坡度应小于 0.5%。拌和物料应为石灰稳定土，石灰混合料所用的石灰及石灰剂量的配制应符合 JTJ 034 的规定，混合料的铺层厚度应符合样机设计要求。铺层允许用平地机摊铺，人工修整，要求铺层平整均匀。

6.2　尺寸参数的测定

6.2.1　试验条件：

a)　样机按运行状态装备，停置于试验场地，制动器制动，转向轮的转向角应调整至零位；

b)　样机各部位应清洁、干净、无油污、泥土或其他污物。

6.2.2　测定尺寸参数按下述方法进行：

a)　样机停放在试验场地上，转向轮为直行位置，把转子放置于地面和提升至最高两个位置，将测定结果记入表 A.2；

b)　水平尺寸除直接测量外，需借助于重锤，将测量尺寸两端投影到地面上，并将样机纵向中心线与各轴中心线也投影到地面上，按地面上需测尺寸两端的投影点，以纵向中心线与各轴中心线为基准进行测量；

c)　高度尺寸除直接测量外，可利用测量架、高度尺等专用量具进行测量；

d)　角度与通过半径等参数，通过测定各特征点的位置，用计算或作图法求得；

e)　轮距取两轮内侧、外侧距离和的一半；

f)　轴距取左右两侧前后轴中心距离的平均值；

g)　转子直径应在转子两端和中间 3 个截面，每个截面上相隔 120°测定 3 个直径尺寸，共 9 个直径尺寸，取其平均值，如拌和齿非对称布置，允许在上述测点用转子鼓的直径加两个齿长代替转子直径。

6.3 质量参数测定

6.3.1 试验条件

6.3.1.1 样机应清洗干净，除去泥土、污物。

6.3.1.2 按使用说明书规定加注油、水，并带全随车工具，司机室乘员质量按规定人数(75 kg/人)配置。

6.3.1.3 测量时样机应停稳，制动器松开，不准用三角木顶车，将转子提升至最高位置，变速器置于空挡，发动机熄火。

6.3.2 试验方法

6.3.2.1 轮胎式稳拌机：样机先从一个方向驶上地秤，分别称量整机质量 G_1，前轴分配质量 G_{f1}，后轴分配质量 G_{r1}，然后样机调头从相反方向驶上地秤，分别称量整机质量 G_2，前轴分配质量 G_{f2}，后轴分配质量 G_{r2}；

6.3.2.2 履带式稳拌机：样机先从一个方向驶上地秤，分别称量整机质量 G_1、左侧(右侧)履带分配质量 G_{L1} 和 (G_{R1})；然后样机调头从相反方向驶上地秤，分别称量整机质量 G_1、左侧(右侧)履带分配质量 G_{L2} 和 (G_{R2})；

6.3.2.3 用在轮胎下垫白纸压印的方法，测出轮胎接地面积；

6.3.2.4 样机质量及有关参数按式(1)～式(9)计算，其中履带式稳拌机的接地比压按式(9)计算，将测试和计算结果记入表 A.3。

$$G=\frac{G_1+G_2}{2} \quad \cdots\cdots(1)$$

$$G_f=\frac{G_{f1}+G_{f2}}{2} \quad \cdots\cdots(2)$$

$$G_r=\frac{G_{r1}+G_{r2}}{2} \quad \cdots\cdots(3)$$

$$\varepsilon_1=\frac{G_f}{G}\times 100\% \quad \cdots\cdots(4)$$

$$\varepsilon_2=\frac{G_r}{G}\times 100\% \quad \cdots\cdots(5)$$

$$G_L=\frac{G_{L1}+G_{L2}}{2} \quad \cdots\cdots(6)$$

$$G_R=\frac{G_{R1}+G_{R2}}{2} \quad \cdots\cdots(7)$$

$$p=\frac{g\times G}{A_y} \quad \cdots\cdots(8)$$

$$p=\frac{g\times G}{2\times L_0\times B} \quad \cdots\cdots(9)$$

式中：

G——样机工作质量，单位为千克(kg)；

ε_1——前轴质量分配率；

G_f——前轴分配质量，单位为千克(kg)；

ε_2——后轴质量分配率；

G_r——后轴分配质量，单位为千克(kg)；

G_L——左侧履带分配质量，单位为千克(kg)；

G_R——右侧履带分配质量，单位为千克(kg)；

p——样机平均接地比压，单位为帕(Pa)；

A_y——所有轮胎印痕包络面积之和，单位为平方米(m^2)；

g——重力加速度，单位为米每二次方秒(m/s^2)；

L_0——履带接地长度，单位为米(m)；

B——履带板宽度，单位为米(m)。

6.4 重心位置的测量

稳拌机的重心位置测定按 GB/T 8499 的规定进行。

6.5 行驶性能试验

6.5.1 试验条件：

样机在试验前燃料、冷却液、润滑油等应按规定加注，发动机启动后水温、油温及油压应达到规定值。转子提升到最高位置，轮胎气压应达到规定值，履带张紧度调至正常状态。

6.5.2 行驶性能试验方法如下：

a) 测定发动机额定转速；

b) 样机行驶速度平稳后，进入测试路段，分别测定样机各挡行驶速度，往返各三次，并将结果记入表 A.4。

6.5.3 最小转弯直径试验

6.5.3.1 轮胎式稳拌机的最小转弯直径的试验按 GB/T 8592 的规定进行。

6.5.3.2 履带式稳拌机的最小转弯直径的试验按如下方法进行：

a) 稳拌机分别以最低稳定行驶速度前进或后退，并将转向盘转至左转弯和右转弯的极限位置；

b) 用喷迹器(或划线器)在机器及工作装置、附属装置突出的最外点所形成的最小圆的直径对地划线行驶一周；

c) 测量各种转向状态的履带外沿的行驶轨迹的最大直径作为最小转弯直径；测量机器及工作装置、附属装置突出的外点的水平投影轨迹的最大直径作为机器的通过直径。

6.5.3.3 试验结果记入表 A.5。

6.5.4 爬坡能力试验

6.5.4.1 试验方法如下：

a) 稳拌机位于坡下助跑路段的始端，待发动机运转稳定后以最低行驶速度启动，至坡底时将发动机调至最大供油状态开始爬坡，测定通过测试路段的时间和距离(见图 1)。

b) 在中途爬不上时，将原因填入表 A.6 备注栏内；若输出功率和附着力有潜力，可提高行驶速度重复试验，直至发动机达到最大输出功率或履带、轮胎滑移为止，按测定的最高爬坡速度折算最大爬坡角度。

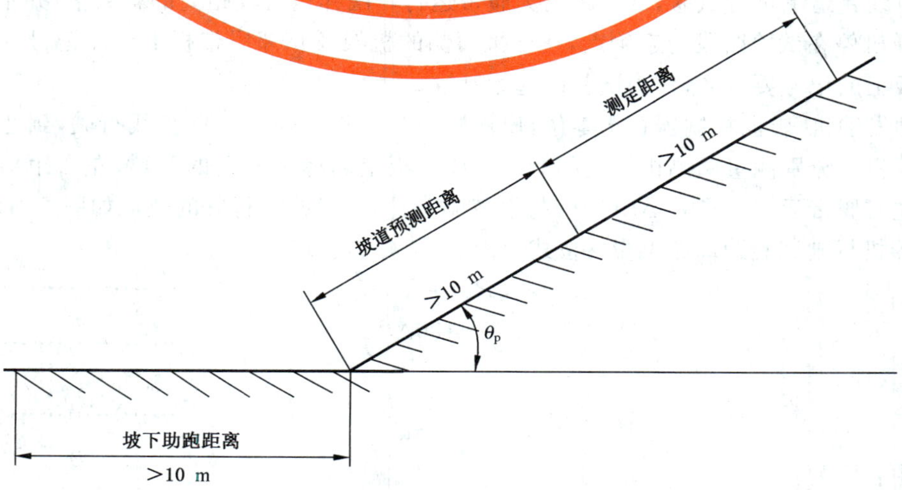

图 1 稳拌机爬坡试验的路段

c) 爬坡功率,按式(10)计算;

$$N_P = \frac{G \times L_p \times g \times \sin\theta_p}{t_p} \times 10^{-3} \quad \cdots\cdots(10)$$

式中:

N_P——爬坡所需功率,单位为千瓦(kW);

L_p——测定距离,单位为米(m);

θ_p——坡道坡度,单位为度(°);

t_p——通过测定距离所需时间,单位为秒(s)。

d) 爬坡速度,按式(11)计算;

$$v_p = 3.6 \times \frac{L_p}{t_p} \quad \cdots\cdots(11)$$

式中:

v_p——爬坡速度,单位为千米每小时(km/h)。

e) 折算爬坡度,按式(12)计算;

$$\theta = \arcsin\left(\frac{v_{p2}}{v_{p1}} \times \sin\theta_p\right) \quad \cdots\cdots(12)$$

式中:

θ——折算爬坡度,单位为度(°);

v_{p2}——提高行驶速度爬坡时的爬坡速度,按式(11)计算,单位为千米每小时(km/h);

v_{p1}'——稳拌机以最低行驶速度爬坡时的爬坡速度,按式(11)计算,单位为千米每小时(km/h)。

6.5.4.2 试验结果记入表 A.6。

6.5.5 转向盘中位自由行程试验

6.5.5.1 本项试验仅适用于轮胎式稳拌机。

6.5.5.2 试验方法如下:

a) 启动发动机,转向系统处于工作状态;

b) 测定转向盘从中位分别向左、向右自由转动而不使转向轮转动的角度。

6.5.5.3 试验结果记入表 A.7。

6.5.6 直线行驶性能试验

6.5.6.1 本试验仅适用于履带式稳拌机。

6.5.6.2 试验方法如下:

a) 在直线跑道上进行试验,试验距离为履带运行一圈样机行驶距离的整数倍,并不少于 50 m;

b) 将样机停在试验路段的起始点,在样机两侧的机架及相邻履带板上标注记号。机架和相邻履带板上的记号要对齐,作为试验的起始基准;

c) 起动发动机,转向控制器置于零位,使样机按某一作业速度向前直线行驶,到达试验路段终点后停机。分别测量两侧机架上的标记与履带板上的标记之间的距离,左右距离差的绝对值即为左右履带运行距离差 ΔL(履带打滑忽略不计)。稳拌机行驶的轨迹如图 2 所示;

d) 稳拌机行驶试验距离跑偏量 e 按式(13)、式(14)、式(15)计算:

$$e = R(1 - \cos\alpha) \quad \cdots\cdots(13)$$

$$\alpha = \frac{180\Delta L}{\pi B} \quad \cdots\cdots(14)$$

$$R = \frac{180\ L}{\pi\alpha} \quad \cdots\cdots(15)$$

式中:

e——稳拌机行驶距离跑偏量,单位为毫米(mm);

L——试验距离，单位为毫米(mm)；

ΔL——左右履带运行距离差，单位为毫米(mm)；

B——稳拌机履带的中心距，单位为毫米(mm)；

R——稳拌机运行轨迹(圆弧)的半径，单位为毫米(mm)；

α——稳拌机运行距离形成的角度，单位为度(°)。

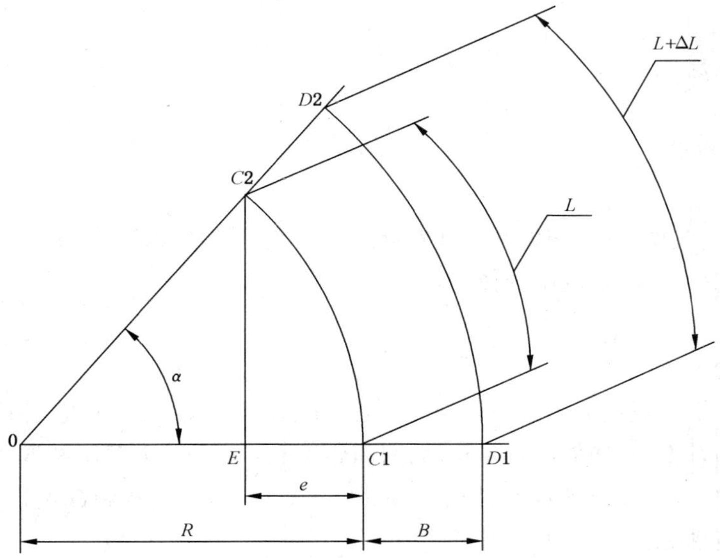

图 2　履带式稳拌机直线行驶的轨迹

6.5.6.3　试验结果记入表 A.8。

6.6　操纵机构操作力和行程试验

6.6.1　试验条件：

发动机处于怠速状态。

6.6.2　试验方法如下：

在发动机以最低和最高转速运转的情况下，分别按表 A.9 所列项目测定，并将测定结果记入表 A.9，测试时手柄以正常速度操作，操作力在手柄中心位置上测定，行程以手柄上端位移表示。

6.7　密封性能试验

6.7.1　在样机工作 1.5 h 后，立即进行密封试验。

6.7.2　齿轮箱、燃油箱、发动机、液压油箱、液压元件各油管接头、油塞等部位，静结合面手摸无湿润，动结合面处目测无油迹或流痕为不渗油；渗油面积不超过 200 cm^2 或 10 min 内无油滴滴下为渗油，否则为漏油。

6.7.3　水箱(洒水箱、冷却水箱)，水管接头，若 5 min 内无水珠滴下，但渗水浸湿面积不超过 200 cm^2，则为渗水，若 5 min 内有水珠滴下或渗水浸湿面积超过 200 cm^2，则为漏水。

6.7.4　试验结果记入表 A.10。

6.8　工作装置空运转性能试验

6.8.1　试验条件

按 6.5.1 的规定。

6.8.2　转子空转特性试验方法

发动机在额定转速下，测定转子各挡转速(无级变速的转速分为 5 级)，各级转速测定时间不少于 10 s。

6.8.3 转子移动特性试验方法

测定转子最大提升高度，最大切削深度，转子左右侧移量，转子升降时间(转子最大切深至极限提升高度的时间)。

6.8.4 试验结果

将转子空转与发动机转速的关系记入表 A.11，并绘制其对应关系曲线。将转子移动特性试验结果记入表 A.12。

6.9 拌和作业试验

6.9.1 工作速度的测定

6.9.1.1 试验条件

按 6.5.1 的规定。

6.9.1.2 试验方法

发动机以最大油门工作，拌和深度及拌和宽度应与样机设计值相同。当拌和作业稳定进行时，测量稳拌机的工作速度，测量三次，取其平均值。

测定结果记入表 A.13。

6.9.2 拌和质量试验

6.9.2.1 样机按 6.9.1.2 规定的方法进行拌和作业，拌和的稳定土为石灰稳定土。

6.9.2.2 在转子拌和宽度内，横向间距 1 m，纵向间距 2 m，20 个点上下层共取 40 个稳定土试样。上层土样距地面(0～100)mm，下层土样距地面(200～300)mm(不大于拌和深度)，各点上下层土样均应取 300 g。取样点布置图见图 3(图中 0 点不计。)

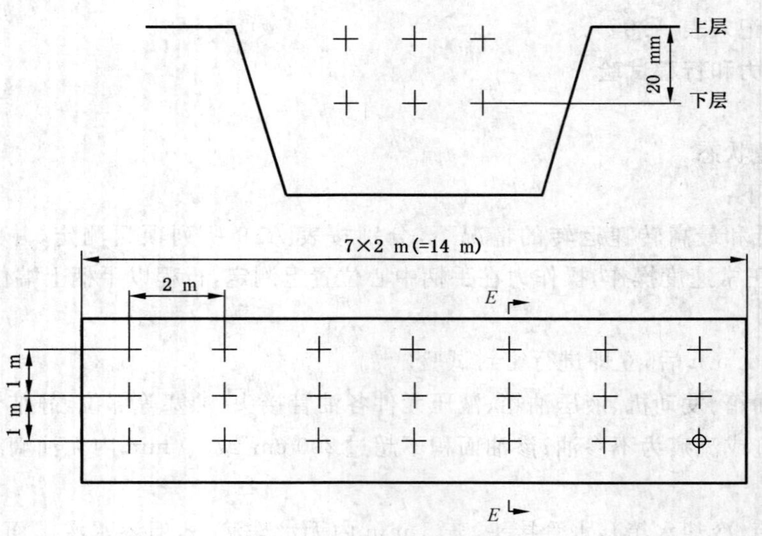

图 3 稳定土试样的位置

6.9.2.3 稳定土粉料(石灰)含量按 JTJ 057 第 7 章的规定进行测定。

6.9.2.4 上、下层粉料含量不均匀度按公式(16)～式(18)计算，计算结果记入表 A.14。

$$S_F = \frac{1}{20}\sum_{i=1}^{20} S_i \qquad \cdots\cdots(16)$$

$$\sigma_S = \sqrt{\frac{1}{20-1}\sum_{i=1}^{20}(S_i - S)^2} \qquad \cdots\cdots(17)$$

$$S_\sigma = |\bar{S} - S_F| + 1.96\sigma_S \qquad \cdots\cdots(18)$$

式中：

S_F——粉料相对含量实测平均值，%；

S_i——第 i 个样品中粉料相对含量实测值，%；

σ_S——粉料相对含量的标准差，%；

$\overline{S}$——粉料含量的设定值，%；

S_σ——粉料含量的误差值，%。

6.9.3 拌和宽度和最大拌和深度的测定

6.9.3.1 拌和宽度测定

测量转子两侧最外刀尖之间的距离。

6.9.3.2 最大拌和深度测定

在拌和完毕的路面上，将稳定土取出，测量最深部位到地面的垂直距离。

6.9.3.3 试验结果

试验结果记入表 A.15。

6.10 液压系统试验

6.10.1 液压油温度试验

6.10.1.1 试验条件如下：

a) 在拌和作业性能试验时，待液压系统工作运转 1.5 h 后进行测油温试验；

b) 环境温度变化不大于 5 ℃，风速不大于 3 m/s。

6.10.1.2 试验方法如下：

a) 将温度计的温度感应部分放入液压油箱内；

b) 每作业间隔 20 min 检测并记录一次温度；

c) 当连续三次测量的温度波动值不大于 3 ℃ 时，停止试验。

6.10.1.3 试验结果记入表 A.16。

6.10.2 液压油固体颗粒污染度试验

液压油固体颗粒污染等级试验按 GB/T 20082 的规定进行。

6.10.3 油缸沉降量

把转子提升到最高极限位置时停机，每间隔 1 h 测量一次转子提升油缸沉降量（活塞杆相对于缸筒位移量）。

试验结果记入表 A.17。

6.11 安全环保试验

6.11.1 制动性能试验

6.11.1.1 轮胎式稳拌机制动性能的试验按 GB/T 21152 的规定进行。

6.11.1.2 履带式稳拌机制动性能的试验按 GB/T 19929 的规定进行。

6.11.2 噪声测定

噪声测定按 GB/T 16710.2～GB/T 16710.5 的规定进行。

6.11.3 排气污染物排放的试验

排气污染物排放试验按 GB 20891 的规定进行。

6.12 可靠性试验

6.12.1 试验条件

6.12.1.1 试验环境

气温不低于 5 ℃，试验应在无雨天气进行（如果对人和样机及试验场地影响不大，小雨天气也可进行试验)。

6.12.1.2 **驾驶员及维修保养人员**

a) 进行试验的样机驾驶员应是经培训考核合格并取得操作许可证的技术工人;

b) 参加试验的维修保养人员应熟悉稳拌机的构造,并具有熟练的维修技术。

6.12.2 **试验方法**

6.12.2.1 可靠性试验时间的规定为:

a) 作业时间:样机作业时间的累计值。单次计时从稳拌机拌和开始,到停机为止;

b) 故障时间:故障时间的累计值。单次计时从故障发生开始到故障排除、并确定样机可正常运转为止。其中包括查找、分析、处理、修整、调试等时间,用于非排除故障时间不计;

c) 维修保养时间:按使用说明书规定进行的技术性例行保养时间的累计值。单次计时在养护工作开始到结束为止。

6.12.2.2 循环作业及试验记录如下:

a) 可靠性试验采取连续循环作业的方式进行,平均每日不少于一个工作班,每工作班累计作业时间不少于 6 h;

b) 稳拌机每连续工作 2 h 后,允许停机 15 min;每工作班累计工作 4 h 后,允许停机 30 min,在此停机时间内,允许给样机加油、加水或按使用说明书的规定进行例行维护保养;

c) 以 50 h 为周期,测定一次变速箱、液压油的温度,轮胎气压,测量温度前至少有 2 h 连续工作时间;

d) 在试验过程中发生故障时,应及时排除故障,不允许带故障作业;

e) 可靠性试验应做好每班的试验记录,可靠性试验情况及班次记录记入表 A.18;

f) 在进行可靠性试验过程中,试验人员应注意观察样机各部位是否有异常现象或故障,可靠性试验过程中故障原始记录记入表 A.19。

6.12.2.3 故障按以下原则进行判定:

a) 在可靠性试验中由于稳拌机自身潜在因素和固有缺陷所致的故障,计为可靠性考核故障;

b) 由外界原因或操作人员违反操作规程而导致的故障,不计为可靠性考核故障;

c) 试验过程中同时发生两个以上的故障时,若故障之间有直接联系,按其中最严重的故障类别计录,若无直接联系则分别记录。

6.12.2.4 故障分类方法如下:

稳拌机在可靠性试验期间发生的故障,按其对人身安全、零部件损坏程度、功能降低程度及修复的难易等因素分为致命故障、严重故障、一般故障、轻度故障四类。故障分类按表 2 规定。

表 2 故障的分类

故障类别	故障划分原则	故障示例
致命故障	严重危及或导致人身伤亡,主要部件严重报废,导致稳拌机主要功能丧失,或对周围环境造成严重危害。	1. 发动机严重损坏报废。 2. 重要构件(如车架)断裂。 3. 车轮脱落或履带行走机构损坏造成严重后果。 4. 制动器失效损坏。 5. 转向机构失灵。
严重故障	严重影响稳拌机的功能,性能指标超出规范以外,必须停机修理,需要对重要的零部件进行更换或修理的故障。	1. 最大拌和深度或拌和宽度达不到设计要求。 2. 转向、换向机构等主要液压元件损坏。 3. 各传动齿轮、传动轴承等主要零部件损坏。 4. 离合器、制动器、变速器损坏。

表 2（续）

故障类别	故障划分原则	故障示例
一般故障	明显影响稳拌机的主要功能，不导致主要总成、零部件的损坏，需对一般零部件进行更换或修理的故障。	1. 气温在 5 ℃以上时发动机连续三次不能启动。 2. 变速箱齿轮和换向齿轮不能正常啮合。 3. 变速箱、离合器等主要液压元件发生异常响声。 4. 轴承、制动器及其他机件过热，轴承温度超过 110 ℃。 5. 发动机连续二次自动熄火造成停机。 6. 漏水、漏油较严重。 7. 液压系统中管道、管接头损坏与更换。 8. 键、销损坏与更换。 9. 各仪器、仪表失灵或损坏。 10. 焊接部位焊缝开裂长度大于 5%的相对长度。
轻度故障	轻度影响稳拌机的功能，不需要更换或修理零部件(紧固件除外)，用随机工具可以排除的故障。	1. 离合器因行程变化分离不彻底。 2. 渗水、渗油较严重。 3. 转向灯、照明灯不亮。 4. 焊接部位开裂(焊)、长度小于 5%相对长度。 5. 螺栓松动等故障。 6. 变速器内油温高，超过 80 ℃。 7. 液压油的温度高，超过 80 ℃。

6.12.2.5 各类故障的危害度系数按表 3 规定。

表 3 故障的危害度系数

故障类别	致命故障	严重故障	一般故障	轻度故障
危害度系数	∞	3	1	0.2

6.12.3 可靠性试验数据的计算

6.12.3.1 首次故障前工作时间

可靠性试验中样机在规定的使用条件下首次出现当量故障数 N 为 1 或大于 1 的工作时间。

6.12.3.2 平均无故障工作时间按式(19)计算：

$$\mathrm{MTBF}=\frac{T}{N}=\frac{\sum t_i}{\sum \varepsilon_i \times n_i} \qquad \cdots\cdots(19)$$

式中：

MTBF——平均无故障工作时间，单位为小时(h)；

T——累计作业时间，单位为小时(h)；

t_i——单次作业时间，单位为小时(h)；

N——当量故障次数；

ε_i——i 类故障的危害度系数；

n_i——i 类故障次数。

注：当 $N=0$ 或 $N<1$ 时，令 $N=1$，在试验报告中予以说明。

6.12.3.3 可靠度按式(20)计算：

$$R=\frac{T}{T+T_1}\times 100\% \qquad \cdots\cdots(20)$$

式中：

R——可靠度，%；

T_1——累计故障时间，单位为小时(h)。

6.12.4 试验结果

试验结果记入表 A.20。

7 检验规则

7.1 出厂检验

7.1.1 稳拌机出厂前应经制造厂质量检验部门检验合格，并附有产品合格证后方准出厂。

7.1.2 出厂检验项目见表 4。

7.2 型式检验

7.2.1 有下列情况之一时，应进行型式检验：

——新产品定型鉴定时；

——产品设计、工艺、材料有较大改变可能影响产品性能时；

——停产二年后再次生产时；

——国家质量监督机构提出进行型式检验的要求时。

7.2.2 型式检验项目见表 4。

表 4 试验项目

试验项目	试验内容		出厂试验	型式试验
静态参数	尺寸参数			△
	质量参数(最大总质量和轴荷分配)			△
外观质量装配及标志	焊接件、铸件、涂装的质量		△	△
	装配质量		△	△
	结构件的表面质量		△	△
	警告和安全标志、起吊标志、润滑指示标志、操作及工作位置指示标志		△	△
行驶性能	最小离地间隙		△	△
	最小转弯直径			△
	爬坡能力			△
	最高行驶速度及各挡行驶速度			△
	转向盘中位自由行程		△	△
作业性能	空运转	转子空转转速	△	△
		转子最大切深	△	△
		转子升降时间	△	△
		转子侧移量	△	△
	拌和宽度[a]			△
	最大拌和深度[a]			△
	工作速度			△
	拌和质量			△
操纵、液压、电气系统	操纵机构操作力和行程			△
	液压系统液压油温度		△	△
	液压油的固体颗粒污染等级		△	△
	油缸沉降量			△
	仪表及电气系统检查		△	△

表 4（续）

试验项目	试验内容	出厂试验	型式试验
安全、环保要求	机外噪声限值*		△
	司机耳旁噪声限值*		△
	排气污染物排放限值		△
	行车制动性能*	△	△
	驻车制动性能*	△	△
	安全装置	△	△
密封性能			△
整机作业可靠性*			△

7.3 **抽样**

7.3.1 出厂检验为全数检验。

7.3.2 型式检验样机应从出厂检验合格的产品中抽取一台，抽样基数不少于二台。

7.4 **判定规则**

经型式检验，表 4 中带 * 号项目有一项未达到本标准要求则判不合格品，其他项有三项未达到本标准要求，则对不合格项再抽取一台复检，若复检仍不合格时，则判该产品为不合格品。

8 标志 使用说明书 包装 运输与贮存

8.1 **标志**

8.1.1 稳拌机应在明显位置固定产品标牌，产品标牌应符合 GB/T 13306 的规定。产品标牌应标明：

——产品型号、名称；

——产品主要技术参数(包括拌和宽度、深度、发动机型号及额定功率、质量及外形尺寸)；

——制造日期；

——出厂编号；

——制造厂名称和注册商标。

8.1.2 在危险部位安装防护装置和危险标识，应符合 GB 20178 的规定。

8.2 **使用说明书**

稳拌机使用说明书的编写应符合 GB/T 9969 的规定。

8.3 **包装**

8.3.1 稳拌机为裸装，需要防护的部位应有局部包扎，其随机工具、备件和技术文件用封闭箱包装，且有防雨防潮措施，并应与整机放置在一起，随机出厂。

8.3.2 出厂时应包括下列技术文件：

——产品合格证明书；

——产品使用说明书；

——发动机使用说明书；

——易损件清单；

——随机备件和随机专用工具清单；

——装箱单。

8.4 **运输**

稳拌机的运输，应符合水路和陆路的有关规定。使用车辆运输时，需将拌和转子落于垫木上，关闭发动机，同时关闭电瓶开关；自行运输时，需将拌和转子升起，并用机械装置将其固定。

8.5 贮存

8.5.1 应存放在通风、干燥、不受日晒雨淋的场所。

8.5.2 长期存放时，需防锈的表面和各润滑点，均应清理干净，分别涂以防锈油和注入润滑油，存放前将气和水放净。存放期超过 2 个月时，应将蓄电池拆下保存。每隔 3 个月应定期检查存放情况。

附 录 A
（资料性附录）
试验记录表

表 A.1 稳拌机主要部件和性能参数

序号	项　　目			型式或参数
1	发动机	型号		
		标定功率/kW		
		额定转速/(r/min)		
2	工作装置	形式		
		拌和宽度/mm		
		最大拌和深度/mm		
		转子直径/mm		
		转子转速/(r/min)		
		转子转向		
3	驱动桥	形式		
		轮胎	型号	
			气压/kPa	
4	液压系统	液压泵	型号	
			压力/MPa	
			转速/(r/min)	
			排量/(mL/r)	
		液压马达	型号	
			压力/MPa	
			转速/(r/min)	
			排量/(mL/r)	
5	整机	工作质量/kg		
		最高行驶速度/(km/h)		
		工作速度/(km/h)		
		爬坡能力/%		
		最大牵引力/kN		

表 A.2　样机外部尺寸测定记录表

样机型号＿＿＿＿＿＿＿＿　试验日期＿＿＿＿＿＿＿＿

试验地点＿＿＿＿＿＿＿＿　试验人员＿＿＿＿＿＿＿＿

序号	测 定 项 目	测 定 值				备 注
		1	2	3	平均值	
1	长/mm					
2	宽/mm					
3	高/mm					
4	转子中心至后轴中心距离/mm					
5	转子宽度/mm					
6	转子直径/mm					
7	前悬/mm					
8	后悬/mm					
9	最小离地间隙/mm					
10	接近角/(°)					
11	离去角/(°)					
12	前轮轮距/mm					
13	后轮轮距/mm					
14	轴距/mm					
15	履带宽度/mm					
16	履带接地长度/mm					
17	履带中心距/mm					

表 A.3　质量及有关参数测定记录表

样机型号＿＿＿＿＿＿＿＿　试验日期＿＿＿＿＿＿＿＿

试验地点＿＿＿＿＿＿＿＿　试验人员＿＿＿＿＿＿＿＿

序号	项 目		测 定 值				设计值
			1	2	3	平均值	
1	工作质量 G_s/kg						
2	前轴	质量分配率 ε_1/%					
		轴荷 G_f/kg					
3	后轴	质量分配率 ε_2/%					
		轴荷 G_r/kg					
4	左侧	分配质量 G_L/ kg					
5	右侧	分配质量 G_R/ kg					
6	平均接地比压 p/kPa						
注：序 2、序 3 仅适用轮胎式稳拌机，序 4、序 5 适用履带式稳拌机。							

表 A.4 行驶速度试验记录表

样机型号＿＿＿＿＿＿＿＿＿＿ 试验日期＿＿＿＿＿＿＿＿＿＿

试验地点＿＿＿＿＿＿＿＿＿＿ 试验人员＿＿＿＿＿＿＿＿＿＿

序号	挡次	行驶方向	测量距离/m				测量时间/s				实际行驶速度/(km/h)				备注
			1	2	3	平均值	1	2	3	平均值	1	2	3	平均值	
1															
2															
3															
4															
5															
发动机额定转速/(r/min)															

表 A.5 最小转弯直径试验记录

样机型号＿＿＿＿＿＿＿＿＿＿ 试验日期＿＿＿＿＿＿＿＿＿＿

出厂编号＿＿＿＿＿＿＿＿＿＿ 驾驶员＿＿＿＿＿＿＿＿＿＿

试验地点＿＿＿＿＿＿＿＿＿＿ 试验人员＿＿＿＿＿＿＿＿＿＿

行驶方向	行驶速度/(km/h)	转弯方向	最小转弯直径/m				机器通过直径/m				备注
			履带外沿轨迹				机器最外侧轨迹				
			1	2	3	平均值	1	2	3	平均值	
前进		左转									
		右转									
后退		左转									
		右转									

表 A.6 爬坡性能试验记录

样机型号＿＿＿＿＿＿＿＿＿＿ 天气、气温＿＿＿＿＿＿＿＿＿＿℃

出厂编号＿＿＿＿＿＿＿＿＿＿ 风向、风速＿＿＿＿＿＿＿＿＿＿m/s

试验地点＿＿＿＿＿＿＿＿＿＿ 轮胎气压或履带挠度＿＿＿＿＿＿＿＿＿＿kPa;mm

试验日期＿＿＿＿＿＿＿＿＿＿ 试验人员＿＿＿＿＿＿＿＿＿＿

次数	坡度/%	测定距离/m	所需时间/s	爬坡速度/(km/h)	爬坡功率/kW	发动机转速/(r/min)	备注

表 A.7 转向盘中位自由行程试验记录

样机型号________________ 试验地点________________

试验日期________________

出厂编号________________ 试验人员________________

转动方向	转角测量值/(°)			平均值/(°)	备注
	1	2	3		

表 A.8 直线行驶性能试验记录

样机型号________________ 试验地点________________

试验日期________________

出厂编号________________ 试验人员________________

行驶方向	挡位	试验距离 L/m	左右履带运行距离差 ΔL/mm	跑偏量 e/mm	偏移量/%

表 A.9 操纵机构操作力和行程测定记录表

样机型号________________ 试验日期________________

试验地点________________ 试验人员________________

序号	测定项目	动作类别	操作力/N				行程/mm				备注
			1	2	3	平均值	1	2	3	平均值	
1	主离合器操纵杆	结合分离									
2	转向盘自由行程	左右									
3	制动踏板	踏下									
4	驻车制动	制动									
5	变速杆(Ⅰ挡)	结合分离									
6	副变速杆	结合分离									
7	转子马达操纵杆	启动停止									
8	转子升降操纵杆	上升下降									
9	罩壳后门操纵杆	开启闭合									
10	转子侧移操纵杆	右移左移									

表 A.10 密封性能检测记录表

样机型号________________ 试验地点________________

试验日期________________

出厂编号________________ 试验人员________________

项目	渗油	漏油	渗水	漏水	备注
渗漏处数					

表 A.11 转子空转转速测定记录表

样机型号________________ 试验日期________________

试验地点________________ 试验员________________

项　　目	测量值				
	1	2	3	4	5
发动机转速/(r/min)					
转子速度/(r/min)					

表 A.12 转子移动特性测定记录表

样机型号________________ 试验日期________________

试验地点________________ 试验人员________________

序　号	转子最大切深/m	转子升降时间/s		转子侧移量/mm	
		上升	下降	左	右
1					
2					
3					

表 A.13 工作速度测定记录表

样机型号________________ 试验日期________________

试验地点________________ 试验员________________

天气、气温________________ 土质________________

序号	最大拌和深度/mm	发动机转速/(r/min)	工作速度/(km/h)
1			
2			
3			
平均值			

表 A.14 拌和质量试验

样机型号________________ 试验地点________________

出厂编号________________ 试验日期________________

试验人员________________ 天气气温________________

序号	粉料样品实测质量/kg	粉料相对含量实测值/%	粉料相对含量实测平均值/%	粉料相对含量的误差值/%
1				
2				
3				
⋮				
20				

表 A.15　拌和宽度和最大拌和深度

样机型号＿＿＿＿＿＿＿＿＿＿＿＿　试验地点＿＿＿＿＿＿＿＿＿＿＿＿
出厂编号＿＿＿＿＿＿＿＿＿＿＿＿　试验日期＿＿＿＿＿＿＿＿＿＿＿＿
试验人员＿＿＿＿＿＿＿＿＿＿＿＿　天气气温＿＿＿＿＿＿＿＿＿＿＿＿

项　目	测量值				备注
	1	2	3	平均	
拌和宽度/mm					
最大拌和深度/mm					

表 A.16　液压系统液压油温度试验记录

样机型号＿＿＿＿＿＿＿＿＿＿＿＿　试验地点＿＿＿＿＿＿＿＿＿＿＿＿
试验日期＿＿＿＿＿＿＿＿＿＿＿＿　试验人员＿＿＿＿＿＿＿＿＿＿＿＿
出厂编号＿＿＿＿＿＿＿＿＿＿＿＿　环境温度＿＿＿＿＿＿＿＿＿＿＿＿℃

测量顺序	间隔时间/min	油温测量值/℃	备　注
1			
2			
3			
⋮			
n			

表 A.17　液压系统中油缸沉降量测定记录表

样机型号＿＿＿＿＿＿＿＿＿＿＿＿　试验日期＿＿＿＿＿＿＿＿＿＿＿＿
试验地点＿＿＿＿＿＿＿＿＿＿＿＿　试验人员＿＿＿＿＿＿＿＿＿＿＿＿

序号	油缸沉降量/mm		
	时间	左	右
1			
2			
3			
平均值			

表 A.18　可靠性试验情况及试验班次记录

样机型号＿＿＿＿＿＿＿＿＿＿＿＿　试验日期＿＿＿＿＿＿＿＿＿＿＿＿
试验地点＿＿＿＿＿＿＿＿＿＿＿＿　试验人员＿＿＿＿＿＿＿＿＿＿＿＿
土质＿＿＿＿＿＿＿＿＿＿＿＿＿＿　拌和路面长度＿＿＿＿＿＿＿＿＿＿

试验日期			气候	气温/℃	作业内容	作业时间/h	累计作业时间/h	维护保养			故障			故障初步分析	备注
月	日	上午 下午						内容	时间/h	人数	内容及修理情况	修理时间/h	参加修理人数		

表 A.19　可靠性试验故障原始记录

试验日期＿＿＿＿＿＿＿＿＿＿　　操作人员＿＿＿＿＿＿＿＿＿＿

作业班次＿＿＿＿＿＿＿＿＿＿　　试验人员＿＿＿＿＿＿＿＿＿＿

故障发生时间＿＿＿＿年＿＿＿月＿＿＿日＿＿＿时＿＿＿分

故障情况＿＿＿＿＿＿＿＿＿＿＿＿＿＿＿＿＿＿＿＿

故障原因＿＿＿＿＿＿＿＿＿＿＿＿＿＿＿＿＿＿＿＿

故障排除情况＿＿＿＿＿＿＿＿＿＿＿＿＿＿＿＿＿＿

更换零部件名称及数量＿＿＿＿＿＿＿＿＿＿＿＿＿＿

故障程度＿＿＿＿＿＿＿＿＿＿＿＿＿＿＿＿＿＿＿＿

故障时间＿＿＿＿＿＿＿＿＿＿＿＿＿＿＿＿＿＿＿＿

试验人员(签字)＿＿＿＿＿＿＿＿＿＿＿＿＿＿＿＿＿

维修人员(签字)＿＿＿＿＿＿＿＿＿＿＿＿＿＿＿＿＿

表 A.20　可靠性试验报告

样机型号＿＿＿＿＿＿＿＿＿＿　　试验起止日期＿＿＿＿＿＿＿＿＿＿

出厂编号＿＿＿＿＿＿＿＿＿＿　　数据整理人员＿＿＿＿＿＿＿＿＿＿

项　　目	可靠性试验数据
试验班次	
累计作业时间/h	
累计故障时间/h	
累计养护时间/h	
累计拌和混合料/t	
折算故障次数	
首次故障前工作时间/h	
平均无故障工作时间/h	
可靠度/%	
备注	

ICS 91.220
P 97

中华人民共和国国家标准

GB/T 25649—2010

道路施工与养护机械设备 稀浆封层机

Road construction and road maintenance machinery and equipment—Slurry seal machine

2010-12-01 发布 2011-03-01 实施

中华人民共和国国家质量监督检验检疫总局
中国国家标准化管理委员会 发布

前　言

本标准附录 A 为资料性附录。

本标准由中国机械工业联合会提出。

本标准由全国建筑施工机械与设备标准化技术委员会(SAC/TC 328)归口。

本标准起草单位:徐工集团徐州徐工筑路机械有限公司、中交西安筑路机械有限公司、长安大学。

本标准主要起草人:张忠海、吴继霞、曹三琦、谢立扬、解德杰、宋玉萍。

道路施工与养护机械设备　稀浆封层机

1　范围

本标准规定了道路施工与养护机械设备　稀浆封层机(以下简称封层机)的术语和定义、分类、要求、试验方法、检验规则、标志、使用说明书、包装、运输和贮存。

本标准适用于自行式稀浆封层机。

2　规范性引用文件

下列文件中的条款通过本标准的引用而成为本标准的条款。凡是注日期的引用文件,其随后所有的修改单(不包括勘误的内容)或修订版均不适用于本标准,然而,鼓励根据本标准达成协议的各方研究是否可使用这些文件的最新版本。凡是不注日期的引用文件,其最新版本适用于本标准。

GB 1495　汽车加速行驶车外噪声限值及测量方法

GB 1589　道路车辆外廓尺寸、轴荷及质量限值

GB/T 3766　液压系统　通用技术条件(GB/T 3766—2001,eqv ISO 4413:1998)

GB 3847　车用压燃式发动机和压燃式发动机汽车排气烟度排放限值及测量方法

GB 4094　汽车操纵件、指示器及信号装置的标志

GB 4785　汽车及挂车外部照明和信号装置的安装规定

GB 7258　机动车运行安全技术条件

GB/T 7932　气动系统通用技术条件(GB/T 7932—2003,ISO 4414:1998,IDT)

GB/T 8499　土方机械　测定重心位置的方法(GB/T 8499—1987,idt ISO 5005:1977)

GB/T 9969　工业产品使用说明书　总则

GB 11564　机动车回复反射器

GB 11567.1　汽车和挂车侧面防护要求

GB 11567.2　汽车和挂车后下部防护要求

GB/T 12539　汽车爬陡坡试验方法

GB/T 12540　汽车最小转弯直径测定方法

GB/T 12544　汽车最高车速试验方法

GB/T 12547　汽车最低稳定车速试验方法

GB/T 12673　汽车主要尺寸测量方法

GB/T 12674　汽车质量(重量)参数测定方法

GB/T 12676　汽车制动系统　结构、性能和试验方法(GB/T 12676—1999,eqv ISO 7634:1995)

GB/T 14039—2002　液压传动　油液　固体颗粒污染等级代号(ISO 4406:1999,MOD)

GB 16710.1　工程机械　噪声限值

GB/T 16710.2　工程机械　定置试验条件下机外辐射噪声的测定

GB/T 16710.3　工程机械　定置试验条件下司机位置噪声的测定

GB/T 16710.4　工程机械　动态试验条件下机外辐射噪声的测定(GB/T 16710.4—1996,eqv ISO 6395:1988)

GB/T 16710.5　工程机械　动态试验条件下司机位置噪声的测定(GB/T 16710.5—1996,eqv ISO 6396:1996)

GB 16735　道路车辆　车辆识别代号(VIN)(GB 16735—2004,ISO 3779:1983,MOD)

GB/T 17299　土方机械　最小入口尺寸(GB/T 17299—1998,idt ISO 2860:1992)

GB/T 17300　土方机械　通道装置(GB/T 17300—1998,idt ISO 2867:1994)

GB 17691　车用压燃式、气体燃料点燃式发动机与汽车排气污染物排放限值及测量方法(中国Ⅲ、Ⅳ、Ⅴ阶段)

GB/T 18411　道路车辆　产品标牌

GB/T 20082　液压传动　液体污染　采用光学显微镜测定颗粒污染度的方法(GB/T 20082—2006,ISO 4407:2002,IDT)

GB 20178　工程机械　安全标志和危险图示　通则(GB 20178—2006,ISO 9244:1995,MOD)

GB/T 21153　土方机械　尺寸　性能和参数的单位与测量准确度(GB/T 21153—2007,ISO 9248:1992,MOD)

GB/T 21935　土方机械　操纵的舒适区域与可及范围(GB/T 21935—2008,ISO 6682:1986,IDT)

JB/T 5943　工程机械　焊接通用技术条件

JB/T 5945　工程机械　装配通用技术条件

JB/T 5946　工程机械　涂装通用技术条件

QC/T 252　专用汽车定型试验规程

3　术语和定义

下列术语和定义适用于本标准。

3.1

乳化沥青　emulsified bitumen

石油沥青与水在乳化剂、稳定剂等的作用下经乳化加工制成的均匀沥青产品,也称沥青乳液。

3.2

改性沥青　modified bitumen

掺加橡胶、树脂、高分子聚和物、天然沥青、细磨的橡胶粉,或者其他材料等外掺剂(改性剂)制成的沥青结合料,从而使沥青或沥青混合料的性能得以改善。

3.3

改性乳化沥青　modified emulsified bitumen

在制作乳化沥青过程中同时加入聚合物胶乳,或将聚合物胶乳与乳化沥青成品混合,或对聚合物改性沥青进行乳化加工得到的乳化沥青产品。

3.4

稀浆混合料　slurry mixture

采用适宜级配的骨料、填料(水泥、石粉、粉煤灰、石灰等)与乳化沥青、外掺剂和水按一定比例拌和而成的流动状态的沥青混合料。

3.5

稀浆封层　slurry seal

采用适宜级配的骨料、填料(水泥、石粉、粉煤灰、石灰等)与乳化沥青、外掺剂和水按一定比例拌和而成的流动状态的沥青混合料,将其均匀地摊铺在路面上形成的沥青封层。

3.6

微表处　micro-surfacing

用适宜级配的骨料、填料(水泥、石粉、粉煤灰、石灰等)与聚合物改性乳化沥青、外掺剂和水按一定比例拌和而成的流动状态的沥青混合料,将其均匀地摊铺在路面上形成的沥青封层。

3.7

稀浆封层机　slurry seal machine

能够完成制备稀浆混合料,并进行稀浆封层和微表处施工的机械。

3.8

骨料仓　aggregate bin

盛装施工所需骨料并可连续向搅拌器输送骨料的敞口料仓。

3.9

搅拌装置　mixer device

可连续进料、连续出料，对按一定配比的原料进行连续搅拌，制备稀浆混合料的装置。

3.10

封层装置　paving device

根据封层宽度和厚度要求，将稀浆混合料在路面上进行摊铺的装置。

3.11

作业速度　working speed

封层机封层作业时的机器行走速度。

3.12

封层宽度　paving width

稀浆混合料在路面的摊铺宽度。

3.13

封层厚度　paving depth

稀浆混合料在路面的摊铺厚度。

3.14

最大总质量　total mass

骨料仓、乳化沥青箱、水箱、添加剂罐、填料仓、液压油箱及燃油箱均为规定载荷、规定容量时的机器总质量(包括驾驶员、操作员的体重，每人按 75 kg 计)。

4　分类

4.1　型式

按施工方式可分为：

——间断式作业封层机；

——连续式作业封层机。

4.2　型号

产品型号中的主参数代号为骨料仓容量(m^3)×10，型号中的其他信息由企业自定。

4.3　基本参数

封层机的产品基本参数见表 1。

表 1　基本参数

序号	项　目		参　数							
1	主参数	骨料仓容量/m^3	4	6	8	10	12	14	16	18
2	基本参数	封层宽度/m	2.5～4.5							
3		封层厚度/mm	3～15							
4		作业速度/(m/h)	1～1.5	1.5～2	1.5～3		1.5～4			

5　要求

5.1　一般要求

5.1.1　封层机应按经规定程序批准的图样及技术文件制造。

5.1.2 通用件、标准件应符合有关标准的规定，并应有合格证或质量保证书，进厂时应进行检查，确认合格后方可装配，自制件应经质检部门检验合格后方可装配。

5.1.3 所用材料应符合相应标准的规定，并附有质量保证书，必要时应进行化验或鉴别，确认合格后方可使用。

5.1.4 封层机应在下列条件下正常工作：

——作业环境温度：10 ℃～40 ℃；

——纵向坡度不大于12%，横向坡度不大于6%；

——海拔高度不大于1 000 m。

5.1.5 封层机的结构布局应便于保养、维修，经常检修、润滑、调整及紧固的部位，应具有足够的作业空间，其最小入口尺寸应符合GB/T 17299的规定。

5.1.6 封层机应操作方便、转向灵活，操作机构应布置合理，并在操作者易于操作和视野范围内，应有指示标牌，操作位置应符合GB/T 21935的规定。

5.1.7 封层机的装配应符合JB/T 5945的规定。

5.1.8 各运动部件的润滑点注油(脂)口位置应可视性好、加注方便，在出厂前应按规定加注相应的润滑剂。

5.1.9 外观应符合以下要求：

——封层机整机布置合理，外表面不得有明显痕迹、尖棱、锐边、毛刺及凹凸不平现象；

——外观油漆涂装质量应符合JB/T 5946的有关规定；

——焊缝件质量应符合JB/T 5943的规定；

——各种仪表、标牌、标志应端正明显、字迹清晰、平整光洁，不应有明显的擦伤痕迹；

——各种管路应排列整齐，固定牢固。

5.2 性能要求

5.2.1 行驶安全性能

封层机的行驶安全技术要求应符合GB 7258的规定。

5.2.2 行驶性能

5.2.2.1 最低稳定行驶速度应达到1 km/h～4 km/h。

5.2.2.2 最高行驶速度应达到产品规定值，误差不得大于±3%。

5.2.2.3 最小转弯直径应不大于20 m。

5.2.2.4 最大爬坡度应不小于15%。

5.2.3 外形尺寸、总质量、轴荷分配

封层机底盘的承载能力应满足设计要求，使用汽车底盘的封层机外形尺寸、最大总质量和轴荷分配应符合GB 1589的规定，最大总质量和最大轴荷分配还应符合所选底盘的规定。

5.2.4 稀浆混合料均匀性

稀浆混合料各取样样本的密度值与其绝对值的平均值之差不大于3%。

5.2.5 封层均匀性

封层路面应平整、均匀，各取样样本质量的最大值、最小值与平均值的相对误差不大于5%。

5.2.6 可靠性

封层机整机作业可靠性试验时间为300 h，首次故障前工作时间不小于150 h，平均无故障工作时间不小于150 h，可靠度不小于85%。

5.2.7 骨料供料系统

5.2.7.1 骨料仓容积误差不应超过设计值的±10%，并应有破拱装置。

5.2.7.2 骨料仓的出料门应可调，关闭后应无漏料现象。

5.2.7.3 输送皮带机的输送能力应满足封层机最大生产率的需要，输送量误差应不大于±3%。

5.2.7.4 输送皮带应为无接缝环形带，并应有张紧装置和侧面防漏装置。

5.2.8 沥青供给系统

5.2.8.1 输出流量应可调，乳化沥青泵应有夹套预热或保温功能。

5.2.8.2 输送量误差应不大于±2%。

5.2.8.3 沥青箱的容积误差应不大于±5%。

5.2.8.4 应设置料位指示器或缺料报警装置。

5.2.8.5 应安装管道及泵的清洗装置。

5.2.8.6 沥青供给系统应有能防止乳液箱的乳液产生沉淀的功能。

5.2.9 供水系统

5.2.9.1 水箱、管路及接头应密封可靠，水箱加满水静置 12 h 无渗漏。

5.2.9.2 搅拌器供水系统应装有流量调节和显示装置，输送量误差应不大于±3%。

5.2.9.3 应设置水位指示器或缺水报警装置。

5.2.9.4 应能实现向搅拌器供水和自吸加水的功能。

5.2.9.5 应安装湿润封层前路面的喷水装置。

5.2.9.6 应安装清洗装置，用于清洗封层槽等表面的污物。

5.2.10 添加剂供给系统

5.2.10.1 添加剂罐应密封耐压耐腐蚀。

5.2.10.2 添加剂输送量误差应不大于±2%。

5.2.10.3 采用泵输送添加剂形式时，添加剂泵、流量计和管路应耐腐蚀。

5.2.10.4 采用压缩空气输送添加剂形式时，流量计和管路应耐腐蚀。

5.2.11 填料系统

5.2.11.1 填料仓容积误差应不大于±10%，并应有破拱装置。

5.2.11.2 填料输送量应可调。

5.2.11.3 输送量误差应不大于±2%。

5.2.12 搅拌装置

5.2.12.1 搅拌装置的搅拌能力应满足封层机最大生产率的要求。

5.2.12.2 搅拌叶片应采用耐磨材料，正常磨损寿命应不低于 1 000 h。

5.2.13 封层装置

5.2.13.1 封层厚度应在设计值的±2 mm 范围内。

5.2.13.2 封层装置应有调节封层宽度、封层厚度以及分布稀浆的功能。调节机构应灵活可靠。

5.2.13.3 封层装置周边应设置密封装置。

5.2.13.4 封层装置应有侧向摆动功能和上下起落功能。

5.2.14 操纵控制系统

5.2.14.1 封层机的操纵系统应操作方便、灵活可靠。并应符合 GB 4094 的规定。

5.2.14.2 各物料的供料控制应能实现程序化集中控制操作和物料单独控制操作。程序化集中控制时，各物料出料顺序应可调。

5.2.15 电气系统

5.2.15.1 外部照明和信号装置应符合 GB 4785 及 GB 7258 的规定。

5.2.15.2 各种仪表应工作可靠、灵敏、准确、读数清晰、观察方便。操纵仪表板处应安装照明灯。

5.2.15.3 封层机应设置夜间工作照明灯。

5.2.16 液压系统

5.2.16.1 液压系统应符合 GB/T 3766 的规定。

5.2.16.2 液压系统油温应不大于 80 ℃。

5.2.16.3 液压系统液压油的固体颗粒污染等级应不大于 GB/T 14039—2002 中的—/18/15。

5.2.16.4 液压系统应具有良好的密封性能，各管路、接头应无渗漏。

5.2.17 气动系统

5.2.17.1 气动系统应符合 GB/T 7932 的有关规定。

5.2.17.2 制动系的气压制动系统及气压稳定性能应符合 GB 7258 的规定。

5.3 安全环境保护

5.3.1 噪声限值

5.3.1.1 封层机加速行驶时，机外噪声应符合 GB 1495 的规定。

5.3.1.2 封层机在作业状态下，操作人员耳旁噪声应不大于 92 dB(A)，机外辐射噪声限值应符合 GB 16710.1 的规定。

5.3.2 排放

封层机污染物排放的限值应符合 GB 3847 及 GB 17691 的规定。

5.3.3 制动性能

封层机的制动性能应符合 GB 7258 的规定。

5.3.4 安全防护装置

5.3.4.1 对司机和维护人员构成危险的所有旋转、往复运动和高温部位，均应有防护和隔离装置。

5.3.4.2 作业人员上下通道和作业位置应符合 GB/T 17300 的规定。

5.3.4.3 在涉及人身及设备安全的地方应设置醒目的安全标志和危险图示标志，安全标志和危险图示应符合 GB 20178 的规定。

5.3.4.4 封层机的侧面及后下部安全防护应符合 GB 11567.1 和 GB 11567.2 的规定。

5.3.4.5 回复反射器应符合 GB 11564 的规定。

6 试验方法

6.1 试验前准备

6.1.1 技术资料

6.1.1.1 应提供产品使用说明书、与试验有关的技术文件及技术标准。

6.1.1.2 出厂验收技术条件、验收合格证(产品合格证)。

6.1.2 试验仪器与测量精度

6.1.2.1 试验用的仪器、量具应经国家法定计量检验机构检定，且在检定有效期内方可使用。

6.1.2.2 各种直接测量参数，若无特殊说明，均取三次测量的平均值。测量精度应符合 GB/T 21153 的规定。

6.1.3 试验场地

6.1.3.1 定置试验场地应为平整、坚实的地面，在样机最大外形尺寸范围内，地面各向坡度应不大于1%，平面度要求不大于 3 mm/m^2。

6.1.3.2 行驶性能试验场地应为平整、坚实的干硬性路面，试验路面的直线部分不少于 3 000 m，跑道两端应具有封层机的转向区域，跑道纵向坡度应不大于 1%，横向坡度应不大于 0.5%。最小转弯直径试验场地的面积应能允许封层机作圆周运动。

6.1.3.3 作业能力试验场地应为平整、坚实、清洁、干燥的地面，封层试验场地可选用工地。

6.2 样机的磨合及验收

6.2.1 行驶磨合

应按样机所用汽车底盘的说明书的规定进行磨合，并应符合 QC/T 252 的规定。

6.2.2 作业装置磨合

作业装置磨合时间不少于 20 h，其中满负荷运行不少于 10 h。磨合记录填写在表 A.1 中。

6.3 尺寸、质量参数的测量

6.3.1 尺寸参数的测量

6.3.1.1 试验条件如下：

a) 封层机按运行状态配置，各总成、部件、附件（包括随车工具与备胎），应按规定装备齐全，并按规定加注燃油及润滑油、脂；

b) 轮胎气压应按使用说明书的规定，误差不超过±10 kPa；

c) 封层机各部分应清洁、干净、无油污、泥土或其他污物。

6.3.1.2 测量方法

封层机的外形尺寸、轮距、轴距、最小离地间隙、接近角、离去角、前悬、后悬等尺寸参数按GB/T 12673的规定进行测量。

6.3.1.3 测量结果

测量结果记入表A.2。

6.3.2 质量参数的测定

6.3.2.1 封层机的总质量及轴荷质量的测定按GB/T 12674的规定进行。

6.3.2.2 封层机的重心位置测定按GB/T 8499的规定进行。

6.4 空运转试验

6.4.1 启动发动机，观察发动机的运行及各仪表指示值，并调整液压系统和气压系统至正常值。

6.4.2 模拟作业工况，使封层机的各工作装置反复运行，观察整机运转情况、有无异常响声。

6.5 行驶性能试验

6.5.1 最高车速

最高车速试验按GB/T 12544的规定进行。

6.5.2 最小转弯直径

最小转弯直径的测定按GB/T 12540的规定进行。

6.5.3 爬坡性能

爬坡性能试验按GB/T 12539的规定进行。

6.5.4 最低稳定车速

最低稳定车速按GB/T 12547的规定进行。

6.6 料仓容积的试验

6.6.1 试验条件

试验条件应符合以下要求：

a) 骨料及填料仓容积为平装容积；

b) 添加剂罐、水箱及沥青箱容积为有效容积。

6.6.2 试验方法

采用比重法或几何法测量，计算容积。

6.6.3 测量结果

测量结果记入表A.3。

6.7 供料的输送量误差测量

6.7.1 骨料、填料输送量误差测量

6.7.1.1 试验条件

试验条件应符合以下要求：

a) 封层机按施工要求配备物料及溶液；

b) 各供料量按额定生产率及配比设定。

6.7.1.2 试验方法

按额定生产率和施工要求的混合料配比,设定各配料供料量。在稳定运行状态下,用料箱盛接输出骨料/填料,同时测量接料时间,待料箱接料到 2/3 容积时,称量所接物料质量。每种物料测量三次,每次试验间隔时间不少于 10 min。

6.7.1.3 试验结果

各种物料配料精度按式(1)、式(2)计算,并将结果填入表 A.4。

$$\Delta_i = \frac{m_i' - m_i}{m_i} \times 100\% \qquad \cdots\cdots(1)$$

$$\Delta = \frac{1}{3}\sum_{i=1}^{3} |\Delta_i| \qquad \cdots\cdots(2)$$

式中:

Δ_i ——某一次采样材料输送量误差,%;

m_i' ——某一次采样材料的实测质量,单位为千克(kg);

m_i ——采样材料的设计值,单位为千克(kg);

Δ ——输送量误差的平均值,%。

6.7.2 供水、添加剂、沥青供给系统输送量误差测量

6.7.2.1 试验方法

试验方法应符合以下要求:

a) 将标定过的液体流量计接于供液(水、添加剂、沥青等)系统中,连接件的尺寸形状及安装方法按液体流量计要求。当供液计量机构按要求调整后并正常进行供液时,开始测定流量。流量测定可随机采样,但每次记录时间应不少于 10 s,共取样三次,测定值应换算为单位时间的量值。

b) 允许用量筒或称重法取样,此时应用秒表计时。

6.7.2.2 试验结果

供液流量平均值及其精度按式(3)~式(6)计算,将结果填入表 A.5。

$$\overline{Q} = \frac{1}{3}\sum_{i=1}^{3} Q_i \qquad \cdots\cdots(3)$$

式中:

$\overline{Q}$ ——供液流量实测平均值,单位为立方米每秒(m^3/s);

Q_i ——第 i 次取样供液流量实测值,单位为立方米每秒(m^3/s)。

$$\lambda = \frac{\overline{Q} - [Q]}{[Q]} \times 100\% \qquad \cdots\cdots(4)$$

式中:

λ ——供液(供水、添加剂、沥青供给系统)输送量误差,%;

$[Q]$ ——供液(供水、添加剂、沥青)流量的设定值,单位为立方米每秒(m^3/s)。

6.8 搅拌装置性能试验

6.8.1 搅拌轴转速

6.8.1.1 试验条件

封层机在额定工况下稳定运转。

6.8.1.2 试验方法

采用接触式或非接触式转速表直接测量搅拌轴的转速。

6.8.1.3 测量结果

测量结果记入表 A.6。

6.8.2 搅拌装置生产率试验

6.8.2.1 试验条件

按规定的配料比例装载骨料、填料、沥青和水，骨料出料闸开到最大，填料、乳液、水按配比调节出料流量，启动封层机至稳定运行。

6.8.2.2 试验方法

在封层机稳定运行状态下，用料箱接稀浆混合料，同时用秒表测量接料时间，待料箱进料达到2/3总容量，移出料箱，称量其质量，试验次数不少于三次，生产率按式(5)计算。

$$Q_s = \frac{q}{t} \times 3.6 \qquad \cdots\cdots(5)$$

式中：

Q_s——生产率，单位为吨每小时（t/h）；

q——稀浆混合料质量，单位为千克（kg）；

t——测定时间，单位为秒（s）。

6.8.2.3 试验结果

试验结果填入表A.7。

6.8.3 搅拌均匀性试验

6.8.3.1 试验条件

试验应符合以下条件：

a) 封层机以额定搅拌装置生产率、封层宽度及最大封层厚度封层作业；

b) 油石比及骨料配比按施工要求设定。

6.8.3.2 试验方法

在所封层的路段按图1所示位置共取15个试样，每个试样取样面积为500 mm×500 mm。将所取试样进行抽提试验，计算各样本中沥青的含量。试验结果记入表A.8。

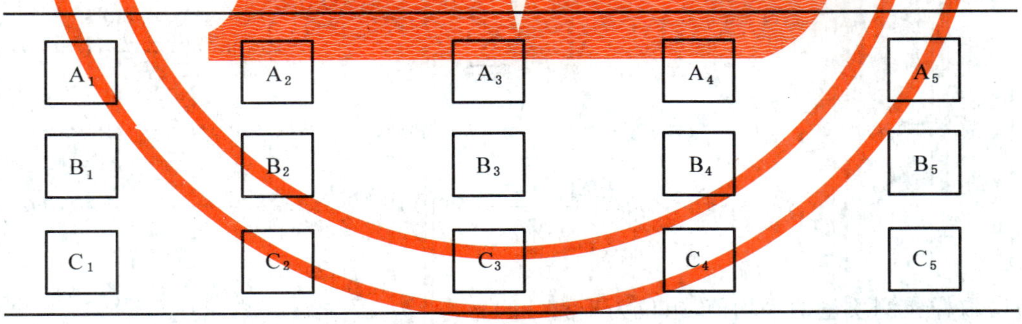

注：纵向间距：40 m，横向靠边距离：100 mm，横向间距为在所封层的路面上均匀的取5个试样。

图1 搅拌及封层均匀性取样示意

6.9 封层装置性能试验

6.9.1 搅拌轴转速

6.9.1.1 试验条件

封层机在额定工况下稳定运转。

6.9.1.2 试验方法

采用接触式或非接触式转速表直接测量搅拌轴的转速。

6.9.1.3 试验结果

试验结果记入表A.6。

6.9.2 封层宽度和最大封层厚度试验

6.9.2.1 试验条件

试验条件同6.8.3.1。

6.9.2.2 试验方法

试验方法应符合以下要求：

a) 最大封层厚度测量：按图1所示A1～C5共15个测量点。用去除铺层材料方法或水准仪高差法测量各测量点的铺层厚度，计算其平均值。

b) 封层宽度测量在所封层的路段每隔100 m测量三处，计算其平均值。

6.9.2.3 试验结果

试验结果记入表A.9。

6.9.3 作业速度试验

行走机构处于封层工作状态，取测量距离为L，用秒表测量通过测试距离的时间，按式(6)计算各挡封层速度，测量结果记入表A.10。

$$v=3.6\frac{L}{t} \qquad (6)$$

式中：

v——作业速度，单位为千米每小时(km/h)；

L——测量距离，单位为米(m)。

6.9.4 封层均匀性试验

6.9.4.1 试验条件

试验条件同6.8.3.1。

6.9.4.2 试验方法

在所封层的路段按图1所示位置共取15个试样，每个试样取样面积为500 mm×500 mm。将所取试样进行称量并计算单位面积封层量，按式(7)～式(9)计算样本质量最大值和最小值与平均值的相对误差。并观察所封层路面的外观表面。

$$\overline{M}=\frac{1}{15}\sum_{i=1}^{15}M_i \qquad (7)$$

$$\delta_1=\frac{\overline{M}-M_{\min}}{\overline{M}}\times 100\% \qquad (8)$$

$$\delta_2=\frac{M_{\max}-\overline{M}}{\overline{M}}\times 100\% \qquad (9)$$

式中：

$\overline{M}$——取样实测质量的平均值，单位为千克(kg)；

M_i——某一次取样的实测质量，单位为千克(kg)；

$M_{\max}$——取样实测质量的最大值(一个样本)，单位为千克(kg)；

$M_{\min}$——取样实测质量的最小值(一个样本)，单位为千克(kg)；

δ_1——最小值与平均值的相对误差，%；

δ_2——最大值与平均值的相对误差，%。

6.9.4.3 试验结果

试验结果记入表A.11。

6.10 液压系统试验

6.10.1 液压油温度试验

6.10.1.1 试验条件

试验条件应符合以下要求：

a) 在作业性能试验时进行；

b) 环境温度变化不大于 5 ℃，风速不大于 3 m/s；

c) 封层机以额定搅拌装置生产率封层作业。

6.10.1.2 试验方法

试验方法应符合以下要求：

a) 将温度计的温度感应部分放入液压油箱内；

b) 每作业间隔 20 min 检测并记录一次温度；

c) 当连续三次测量的温度波动值不大于 3 ℃时，停止试验。

6.10.1.3 试验结果

试验结果记入表 A.12。

6.10.2 液压油固体颗粒污染试验

液压油固体颗粒污染度试验按 GB/T 20082 的规定进行。

6.10.2.1 试验结果

试验结果记入表 A.13。

6.11 安全、环保试验方法

6.11.1 噪声试验

6.11.1.1 行驶噪声的测量按 GB 1495 的规定进行。

6.11.1.2 作业噪声的测量按 GB/T 16710.2～GB/T 16710.5 的规定进行。

6.11.2 排放试验

发动机排放试验按 GB 3847 和 GB 17691 的规定进行。

6.11.3 制动性能试验

制动性能试验按 GB/T 12676 的规定进行。

6.12 可靠性试验

6.12.1 行驶可靠性试验

行驶可靠性试验按 QC/T 252 的规定进行。

6.12.2 作业可靠性试验

6.12.2.1 试验方法

试验方法应符合以下要求：

a) 封层机应按施工要求进行封层作业；

b) 试验期间应按封层机使用说明书的规定进行例行保养和维修；

c) 封层机在试验过程中发生故障时，应及时排除故障，不允许带故障作业；

d) 可靠性试验应做好每班的试验记录；可靠性试验情况及班次记录记入表 A.14；

e) 可靠性试验过程中故障原始记录记入表 A.15。

6.12.2.2 试验时间的规定

可靠性试验时间分为：

a) 作业时间为封层机作业时间的累计值。单次计时从样机起步开始，到停机为止。停机待料时间不计入作业时间。

b) 故障时间为故障时间的累计值。单次计时从故障发生开始到故障排除，并确定样机可正常运转为止。其中包括查找、分析、处理、修整、调试等时间，用于非排除故障时间不计。

c) 维修保养时间按封层机使用说明书规定进行的技术性例行保养时间的累计值。单次计时在养护工作开始到结束为止。

6.12.2.3 故障的判定

故障按以下规则判定：

a) 在可靠性试验中由于封层机自身潜在因素和固有缺陷所致的故障，计为可靠性考核故障；

b) 由外界原因或操作人员违反操作规程而导致的故障，不计为可靠性考核故障；

c) 试验过程中同时发生两个以上的故障时，若故障之间有直接联系，按其中最严重的故障类别记录，若无直接联系则分别记录。

6.12.2.4 故障分类

封层机在可靠性试验期间发生的故障，按其对人身安全、零部件损坏程度、功能降低程度及修复的难易等因素分为致命故障、严重故障、一般故障、轻度故障四类。故障分类按表2规定。

表2 故障的分类

故障类别	故障划分原则	故障示例
致命故障	严重危及或导致人身伤亡，主要部件严重报废，导致封层机主要功能丧失，或对周围环境造成严重危害的故障。	1. 发动机严重损坏报废。 2. 重要构件(如车架)断裂。 3. 车轮脱落造成严重后果。 4. 制动器失效损坏。 5. 转向失灵。
严重故障	严重影响封层机的功能，性能指标超出规范以外，需要停机修理，对重要的零部件进行更换或修理的故障。	1. 液压泵、转向机构、主要液压元件损坏。 2. 骨料输送带断裂。 3. 离合器、制动器、变速器损坏。
一般故障	明显影响封层机的主要功能，不导致主要总成、零部件的损坏，需对一般零部件进行更换或修理的故障。	1. 气温在5 ℃以上时发动机连续三次不能启动。 2. 供料调节装置损坏。 3. 变速器、离合器，主要液压元件及万向节发生异常响声或换挡困难。 4. 行驶速度不稳。 5. 水流量计、添加剂流量计损坏。 6. 水泵漏水，液压系统漏油。 7. 封层装置厚度调节装置损坏。 8. 骨料破拱装置损坏。 9. 封层装置分料螺旋器正反转不能实现。 10. 焊接部位开裂(焊)长度大于5%相对长度。
轻度故障	轻度影响封层机的功能，不需要更换或修理零部件(紧固件除外)，用随机工具可以排除的故障。	1. 水路漏水。 2. 封层箱漏浆。 3. 焊接部位开裂(焊)长度小于5%相对长度。 4. 水箱、乳液箱料位指示装置损坏。 5. 封层装置分料螺旋器转速不可调。 6. 液压油的温度高，超过80 ℃。 7. 转向灯、照明灯不亮。

6.12.2.5 故障的危害度系数

各类故障的危害度系数按表3规定。

表3 故障的危害度系数

故障类别	致命故障	严重故障	一般故障	轻度故障
危害度系数	∞	3	1	0.2

6.12.2.6 **可靠性评价指标**

6.12.2.6.1 **首次故障前工作时间**

可靠性试验中样机在规定的使用条件下首次出现当量故障数 N 为 1 或大于 1 的工作时间。

6.12.2.6.2 **平均无故障工作时间**

平均无故障工作时间按式(10)计算：

$$\mathrm{MTBF}=\frac{T}{N}=\frac{\sum t_i}{\sum \varepsilon_i \times n_i} \qquad \cdots\cdots(10)$$

式中：

MTBF——平均无故障工作时间，单位为小时(h)；

T——累计作业时间，单位为小时(h)；

t_i——单次作业时间，单位为小时(h)；

N——当量故障数；

ε_i——i 类故障的危害度系数；

n_i——i 类故障次数。

注：当 $N=0$ 或 $N<1$ 时，令 $N=1$，在试验报告中予以说明。

6.12.2.6.3 **可靠度**

可靠度按式(11)计算：

$$R=\frac{T}{T+T_1}\times 100\% \qquad \cdots\cdots(11)$$

式中：

R——可靠度，%；

T_1——累计故障时间，单位为小时(h)。

6.12.2.7 **试验结果**

试验结果记入表 A.16。

7 检验规则

7.1 检验分类

封层机检验分为出厂检验和型式检验。

7.2 出厂检验

7.2.1 出厂检验为逐台检验，由制造单位的质量检验部门检验合格后，并签发合格证书方可出厂。

7.2.2 出厂检验项目见表 4。

7.3 型式检验

7.3.1 有下列情况之一时，应进行型式检验：

a) 新产品试制或老产品转厂生产的定型鉴定；

b) 变型、重大改进、原材料及工艺等方面的较大变动可能影响产品性能时；

c) 停产二年后再次生产时；

d) 国家质量监督机构进行全面质量检验时。

7.3.2 型式检验的项目见表 4。

7.4 抽样

型式检验采取随机抽样法抽取一台，抽样基数不低于二台。

7.5 判定规则

经型式检验，表 4 中 A 类项目有一项未达到本标准要求则判为不合格品，B 类和 C 类项目有 3 项以上未达到本标准要求时，可由厂家返修，返修后检验仍达不到要求，亦判定为不合格品。

表 4 试验项目

试验项目	试 验 内 容	类别	出厂试验	型式试验
空运转试验	供料系统、输送系统、搅拌装置、封层装置的运行情况	B	△	△
	动力系统、液压气动系统、传动系统、电气系统的工作状况	B	△	△
外观质量、装配及标志	焊接件、铸件、涂装的质量	C	△	△
	装配质量	C	△	△
	结构件的表面、边缘应光滑平整	C	△	△
	警告和安全标志、起吊标志、润滑指示标志、操作及工作位置指示标志	B	△	△
作业性能	搅拌装置生产率	B	—	△
	最大总质量和轴荷分配	B	—	△
	骨料的输送量误差	B	—	△
	填料的输送量误差	B	—	△
	沥青的输送量误差	B	—	△
	供水输送量误差	B	—	△
	料仓容积	B	—	△
	搅拌轴转速	B	—	△
	最大封层厚度[a]	B	—	△
	最大封层宽度[a]	B	—	△
	各挡封层速度	B	—	△
	封层均匀性	B	—	△
	封层装置的调节	B	—	△
	封层装置侧向摆动和上下起落功能	B	—	△
	搅拌均匀性	B	—	△
	液压系统液压油温度	B	△	△
	液压油的固体颗粒污染	B	△	△
	气动系统	B	—	△
行驶性能	最高行驶速度	B	△	△
	最小转弯直径	B	△	△
	最低稳定行驶速度	B	△	△
	爬坡能力	B	△	△
安全、环保要求	机外噪声限值	A	—	△
	操作位置噪声	A	△	△
	排气污染物排放限值	A	—	△
	制动性能	A	△	△
	安全防护装置	A	△	△
可靠性	整机作业可靠性	A	—	△

8 标志、使用说明书、包装、运输和贮存

8.1 标志

8.1.1 封层机出厂时，应在显著位置固定产品标牌，产品标牌应符合 GB 7258、GB 16735 及 GB/T 18411 的规定。

8.1.2 封层机应有警告和安全标志、起吊标志、润滑指示标记、操作及工作位置指示标记，并应符合 GB 7258 的规定。

8.2 使用说明书

封层机使用说明书按 GB/T 9969 的规定编制。

8.3 包装、运输和贮存

8.3.1 包装

8.3.1.1 封层机出厂采用裸装，随车备件及工具应作防锈处理。

8.3.1.2 随机文件采用防潮材料包装。随机文件包括：

a) 产品合格证(含底盘)；

b) 产品使用说明书(含底盘)、维修手册；

c) 随车工具及随车备件、附件清单；

d) 装箱单。

8.3.2 运输

8.3.2.1 封层机的运输应符合水路和陆路的有关规定。整机或解体运输时应稳妥的固定，封层装置放于骨料仓内并固定，以确保运输安全。

8.3.2.2 解体运输的管道及管道接头两端用专用堵头塞住。

8.3.3 贮存

8.3.3.1 封层机的存放应干燥、通风，在露天存放时应有防雨措施，并妥善保管。

8.3.3.2 长期存放时，应将燃油和水放净；易生锈部位应清除干净后涂上油脂，并按产品使用说明书的规定进行维护和保养，存放期超过二个月时，应将蓄电池拆下保存。

附　录　A
（资料性附录）
稀浆封层机试验记录表

表 A.1　磨合过程记录表

封层机型号＿＿＿＿＿＿＿＿＿＿＿＿＿＿　　制造厂名称＿＿＿＿＿＿＿＿＿＿＿＿＿＿

出 厂 编 号＿＿＿＿＿＿＿＿＿＿＿＿＿＿　　出 厂 日 期＿＿＿＿＿＿＿＿＿＿＿＿＿＿

项　　目	年　月　日	地　　点	时　　间	记　　事
运行时间合计				
注 1：项目栏：包括总装调整、跑合运行、修理等，按年月日顺序记入。 注 2：时间栏：记入每项所花时间。 注 3：记事栏：按新制、改制记入跑合、作业各挡速度及调整修理（部位、程度、更换零部件）等事项。				

表 A.2　尺寸参数测量记录表

封层机型号＿＿＿＿＿＿＿＿＿＿＿＿＿＿　　试验地点＿＿＿＿＿＿＿＿＿＿＿＿＿＿

试验日期＿＿＿＿＿＿＿＿＿＿＿＿＿＿

出 厂 编 号＿＿＿＿＿＿＿＿＿＿＿＿＿＿　　试验人员＿＿＿＿＿＿＿＿＿＿＿＿＿＿

测量项目		单位	测量值			平均值	测量位置（状态）说明
			1	2	3		
整机外形尺寸	整机长度	mm					
	整机宽度	mm					
	整机高度	mm					
轮距	前轮	mm					
	后轮	mm					
轴距		mm					
接近角		(°)					
离去角		(°)					
前悬		mm					
后悬		mm					
最小离地间隙（行驶状态下）		mm					

表 A.3　料仓容积的测量记录表

封层机型号________________　　试验地点________________

试验日期________________

出 厂 编 号________________　　试验人员________________

单位为立方米

项　　目	设计值	测量(计算)值	备　　注
骨料仓容积			
乳化沥青箱容积			
水箱容积			
填料仓容积			
添加剂罐容积			

表 A.4　骨料、填料的输送量误差测量记录表

封层机型号________________　　试验地点________________

试验日期________________

出 厂 编 号________________　　试验人员________________

项　　目	取样序号	实测值/kg	设定值/kg	输送量精度
骨料	1			
	2			
	3			
	平均			
填料	1			
	2			
	3			
	平均			

表 A.5　供液的输送量误差测量记录表

封层机型号________________　　试验地点________________

试验日期________________

出 厂 编 号________________　　试验人员________________

项　　目	取样序号	流量实测值/(m^3/min)	设定值/kg	输送量精度
乳液	1			
	2			
	3			
	平均			
添加剂	1			
	2			
	3			
	平均			
水	1			
	2			
	3			

表 A.6 搅拌轴转速测量记录表

封层机型号________ 试验地点________

试验日期________ 天气状况________

出厂编号________ 试验人员________

项　目	设计值	测量值	备　注
搅拌装置搅拌轴转速/(r/min)			
封层装置搅拌轴转速/(r/min)			

表 A.7 生产率试验记录表

封层机型号________ 试验地点________

试验日期________ 天气状况________

出厂编号________ 试验人员________

序　号	检测时间/s	稀浆混合料质量/kg	生产率/(t/h)	备　注
1				
2				
3				
平均				

表 A.8 搅拌均匀性试验记录

封层机型号________ 试验地点________

试验日期________ 天气状况________

出厂编号________ 试验人员________

封层宽度________ 封层厚度________

生产率________

试样编号	混合料质量/kg	骨料质量/kg	沥青含量/%	备　注
A_1				
A_2				
A_3				
A_4				
A_5				
B_1				
B_2				
B_3				
B_4				
B_5				
C_1				
C_2				
C_3				
C_4				
C_5				
平均值				

表 A.9 封层宽度和最大封层厚度试验

封层机型号________________　　试验地点________________

试 验 日 期________________　　天气状况________________

出 厂 编 号________________　　试验人员________________

试验项目	设计值	测量平均值	备　　注
封层宽度/mm	基本		
	最大		
最大封层厚度			

表 A.10 作业速度试验记录

封层机型号________________　　试验地点________________

试 验 日 期________________　　天气状况________________

出 厂 编 号________________　　试验人员________________

封 层 宽 度________________　　封层厚度________________

项　　目	测量距离	测量时间	作业速度	备　　注
1				
2				
3				
平均				

表 A.11 封层均匀性试验记录

封层机型号________________　　试验地点________________

试 验 日 期________________　　天气状况________________

出 厂 编 号________________　　试验人员________________

封 层 宽 度________________　　封层厚度________________

试样编号	试样质量/kg	备　　注
A_1		
A_2		
A_3		
A_4		
A_5		
B_1		
B_2		
B_3		
B_4		
B_5		
C_1		
C_2		
C_3		
C_4		
C_5		
平均值 M		
δ_1		
δ_2		
封层的外观质量		

表 A.12　液压系统液压油温度试验记录

封层机型号＿＿＿＿＿＿＿＿＿＿＿＿　　试 验 地 点＿＿＿＿＿＿＿＿＿＿＿＿

试 验 日 期＿＿＿＿＿＿＿＿＿＿＿＿　　试 验 人 员＿＿＿＿＿＿＿＿＿＿＿＿

出 厂 编 号＿＿＿＿＿＿＿＿＿＿＿＿　　发动机转速＿＿＿＿＿＿＿＿＿＿＿＿r/min

环 境 温 度＿＿＿＿＿＿＿＿＿＿＿＿℃　　混合料温度＿＿＿＿＿＿＿＿＿＿＿＿℃

测量顺序	间隔时间/min	油温测量值/℃	备　注
1			
2			
3			
…			
n			
系统形式			
封层机作业状态			

表 A.13　液压油固体颗粒污染试验记录

封层机型号＿＿＿＿＿＿＿＿＿＿＿＿　　试验地点＿＿＿＿＿＿＿＿＿＿＿＿

试验日期＿＿＿＿＿＿＿＿＿＿＿＿

出 厂 编 号＿＿＿＿＿＿＿＿＿＿＿＿　　试验人员＿＿＿＿＿＿＿＿＿＿＿＿

系统形式	测量位置（取样位置）	每 100 mL 液压油固体颗粒数		备　注
		≥5 μm	≥15 μm	

表 A.14　作业可靠性作业班次试验记录

封层机型号＿＿＿＿＿＿＿＿＿＿＿＿　　试验起止日期＿＿＿＿＿＿＿＿＿＿＿＿

出 厂 编 号＿＿＿＿＿＿＿＿＿＿＿＿　　数据整理人员＿＿＿＿＿＿＿＿＿＿＿＿

试验日期	气候	气温/℃	作业内容	作业时间/h	维护保养			累计维护时间	故障			累计修复时间/h	备注
					内容	时间/h	人数		内容及修理情况	修理时间/h	人数		

表 A.15　作业可靠性试验故障原始记录

封层机型号________________　　试验日期________________

出厂编号________________

试验人员(签字)________________　　维修人员(签字)________________

序号	故障出现日期	损坏零部件			故障出现时累计作业时间/h	故障情况及原因	故障排除方法	故障停机时间/h	故障级别
		名称	代号	件数					

表 A.16　可靠性试验报告

封层机型号________________　　试验起止日期________________

出 厂 编 号________________　　数据整理人员________________

项　目	可靠性试验数据
试验班次	
累计作业时间/h	
累计故障时间/h	
累计养护时间/h	
累计封层混合料/t	
折算故障次数	
首次故障前工作时间/h	
平均无故障工作时间/h	
可靠度/%	
备　注	

ICS 91.220
P 97

中华人民共和国国家标准

GB/T 25650—2010

混凝土振动台

Concrete vibrating table

2010-12-01 发布　　2011-03-01 实施

中华人民共和国国家质量监督检验检疫总局
中国国家标准化管理委员会　发布

前　言

本标准的附录B为规范性附录，附录A为资料性附录。

本标准由中国机械工业联合会提出。

本标准由全国建筑施工机械与设备标准化技术委员会(SAC/TC 328)归口。

本标准起草单位：长沙建设机械研究院、长沙中联重工科技发展股份有限公司。

本标准主要起草人：刘之安、王佳茜。

混 凝 土 振 动 台

1 范围

本标准规定了混凝土振动台(以下简称振动台)的产品分类与型号、技术要求、试验方法、检验规则、以及标志、包装、运输、安装、贮存。

本标准适用于以垂直方向的简谐振动的振动台,用于密实各种尺寸的混凝土或钢筋混凝土预制构件,也可用于密实其他建筑材料。

2 规范性引用文件

下列文件中的条款通过本标准的引用而成为本标准的条款。凡是注日期的引用文件,其随后所有的修改单(不包括勘误的内容)或修订版均不适用于本标准,然而,鼓励根据本标准达成协议的各方研究是否可使用这些文件的最新版本。凡是不注日期的引用文件,其最新版本适用于本标准。

GB/T 191 包装储运图示标志(GB/T 191—2008,ISO 780:1997,MOD)

GB/T 1184 形状和位置公差 未注公差值(GB/T 1184—1996,eqv ISO 2768-2:1989)

GB/T 3797 电气控制设备

GB 16710.1 工程机械 噪声限值

GB/T 16710.2 工程机械 定置试验条件下机外辐射噪声的测定

GB 20178 土方机械 安全标志和危险图示 通则(GB 20178—2006,ISO 9244:1995,MOD)

3 产品分类与型号

3.1 分类

3.1.1 整体型振动台

由一个工作台面组成、振动子产生上下垂直简谐振动的振动台。

3.1.2 组合型振动台

由多个工作台面组成、每个工作台都有独立的振动子产生上下垂直简谐振动的振动台。

3.2 型号

振动台型号由振动台主代号、机型代号(整体型振动台无机型代号)、主参数和次主参数组成,如图1所示。其型号说明如下:

□ ZT △-△

次主参数:空载振动频率(Hz)

主参数代号:最大负荷质量(kg)$\times 10^{-2}$

主代号:混凝土振动台

机型代号:无标识——整体型振动台

n——组合型振动台的组合数($n = 2,3,\cdots\cdots$)

图1 振动台型号说明

3.3 标记示例

示例1:振动台最大负荷质量为3 000 kg,空载振动频率为50 Hz的整体振动台,标记为:

示例 ZT30-50 GB/T 25650—2010

示例2:由3个工作台单元组合成的振动台、单个单元最大负荷质量为5 000 kg,空载振动频率为100 Hz的组合型振动台，标记为：

示例 3ZTD50-100 GB/T 25650—2010

3.4 主参数系列

振动台主参数为振动台的最大负荷质量(kg)。制造商可以根据实际情况确定主参数，参考系列如下：

1 000，3 000，5 000，10 000，30 000，50 000。

振动台次主参数为振动台空载振动频率(Hz)。

4 技术要求

4.1 一般要求

4.1.1 振动台应具备可调振幅功能，不少于三个档次，但振动台最大负荷质量 10 kN 以下振动台除外。

4.1.2 振动台自身或与基础之间应有减振功能的机构或设施，减振系统一阶固有振动频率应小于工作频率的二分之一。

4.1.3 振动台的安装基础应设置隔振槽或其他隔振措施。

4.1.4 振动台应能够在下列环境中正常工作：

a) 工作温度为 0 ℃～50 ℃；

b) 相对湿度不大于 90%。

4.2 性能参数

4.2.1 振动台面的平面度不低于 GB/T 1184 规定的平面度公差等级 L 级。

4.2.2 振动台水平振动加速度应小于 $0.2g_n$。

4.2.3 振动台最大激振力允差为其标定值(或设计值)的±10%。

4.2.4 振动台基础等效质量大于总参振质量。

4.2.5 振动台安装后台面应保持水平，倾斜度应小于 2°。

4.3 电气系统

4.3.1 当采用直流电磁铁吸牢固定混凝土模子时，电源电压在正常波动范围的情况下，模板与电磁铁轭铁之间有 1 mm 非导磁板间隔时所产生的吸力应不小于其额定载荷的 2.5 倍。

4.3.2 电磁铁的性能应符合下列规定：

a) 电磁铁绝缘电阻的电阻值不小于 2 MΩ；

b) 电磁铁通过耐振动试验，在承受加速度 $12g_n$ 振动 30 min 试验时不损坏。

4.3.3 操纵台应设置急停按钮，电气系统应有短路、过载、断相、漏电保护。

4.3.4 电气系统的设计、安装应符合 GB/T 3797 的规定，电气元件的防护等级应达到 IP66。

4.4 安全、环保

4.4.1 应有牢固的防护装置，防止旋转型振动子的偏心块在其旋转的切线方向意外摔出造成人体伤害，或偏心块安装在强度足够的箱体内，或安装在封闭的基础内，各旋转零件也应具备牢固的防护装置。

4.4.2 承受振动载荷的螺纹连接应有防松措施。每工作日，在振动台工作前应检查直接承受激振力的螺栓的紧固是否符合要求。

4.4.3 室内安装时，振动台的上部屋顶及周围墙壁应安装吸音材料，以减轻回声，降低噪声。

4.4.4 振动台周边应配置隔音屏，隔音屏应用吸音材料制成，高度不低于 2 m。工作时，隔音屏的安装位置及隔音效果由试验确定。

4.4.5 振动台的机外辐射噪声的声功率值应不大于 118 dB。

4.5 试验要求

4.5.1 空载试验在最小激振力档位进行，应满足下列要求：

a) 振动台在启动、工作、停止时应无异常声响，启动时间小于 8 s；

b) 振动台结构应牢固，焊缝无开裂，螺纹联接无松动。

4.5.2 负载试验应能满足下列要求：

a) 振动台在启动、工作、停止时均应无异常声响；

b) 混凝土模子的紧固机构牢固应可靠，无松动、移位、损伤。

4.5.3 新产品投产前应进行 300 h 可靠性试验，作业率 A 不小于 85%，平均无故障时间 T_3 不小于 60 h。

5 试验方法

5.1 试验准备

5.1.1 经检查、调试和试运转正常的样机一台。

5.1.2 主要试验仪器和器具准备：

试验用仪器和器具应有有效期内的计量检定合格证。

所采用仪器的测量精度应不低于 2%。

5.1.3 试验样机主要性能记入附录 A 中的表 A.1，试验样机状况记入附录 A 中的表 A.2。

5.2 振动台运行试验

5.2.1 振动台空载运行试验

振动台在最小激振力档位下，累计空载运转 30 min，最短运转周期不小于 1 min，进行各项检查，检查结果记入附录 A 中的表 A.2。

5.2.2 振动台负载运行试验

振动台在额定负载情况下（允许用土、砂、石、水拌和物代替相应的混凝土），在最大激振力档位进行六个周期的工作循环（每个循环为工作 3 min，停机 2 min）进行各项检查，检查结果记入附录 A 中的表 A.2。

5.3 振动参数测试

5.3.1 测试工况

在空载最小激振力档位和额定负载最大激振力档位对样机进行加速度、频率检测。

5.3.2 测试条件

经按 5.2 运行试验合格（符合 4.5.1、4.5.2 要求）的振动台试验样机。

5.3.3 测试仪器

a) 传感器；

b) 振动测量仪。

5.3.4 测试方法

采用传感器、振动测量仪按图 2 所示接线，进行振动加速度和振动频率测量。

图 2 振动测试原理图

检测结果记入附录 A 中的表 A.3。

5.4 振动台激振力的测量和计算

5.4.1 测试工况

在空载最小激振力档位和额定负载最大激振力档位，通过检测附加质量块前后的加速度和频率值推算出振动台在这两种工况时的激振力。

5.4.2 测试仪器

试验仪器要求如下：

a) 测试仪器同 5.1.2 要求；

b) 附加质量块(能明显引起加速度改变的附加质量并应具有足够的刚性)。

5.4.3 测试条件

振动台空载运行时测量。

5.4.4 测试方法

仪器、传感器按图 2 所示连接，首先测量无附加质量块时的激振装置与台面连接螺钉处振动台面的加速度值：a_{h1}、a_{h2}、a_{h3}、a_{h4}，测量方法同 5.3.4，同时测量振动台振动频率 f_h，然后关闭振动台，将附加质量块紧固在振动台面上，固定位置应尽量保证附加质量对称分布，传感器测量位置不变，振动台启振后，测量加附加质量块后的加速度值 a_{c1}、a_{c2}、a_{c3}、a_{c4}，同时测量振动台振动频率 f_c，测试结果记录见附录 A 中的表 A.3。加速度的测量值为峰值，振动频率的测量值为一阶振动频率。

5.4.5 激振力计算

根据各点附加质量块前后的加速度值可求出相应振幅：A_{h1}、A_{h2}、A_{h3} 和 A_{h4}[见式(1)]，A_{c1}、A_{c2}、A_{c3} 和 A_{c4}[见式(2)]。

$$A_{hi}=\frac{a_{hi}g_n}{(2\pi f_h)^2}\times 10^3 \qquad \cdots\cdots (1)$$

$$A_{ci}=\frac{a_{ci}g_n}{(2\pi f_c)^2}\times 10^3 \qquad \cdots\cdots (2)$$

$$A_h=\frac{A_{h1}+A_{h2}+A_{h3}+A_{h4}}{4} \qquad \cdots\cdots (3)$$

$$A_c=\frac{A_{c1}+A_{c2}+A_{c3}+A_{c4}}{4} \qquad \cdots\cdots (4)$$

振动台激振力按式(5)计算：

$$F=\frac{m_f A_c}{(A_h-A_c)}A_h\cdot(2\pi f_h)^2\times 10^{-6} \qquad \cdots\cdots (5)$$

式中：

F——振动台激振力检测计算值，单位为千牛(kN)；

m_f——附加质量块质量，单位为千克(kg)；

a_{hi}——无附加质量块时，振动台测量点 i 加速度值，单位为米每二次方秒(m/s^2)；

a_{ci}——附加质量块时，振动台测量点 i 加速度值，单位为米每二次方秒(m/s^2)；

g_n——重力加速度值，单位为米每二次方秒(m/s^2)；

A_h——无附加质量块时，振动台测量点振幅平均值，单位为毫米(mm)；

A_c——附加质量块时，振动台测量点振幅平均值，单位为毫米(mm)；

f_h——无附加质量块时，振动台振动频率，单位为赫兹(Hz)；

f_c——附加质量块时，振动台振动频率，单位为赫兹(Hz)。

5.4.6 偏差计算方法

5.4.7 激振力偏差计算见式(6)：

$$\delta_f=\frac{F-[F]}{[F]}\times 100\% \qquad \cdots\cdots (6)$$

式中：

δ_f——激振力偏差；

$[F]$——激振力设计值，单位为千牛(kN)。

5.5 振动台噪声测定

5.5.1 测试条件

在空载最小激振力档位和额定负载最大激振力档位进行噪声测量，振动台安装在空旷的硬反射地面，四周环境反射面至少距测点 25 m 以上。

5.5.2 **测试仪器**

声级计应符合 GB 16710.1 的要求。

5.5.3 **测试方法**

振动台机外辐射噪声测量方法按 GB/T 16710.2 的规定进行简化，测试结果记入附录 A 中的表 A.4。

5.5.3.1 按图 3 确定各传声器测点的位置，其中 R 值由机器主体长度 L 确定。当：

——$L<1.5$ m 时，$R=4$ m；

——$1.5<L<4$ m 时，$R=10$ m；

——$L>4$ m 时，$R=16$ m。

机器停在 X 轴线上，0 点为机器主体长度和宽度中点在地面的投影，各传声器位置坐标按表 1 规定，各测点指向 0 点。

注：机器主体长度 L 是指整体式或组合式振动台外形尺寸的最大长度。

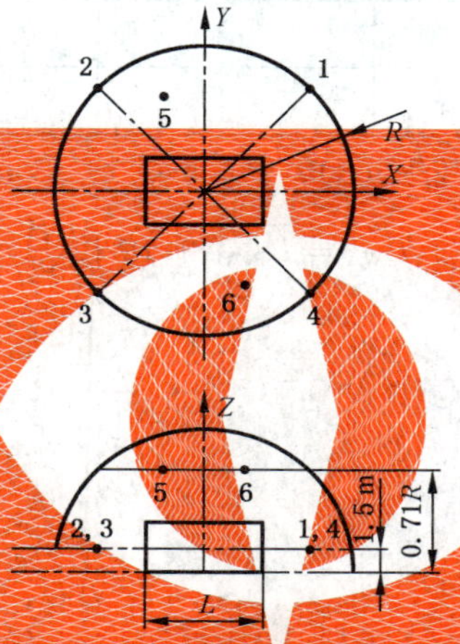

R——半球面半径。

图 3 半球面上的传声器布置

表 1 传声器位置坐标值

单位为毫米

传声器序号	X/R	Y/R	Z
1	0.7	0.7	1.5
2	−0.7	0.7	1.5
3	−0.7	−0.7	1.5
4	0.7	−0.7	1.5
5	−0.27	0.65	0.71R
6	0.27	−0.65	0.71R

5.5.3.2 首先测量环境背景噪声，然后启动振动台，待其运转平稳后，测量噪声。当测量结果与环境背景噪声之差小于 4 dB 时，应另选定环境测量。大于 4 dB 而小于 10 dB 时，按表 2 修正。

5.5.3.3 在稳定运行状态下，每个测点每次读数的测量时间应在 15 s～30 s 的范围内。在各传声器测点上，应进行三次测量，测试结果记入附录 A 中的表 A.4。

5.5.3.4 平均等效 A 声级和 A 计权声功率级的计算：

a) 计算测量面上平均的等效 A 声级 $\overline{L_{P(A)}}$ 见式(7)，

$$\overline{L_{P(A)}} = \frac{\sum_{i=1}^{n}(L_{Pi} - K_{li})}{N} - K_f \quad \cdots\cdots\cdots(7)$$

式中：

$\overline{L_{P(A)}}$——测量面上平均等效 A 声级，单位为分贝(dB)；

L_{Pi}——第 i 点测量值，单位为分贝(dB)；

K_{li}——第 i 点的背景噪声修正值，单位为分贝(dB)，见表 2；

表 2　背景噪声修正值表

单位为分贝

振动台测得噪声与背景噪声之差	4	5	6	7	8	9	10
修正值 K_{li}	2.2	1.7	1.3	1	0.8	0.6	0.4

N——测量点数；

K_f——频率修正值，见修正值表 3。

表 3　频率修正值表

频带/Hz	25	50	70	100
修正值 K_f/dB	−15	0	7	11

b)　A 计权声功率级 L_{WA} 计算见公式(8)，

$$L_{WA} = \overline{L_{P(A)}} + 10\lg\frac{S}{S_0} \quad \cdots\cdots\cdots(8)$$

式中：

$10\lg\frac{S}{S_0}$之值如下：

——R=4 m 时，取 20 dB(A)；

——R=10 m 时，取 28 dB(A)；

——R=16 m 时，取 32 dB(A)。

5.6　电磁铁绝缘电阻的测定

5.6.1　测试条件

测试条件如下：

a)　振动台在室内静置 24 h；

b)　电磁铁部件湿热试验后在室内静置 24 h，进行测量。

5.6.2　测试仪器

兆欧表(500 V)。

5.6.3　测试方法

将电磁铁引出线端、接地线端分别与兆欧表输出端连接，通电 1 min，测量线圈对外壳的绝缘电阻值。

测试结果记入附录 A 中的表 A.5。

5.7　电磁铁耐振动试验

5.7.1　试验条件

电磁铁部件检查。

5.7.2　试验仪器设备

a)　同 5.3。

b)　振动试验台。

5.7.3　试验方法

将电磁铁固定在振动试验台上，调整振动试验台加速度为 $12g_n$，保持振动 30 min，检查电磁铁是否有机械损伤。试验结果记入附录 A 中的表 A.5。

5.8 电磁铁吸力测试

5.8.1 测试条件

振动台台面用限位装置固定,并尽量使固定点与起吊点距离缩短,以避免吊钩向上受到拉力时振动台面脱离减振装置和台面受到弯矩变形。

5.8.2 测试仪器、设备

适当吨位的起重设备、非导磁板(1 mm 厚)、混凝土构件钢模或适当厚度钢板(保证起吊时不变形,大小能覆盖住电磁铁,并带起吊环)、适当量程的拉力计、调压器。

5.8.3 试验方法

将非导磁板放在振动台面上,板上放混凝土构件钢模或钢板,在起重设备和钢模(或钢板)之间连接拉力计、开启电磁铁,使吊钩慢慢向上加力,观察并记录拉力计读数,读数的最大值减去钢模(或钢板)的重力即为电磁铁吸力。然后使电磁铁电压在额定电压+10%~-15%范围内调整,记录出拉力的最大值及最小值。测试结果记入附录 A 中的表 A.6。

5.9 可靠性试验

5.9.1 试验要求

5.9.1.1 所有项目的测试和试验应在同一台样机上进行。

5.9.1.2 可靠性试验可用模拟工况或结合生产现场施工作业进行。

5.9.1.3 样机每天累计作业时间应不少于 1 h。可靠性试验的试验工况和循环内容见表 4。

表 4 作业可靠性试验工况和循环内容

循环名称	试验工况	一次循环内容	循环周期/min	试验时间/h
工况一	小激振力	相应额定负载,运转 2 min,停止 3 min。	5	100
工况二	中等激振力	相应额定负载,运转≥1 min,循环周期按实际工况。		100
工况三	大激振力	相应额定负载,运转≥1 min,循环周期按实际工况。		100

5.9.1.4 操作与保养要求如下:

a) 操作人员应严格执行产品使用说明书的规定进行操作和保养;

b) 试验期间不允许带故障作业。

5.9.1.5 将试验结果记入附录 A 中的表 A.7。

5.9.2 试验结论

5.9.2.1 试验期间,样机若出现致命故障,本次试验应终止,不计算可靠性指标。

5.9.2.2 作业率 A 按式(9)计算。

$$A=\frac{T_1}{T_0}\times 100\% \qquad \cdots\cdots(9)$$

式中:

T_0——规定的总试验时间,单位为小时(h),$T_0=T_1+T_2=300$ h;

T_1——总作业时间,单位为小时(h);

T_2——总故障排除时间,单位为小时(h)。

5.9.2.3 首次故障前工作时间 T 为累计的当量故障数 N 等于或刚超过“1”时,所经历的试验时间。当样车按规定完成可靠性试验后,未发生故障或累计的当量故障数小于“1”时,则首次故障前工作时间 T 用式(10)表示:

$$T=T_0 \qquad \cdots\cdots(10)$$

5.9.2.4 平均无故障作业时间 T_3 按式(11)计算

$$T_3 = \frac{T_1}{N} \qquad \cdots\cdots (11)$$

式中：

N——试验样机在规定的总试验时间内出现的当量故障数，其值按式(12)计算，

$$N = \sum_{i=1}^{3} R_i S_i \qquad \cdots\cdots (12)$$

式中：

R_i——试验期间，样机出现第 i 类故障次数量；

S_i——第 i 类故障的加权系数。

当 $N \leqslant 1$ 时，令 $N=1$。

5.9.3 故障分类及故障模式

5.9.3.1 振动台的故障模式及分类见附录 B。

5.9.3.2 故障判别原则：

a) 故障判定时应详细了解样机发生故障时的使用情况和试验条件，故障模式、故障造成的后果等，便于故障类别的判定；

b) 可靠性试验只统计样机在试验中发生的基本故障，不计算因违规操作等原因造成的从属故障；

c) 同时发生的多个故障，若为非关联故障，则各个故障应分别统计故障类别；若为关联故障，则按最严重的那个故障统计类别，但其余故障应在试验记录的备注中注明；

d) 一个故障应判定为一个故障次数，并只能判定为故障类别中的一类。

6 检验规则

6.1 检验分类

混凝土振动台分为出厂检验和型式检验。

6.2 出厂检验

6.2.1 振动台在出厂前由制造厂质检部门对该产品进行逐台检验，确认合格并签发合格证后方可出厂。

6.2.2 出厂检验项目包括下列内容：

a) 性能参数：4.2.1、4.2.2；

b) 电气系统：4.3.3；

c) 安全、环保：4.4.1；

d) 试验要求：4.5.1。

6.3 型式检验

6.3.1 检验规定

凡遇下列情况之一者，应进行型式检验：

a) 新产品或老产品转厂生产的试制定型鉴定；

b) 结构、工艺、材料改变影响到产品性能时；

c) 正常生产，周期性的检验；

d) 停产两年以上(包括两年)，恢复生产时；

e) 出厂检验结果与上次型式检验有较大差异时；

f) 国家质量监督机构提出进行型式检验时。

6.3.2 检验项目

型式检验项目应包括下列内容：

a) 一般要求：4.1.1、4.1.2；

b) 性能参数:4.2.2、4.2.3;

c) 电气系统:4.3.1、4.3.2、4.3.3;

d) 安全、环保:4.4.1、4.4.5。

6.4 判定规则

6.4.1 出厂检验的项目全部合格时,判定该产品为合格,否则判为不合格。

6.4.2 型式检验项目全部合格时,判定该产品为合格,否则判为不合格。

7 标志、包装、运输、安装和贮存

7.1 标志

7.1.1 每台混凝土振动台应在适当的明显位置固定标牌,标牌材料应不易受水泥、水、汽腐蚀。标牌内容应包括:产品名称和型号、振动台最大负荷质量、空载振动频率、制造厂名称、出厂编号以及出厂日期。

7.1.2 在有旋转体、过大噪声、过大振动、电源等对人身有害和不安全的位置,应设置明显标志,标志应符合 GB 20178 的规定。

7.2 包装、运输和安装

7.2.1 振动台包装箱,必须牢固可靠,应有"小心轻放"、"防潮"、"放置方向"、"起重位置"等标识,其相应图样应符合 GB/T 191 包装储运指示标志的规定。

7.2.2 每台混凝土振动台出厂时,应附有产品使用说明书、产品合格证、安装振动台基础图和装箱单。

7.3 贮存

振动台应防止受潮,应存放在环境空气温度 −30 ℃～+40 ℃、相对湿度不大于 90%、清洁、通风良好的库房内,贮存处空气中应不含腐蚀性气体。

附 录 A
（资料性附录）
试验记录表

表 A.1 试验样机性能表

试验样机型号：________________ 制造厂：________________

出厂年月：________________ 出厂编号：________________

项目		单位	标定值(或设计值)
激振力		kN	
振动频率		Hz	
台面振动加速度	空载	g_n	
	负载		
电动机功率		kW	
振动台总质量		kg	
最大负荷量		kN	
外形尺寸(长×宽×高)		mm	

表 A.2 试验样机状况表

试验样机型号： 制造厂：

出厂年月： 出厂编号：

序号	项目		检验要求	检验结果
1	可调偏心机构		至少三档(1 000 kg 以下振动台除外)	
2	固定混凝土模子的装置		具备	
3	减振系统		具备	
4	安装基础	安装基础和减振槽	具备	
5	隔音措施 (在制造厂检测不要求)	屋顶及周围墙壁吸音材料	具备	
		隔音屏	具备,高度不小于 1.8 m	
6	机械安全检查	螺纹连接的防松措施	具备,防松效果良好	
		偏心块和旋转零件	具有牢固防护装置	
7	电气安全检查		具备急停按钮,且功能正常;具备断路、过载、断相和漏电保护	
8	空载台面水平倾斜度		不大于 2 度	
9	振动台面的平面度		不低于 GB/T 1184 规定的平面度公差等级 L 级	

表 A.3　加速度检测记录表

试验样机型号＿＿＿＿＿＿＿＿　制 造 厂＿＿＿＿＿＿＿＿
出厂编号＿＿＿＿＿＿＿＿　试验地点＿＿＿＿＿＿＿＿
试验日期＿＿＿＿＿＿＿＿　试验人员＿＿＿＿＿＿＿＿

档位	负载/kg	垂直加速度/(m/s^2)	横向加速度/(m/s^2)	频率/Hz	计算值	
					振幅/mm	激振力/kN
最小激振力	无					
最大激振力						

表 A.4　机外辐射噪声测试记录表

试验样机型号＿＿＿＿＿＿＿＿　制 造 厂＿＿＿＿＿＿＿＿
出厂编号＿＿＿＿＿＿＿＿　试验地点＿＿＿＿＿＿＿＿
试验日期＿＿＿＿＿＿＿＿　试验人员＿＿＿＿＿＿＿＿
背景噪声＿＿＿＿＿＿＿＿dB(A)　背景噪声修正值＿＿＿＿＿＿＿＿dB(A)
样机长度 L＿＿＿＿＿＿＿＿m　传声点测量半径 R＿＿＿＿＿＿＿＿m

测量次数	测点 $L_{P(A)}$/(dB)						测量面上平均的等效连续 A 声级 $L_{P(A)}$/dB	声功率级 L_{WA}/dB
	1	2	3	4	5	6		
1								
2							—	
3								
声功率级 L_{WA}(报告值)								

表 A.5　电磁铁性能测试记录表

试验样机型号＿＿＿＿＿＿＿＿　制 造 厂＿＿＿＿＿＿＿＿
出厂编号＿＿＿＿＿＿＿＿　试验地点＿＿＿＿＿＿＿＿
试验日期＿＿＿＿＿＿＿＿　试验人员＿＿＿＿＿＿＿＿

序号	项　目	检验要求	检验结果
1	电磁铁耐振动	加速度 $12g_n$ 振动 30 min 试验不损坏	
2	绝缘电阻值	≥2 MΩ	

表 A.6　电磁铁吸力测试记录表

试验样机型号＿＿＿＿＿＿＿＿　制 造 厂＿＿＿＿＿＿＿＿
出厂编号＿＿＿＿＿＿＿＿　试验地点＿＿＿＿＿＿＿＿
试验日期＿＿＿＿＿＿＿＿　试验人员＿＿＿＿＿＿＿＿

电磁铁电压/V		拉力计拉力/kN	钢板(钢模)自重/kN	实际吸力计算值/kN
正常				
+10%				
−10%				

表 A.7 作业可靠性试验汇总表(一)

试验样机型号＿＿＿＿＿＿＿＿　　制 造 厂＿＿＿＿＿＿＿＿

出厂编号＿＿＿＿＿＿＿＿　　试验地点＿＿＿＿＿＿＿＿

项　目	故 障 类 别			
	致 命	严 重	一 般	轻 微
加权系数	∞	3	1	0.1
累计当量故障次数				
故障排除时间/min				
首次故障前作业时间/h	规定值	60	试验结果	
平均无故障作业时间/h		60		
作业率/%		85%		
结论：				

记录：＿＿＿＿＿＿　校核：＿＿＿＿＿＿　日期：＿＿＿＿＿＿

表 A.8 作业可靠性试验现场记录表(二)

试验样机型号＿＿＿＿＿＿＿＿　　制 造 厂＿＿＿＿＿＿＿＿

出厂编号＿＿＿＿＿＿＿＿　　试验地点＿＿＿＿＿＿＿＿

试验人员＿＿＿＿＿＿＿＿　　记录＿＿＿＿＿＿＿＿

试验工况：

故障发生时间					环境条件		累计试验时间 h	累计循环次数	零部件名称	故障模式	故障类别	拆检情况及故障原因	修复更换零件数量	排除故障时间/min				其他停机时间/min	
年	月	日	时	分	气温/℃	风速/(m/s)								诊断	准备	修复	调试	外因	筹备件

附 录 B
（规范性附录）
故障模式及分类

故障类别	故障名称	故障特征	故障模式	加权系数 S
0	致命故障	严重危及或导致人身伤亡，重要部件报废，造成经济损失在总造价的1.5%以上。	1. 电机损坏，造成重大故障。 2. 偏心块飞出，造成重大事故。 3. 偏心块断裂，造成重大事故。 4. 分动箱损坏，造成重大事故。 5. 振动箱损坏，造成重大事故。 6. 电气紧急开关失灵损坏，造成重大事故。	∞
1	严重故障	严重影响产品功能，性能指标，达不到规定要求，必须停机修理，需更换外部主要零件或拆开机体更换内部重要零件，维修时间在2 h以上，维修费用高。	1. 轴承损坏，未造成重大事故。 2. 减震弹簧断裂。 3. 重要螺栓断裂，造成严重事故。 4. 联轴器断裂。 5. 振动台主要焊缝开裂。 6. 主接触器损坏。 7. 软启动器损坏。 8. 振动台面严重变形。 9. 偏心轴严重变形。	3.0
2	一般故障	明显影响产品性能，必须停机检修，一般只允许更换或修理外部零件，可以用随机工具在2 h以内排除，维修费用中等。	1. 螺栓松动。 2. 减震系统噪音加重。 3. 减振弹簧磨损。 4. 电磁铁损坏。 5. 电控柜内电线松脱。	1.0
3	轻度故障	轻度影响产品功能，一般不需停机更换或修理零件，能用随机工具在短期排除，维修费用低。	1. 分动箱箱体渗漏。 2. 振动箱体渗漏。 3. 油漆剥落。 4. 润滑注油元件损坏。	0.1

ICS 73.120
D 94

中华人民共和国国家标准

GB/T 25651—2010

锤式破碎机　锤头磨耗

Hammer crusher—Hammerhead ablation

2010-12-01 发布　　2011-03-01 实施

中华人民共和国国家质量监督检验检疫总局
中国国家标准化管理委员会　发布

前　言

本标准由中国机械工业联合会提出。

本标准由全国矿山机械标准化技术委员会(SAC/TC 88)归口。

本标准起草单位:上海建设路桥机械设备有限公司、洛阳矿山机械工程设计研究院有限责任公司、浙江矿山机械有限公司、山东山矿机械有限公司。

本标准主要起草人:朱伟良、王定华、郭明、王桂珍、于春成、许凌、王奕成、戴素江、尹萍、陈德强、朱雨东。

本标准为首次发布。

锤式破碎机　锤头磨耗

1 范围

本标准规定了锤式破碎机锤头磨耗和锤头材料利用率的术语和定义、技术要求、试验方法、锤头节材降耗评价值、检验规则和额定等级标注。

本标准适用于PCD型(PCD、2PCD)和PC型(PC、PCK、PCX、PCKW、PCZ和PCL等)锤式破碎机锤头磨耗和锤头材料利用率。

2 规范性引用文件

下列文件中的条款通过本标准的引用而成为本标准的条款。凡是注日期的引用文件，其随后所有的修改单(不包括勘误的内容)或修订版均不适用于本标准，然而，鼓励根据本标准达成协议的各方研究是否可使用这些文件的最新版本。凡是不注日期的引用文件，其最新版本适用于本标准。

GB/T 321—2005　优先数和优先数系(ISO 3:1973,IDT)

GB/T 7679.5　矿山机械术语　第5部分:破碎粉磨设备

3 术语和定义

GB/T 7679.5确立的以及下列术语和定义适用于本标准。

3.1

标准工况　standard state

破碎物料堆密度为1.6 t/m³、湿度不大于8%、含硅量不大于2%、抗压强度为120 MPa～140 MPa、不含黏土的石灰石。

3.2

锤头磨耗　hammerhead ablation

锤式破碎机在规定的标准工况和破碎比情况下，每处理1 t物料整台设备锤头的金属磨损量，以g/t表示。

3.3

锤头磨耗等级　grade of hammerhead ablation

锤头磨耗等级是表示锤式破碎机的锤头金属磨损量大小的一种分级方法。依照本标准锤头磨损量大小确定，分成1、2、3三个等级。1级表示磨损量最小，3级表示磨损量最大。

3.4

额定锤头磨耗等级　rated grade of hammerhead ablation

锤式破碎机出厂时，由锤式破碎机生产厂家按照本标准而规定的锤头磨耗等级。

3.5

锤头材料利用率　using rate of material in hammerhead

锤式破碎机在规定的标准工况和一定的破碎比条件下，锤头材料可磨损量的平均比值。

3.6

锤头材料利用率等级　grade of using rate of material in hammerhead

锤头材料利用率等级表示锤式破碎机的锤头材料利用量高低的一种分级方法。依照本标准锤头材料利用量高低确定，分成1、2、3三个等级。1级表示利用率最高，3级表示利用率最低。

3.7

额定锤头材料利用率等级　rated grade of using rate of material in hammerhead

锤式破碎机出厂时，由锤式破碎机生产厂家按照本标准而规定的锤头材料利用率等级。

3.8

锤头节材降耗评价值　value of reducing of hammerhead ablation

达到节材降耗产品要求的最大锤头磨耗量和最低锤头金属材料利用率。

4　技术要求

4.1　PCD 型锤式破碎机

4.1.1　锤头磨耗

锤头磨耗应符合表 1 的规定。

表 1　锤头磨耗

锤式破碎机类型	破碎比	锤头磨耗(整机)/(g/t)		
		1 级	2 级	3 级
PCD 型	＜15	2.50	5.00	10.00
	15～25	3.15	6.30	12.50
	＞25	4.00	8.00	16.00

注 1：锤头磨耗等级分为 1、2、3 级，1 级要求最高，3 级为基本级。

注 2：锤头磨耗级差公比采用 $i \approx 2$。

注 3：锤头磨耗破碎比级差公比采用 GB/T 321—2005 中 R20 优先数系，$i \approx 1.25$。

4.1.2　锤头材料利用率

锤头材料利用率应符合表 2 的规定。

表 2　锤头材料利用率

锤式破碎机类型	锤头材料利用率(η)/%		
	1 级	2 级	3 级
PCD 型	35.5	25.0	18.0

注 1：锤头材料利用率等级分为 1、2、3 级，1 级要求最高，3 级为基本级。

注 2：锤头材料利用率级差公比采用 $i \approx 1.4$。

4.2　PC 型锤式破碎机

4.2.1　锤头磨耗

锤头磨耗应符合表 3 的规定。

表 3　锤头磨耗

锤式破碎机类型	破碎比	锤头磨耗(整机)/(g/t)		
		1 级	2 级	3 级
PC 型	＜15	10.0	14.0	20.0
	15～25	12.5	18.0	25.0
	＞25	16.0	22.4	31.5

注 1：锤头磨耗等级分为 1、2、3 级，1 级要求最高，3 级为基本级。

注 2：锤头磨耗级差公比采用 $i \approx 1.4$。

注 3：锤头磨耗破碎比级差公比采用 GB/T 321—2005 中 R20 优先数系，$i \approx 1.25$。

4.2.2 锤头材料利用率

锤头材料利用率应符合表 4 的规定。

表 4 锤头材料利用率

锤式破碎机类型	锤头材料利用率(η)/%		
	1 级	2 级	3 级
PC 型	25	17	12
注 1：锤头材料利用率等级分为 1、2、3 级，1 级要求最高，3 级为基本级。 注 2：锤头材料利用率级差公比采用 $i \approx 1.4$。			

5 试验方法

5.1 统计与标准工况相近的用户单位，在锤式破碎机生产现场，称量报废锤头重量和已知新锤头重量，通过公式(1)计算锤头材料利用率：

$$\eta = \frac{nQ_1 - \sum_{i=1}^{n} Q_{2i}}{nQ_1} \times 100\% \qquad \cdots\cdots(1)$$

式中：

η——锤头材料利用率，%；

Q_1——新锤头单个质量，单位为千克(kg)；

Q_{2i}——第 i 个报废锤头质量，单位为千克(kg)；

n——整台锤式破碎机一副锤头个数。

5.2 在计算锤头材料利用率同时，得出一副锤头磨耗总重量和在此期间破碎多少吨物料通过公式(2)计算出锤头磨耗值 M：

$$M = \frac{(Q_1 - Q_2)n}{W} \qquad \cdots\cdots(2)$$

式中：

M——锤头磨耗，单位为克每吨(g/t)；

Q_1——新锤头单个质量，单位为克(g)；

Q_2——报废锤头平均质量，单位为克(g)，即 $Q_2 = \sum_{i=1}^{n} Q_{2i}$

W——一副锤头所能破碎物料的总质量，单位为吨(t)；

n——整台锤式破碎机一副锤头个数。

6 锤头节材降耗评价值

锤式破碎机产品达到表 1 和表 3 锤头磨耗及表 2 和表 4 锤头材料利用率中 3 级为合格品，达到2 级(或以上)为节材降耗产品。

7 检验规则

7.1 表 1 和表 3 的锤头磨耗以及表 2 和表 4 的锤头材料利用率应作为锤式破碎机额定等级项目检验的依据。

7.2 统计一台样机计算出锤式破碎机的锤头磨耗和锤头材料利用率等级应达到标准规定和额定等级。

7.3 锤头磨耗等级和锤头材料利用率等级应同时达到 2 级(或以上)，才能评定为节材降耗产品。

8 额定等级标注

8.1 锤式破碎机生产企业宜根据本标准的规定和测试结果，确定产品的额定锤头磨耗等级和额定锤头材料利用率等级。

8.2 锤式破碎机制造厂宜在产品的随机技术文件中注明该产品的额定锤头磨耗等级和额定锤头材料利用率等级。

ICS 73.100.40
D 93

中华人民共和国国家标准

GB/T 25652—2010

地下矿用架空索道　设计规范

Aerial ropeways for underground mine—Design rules

2010-12-01 发布　　2011-03-01 实施

中华人民共和国国家质量监督检验检疫总局
中国国家标准化管理委员会　发布

前　言

本标准由中国机械工业联合会提出。

本标准由全国矿山机械标准化技术委员会(SAC/TC 88)归口。

本标准负责起草单位:长沙正忠科技发展有限公司。

本标准参加起草单位:洛阳矿山机械工程设计研究院有限责任公司。

本标准主要起草人:张立忠、柳莉、郭明、龙晓春。

本标准首次发布。

地下矿用架空索道　设计规范

1　范围

本标准规定了地下矿用架空索道的设计总则、术语和定义、产品分类、设计的一般要求及设计文件的编写要求。

本标准适用于地下矿用架空索道(以下简称索道)。

本标准不适用于地面客/货运架空索道。

2　规范性引用文件

下列文件中的条款通过本标准的引用而成为本标准的条款。凡是注日期的引用文件,其随后所有的修改单(不包括勘误的内容)或修订版均不适用于本标准,然而,鼓励根据本标准达成协议的各方研究是否可使用这些文件的最新版本。凡是不注日期的引用文件,其最新版本适用于本标准。

GB 3836.1　爆炸性气体环境用电气设备　第1部分:通用要求(GB 3836.1—2000,eqv IEC 60079-0:1998)

GB 3836.2　爆炸性气体环境用电气设备　第2部分:隔爆型“d”(GB 3836.2—2000,eqv IEC 60079-1:1990)

GB 3836.3　爆炸性气体环境用电气设备　第3部分:增安型“e”(GB 3836.3—2000,eqv IEC 60079-7:1990)

GB 3836.4　爆炸性气体环境用电气设备　第4部分:本质安全型“i”(GB 3836.4—2000,eqv IEC 60079-11:1999)

GB 3836.5　爆炸性气体环境用电气设备　第5部分:正压外壳型“p”(GB 3836.5—2004,IEC 60079-2:2001,MOD)

GB 3836.6　爆炸性气体环境用电气设备　第6部分:油浸型“o”(GB 3836.6—2004,IEC 60079-6:1995,IDT)

GB 3836.7　爆炸性气体环境用电气设备　第7部分:充砂型“q”(GB 3836.7—2004,IEC 60079-5:1997,IDT)

GB 3836.8　爆炸性气体环境用电气设备　第8部分:“n”型电气设备(GB 3836.8—2003,IEC 60079-15:2001,MOD)

GB 8918　重要用途钢丝绳(GB 8918—2006,ISO 3154:1988,MOD)

GB/T 9075　索道用钢丝绳检验和报废规范

GB/T 9969　工业产品使用说明书　总则

GB/T 15706.2　机械安全　基本概念与设计通则　第2部分:技术原则(GB/T 15706.2—2007,ISO 12100-2:2003,IDT)

GB 21008　地下矿用架空索道　安全要求

煤矿安全规程　国家煤矿安全监察局发布(2006年)

3　术语和定义

下列术语和定义适用于本标准。

3.1

地下矿用架空索道　aerial ropeway for underground mine

在矿井巷道里采用无极绳方式,将运载物悬挂在钢丝绳上进行运输的机械设备。索道主要由驱动装置、运载索、运载索支承导向装置(包括驱动轮、变坡点托压轮组、中间托压轮和托轮架、迂回轮、导向机构等)、抱索器、吊具、张紧装置、安全保护装置及电气控制系统等构成。

3.2 通用结构术语

3.2.1

吊具 suspension tool

在索道上运送人员或物料的器具(吊椅、吊箱、救护担架等)的总称。

3.2.2

抱索器 grip

吊具与运载索连接的装置称为抱索器。

3.2.3

固定抱索器 fixed grip

进、出站时无需从运载索上脱开和挂结的抱索器称为固定抱索器。

3.2.4

活动抱索器 activity grip

直接搭载在运载索上,抱索器依靠重力与运载索产生的摩擦力带动吊具随运载索运动,吊具和抱索器不绕过驱动轮和迂回轮,乘员需自行摘、挂的称为活动抱索器。

3.2.5

可摘挂式抱索器 detachable grip

抱索器与运载索间夹紧力产生的摩擦力带动吊具随运载索运动,吊具和抱索器不绕过驱动轮和迂回轮,乘员需自行摘、挂的称为可摘挂式抱索器(重力抱索器为其中的一种)。

3.2.6

驱动装置 driving device

由驱动轮、电动机、机架、制动器和减速机等组成,带动运载索运行的装置,其中又分为悬挂式和落地式两种。

3.2.7

驱动轮 driving sheave

驱动装置中驱动钢丝绳运行的绳轮,称为驱动轮。

3.2.8

迂回轮 return sheave

当索道一个端站采用可移动的驱动与拉紧联合装置时,另一端站固定安装的绳轮,称为迂回轮。

3.2.9

导向轮 deflection sheave

引导钢丝绳改变方向的绳轮,称为导向轮。

3.2.10

越位保护装置 over position protective device

乘员在搭乘过程中超越下车位置时,能自动停车的装置。

3.2.11

过速保护装置 over speed protective device

索道在运行状态,由于某种原因造成实际速度高于预定速度时能自动停车的装置。

3.2.12

欠速保护装置 want speed protective device

索道在运行状态,由于某种原因造成实际速度低于预定速度时能自动停车的装置。

3.2.13

沿线路任意点停车装置 stopping device at any point

由于突发情况或检修需要,可在索道线路上的任意点使驱动装置停止运转的装置。

4 总则

4.1 索道的运输方案，应根据巷道条件、技术条件等经过综合技术经济比较后，合理地确定。

4.2 索道应按人机工程学原理设计，从而减轻劳动强度，避免操作者的疲劳。

4.3 索道应安全可靠、技术先进、经济合理。

4.4 涉及人身安全的新设备，必须经过试验或通过工业性试验证明其安全可靠并鉴定合格后，才能在设计中采用。

4.5 索道设计提倡采用行之有效的新技术、新工艺、新设备、新材料，采用本质安全设计措施，提高索道的安全和可靠性。

4.6 索道技术设计，除执行本标准的规定外，还应符合国家现行有关标准、规范的要求。

5 产品分类

5.1 型式与基本分类

5.1.1 结构型式

索道的结构型式为单线摩擦轮式，主要由驱动装置、运载索、运载索导向装置（包括导向轮、变坡点托轮组、中间托、压索轮和托轮架、尾轮等）、抱索器、吊具、张紧装置、安全保护装置、电气控制系统及声光信号装置等构成。

5.1.2 基本分类

5.1.2.1 索道按运行方式分为循环式（双侧）运行、往复式（单侧）运行和循环式（单侧）运行三种方式。

5.1.2.2 索道按抱索器方式分为固定抱索器和活动抱索器两种方式。

5.1.2.3 索道按乘坐上下方式分为零速度上下和行进中上下两种方式。

5.1.2.4 索道按驱动装置方式分为架空式和落地式两种方式。

5.1.2.5 索道按运行速度方式分为低速式和高速式两种方式。

5.2 型号

产品型号表示方法应符合下列规定。

K S □ □ □-□/□ □ □ □

- 改进序号（A、B、C…）
- 驱动方式（Z—直流调速，U—液压调速，不注表示交流电机）
- 张紧方式（Y—液压张紧，不注表示重锤张紧）
- 最大运输距离，单位为米（m）
- 最大适用倾角，单位为度（°）
- 驱动功率，单位为千瓦（kW）
- 制动方式（Z—液压站，Y—电液制动器，Q—气动）
- 索道类别（LH—零速度上下式，DH—大坡度可摘挂式，S—伸缩式，SG—水平拐弯式，SQ—双驱动式，W—往复式，H—采用活动抱索器，不注表示采用循环式和采用固定抱索器）
- 架空索道（索）
- 地下矿用（矿）

标记示例：

采用交流电机传动、活动抱索器，电液制动器制动和重锤张紧，最大适用倾角25°，最大运输距离1 800 m，驱动功率为90 kW的大坡度可摘挂式地下矿用架空索道可表示为：KSDHY90-25/1800。

6 设计基本要求

6.1 一般要求

6.1.1 索道的最大运输能力应根据建设项目的实际情况，经过技术经济比较后确定。

6.1.2 索道人员输送的最大运行速度不宜超过下列规定：

a) 采用固定抱索器时应不大于1.2 m/s；

b) 采用活动抱索器时应不大于2.5 m/s。

如是货运则最大运行速度可相应提高10%。

6.1.3 工作制度应符合下列规定：宜与相衔接企业的工作制度一致；索道的年工作日和每日工作小时数，应根据巷道条件、人员流动情况和索道本身的特点确定。

6.1.4 索道设计和设备选型时，抱索器、制动器等关键设备，未经试验合格，不应用于工程中。

6.1.5 索道应配有相应的安全保护设施。

6.2 设计基本参数及要求

6.2.1 设计前应完成索道所在巷道的巷道倾角、运输距离、巷道横断面尺寸和运量等基本参数的确认，以及索道所在巷道的顶、底板和侧帮等环境及地质条件状况，针对专用巷道或混合用巷道，分别可采用循环式索道或往复式索道。

6.2.2 巷道能使用索道的基本条件：

a) 符合本标准的索道，且应符合GB 21008的要求。

b) 运载索离地距离不应小于1.8 m。

c) 运载索的中心距不应小于0.9 m。运载索与巷道侧帮(包括巷道预埋设备在内)之间的距离应不少于0.7 m，且其不允许因巷道设备有风门、管道等设施而缩减。

d) 巷道允许适量的变坡；未设转角站或转角装置的索道，其线路中心线的水平投影应为一直线；设有转角站或转角装置的索道，相邻的站房或装置之间的线路中心线的水平投影也应为一直线；线路中心直线度公差应不大于斜长0.2‰。

6.3 牵引计算与驱动装置选择

6.3.1 运载索的最小拉力不宜小于吊具重载重力的20倍，应保证运载索在驱动轮上不打滑，并紧贴轮槽上。

6.3.2 运载索的最大工作拉力，应在最不利载荷情况下计入下列数值：

a) 从拉紧装置开始的初拉力；

b) 由高差引起的运载索重力和重载重力的分力；

c) 站内各有关设备的运行阻力；

d) 托、压索轮(组)及线路转角导向装置的阻力；

e) 液压或其他拉紧装置拉紧力的增加值，但重锤拉紧位置的拉紧力的增加值可忽略不计；

f) 运载索的最大工作拉力不计入索道启、制动时的惯性力。

6.3.3 当进行牵引和线路计算时，宜取下列摩擦系数：

a) 橡胶衬托索轮取0.03；

b) 塑料衬托索轮取0.02；

c) 采用滚动轴承的导向轮取0.003；

d) 拉紧小车取0.01。

6.3.4 牵引计算应符合下列规定：

a） 应求出运载索等速运行时各特征点的张力。

1） 最小张力点的张力：

$$S_{\min}=Cq_{\circ}g \quad \cdots\cdots (1)$$

式中：

$S_{\min}$——最小张力点的张力，单位为牛顿（N）；

C——钢丝绳的挠度系数，取 $C=1\ 000$；

$q_{\circ}$——预选运载索的每米质量，单位为千克每米（kg/m）；

g——重力加速度，取 $g=9.81\ \text{m/s}^2$。

2） 各特征点的张力计算见表 1。

b） 应求出索道正常启动或制动时的惯性力，计算惯性力应计入下列质量：

1） 运载索质量；

2） 运载索上吊具和载荷的总质量；

3） 导向轮及驱动装置旋转部分的变位质量。

c） 运载索在驱动轮上的包角 α，取 $\alpha=180°$。

d） 应求出驱动轮上出、入侧运载索拉力之和的最大值。

e） 应求出循环式索道的驱动轮在下列载荷情况下的圆周力：

1） 重车上行、空车下行；

2） 空车上行、重车下行；

3） 重车上行、重车下行；

4） 空车上行、空车下行；

5） 空索运行时；

6） 低速反转时。

表 1 张力计算表

<table>
<tr><td>示意图</td><td>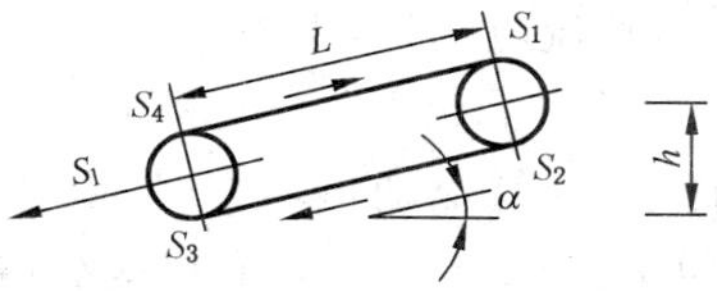
</td></tr>
<tr><td>线路运行阻力/N</td><td>$$W_{4\text{-}1}=\left(q+\frac{Q_1+Q_2}{\lambda_1}\right)(\omega\cos\alpha+\sin\alpha)Lg$$
$$W_{2\text{-}3}=\left(q+\frac{Q_1+Q_2}{\lambda_1}\right)(\omega\cos\alpha-\sin\alpha)Lg$$
式中：
$W_{4\text{-}1}$——上行运行阻力，单位为牛顿（N）；
q——运载索的每米质量，单位为千克每米（kg/m）；
Q_1、Q_2——分别为吊椅、乘员的质量，单位为千克（kg）；
λ_1——吊具间距，单位为米（m）；
ω——摩擦系数；
α——索道线路倾角，单位为度（°）；
L——两轮中心距；
g——重力加速度，取 $g=9.81\ \text{m/s}^2$；
$W_{2\text{-}3}$——下行运行阻力，单位为牛顿（N）。</td></tr>
</table>

表 1（续）

各点张力/N	当 $W_{4\text{-}1}>0$、$W_{2\text{-}3}<0$ 时： $S_3=S_{min}$；$S_4=1.01S_3$；$S_1=S_4+W_{4\text{-}1}$；$S_2=S_3-W_{2\text{-}3}$； 当 $W_{4\text{-}1}>0$、$W_{2\text{-}3}>0$ 时： $S_2=S_{min}$；$S_4=1.01S_3$；$S_1=S_4+W_{4\text{-}1}$；$S_3=S_2+W_{2\text{-}3}$； 式中： S_3——张力点 3，单位为牛顿(N)； S_4——张力点 4，单位为牛顿(N)； S_1——张力点 1，单位为牛顿(N)； S_2——张力点 2，单位为牛顿(N)。
注：索道提升侧或下放侧无人乘座时，钢丝绳各点张力按上述公式类推计算。	

6.3.5　驱动装置应符合下列规定：

a）一般采用单槽驱动轮的悬挂式或落地式摩擦驱动装置；如需采用双槽驱动轮则应配置惰轮。

b）驱动装置电动机的选择计算：

动力运行　$N_\varepsilon=K_b\times(S_1-S_2)v/1\,000\eta$ ……………………（2）

制动运行　$N_\varepsilon=K_b\times(S_1-S_2)v\eta/1\,000$ ……………………（3）

式中：

N_ε——电动机功率，单位为千瓦(kW)；

K_b——电动机功率备用系数，取 $K_b=1.15\sim1.6$；

S_1——张力点 1，单位为牛顿(N)；

S_2——张力点 2，单位为牛顿(N)；

v——运行速度，单位为米每秒(m/s)；

η——传动效率，按传动方式取用。

c）驱动装置电动机的选择：

1）可选用交流或直流电动机，但对于巷道复杂、运行速度高或负力较大的索道，宜选用直流电动机；

2）按正常载荷情况计算电动机功率时，应计入功率备用系数，对于动力型索道取 1.15，对于制动型索道取 1.30，并应按最不利载荷情况下启动或制动时的功率与所选电动机额定功率的比值，不大于该电动机过载系数的 0.9 倍的条件来校验；

3）电动机选型时，还须按索道一侧(上行或下行)无人乘座运行，校验电动机功率。

d）对于断电后能自行停车并且停车后不会倒转的索道，其驱动装置可仅设工作制动器。否则驱动装置应有二个相互独立工作的制动装置(工作制动器和安全制动器)。制动装置应为失效安全型，工作制动器可设在高速轴或驱动轮上，安全制动器应设在驱动轮上。每一套制动器应能使索道在最不利载荷情况下停车。且应符合下列要求：

1）制动器应具有逐级加载和平稳停车的制动性能。

2）当运行速度超过额定速度 10%或欠速 20%时，制动器应能自动合闸停车。

3）在最不利载荷情况下，工作制动器和安全制动器的平均减速度不宜小于 0.4 m/s^2。

4）当正常制动时，工作制动器的减速度不宜小于 0.15 m/s^2。

5）制动器应能手动控制。

6）正常制动时，工作制动器与安全制动器不应同时投入工作。

7）制动器的最大制动力应为额定牵引力的 1.5 倍～2 倍；若倾角＞30°，最大制动力应为额定牵引力的 3 倍以上。

8）制动装置的制动闸块材料，应选用阻燃和抗静电的不含石棉的材料制成，制动闸瓦的摩擦系数不应小于 0.35。

e) 驱动装置的驱动轮抗滑安全系数，正常运行时不应小于 1.5，在最不利载荷情况下启动或制动时，不应小于 1.25。

1) 最不利载荷情况下安全系数按公式(4)校验：

$$\frac{t_{\min}(e^{\mu\alpha}-1)}{t_{\max}-t_{\min}} \geqslant 1.25 \qquad \cdots\cdots(4)$$

式中：

$t_{\min}$——最不利载荷情况下，正常起、制动时驱动轮出侧或入侧牵引索的最小张力，单位为牛顿(N)；

e——自然对数的底数；

μ——钢丝绳与驱动轮衬垫的许用摩擦系数；

α——钢丝绳在驱动轮上的包角，单位为弧度(rad)；

$t_{\max}$——最不利载荷情况下，正常起、制动时驱动轮出侧或入侧牵引索的最大张力，单位为牛顿(N)。

2) 紧急制动时，许用摩擦系数：

$$\mu \geqslant \mu_{erf} = \frac{1}{\alpha} \times \ln T \frac{T_{\max}}{T_{\min}} \qquad \cdots\cdots(5)$$

式中：

μ——钢丝绳与驱动轮衬垫的许用摩擦系数；

μ_{erf}——驱动轮衬垫的摩擦系数；

α——钢丝绳在驱动轮上的包角，单位为弧度(rad)；

T——牵引张力，单位为牛顿(N)；

$T_{\max}$——最不利载荷情况下，紧急制动时在驱动轮上出现的最大张力，单位为牛顿(N)；

$T_{\min}$——最不利载荷情况下，紧急制动时在驱动轮上出现的最小张力，单位为牛顿(N)。

3) 驱动轮的抗滑校验：

$$动力运行 \quad S_1 - S_2 > 0, S_1/S_2 \leqslant e^{\mu\alpha} \qquad \cdots\cdots(6)$$

$$制动运行 \quad S_1 - S_2 < 0, S_2/S_1 \leqslant e^{\mu\alpha} \qquad \cdots\cdots(7)$$

式中：

S_1——张力点 1，单位为牛顿(N)；

S_2——张力点 2，单位为牛顿(N)；

e——自然对数的底数；

μ——驱动轮绳槽与钢丝绳之间的摩擦系数，取 μ=0.25；

α——钢丝绳在驱动轮上的包角，单位为弧度(rad)。

f) 驱动装置的选择：由电动机的功率、运载索的最大运行速度及驱动轮直径，选择电动机型号、减速器型式及传动比。

g) 驱动装置在不超过最大拉力 3 倍的情况下不应发生位移或变形。

h) 驱动装置的机架应满足：电动机与减速机的同轴度不应大于 0.05 mm；驱动主轴与电动机和减速机轴线的垂直度不应大于 0.08 mm；应有足够的刚度，能承受频繁的起动和制动。

i) 驱动系统在空索状态下正常运行时，索道运行速度应保持不变；在最不利载荷情况下索道运行速度的变化范围不应大于额定速度的±5%；在最不利载荷情况下驱动系统的启动加速度不宜小于 0.15 m/s^2；索道应有 0.3 m/s～0.5 m/s 的检修速度。当驱动系统的运行速度大于 2 m/s 时，驱动系统应能调速，宜设防倒转装置。运载索的最大运行速度：采用固定抱索器时应不大于 1.2 m/s；采用活动抱索器且能实现乘员静止上下时应不大于 2.5 m/s(坡度大于 16°时不应超过 1.6 m/s)。

j) 驱动轮直径应不小于钢丝绳直径的 45 倍,驱动轮应设软质、阻燃、耐磨和抗静电的可更换的衬垫,轮衬材料的摩擦系数不应小于 0.25。驱动轮衬垫的比压,可按式(8)校核:

$$\frac{1.5(t_r + t_c)}{Dd} \leqslant [p] \quad \cdots\cdots(8)$$

式中:

t_r——驱动轮入侧的运载索张力,单位为牛顿(N);

t_c——驱动轮出侧的运载索张力,单位为牛顿(N);

D——驱动轮直径,单位为毫米(mm);

d——运载索直径,单位为毫米(mm);

$[p]$——驱动轮衬垫的允许比压,单位为兆帕(MPa)。

k) 中、小直径的驱动轮可采用灰铸铁铸造;大直径的驱动轮则可采用结构钢拼制,但应牢固可靠、防止变形。

l) 悬吊式驱动装置的基础,对于岩巷内宜采用梁式基础,框架埋入巷道两侧的钢梁的长度各不应少于 600 mm;落地式驱动装置的基础一般采用短柱式钢筋混凝土基础。

6.4 运载索与有关设备

6.4.1 运载索选择应符合下列规定:

a) 运载索的选择:

$$S_K = mS_{max} \quad \cdots\cdots(9)$$

式中:

S_K——钢丝绳钢丝破断拉力总和,单位为牛顿(N);

m——钢丝绳的安全系数,取 $m \geqslant 6$;

S_{max}——运载索最大张力点张力,由表 1 张力计算得知。

根据公式(9)计算的钢丝绳钢丝破断拉力总和,选取钢丝绳直径;宜选用线接触、同向捻、带纤维芯的股式结构钢丝绳;在有腐蚀环境中推荐选用镀锌钢丝绳或其他防腐蚀钢丝绳。运载索的选择应符合 GB 8918 中的有关规定。

b) 索道的运载索的抗拉安全系数不小于 6;钢丝绳的检验和报废应符合 GB/T 9075 中的有关规定。

c) 索道的运载索应使用整根钢丝绳编接成的无极绳,不应采用多段编接连接。

d) 钢丝绳必须避免硬性接头,只允许以纵向插接方式联结。插接长度至少应为钢丝绳直径的 1 000 倍,编结后在张紧状态下,其绳股插入点的直径增大量不应超过钢丝绳公称直径的 6%。应保证联结处在通过驱动轮、拉紧轮或迂回轮和钢丝绳导向系统时绝对顺畅。

6.4.2 运载索拉紧装置应符合下列规定:

a) 运载索拉紧应采用液压、重锤或其他能使运载索保持恒定拉力的装置。各种拉紧装置都应有足够的拉紧行程,并在极限位置设置限位开关。采用两端锚固时,运载索的张力应可测可调。

b) 液压拉紧装置:

1) 应能显示油压、油温;

2) 应使拉紧力的变化保持±5%范围内,当拉紧力的变化保持±5%~±10%时,应能自动调整到±5%范围内;

3) 当油压超过额定的±10%时,索道应能自动停车;

4) 液压泵宜采用间歇工作制;

5) 应设置安全阀,安全阀应有单独的卸压回路,液压系统应设手动控制装置;

6) 对低温环境中工作的液压装置应采取抗低温措施;

7） 液压管路和连接元件的破裂安全系数不应小于 3。

c） 重锤拉紧装置：

1） 拉紧索应采用挠性好和耐挤压的股捻钢丝绳，不宜采用多层的钢丝绳；

2） 拉紧索抗拉安全系数不小于 6；

3） 应设能调节的重锤装置，应有重锤落地保护；

4） 拉紧索导向轮直径不应小于拉紧索直径的 40 倍；

5） 拉紧索导向轮应设软质、阻燃、耐磨的衬垫；

6） 应采用机械限位的方式限制行程，在正常运行的情况下，不应达到极限位置；

7） 张紧小车两端应装设行程限位开关。

d） 运载索拉紧装置的张紧能力要求比产生的最大张紧力至少大 3 倍。钢丝绳的张紧力不应超过钢丝绳的破断拉力的 8%。在动态效应时，张力安全系数不小于 6。

e） 拉紧行程 L_i：

$$L_i = 0.005L \quad \cdots\cdots\cdots\cdots (10)$$

式中：

L——运距。

张紧装置的行程不应小于下列各项的代数和：

1） 温差引起的长度变化；

2） 运载索的结构性伸长(永久伸长)；

3） 各种运行载荷情况下钢丝绳垂度不同而产生的长度变化；

4） 各种运行载荷情况下钢丝绳的弹性伸长，对于运载索的弹性模数可取 80 kN/mm^2(新绳)和 120 kN/mm^2(旧绳)进行计算。

f） 运载索张紧小车的行程除满足公式(10)的要求外，还应考虑小车安装时的位置误差以及钢丝绳编接接头损坏而需截去接头长度后再次编接时小车移位的需要。对于伸缩式索道，为适应机头或机尾经常移动的要求，小车行程不宜小于 50 m。

g） 张紧小车和张紧重锤的轨道导向装置应保证张紧小车和张紧重锤不发生脱轨、卡阻等事故。

6.4.3 拉紧轮或迂回轮应符合下列规定：

a） 拉紧轮或迂回轮直径不应小于运载索直径的 28 倍；

b） 拉紧轮或迂回轮应设软质、阻燃、耐磨的衬垫；

c） 中、小直径的拉紧轮或迂回轮采用灰铸铁铸造；大直径的拉紧轮或迂回轮则可采用结构钢拼制，但应牢固可靠、防止变形；

d） 对于采用固定式抱索器的索道，拉紧轮或迂回轮的轮缘及护圈，应与固定式抱索器和吊椅相适应；

e） 拉紧轮或迂回轮装置的基础对于岩巷内宜采用梁式基础，框架埋入巷道两侧的钢梁的长度各不应少于 600 mm。

6.5 吊具和抱索器

6.5.1 吊具的计算应符合下列规定：

a） 主要载荷应为吊具自重和乘员体重(包括随带的工、量具的重量)之和；

b） 次要载荷应为索道紧急制动时的惯性力、线路及站内各种装置对吊具的作用力；

c） 对屈服点的安全系数：各主要承载构件和重要部件在主要载荷作用下不应小于 3.5；在主要载荷和次要载荷联合作用下不应小于 2.0，各主要承载构件和重要部件还应进行刚度校核。

6.5.2 吊具的设计应符合下列规定：

a） 吊椅乘人时，脚撑离地距离不应小于 0.3 m，吊椅座面到运载索的距离不应小于 1 m。

b） 吊椅的弯曲是为避开托索装置，其高度应按吊椅在最大倾角处纵、横向摆动 0.35 rad 时，不应接触运载索或支架任何部位的条件确定。

c) 吊椅的吊架宜采用钢管制作，其强度是以吊椅在上车区段上的 3 倍载荷，作用 1 min 不产生永久变形，5 倍载荷不遭破坏为原则。并严格控制焊接质量，对同一型号的吊椅应进行静力试验。

d) 吊具与抱索器连接后，抱索器抱紧钢丝绳时，座椅必须保持水平，同时，吊具运行时不应碰及钢丝绳、托(压)轮、导向装置等部件。

e) 采用可摘挂式吊具与固定式抱索器连接，为克服钢丝绳产生的旋转力应采用平衡机构。

f) 吊具间距 λ_1，按下式计算：

$$\lambda_1 = \frac{3\,600}{Q} v \qquad \cdots\cdots\cdots\cdots(11)$$

式中：

λ_1——吊具间距，单位为米(m)，一般 λ_1 为 5 m～8 m；

Q——每小时人员运送个数；

v——运行速度，单位为米每秒(m/s)。

g) 吊椅的设计应安全舒适且便于乘员上下车，吊箱与救生担架应安全可靠且便于摘挂。

h) 往复式索道采用固定抱索器的可转向式吊椅时，其转向应方便准确且安全可靠。

6.5.3 抱索器的设计应符合下列规定：

a) 抱索器的结构应能防止任何事故性松动或松脱，机构动作灵活可靠，能顺利地与运载索脱开和挂结。

b) 抱索器的抗滑力不应小于重车在最大坡度时下滑力的 2 倍。

c) 抱索器的抱索力：

1) 固定式抱索器的抱索力由弹力产生，其弹力应保证抗滑力的要求；

2) 活动式或可摘挂式抱索器的抱索力由摩擦力产生，其摩擦力应满足抗滑力的要求；

3) 重力式抱索器的抱索力由重力产生，其重力应满足抗滑力的要求且当钢丝绳弹跳动时也应满足抗滑力的要求；

4) 当钢丝绳直径的减小率超过 3%时，抱索器经过调整后，其抗滑力应符合 6.5.3b)的要求；

5) 当钢丝绳直径减小 10%时，抱索器仍应有效地抱紧钢丝绳并满足抗滑力的要求。

d) 抱索器的钳口与运载索之间的摩擦系数宜取 0.13；如采用重力式抱索器，应分别校核空车和重车的抗滑能力；当采用特殊设计的钳口或采取其他提高摩擦系数的措施时，钳口与运载索之间的摩擦系数可按试验结果取值。

e) 抱索器钳口的形状与尺寸，应与托、压索轮(组)和驱动轮、迂回轮、导向轮的轮槽相适应。当吊具横向摆动 0.35 rad 时，抱索器应能顺利通过上述轮(组)。

f) 固定式抱索器的内、外抱卡应采用优质合金钢锻造成型，在温度低于－20 ℃环境中工作的抱索器，其材料应具有良好低温冲击韧性。

g) 抱索器钳口两端必须要有圆弧过渡，端部内外不允许有棱角。

h) 活动抱索器的 V 形抱索瓦宜采用由阻燃、轻质、耐磨、减振、抗冲击和降噪的材料组成。

i) 固定式抱索器应能顺利通过驱动轮、迂回轮、导向轮，通过时所产生的水平折角不应大于 9°。

j) 固定式抱索器应便于移位，且：

1) 移位的间隔时间等于 0.56 乘以索道线路斜距除以运行速度；

2) 固定式抱索器宜向钢丝绳运行的反方向移动，每次移动的距离应为固定式抱索器长度加上 2 倍钢丝绳直径。

6.6 线路的选择和线路设计

6.6.1 线路的选择应符合下列规定：

a) 索道线路的中心线在水平面上的投影一般应为一直线，但受条件限制需设置转角装置时，索道线路应经多方案比较后合理确定；

b) 设置索道的巷道应光整，底板平直且变坡点少、高差小。

6.6.2 托、压索轮(组)设计应符合下列规定：

a) 托、压索轮(组)的结构必须满足载荷方向的不同要求。托索轮(组)的结构必须满足：在巷道内无地方预埋索轮吊架和类似拖曳的情况下钢丝绳不会从索轮上滑脱。应按最不利载荷作用在托、压索轮(组)上的条件来进行设计或选型。

b) 托索轮的直径不宜小于运载索直径的9倍～12倍，压索轮的直径不宜小于运载索直径的7倍～10倍。

c) 托、压索轮应设软质、阻燃、耐磨和抗静电的可更换的衬垫；每个有衬托、压索轮的允许径向载荷，应按式(12)计算：

$$[P]=PD_2d \quad \cdots\cdots(12)$$

式中：

$[P]$——每个有衬托、压索轮的允许径向载荷，单位为牛顿(N)；

P——衬垫的比压，P=0.25 MPa～0.5 MPa，根据衬垫材料的性能确定；

D_2——托、压索轮新衬垫绳槽底部的直径，单位为毫米(mm)；

d——运载索直径，单位为毫米(mm)。

d) 托、压索轮轮缘的形状及高度应防止钢丝绳脱槽。当抱索器需要通过托、压索轮时，轮缘的形状应与抱索器相适应。

e) 运载索在每个托、压索轮上的允许折角不宜大于4°。

f) 托、压索轮(组)宜采用悬吊安装的可调式机构。

6.6.3 托、压索轮(组)安全装置应符合下列规定：

a) 托、压索轮(组)两端的内侧应设挡索板，安装防止向内侧跑偏的装置；

b) 6轮以下的托、压索轮(组)的入绳端和6轮以上托、压索轮(组)的两端，应设运载索脱索时索道能自动停车的监控装置；

c) 托、压索轮(组)支架应牢固固定在横梁上，不允许产生横向移动，以保持索距不变，防止跳索事故发生。

6.6.4 运载索在支架托、压索轮(组)上的靠贴条件应符合下列规定：

a) 运载索在每个托索轮上的最小靠贴力不应小于500 N并按式(13)计算：

$$P_{min}=500+50[d-(D_1-D_2)] \quad \cdots\cdots(13)$$

式中：

P_{min}——最小靠贴力，单位为牛顿(N)；

d——运载索直径，单位为毫米(mm)；

D_1——托索轮外轮缘直径，单位为毫米(mm)；

D_2——托索轮新衬垫绳槽底部的直径，单位为毫米(mm)。

$(D_1-D_2)/2$ 的值应大于 $d/3$ 或至少为10 mm，D_2 应大于新衬垫的最大直径。

b) 当运载索的最小拉力减小20%，有效载荷增大25%时，运载索不应离开压索轮。

c) 对于采用托索与压索联合轮组的支架，当运载索在该支架上所受的向上和向下的合力为零，每个托、压索轮上的最小靠贴力不应小于500 N；在其他情况下，运载索不应离开联合轮组中靠贴力较小的托索和压索轮。

6.6.5 支架配置应符合下列规定：

a) 对于采用活动抱索器的索道，当运载索俯角出站时，站前第一跨的运载索宜导平，且站前第一跨的跨距不应小于最大制动距离的1.2倍；

b) 对于采用活动抱索器零速度上、下车装置的索道应安全且方便乘员上下,活动抱索器式吊椅在滑轨上行走灵话,活动抱索器的 V 形抱索瓦与钢丝绳的吻合和脱离应平稳,应有安全限位装置和止回器;
c) 运载索的最大倾角不应大于 45°;
d) 应尽量减少压索轮支架的数量;
e) 除出、入站之外的线路中间部分的托、压索轮(组)的支架间距宜小于 10 m;
f) 在线路布置时,相邻两索轮组架的间距要小于两吊椅的间距;
g) 托、压索轮(组)支架应采用钢结构,横担长度必须与巷道宽度相匹配,其刚性必须满足稳定性要求,其主要承载构件应具有良好的冲击韧性;
h) 托压索轮(组)支架应在巷道支护时固定好,横担埋入巷道两侧的钢梁长度:岩巷各不应少于 300 mm,半岩半煤巷各不应少于 400 mm;
i) 托、压索轮(组)吊架宜采用可调的焊接式钢结构并进行刚度检查,其计算载荷为吊具和吊架自重以及有效载荷;
j) 托、压索轮(组)一般采用"C"形吊架,吊架的高度必须适应所选择的托、压索轮(组)的外廓尺寸,在吊具纵、横向允许摆动各 10%的条件下不应触碰托、压索轮(组)的任何部位,并留有 0.1 m~0.3 m 的间隙;
k) 当索距发生变化或索道方向发生变化时,运载索在支架上的水平力,不应大于垂直压力的 10%,运载索在该支架上的水平偏角,不应大于 0.005 rad。

6.6.6 线路的变坡和转角导向装置应符合下列规定:

a) 运载索在线路的变坡点采用托、压索轮(组)过渡时,应平稳顺畅且跳动小。托、压索轮(组)的数量应依变坡点的现实情况而定,但一定要保证运载索和抱索器能光滑平顺的运行。
b) 运载索在线路的转角处的导向装置(脱绳式或非脱绳式)应确保抱索器、吊具和乘员能平稳顺畅通过,吊椅在最大离心力处的摆动不应超过 0.35 rad。
c) 转角导向装置的水平滚轮组:
   1) 滚轮直径不宜小于 600 mm;
   2) 运载索在滚轮上的折角不宜大于 3°或按滚轮径向载荷不大于 5 kN 的条件确定;
   3) 吊椅通过滚轮组时,运载索作用在抱索器钳口上的水平力不应大于 8 kN。

6.7 站房的设计

站房的设计应符合下列规定:

a) 索道站房的配置在满足使用功能,保证人员安全的前提下,尽量简洁实用。
b) 应根据巷道特征、地质条件、配置方式、设备的安装与维护等因素,综合确定站房的高度和宽度;上下车站房的长度不小于两吊椅间距。
c) 站房的地形应平坦;上下车站房应成水平状、无障碍物、地面应防滑,纵向坡度不应大于 15°的倾角,且运载索应与站房坡度相适应。
d) 站房应便于人流或物流的集散,站房设置应避免人流和车流的交叉及相互干扰。
e) 站房的设计应满足钢丝绳的进、出站口的安全要求。
f) 采用活动式或可摘挂式抱索器的索道,修建的存取吊椅的场地一定要存取方便、安全。
g) 上下车站房的起、终点要设置有明显的警示标志和安全保护装置。
h) 站房设计应符合消防要求。

6.8 电气

6.8.1 用于地下有防爆要求的索道,必须具备防爆功能,其电气设备应符合 GB 3836.1~GB 3836.8 的规定。

6.8.2 用于煤矿井巷的索道的电气设备,应符合《煤矿安全规程》(2006 年版)的相关规定。

6.8.3 索道电气设计应符合下列规定：

a) 有条件时，索道应优先采用独立的双回路电源供电，当其中一路电源发生故障时，应能及时接通另一路电源；
b) 安全电路在正常工作时应是闭合回路，并应通过断开电路的方式来实现安全保护；
c) 所有信号应在所需的全部条件具备后才可传递。一旦某一保证安全的条件没有具备，则应取消该信号的传递；
d) 索道起动完毕后，准备就绪或要求运行的指令信号应自动撤销；
e) 采用自动控制的索道，应具有半自动和手动控制方式。从一种控制方式到另一种控制方式的切换，应在索道停止运行的情况下进行；
f) 沿线路应多处设紧急停车按钮，紧急停车按钮应独立于可编程控制的 PLC；
g) 安全功能应采用钥匙开关或类似的元件并通过控制台进行屏蔽，安全功能屏蔽指示应醒目，并在结束屏蔽时应易于识别；
h) 照明、信号、电话和手持电气设备的供电额定电压不超过 127 V；
i) 远距离控制线路的额定电压不超过 36 V。

6.8.4 索道的驱动控制应符合下列规定：

a) 索道的驱动系统应满足 6.3.5i)的要求。
b) 索道的驱动系统的电气传动在规定的荷载范围内，应具有起动平稳、速度恒定、制动灵敏可靠，且能实现反向运行。
c) 在所有涉及安全起动的条件都具备时，运行指令才能生效；停车指令应优先于其他控制指令。
d) 当工作制动器或安全制动器进行紧急制动时，主电机电源应立即自动切断；当进行正常制动时，主电机电源最迟应在索道停止运行时切断。
e) 索道主驱动电机应设置下列保护：
   1) 缺相保护；
   2) 低电压保护；
   3) 过负荷保护；
   4) 短路保护；
   5) 堵转保护；
   6) 直流电机失励保护；
   7) 制动型索道零电流保护。

6.8.5 除过负荷保护外，保护装置动作时索道应能自动停止运行。

6.8.6 索道应设由站内安全装置和线路安全装置组成的安全电路。

6.8.7 有必要时，索道的驱动系统宜采用变频调速或降压软启动。采用自动控制运行方式的索道宜采用无人值守或远程监控，在沿线的重要地段可设置闭路电视监控装置，其显示屏宜设在控制室内。

6.8.8 在一般情况下，索道的安全电路应符合下列要求：

a) 用于地下有防爆要求的索道在电器配套时，应按照索道的具体使用要求配套；但应遵循隔爆型电器与隔爆型电器相连的原则，对本安型电器与本安型电器相连时，应经国家指定的防爆检测实验站进行关联实验合格后，才能关联使用。
b) 当索道发生故障引起安全装置动作时，安全电路应使索道自动停止运行；索道应在排除故障和安全装置经人工复位后，方能重新启动。
c) 索道在运行过程中出现下列故障之一时，应使索道自动停止运行。当有条件时，还应显示故障位置：
   1) 电气控制系统的常规保护出现异常情况如：过流、过压、缺相等；
   2) 索道运行速度超过额定速度的 10%；

3） 拉紧小车或拉紧重锤超过极限位置；

4） 液压拉紧位置的油压超过正常值的±10%；

5） 站内和线路监控装置动作；

6） 紧急停车按钮动作。

故障排除并经人工复位后，才能再次启动索道。

d） 线路安全回路的工作电压不应超过交流有效值 50 V 或直流 60 V。

e） 沿线路必须布置紧急停车的开关装置(即沿线路任意点停车装置)。紧急停车装置应灵敏、不产生误动作、方便启动。延迟触发紧急停车不应超过 500 ms。当紧急停车开关装置失灵时，索道应停止工作。

f） 索道的电气控制系统必须具备如下装置：紧急停车开关，越位(限位)保护装置，过速保护装置，欠速保护装置，声、光、信号、照明及通讯装置，以确保乘员的人身安全和索道的安全运行。

g） 为了保证索道的安全运行，不应将电阻、电容、二极管等元件并联到安全关键件的断路器触点或元件上。

6.8.9 当索道驱动装置的制动和润滑系统的油压、油位、油温等异常时，宜发出报警信号。

6.8.10 站台、控制箱(柜)和驱动装置操作平台应设紧急停车按钮；在驱动装置和拉紧位置处，应设带自保的检修开关。

6.8.11 照明、通讯与信号应符合下列规定：

a） 站房内应有足够的照明系统，线路上宜设适当的照明。

b） 在站房上下车地点应设置电话或沿线通讯，便于联系。当安全功能部分或全部被屏蔽时，工作电话系统仍应保持畅通。

c） 应装设必要的显示设备，以便操作人员进行设备操作、了解运行情况和获取故障方面的有关信息。故障的显示应保持到下次起动为止。

d） 重要的电压值、电流值和监测信号，应通过检测设备或与之等效的设备加以显示。

e） 对应于索道的各种运行状态，其操作和显示的设备宜选用下列颜色：

1） 红色：紧急状态，危险情况，紧急停车；

2） 黄色：异常状态，报警，显示异常情况；

3） 绿色：安全状态，正常情况，正常停车；

4） 蓝色：待令状态，要求动作；

5） 白色/灰色/黑色：中间状态，没有特殊含义，边界线。

f） 应配备运行计时器及吊具计数器。

g） 沿线路应有音响的运行警示装置。

h） 上下车站房的起、终点宜设置安全语音提示。

i） 上下车站房的起、终点要设置有明显的警示标志，必须设置有自动停车的越位保护装置。

6.8.12 接地应符合下列规定：

a） 在电源引入的总配电箱处，宜设过电压保护器。

b） 索道线路必须有保护接地，其接地电阻值大于或等于 4 Ω。

c） 吊具与运载索之间，可不实施电气绝缘。

7 索道设计文件的编制

7.1 设计任务书的编制

设计任务书根据用户提出的要求和提供的井巷的基本参数及地质、环境条件而制定。

设计任务书应符合下列规定：

a） 确定索道的用途、使用范围、使用要求和使用条件；

b) 在分析、研究与试验国内外同类索道的基础上,保证索道的结构、性能达到先进技术水平;

c) 使索道在设计、制造、使用和维护方面,均能达到最好的技术经济指标。

7.2 《技术设计》的编制

技术设计阶段应确定索道的结构、技术经济指标和主要零部件,严格按照 GB 21008 的要求,编制下列主要技术文件:

a) 索道的总装配图和部件装配图应包括下列内容:

索道的机械部分、传动部分和控制操纵部分,在总装图中需将索道的全部零、部件和标准件清晰表示出来。

b) 电气设计应包括下列内容:

1) 电气原理图;

2) 电气控制系统示意图;

3) 电气控制系统方框图;

4) 电气接线图;

5) 电气设计书。

c) 若采用液压传动或气动传动则应包括液压传动或气动传动系统图等。

d) 设计计算书应包括下列内容:

1) 索道传动功率计算;

2) 索道结构计算;

3) 索道重要零件(驱/尾轮轴、齿轮、机身等)计算。

设计校核应包含那些影响装置安全的重要组件,如有需要,设计计算时还要考虑到静态载荷、疲劳载荷及稳定性和性能的影响。

设计计算应以最不利的载荷条件为基础,而且这些载荷的大小和作用方向及其组合情况应明确给出说明。设计计算书应表达清晰,能使人在没有任何附加说明信息的情况下完全得以理解。

e) 工作图应包括下列内容:

工作图是根据设计任务书和技术设计书来设计的,是索道制造过程的依据。

工作图主要内容包括修正技术设计阶段绘制的索道总图、部件图、主要零件图和各种系统图等,以及全部应加工的索道零件工作图。图中必须选择合适的尺寸、公差配合、考虑加工工艺的要求并注明技术条件等。此外,还应包括索道包装图与安装图,以及索道标准件汇总表、索道外购(配套)件汇总表等。

f) 工艺文件应包括下列内容:

工艺文件是在制定加工工艺过程中形成的,工艺文件主要由工艺定额、工艺规程、工艺守则、工艺装备图样等文件组成。

为保证索道的质量和产量,对工艺文件的基本要求是:完整、正确、统一、齐全。

g) 使用说明书的编制:

索道的使用说明书的编制应符合 GB/T 15706.2 和 GB/T 9969 的要求,使用说明书包括的内容应符合 GB 21008 的要求。

1) 使用说明书至少应包括以下内容:

——产品名称、规格和主要技术参数;

——主要用途和适用范围;

——适用的工作条件和环境;

——结构示意图;

——系统说明(机械传动系统、液压系统、电气控制系统、润滑系统及其他系统);

——安装调试方法；
——使用与操纵方法；
——维护与保养方法；
——常见故障及排除方法。

2) 使用说明书应采用使用索道的国家的官方语言书写，其用语应适合操纵人员阅读。

3) 使用说明书还应以醒目的方法给出使用与维护中预防危险的特别说明。索道安装运行中特别的安全说明包括：
——应清楚地告诉操纵者哪里有危险，应采取什么措施，从而在工作中安全地解决；
——设备正常启动条件、启动顺序；
——设备正常停机条件、停机顺序；
——有关防护装置的安装与功能说明；
——用于井下有防爆要求的索道的特别警告说明；
——操纵者应经过上岗实际培训，安全防护措施是培训的重点内容之一。

h) 验收和交货的技术文件应包括下列内容：

1) 《索道交货清单》应包括索道零、部件品种(包括备用件)的总件数、索道合格证书、使用说明书、索道安装图、基础图、易损件表、电气接线图、液压及气动传动系统图等；

2) 根据设计任务书和技术设计书提出的质量标准，按照 GB 21008 的要求编制《索道安装竣工验收书》；

3) 因井巷复杂多变，设计图纸在施工过程中可能有所变动，所以绘制竣工图十分必要，以便今后遇到问题时备查。

ICS 73.100.10
D 92

中华人民共和国国家标准

GB/T 25653—2010

铲 斗 装 岩 机

Bucket loader

2010-12-01 发布　　2011-03-01 实施

中华人民共和国国家质量监督检验检疫总局
中国国家标准化管理委员会　发布

前　言

本标准由中国机械工业联合会提出。

本标准由全国矿山机械标准化技术委员会(SAC/TC 88)归口。

本标准起草单位:淄博大力矿山机械有限公司、南昌凯马有限公司、山东省机械设计研究院、洛阳矿山机械工程设计研究院有限责任公司。

本标准主要起草人:李兵、魏平金、王艾泉、杨现利、孙明文、王亚东。

铲 斗 装 岩 机

1 范围

本标准规定了铲斗装岩机的型式、基本参数、技术要求、试验方法、检验规则、标志、包装、运输和贮存。

本标准适用于轨轮式、履带式铲斗装岩机(以下简称装岩机)。该装岩机主要用于各种地下水平巷道掘进和回采时装载矿岩,也可用于露天矿场装载物料。

2 规范性引用文件

下列文件中的条款通过本标准的引用而成为本标准的条款。凡是注日期的引用文件,其随后所有的修改单(不包括勘误的内容)或修订版均不适用于本标准,然而,鼓励根据本标准达成协议的各方研究是否可使用这些文件的最新版本。凡是不注日期的引用文件,其最新版本适用于本标准。

GB/T 191 包装储运图示标志(GB/T 191—2008,ISO 780:1997,MOD)

GB/T 3768 声学 声压法测定噪声源声功率级 反射面上方采用包络测量表面的简易法(GB/T 3768—1996,eqv ISO 3746:1995)

GB 5226.1 机械电气安全 机械电气设备 第1部分:通用技术条件(GB 5226.1—2008,IEC 60204-1:2005,IDT)

GB/T 9969 工业产品使用说明书 总则

GB/T 13306 标牌

GB/T 13384 机电产品包装通用技术条件

GB 16423 金属非金属矿山安全规程

GB/T 25706 矿山机械 产品型号编制方法

JB/T 5946 工程机械 涂装通用技术条件

3 型式与基本参数

3.1 装岩机为采用轨轮或履带行走方式,通过铲斗进行正装后卸,直接卸载型的装岩机器。

3.2 产品型号表示方法应符合 GB/T 25706 的规定。

铲斗装岩机的型号表示方法为:

Z □ □-□ □□

- □□ —— 改进型号(A—加高型,C—侧开箱,W—无钢丝绳固定型)
- □(“-”后) —— 铲斗容积(m^3/100)
- □(“-”前) —— 动力型式(Q—气动,D—电动,电动可以不注)
- □(Z后) —— 行走方式(L—履带式,省略表示轨轮式)
- Z —— 正装后卸,直接卸载型铲斗装岩机(直)

标记示例:

铲斗容积为 0.17 m^3,电动、轨轮式、正装后卸、加高型且铲斗架无钢丝绳固定、直接卸载型铲斗装岩机标记为:

Z-17AW 装岩机

铲斗容积为 0.2 m^3,电动、轨轮式、正装后卸、侧开箱直接卸载型铲斗装岩机:

Z-20C 装岩机

铲斗容积为 0.3 m^3,电动、轨轮式、正装后卸、铲斗架无钢丝绳固定、直接卸载型铲斗装岩机:

Z-30W 装岩机

铲斗容积为 0.26 m^3，气动、轨轮式、正装后卸、直接卸载型铲斗装岩机：

ZQ-26 装岩机

铲斗容积为 0.2 m^3，电动、履带式、正装后卸、直接卸载型铲斗装岩机：

ZLD-20 装岩机

3.3 装岩机的基本参数：

a) 轨轮式铲斗装岩机应符合表 1 和图 1 的规定。图 1 不确定装岩机的结构形式。

表 1 基本参数

型号	铲斗容积/m^3	生产能力/(m^3/h)	装载宽度 B/m	卸载高度 H/m	卸载距离 S/m	最大工作高度 H_1/m	运输状态外形尺寸 宽度 B_1/m	运输状态外形尺寸 高度 H_2/m
Z-17	0.17±0.017	≥30	≥1.70	≥1.01	≥0.27	1.75	≤1.072	≤1.23
Z-17W								
Z-17A				≥1.21		1.92	≤1.056	≤1.26
Z-17AW								
Z-20	0.20±0.02	≥48	≥1.95	≥1.25	≥0.34	2.18	≤1.23	≤1.46
Z-20W			≥2.00	≥1.30				
Z-20C			≥1.95	≥1.25		2.00		
Z-20CW								
ZQ-26	0.26±0.026	≥60	≥2.60	≥1.25	≥0.42	2.24	≤1.130	≤1.42
Z-30	0.30±0.03	≥72	≥2.35	≥1.30	≥0.34	2.38	≤1.220	≤1.50
Z-30W			≥2.50				≤1.300	
Z-45	0.45±0.045	≥108	≥2.80	≥1.50	≥0.36	2.50	≤1.500	≤1.56
Z-45W								
ZQ-50	0.50±0.05	≥96	≥3.50	≥1.60	≥0.55	2.80	≤1.600	≤2.00

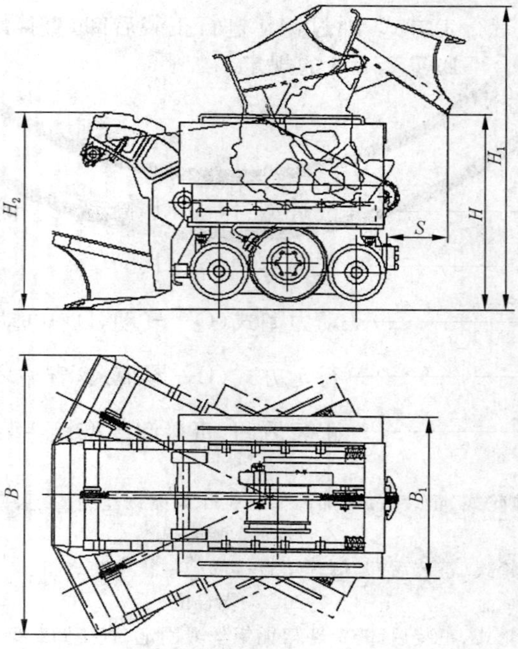

图 1

b) 履带式铲斗装岩机应符合表 2 和图 2 的规定。图 2 不确定装岩机的结构形式。

表 2 基本参数

型号	铲斗容积/m^3	生产能力/(m^3/h)	卸载高度 H/m	卸载距离 S/m	最大工作高度 H_1/m	运输状态外形尺寸	
						宽度 B/m	高度 H_2/m
ZLD-20	0.20±0.02	≥48	≥1.25	≥0.30	2.00	≤1.40	≤1.30
ZLD-30	0.30±0.03	≥72	≥1.25	≥0.26	2.20	≤1.45	≤1.50

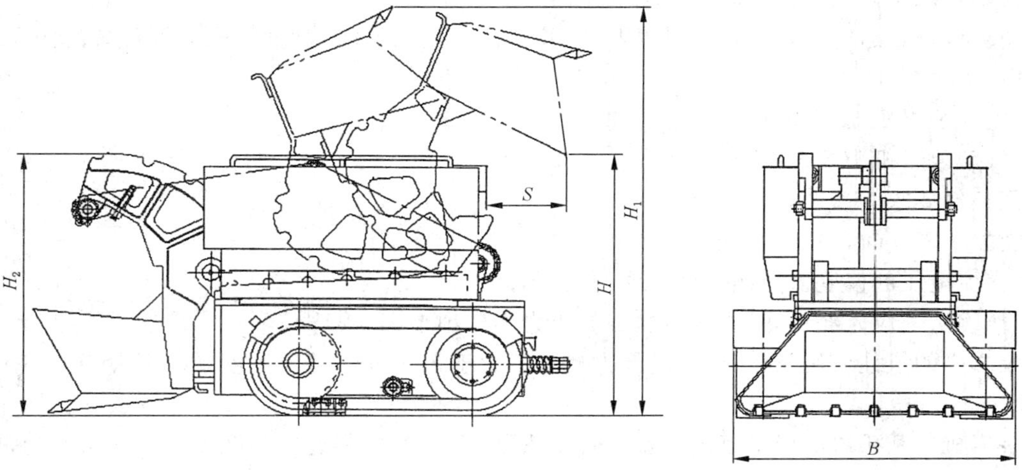

图 2

4 技术要求

4.1 设计要求

4.1.1 装岩机应符合本标准的要求,并按照经规定程序批准的图样和技术文件制造。

4.1.2 本标准未予规定的原材料、外购件及加工、装配等技术要求,均应符合现行有关标准的规定。

4.1.3 本标准未予规定的所用零部件的尺寸精度等级、公差配合、形位公差等通用技术要求,均应符合现行有关标准的规定。

4.2 结构与装配要求

4.2.1 轨轮式装岩机的轮距应按 600 mm、762 mm 或 900 mm 制造。

4.2.2 行走、提升减速器空载试验时,齿轮运转应平稳,无周期性噪声;各密封处不得有渗、漏油现象。

4.2.3 装岩机的扬斗机构、工作机构应动作灵活、准确、可靠;行走机构的前进、后退应无阻滞现象,履带式装岩机的行走机构还应转向灵活。轨轮式装岩机回转机构由纵向中心线向左、右两侧回转及复位时应灵活、可靠。

4.2.4 装岩机的结构应保证各部件能拆开搬运。

4.2.5 装岩机与运输设备应具有安全、可靠的连接装置。

4.3 电气设备要求

4.3.1 装岩机的电气系统应有足够安全可靠的保护措施,在正常工况下,其应能可靠地预防和减少直接由电引发的危险。

4.3.2 装岩机的电气操纵装置应灵活、准确、可靠。

4.3.3 装岩机应避免各种管线的急剧转弯。

4.3.4 装岩机所用的电机和电控箱应有良好的密封,防止粉尘的进入。

4.3.5 装岩机的电气设备应按交流频率 50 Hz,额定电压 380 V 或 660 V 制造。

4.3.6 装岩机的电气设备应符合 GB 5226.1 的规定。电气强度施压 1 kV,1 s 无击穿、闪落现象,绝缘电阻应大于 1 MΩ。

4.4 安全与噪声要求

4.4.1 装岩机的安全应符合 GB 16423 的有关要求。

4.4.2 装岩机的结构及各零部件应有足够的强度、刚度及稳定性。

4.4.3 装岩机上的所有紧固件应连接可靠,对可能在运行中松脱的零、部件,应采取有效的安全措施。

4.4.4 机器的外露表面应避免锐边、角形、飞边和毛刺。

4.4.5 在装岩机明显位置处应固定安全操作标牌。

4.4.6 装岩机空载运行时,在机器周围四个方位距离机器 2 m、距地面 1 m 高的位置处的噪声声压级不得超过:

——电动装岩机 85 dB(A);

——气动装岩机 105 dB(A)。

4.5 使用条件要求

4.5.1 装岩机工作时,向其输送的动力应为:

——交流电压的偏差值为额定电压值的±5%;

——压缩空气应先经过滤,进入装岩机的压力不应小于 0.5 MPa。

4.5.2 装岩机的最佳使用条件:矿岩的最大尺寸不大于 300 mm,普氏硬度系数不大于 16,松散物料密度不大于 1.8 t/m^3。

4.5.3 装岩机装载矿岩的极限范围为普氏硬度系数 20,松散物料密度为 2.4 t/m^3,此时允许降低生产能力和第一次大修前装岩量,降低幅度不得大于 20%。

4.6 外观要求

4.6.1 装岩机所有焊缝表面应平整,不应有裂纹、气孔、夹渣和未焊透等缺陷。

4.6.2 装岩机非加工表面应平整,其平面度误差应不超过 2 mm/m^2。

4.6.3 装岩机的涂装质量应符合 JB/T 5946 的规定。

4.7 性能要求

4.7.1 行走、提升减速器空载试验时,正反方向各运转 30 min,轴承部位温升不应超过 35 ℃,最高温度不应超过 80 ℃。

4.7.2 装岩机整机空载试验时各种动作应无不正常现象。

4.7.3 装岩机负载试验时各种动作应灵活、准确、可靠。

4.7.4 装岩机投入运行至第一次大修时的使用期限,应符合下面要求的其中一项:

a) 按每天工作 8 小时计算,用于巷道掘进装载时不少于 18 个月,用于回采工作面装载时不少于 15 个月;

b) 第一次大修前装岩机的装岩量应符合表 3 的规定。

表 3 装岩量

型 号	Z-17、Z-17W Z-17A、Z-17AW	Z-20、Z-20W Z-20C、Z-20CW	ZLD-20 ZQ-26	Z-30 Z-30W	ZLD-30	Z-45 Z-45W	ZQ-50
第一次大修前装岩量/m^3	≥4 800	≥7 200		≥10 000		≥15 000	≥24 000

4.8 成套性要求

装岩机的成套供货范围应包括:

a) 装岩机本体;

b） 随机的备件、附件及工具；

c） 使用说明书、产品质量合格证、装箱单。

5 试验方法

5.1 外型几何尺寸用一般通用量具进行测量。

5.2 原材料、外购件的性能应符合相应标准及技术文件的规定。

5.3 主要零部件的性能应符合相应的技术文件的规定。

5.4 噪声值用声级计按 GB/T 3768 的规定进行测量，并应符合 4.4.6 的规定。

5.5 装岩机的工作电压用伏特表测量，并应符合 4.5.1 的规定。

5.6 电气强度用耐压测试仪测量，绝缘电阻用兆欧表测量。

5.7 轴承温度温升用点温计测量。

5.8 铲斗容积的测量应采用向铲斗倒入干砂的方法进行。测量时应将铲斗置于其底板对水平面的倾角为 60°，干砂应堆积成在铲斗口各边缘处呈自然安息角的尖峰状。

5.9 技术生产率应按 4.5.2 指明的使用条件，在水平巷道或露天中连续工作 10 min 所装载矿岩的实际体积的算术平均值来确定。试验时矿岩堆积宽度应不小于装载宽度或机器宽度，堆积高度应为 1.5 m～2.0 m。

5.10 装岩机的空载试验包括行走、提升减速器的空载试验和整机的空载试验，并应满足下列要求：

a） 行走、提升减速器的空载试验是正反方向各运转 30 min。

b） 整机的空载试验包括整机的前进、后退和铲斗的扬翻。其中轨轮式装岩机还包括回转机构的左右回转；履带式装岩机包括行走机构的左转弯和右转弯。

5.11 装岩机负载试验应在 4.5.2 规定的条件下，做正铲和提升铲斗动作，把矿岩装入运输设备，每次连续装载矿岩量不少于 15 m^3，试验次数不少于 5 次。

6 检验规则

6.1 检验分类

装岩机的检验分出厂检验和型式检验。

6.2 出厂检验

6.2.1 每台装岩机须经出厂检验合格后才能出厂，并应附有产品合格证。

6.2.2 出厂检验应包括外观检验、行走、提升减速器的空载检验和整机的空载检验。

6.3 型式检验

6.3.1 有下列情况之一时应进行型式检验：

a） 新产品投产时；

b） 正式生产后，产品结构、材料或工艺有较大改变，可能影响产品性能时；

c） 正常生产时，每隔三年；

d） 停产一年以上，恢复生产时；

e） 出厂检验结果与上次型式检验有较大差异时；

f） 国家质量监督机构提出进行型式检验要求时。

6.3.2 型式检验项目应检验 3.3 和第 4 章所规定的所有内容。

6.3.3 型式检验应从出厂检验合格的产品中抽取一台进行，如检验不合格应加倍抽检，若仍不合格则判定此次型式检验不合格。

7 标志、包装、运输及贮存

7.1 产品标牌应固定在装岩机的明显位置。标牌应符合 GB/T 13306 的规定，并应标明下列内容：

a) 制造厂名称；

b) 产品型号和名称；

c) 产品执行标准；

d) 主要技术参数；

e) 出厂编号；

f) 制造日期。

7.2 产品使用说明书应符合 GB/T 9969 的规定。

7.3 装岩机的整体包装根据用户的要求进行包装，也可进行裸运。随机文件用塑料袋包装后与随机备件、工具装入一小包装箱内。

7.4 装岩机的包装应符合 GB/T 13384 的规定。

7.5 装岩机包装箱的储运指示标志应符合 GB/T 191 的规定。

7.6 装岩机应符合水、陆运输的要求。

7.7 装岩机应存放在防雨、防晒的场所。

7.8 装岩机存放 6 个月以上，应重新进行防锈处理。

ICS 35.160
L 60

中华人民共和国国家标准

GB/T 25654—2010

手持电子产品嵌入式软件 API

Embedded software API for handheld electronic product

2010-12-01 发布 2011-04-01 实施

中华人民共和国国家质量监督检验检疫总局
中国国家标准化管理委员会 发布

前　言

本标准由中华人民共和国工业和信息化部提出。

本标准由全国信息技术标准化技术委员会(SAC/TC 28)归口。

本标准起草单位:浙江大学、北京凯思昊鹏软件工程技术有限公司、北京科银京成技术有限公司、中国电子技术标准化研究所、中兴通讯技术有限公司、宁波波导股份有限公司、普天信息技术研究院。

本标准主要起草人:吴朝晖、袁玉宇、陈天洲、张旸旸、李允、李云翔、张倪、刘胤兵、王四清、罗蕾、朱明远、马力、嵇智源、黄江伟、戴鸿君、胡威、赵建东。

手持电子产品嵌入式软件 API

1 范围

本标准规定了手持电子产品嵌入式软件 API 规范。

本标准适用于手持电子产品嵌入式软件的设计与开发。

2 规范性引用文件

下列文件中的条款通过本标准的引用而成为本标准的条款。凡是注日期的引用文件，其随后所有的修改版(不包括勘误的内容)或修订版均不适用于本标准，然而，鼓励根据本标准达成协议的各方研究是否可使用这些文件的最新版本。凡是不注日期的引用文件，其最新版本适用于本标准。

GB/T 1988—1998 信息技术 信息交换用七位编码字符集(eqv ISO/IEC 646:1991)

GB/T 14246.1—1993 信息技术 可移植的操作系统界面 第1部分：系统应用程序界面(POSIX.1)(API) (idt ISO/IEC 9945-1:1990)

GB/T 15272—1994 程序设计语言 C (idt ISO/IEC 9899:1990)

GB/T 16264.8—2005 信息技术 开放系统互连 目录 第8部分：公钥和属性证书框架(ISO/IEC 9594-8:2001,IDT)

GB/T 22033—2008 信息技术 嵌入式系统术语

YD/T 1229—2002 可移动终端数据同步协议及信息交换数据格式技术要求

ISO/IEC 14515(所有部分) 信息技术 可移植操作系统接口(POSIX)

3 术语和定义、缩略语

3.1 术语和定义

GB/T 14246.1—1993、GB/T 16264.8—2005、GB/T 22033—2008 中确立的以及下列术语和定义适用于本标准。

3.1.1

手持电子产品 handheld electronic product

便于携带，并且可以在移动环境下使用的电子产品。

3.1.2

嵌入式数据管理 embedded data management

在手持电子产品上，应用计算机数据管理技术，实现对数据的分类、存取、检索等功能。

3.1.3

动态电源管理(DPM) dynamic power management (DPM)

动态电源管理是指在操作系统运行过程中，动态的根据运行状态，调整系统整体和部分的状态，进行电源管理。

3.1.4

操作点(OPT) operating point (OPT)

由 CPU 电压、CPU 总线频率以及外围设备的状态参数来描述。

3.2 缩略语

下列缩略语适用于本标准。

API 应用编程接口(Application Programming Interface)

AVS　数字音视频编解码技术标准(Audio Video coding Standard)
CA　证书颁发机构(Certification Authority)
CRL　作废证书列表(Certificate Revocation Lists)
DOM　文档对象模型(Document Object Model)
EMAIL　电子邮件(electronic mail)
FAC　最后的装配号码(Final Assembly Code)
GUI　图形用户接口(Graphical User Interface)
HTML　超文本置标语言(HyperText Markup Language)
HTTP　超文本传输协议(Hypertext Transfer Protocol)
MCC　移动电话国家代码(Mobile Country Code)
MIDI　乐器数字接口(Musical Instrument Digital Interface)
MIME　多用途互联网邮件扩展同步多媒体集成语言(Multipurpose Internet Mail Extensions)
MMS　多媒体短信服务(Multimedia Messaging Service)
MNC　移动电话网络代码(Mobile Network Code)
PIM　个人信息管理(Personal Information Management)
PIN　个人识别码(Personal Identification Number)
POST　多用途互联网邮件扩展同步多媒体集成语言(Multipurpose Internet Mail Extensions)
PUK　个人解锁码(Personal Unblocking Code)
RTL　实时运行库(Runtime Library)
SMIL　同步多媒体集成语言(Synchronized Multimedia Integration Language)
SMS　短信服务(short message service)
SSL　安全套接层(Security Socket Layer)
SyncML　同步置标语言(Syncronization Markup Language)
TTS　语音合成系统(Text To Speech)
URL　统一资源定位器(Uniform Resource Locator)
UTC　协调世界时(Universal Time Coordinated)
WAP　无线应用协议(Wireless Application Protocol)
WML　无线置标语言(Wireless Markup Language)
WSP　无线会话协议(Web Service Provide)
XHTML　可扩展超文本置标语言(eXtensible HyperText Markup Language)

4　概述

手持电子产品嵌入式软件 API 可以分为基础层 API、应用支撑层 API 与应用层 API，其中应用层提供了应用 API、数据交换 API 与电源管理 API，如图 1 所示。

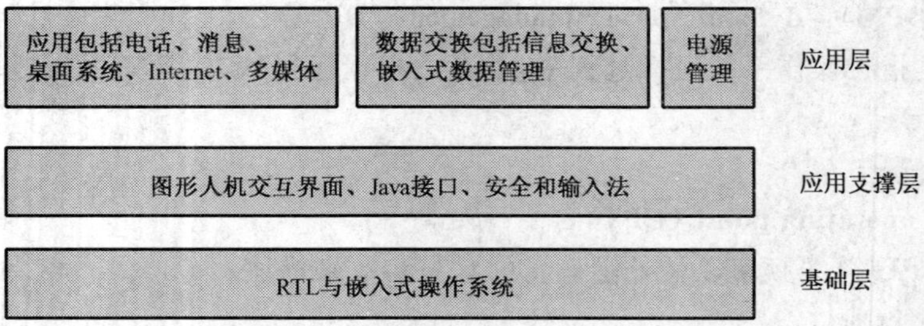

图 1　手持电子产品嵌入式软件 API 示意图

基础层描述了 RTL 与嵌入式操作系统，提供了系统底层向上层软件的 API 接口。

应用支撑层API标准使得在上层软件开发过程中，可以无需调用基础层API，而在应用支撑层API上进行软件设计。应用支撑层规定了用于手持电子产品的嵌入式软件中应用支撑层所应提供的应用编程接口，包括图形人机交互界面、Java接口、安全和输入法等方面的API。

应用层是在应用支撑层之上面向不同领域、不同功能的手持电子产品的典型应用的API，包括应用API、数据交换API、电源管理API。

应用API规定了手持电子产品应用软件的API规范，如针对移动通讯手持电子产品，定义了电话、短消息等典型应用的编程接口，包括了电话、消息、桌面系统、Internet、多媒体的API。

数据交换API为了在手持电子产品的嵌入式软件中实现数据交换，定义了手持电子产品数据管理、交换的编程接口，包括电子名片、电子日历、电话、记事等数据存储交换，以及嵌入式数据管理的API。

电源管理API提供了能耗管理的应用编程接口，使用DPM定义了手持电子产品在电源管理方面的API接口，适用于手持电子产品嵌入式软件中的电源管理模块。

5 基础层

5.1 RTL函数

RTL函数是符合GB/T 15272—1994实时运行库。根据嵌入式系统的特点以及手持电子产品应用的实际需要，本条规定了RTL中基本的和必须实现的API要求。根据系统的不同实现，GB/T 15272—1994的其他内容可作为本条的可选项。

本标准规定的RTL函数如表1所示，函数定义见GB/T 15272—1994，函数中涉及的七位编码字符集见GB/T 1988—1998。

表1 RTL函数

字符测试函数	isalnum、isalpha、isascii、iscntrl、isdigit、isgraph、islower、isprint、ispunct、isspace、isupper、isxdigit
存储管理函数	calloc、free、malloc、realloc、memchr、memcmp、memcpy、memmove、memset
字符串处理函数	stricmp、strcat、strchr、strcmp、strcpy、strcspn、strdup、strlen、strnicmp、strncat、strncmp、strncpy、strpbrk、strrchr、strspn、strstr、strtok
时间函数	asctime、ctime、difftime、gettimeofday、gmtime、localtime、mktime、settimeofday、strftime、time、clock
数据转换函数	atoi、atol、atof、strtol、strtoul、strtod、tolower、toupper、strupr、strlwr、ecvt、fcvt、gcvt
输入输出函数	clearer、fclose、fdopen、feof、ferror、fflush、fgetc、ftell、fgets、fileno、fopen、fputc、fputs、fread、freopen、fseek、fsetpos、ftell、fwrite、getc、getchar、gets、putc、putchar、puts、remove、rename、rewind、ungetc、fprintf、fscanf、printf、scanf、sprintf、snprintf、sscanf、vfprintf、vprintf、vsprintf
随机数函数	rand、srand
数学函数	abs、acos、asin、atan、ceil、cos、exp、fabs、floor、fmod、labs、log、log10、modf、pow、sin、sqrt、tan
跳转函数	longjmp、setjmp
可变参数	va_start、va_arg、va_end

5.2 操作系统函数

操作系统函数是指用于手持电子产品的单进程多线程的实时嵌入式操作系统。内存管理采用线性内存地址空间。采用虚拟文件系统，把普通文件、目录、设备统一以文件形式进行管理。操作系统API遵循ISO/IEC 14515。根据嵌入式系统的特点以及手持电子产品应用的实际需要，本条规定了POSIX中基本的和必须实现的API；根据系统的不同实现，ISO/IEC 14515的其他内容可作为本条的可选项。

本标准规定的操作系统函数参见ISO/IEC 14515，如表2所示。

表 2　操作系统函数

线程函数	pthread_create、pthread_detach、pthread_equal、pthread_exit、pthread_join、pthread_self
线程属性函数	pthread_attr_init、pthread_attr_destroy、pthread_attr_getdetachstate、pthread_attr_getschedparam、pthread_attr_getstackaddr、pthread_attr_getstacksize、pthread_attr_setdetachstate、pthread_attr_setschedparam、pthread_attr_setstackaddr、pthread_attr_setstacksize
时序控制函数	pthread_yield
互斥锁函数	pthread_mutex_init、pthread_mutex_destroy、pthread_mutex_lock、pthread_mutex_timedlock、pthread_mutex_trylock、pthread_mutex_unlock
互斥锁属性函数	pthread_mutexattr_init、pthread_mutexattr_destroy、pthread_mutexattr_getkind_np、pthread_mutexattr_setkind_np、pthread_mutexattr_setprotocol、pthread_mutexattr_getprotocol、pthread_mutexattr_setprioceiling、pthread_mutexattr_getprioceiling
线程私有数据函数	pthread_key_create、pthread_key_delete、pthread_getspecific、pthread_setspecific
信号量	sem_close、sem_destroy、sem_getvalue、sem_init、sem_open、sem_post、sem_timedwait、sem_trywait、sem_unlink、sem_wait
时钟和定时器	clock_getres、clock_gettime、clock_settime、sleep、timer_cancel、timer_connect、timer_create、timer_delete、timer_gettime、timer_settime、usleep
消息队列	mq_close、mq_getattr、mq_open、mq_send、mq_setattr、mq_timeddreceive、mq_timedsend、mq_unlink
文件系统函数	chdir、chmod、closedir、getcwd、mkdir、opendir、readdir、rewinddir、rmdir、close、create、dup、dup2、fcutl、fsync、link、lseek、open、read、sync、write、fstat、fstatfs、ioctl、mknod、mount、stat、statfs、truncate、umount、unlink、utime、utimes

6　应用支撑层

6.1　图形人机交互界面

6.1.1　图形人机交互界面的分层

图形人机接口分为 3 个层次向开发者提供 API 以支持不同硬件平台环境的图形开发，分别为图形引擎、窗口机制与图形设备接口以及扩展的控件层。

图形引擎层针对 framebuffer 进行操作，提供基础绘图函数。

窗口机制提供遵循 Win32 消息循环机制，图形设备接口提供对图形设备的驱动封装，本层 API 与 Win32 兼容。

控件层提供了各种控件以及控件操作，本层 API 与 Win32 API 兼容。

6.1.2　图形引擎

6.1.2.1　DrawPixel

DrawPixel 描述如下：

函数名	DrawPixel
说明	在指定的设备上根据指定位置画一个点
参数	a) 绘图设备结构的描述符 b) 点的横坐标 c) 点的纵坐标 d) 风格设定
返回值	无

6.1.2.2 **DrawLine**

DrawLine 描述如下：

函数名	DrawLine
说明	在指定两个坐标之间画一条直线
参数	a) 绘图设备结构的描述符 b) 起始点横坐标 c) 起始点纵坐标 d) 终点横坐标 e) 终点纵坐标 f) 风格设定
返回值	无

6.1.2.3 **DrawRect**

DrawRect 描述如下：

函数名	DrawRect
说明	在指定的设备上根据指定大小画一个矩形
参数	a) 绘图设备结构的描述符 b) 矩形绘图区域 c) 颜色 d) 风格设定
返回值	无

6.1.2.4 **DrawCircle**

DrawCircle 描述如下：

函数名	DrawCircle
说明	在指定设备上根据指定的圆心和半径画圆
参数	a) 绘图设备结构的描述符 b) 圆心横坐标 c) 圆心纵坐标 d) 圆的半径
返回值	无

6.1.2.5 **DrawPoly**

DrawPoly 描述如下：

函数名	DrawPoly
说明	在指定设备上根据指定风格和坐标画一个多边形
参数	a) 绘图设备结构的描述符 b) 多边形的顶点点对 c) 风格设定
返回值	无

6.1.2.6 **GetDevCapcity**

GetDevCapcity 描述如下：

函数名	GetDevCapcity
说明	取得指定设备的设备信息
参数	a） 绘图设备结构的描述符 b） 存放设备信息结构的描述符
返回值	指定设备的设备信息

6.1.2.7 **GetPixel**

GetPixel 描述如下：

函数名	GetPixel
说明	取得指定点的颜色值
参数	a） 点的横坐标 b） 点的纵坐标
返回值	指定点的 32 位颜色值

6.1.2.8 **ScrollScreen**

ScrollScreen 描述如下：

函数名	ScrollScreen
说明	在指定设备上按指定参数进行屏幕滚动
参数	a） 绘图设备结构的描述符 b） 待滚动的矩形结构的描述符 c） 滚动后矩形的左上角位置
返回值	无

6.1.2.9 **UpdateScreen**

UpdateScreen 描述如下：

函数名	UpdateScreen
说明	该操作只对非直接写屏设备有效，直接写屏的显示设备不用提供该操作。有些特别设计的显示设备其显示刷新内存区是不可直接访问的或是只能写而不能读的，这就需要显示设备驱动程序利用一个访问工作内存的操作，在必要时将工作内存用特定方法传送到刷新内存区中。为了避免过量的数据传送，这种设备的驱动程序必须记录下工作内存更新的区域，在必须传送数据时只需传送工作内存中更新区域的内容
参数	a） 绘图设备结构的描述符 b） 刷新区域的描述符
返回值	无

6.1.2.10 **OpenDevice**

OpenDevice 描述如下：

函数名	OpenDevice
说明	打开显示物理设备
参数	a) 显示设备结构的描述符 b) 显示设备的标示符
返回值	与该设备对应的显示设备结构的长度,为负值表示错误,其绝对值是错误代码

6.1.2.11 **CloseDevice**

CloseDevice 描述如下:

函数名	CloseDevice
说明	关闭显示设备
参数	显示设备结构的描述符
返回值	无

6.1.2.12 **CreateMemoryDevice**

CreateMemoryDevice 描述如下:

函数名	CreateMemoryDevice
说明	创建一个与物理显示设备显示缓存类似的内存显示设备。用于绘图操作之后快速地写入到物理显示设备上,减少绘图过程中的闪烁
参数	a) 物理显示设备结构的描述符 b) 内存设备的水平像素数 c) 内存设备的垂直像素数 d) 内存显示设备结构的描述符
返回值	内存显示设备结构的长度

6.1.2.13 **DestroyMemoryDevice**

DestroyMemoryDevice 描述如下:

函数名	DestroyMemoryDevice
说明	删除一个内存显示设备。结构中有由驱动程序分配的内存区的描述符,将这些内存区释放
参数	指向内存设备结构的描述符
返回值	无

6.1.2.14 **DIBitBlt**

DIBitBlt 描述如下:

函数名	DIBitBlt
说明	将一个设备无关位图贴到显示设备上
参数	a) 显示设备结构的描述符 b) 设备贴图操作矩形区域的描述符

参数	c) 设备无关位图的描述符 d) 待贴图的图形左上角在位图中的坐标 e) 绘图参数结构的描述符
返回值	无

6.1.2.15 **TextBlt**

TextBlt 描述如下：

函数名	TextBlt
说明	将文字点阵的单色位图的数据经二元 ROP 操作之后输出到指定的显示设备上
参数	a) 物理显示设备或内存显示设备结构的描述符 b) 指定在显示设备上输出位置的坐标 c) 设备无关位图的描述符 d) 绘图参数结构的描述符
返回值	无

6.1.3 窗口机制层

6.1.3.1 消息处理

6.1.3.1.1 **CallWindowProc**

CallWindowProc 描述如下：

函数名	CallWindowProc
说明	将消息信息传递到指定的窗口函数
参数	a) 前一个窗口函数 b) 指定接收消息的窗口描述符 c) 指定消息 d) 指定传给窗口函数的参数 1 e) 指定传给窗口函数的参数 2
返回值	函数调用成功返回消息处理的结果，否则返回 0

6.1.3.1.2 **DispatchMessage**

DispatchMessage 描述如下：

函数名	DispatchMessage
说明	将指定的消息发送到当前窗口的窗口函数
参数	当前消息结构的描述符
返回值	返回窗口函数返回的值，这个值取决于实际消息的传送

6.1.3.1.3 **GetMessage**

GetMessage 描述如下：

函数名	GetMessage
说明	从消息队列中获取发送给指定窗口的消息
参数	a) 保存获取到的消息 b) 指定窗口 c) 指定消息的范围的最小值 d) 指定消息的范围的最大值
返回值	成功/失败

6.1.3.1.4 **PostMessage**

PostMessage 描述如下：

函数名	PostMessage
说明	将指定消息放置到应用程序的消息队列中
参数	a) 指定接收消息的窗口 b) 指定消息类型 c) 指定消息的附带参数 1 d) 指定消息的附带参数 2
返回值	成功/失败

6.1.3.1.5 **SendMessage**

SendMessage 描述如下：

函数名	SendMessage
说明	直接发送指定的消息给指定的窗口
参数	a) 指定接收消息的窗口 b) 指定发送的消息类型 c) 指定消息的附带参数 1 d) 指定消息的附带参数 2
返回值	接收消息的窗口函数处理后的所返回的值，其值由所发送消息决定

6.1.3.1.6 **TranslateMessage**

TranslateMessage 描述如下：

函数名	TranslateMessage
说明	将虚拟键代码消息翻译成字符消息，并将该字符消息加入到消息队列中
参数	指定虚拟键代码消息
返回值	成功/失败

6.1.3.1.7 **PeekMessage**

PeekMessage 描述如下：

函数名	PeekMessage
说明	在消息队列中查找指定的消息，并进行相应的处理
参数	a） 指定消息 b） 指定接收要查找的消息的窗口 c） 指定消息的范围的最小值 d） 指定消息的范围的最大值 e） 指定如何处理指定的消息（如果找到），处理方法有以下两种： 1） 消息经过查找处理之后不会从队列中删除 2） 消息经过查找会从队列中删除
返回值	成功/失败

6.1.3.2 **窗口创建**

6.1.3.2.1 **CreateWindow**

CreateWindow 描述如下：

函数名	CreateWindow
说明	根据参数所指定的窗口属性创建窗口
参数	a） 指定窗口类的类名 b） 指定窗口的名称 c） 指定窗口的格式 d） 指定窗口左上角的 x 坐标 e） 指定窗口左上角的 y 坐标 f） 指定窗口的宽度 g） 指定窗口的高度 h） 指定窗口的父窗口或拥有者窗口 i） 指定窗口的菜单或子窗口 j） 指定窗口所属的应用程序实例 k） 指定传递给要创建的窗口的数据
返回值	新创建的窗口的描述符/失败

6.1.3.2.2 **CreateWindowEx**

CreateWindowEx 描述如下：

函数名	CreateWindowEx
说明	根据指定的扩展风格和参数指定的其他窗口属性创建窗口
参数	a） 指定扩展风格 b） 指定窗口类的类名 c） 指定窗口的名称 d） 指定窗口的格式 e） 指定窗口左上角的 x 坐标 f） 指定窗口左上角的 y 坐标 g） 指定窗口的宽度

参数	h) 指定窗口的高度 i) 指定窗口的父窗口或拥有者窗口 j) 指定窗口的菜单或子窗口 k) 指定窗口所属的应用程序实例 l) 指定传递给要创建的窗口的数据
返回值	新窗口的描述符/失败

6.1.3.2.3 **DefWindowProc**

DefWindowProc 描述如下：

函数名	DefWindowProc
说明	对指定窗口的窗口函数不处理的消息进行缺省处理
参数	a) 指定窗口 b) 指定要处理的消息的类型 c) 指定消息的附带参数 1 d) 指定消息的附带参数 2
返回值	返回消息处理结果,具体意义取决于由参数 b)指定的消息

6.1.3.2.4 **DestroyWindow**

DestroyWindow 描述如下：

函数名	DestroyWindow
说明	删除指定的窗口
参数	指定要删除的窗口
返回值	成功/失败

6.1.3.2.5 **RegisterClass**

RegisterClass 描述如下：

函数名	RegisterClass
说明	根据参数所指定的窗口类信息注册一个新窗口类
参数	指向包含各种窗口类信息的数据结构
返回值	成功/失败

6.1.3.2.6 **RegisterClassEx**

RegisterClassEx 描述如下：

函数名	RegisterClassEx
说明	根据参数所指定的窗口类信息注册一个新窗口类。本函数的参数所指定的窗口类信息比 RegisterClass 函数包含更多的内容
参数	指向包含各种窗口类信息的数据结构
返回值	成功/失败

6.1.3.2.7 **UnregisterClass**

UnregisterClass 描述如下：

函数名	UnregisterClass
说明	从窗口类表中注销指定的窗口类
参数	指定要注销的窗口类
返回值	成功/失败

6.1.3.2.8 **GetClassInfo**

GetClassInfo 描述如下：

函数名	GetClassInfo
说明	获取指定窗口类的信息
参数	a) 指定创建窗口类的应用程序实例 b) 指定窗口类 c) 指向用于保存窗口类信息的数据结构
返回值	成功/失败

6.1.3.2.9 **GetClassLong**

GetClassLong 描述如下：

函数名	GetClassLong
说明	从窗口的窗口类结构中获取 32 位的窗口类信息
参数	a) 指定要获取类数据的窗口 b) 指定要检取的 32 位值。
返回值	所要求的 32 位值/失败

6.1.3.2.10 **SetClassLong**

SetClassLong 描述如下：

函数名	SetClassLong
说明	设置窗口的窗口类结构中的 32 位的窗口信息
参数	a) 指定要设置类数据的窗口 b) 指定要设置的内容 c) 指定替换的值
返回值	指定信息的 32 位整数的原值/失败

6.1.3.2.11 **GetWindowLong**

GetWindowLong 描述如下：

函数名	GetWindowLong
说明	获取窗口的信息，该信息是 32 位的
参数	a) 指定要获取数据的窗口 b) 指定被检取值的偏移量
返回值	指定的 32 位整数的原值/失败

6.1.3.2.12 **SetWindowLong**

SetWindowLong 描述如下：

函数名	SetWindowLong
说明	设置窗口的信息，该信息是 32 位的
参数	a) 指定要设置数据的窗口 b) 指定被检取值的偏移量 c) 指定替换的值
返回值	指定的 32 位整数的原值/失败

6.1.3.3 **显示和移动**

6.1.3.3.1 **MoveWindowToTop**

MoveWindowToTop 描述如下：

函数名	MoveWindowToTop
说明	把指定的窗口放在重叠窗口堆栈的顶部
参数	指定要移到最上层的窗口
返回值	成功/失败

6.1.3.3.2 **GetClientRect**

GetClientRect 描述如下：

函数名	GetClientRect
说明	获得指定窗口客户区的大小
参数	a) 指定窗口 b) 指向用于保存客户区的矩形尺寸的数据结构
返回值	成功/失败

6.1.3.3.3 **GetWindowRect**

GetWindowRect 描述如下：

函数名	GetWindowRect
说明	获得指定窗口的大小
参数	a) 指定窗口 b) 指向用于保存窗口的矩形尺寸的数据结构
返回值	成功/失败

6.1.3.3.4 **GetWindowRectEx**

GetWindowRectEx 描述如下：

函数名	GetWindowRectEx
说明	获得指定窗口的指定矩形部分的大小

参数	a) 指定窗口 b) 指向用于保存函数所获得的矩形尺寸的数据结构 c) 指出要获得窗口哪一部分的矩形尺寸 d) 指定矩形坐标的相对位置
返回值	成功/失败

6.1.3.3.5 **GetWindowText**

GetWindowText 描述如下：

函数名	GetWindowText
说明	获得指定窗口的标题
参数	a) 指定窗口 b) 指定接收文本的缓冲区 c) 缓冲区可以容纳的最大字符数
返回值	给出函数实际拷贝的字符串的长度。如果窗口没有标题或标题为空，则返回 0

6.1.3.3.6 **GetWindowTextLength**

GetWindowTextLength 描述如下：

函数名	GetWindowTextLength
说明	获得指定窗口的标题的长度(以字符计)
参数	指定窗口
返回值	标题的长度。如果窗口没有标题或标题为空，则返回 0

6.1.3.3.7 **SetWindowText**

SetWindowText 描述如下：

函数名	SetWindowText
说明	设置指定窗口的标题
参数	a) 指定窗口 b) 指定要设置的标题文本
返回值	成功/失败

6.1.3.3.8 **IsWindowVisible**

IsWindowVisible 描述如下：

函数名	IsWindowVisible
说明	判断指定窗口是否可见
参数	指定窗口
返回值	可见/不可见

6.1.3.3.9 **MoveWindow**

MoveWindow 描述如下：

函数名	MoveWindow
说明	改变指定窗口的大小和位置
参数	a) 指定窗口 b) 指定窗口左上角的新 x 坐标 c) 指定窗口左上角的新 y 坐标 d) 指定窗口的新宽度 e) 指定窗口的新高度 f) 指定在移动后是否重画窗口
返回值	成功/失败

6.1.3.3.10 **ShowWindow**

ShowWindow 描述如下：

函数名	ShowWindow
说明	显示或隐藏指定窗口
参数	a) 指定窗口 b) 指定窗口新的显示状态
返回值	成功,返回窗口原来的显示状态/失败

6.1.3.3.11 **ShowOwnedPopups**

ShowOwnedPopups 描述如下：

函数名	ShowOwnedPopups
说明	显示或隐藏属于指定窗口的所有弹出式窗口
参数	a) 指定窗口 b) 指定显示还是隐藏弹出式窗口
返回值	成功/失败

6.1.3.4 **窗口绘制**

6.1.3.4.1 **BeginPaint**

BeginPaint 描述如下：

函数名	BeginPaint
说明	为窗口的重画做准备。填充由参数 b)所指定的数据结构,该结构中包含了与窗口重画有关的信息;并获得绘图时使用的设备描述表
参数	a) 指定即将进行重画操作的窗口 b) 指定一个可以容纳与窗口重画有关的信息的数据结构
返回值	绘图时使用的设备描述表的描述符/空

6.1.3.4.2 **GetDC**

GetDC 描述如下：

函数名	GetDC
说明	获取指定窗口的客户区的设备描述表。该设备描述表可用于在客户区中绘图
参数	指定要获取其设备描述表的窗口
返回值	函数所获取的设备描述表的描述符/失败

6.1.3.4.3 **GetWindowDC**

GetWindowDC 描述如下：

函数名	GetWindowDC
说明	获取指定窗口的设备描述表。这个设备描述表可用于在整个窗口上绘图
参数	指定要获取其设备描述表的窗口
返回值	函数所获取的设备描述表的描述符/失败

6.1.3.4.4 **InvalidateRect**

InvalidateRect 描述如下：

函数名	InvalidateRect
说明	使指定窗口的指定矩形区域失效。此失效区域将和窗口的原来的更新区域合并，成为响应绘图消息时被重画的区域
参数	a) 指定要增加其失效区域的窗口 b) 指向放有将失效的区域的尺寸的数据结构 c) 指定更新区域的背景是否被擦去
返回值	成功/失败

6.1.3.4.5 **ReleaseDC**

ReleaseDC 描述如下：

函数名	ReleaseDC
说明	释放指定的设备描述表
参数	a) 指定窗口，该窗口的设备描述表将被释放 b) 指定要释放的设备描述表
返回值	成功/失败

6.1.3.4.6 **EndPaint**

EndPaint 描述如下：

函数名	EndPaint
说明	表示在指定窗口中的重画操作结束，本函数必须与 BeginPaint 函数配合使用
参数	a) 指定窗口 b) 指向一个数据结构，该数据结构中含有调用 BeginPaint 函数时获得的信息
返回值	成功/失败

6.1.3.4.7 **ValidateRect**

ValidateRect 描述如下：

函数名	ValidateRect
说明	从指定窗口的更新区域中删除指定的矩形区域
参数	a) 指定其更新域将被修改的窗口 b) 指向放有区域的尺寸的数据结构
返回值	成功/失败

6.1.3.4.8 **UpdateWindow**

UpdateWindow 描述如下：

函数名	UpdateWindow
说明	使指定窗口需要重新绘制的部分被重画
参数	指定窗口
返回值	成功/失败

6.1.3.5 **滚动**

6.1.3.5.1 **SetScrollInfo**

SetScrollInfo 描述如下：

函数名	SetScrollInfo
说明	设置指定滚动条的参数，包括最大值、最小值、页大小和滚动框的位置，并根据需要重画滚动条以反映滚动框的新位置
参数	a) 指定一个滚动条控件或带有滚动条的窗口。是前者还是后者由参数 b)的值确定 b) 指定如何解释参数 a) c) 指向一个数据结构。该结构中包含滚动条的参数值 d) 指定是否重画滚动条
返回值	滚动框的原位置/失败

6.1.3.5.2 **GetScrollInfo**

GetScrollInfo 描述如下：

函数名	GetScrollInfo
说明	获得指定滚动条的参数，包括最大最小滚动位置、页大小和滚动框的位置
参数	a) 指定一个滚动条控件或带有滚动条的窗口。是前者还是后者由参数 b)的值确定 b) 指定如何解释参数 a) c) 指向一个数据结构。获得的参数值将保存在该结构中
返回值	成功/失败

6.1.3.5.3 **EnableScrollBar**

EnableScrollBar 描述如下：

函数名	EnableScrollBar
说明	将指定滚动条的一个或两个箭头设置为允许或禁止状态

参数	a) 指定一个滚动条控件或带有滚动条的窗口。是前者还是后者由参数 b)的值确定 b) 指定如何解释参数 a) c) 指定将滚动条的箭头设置为允许还是禁止状态，并指定是哪个或哪些个箭头
返回值	成功/失败

6.1.3.5.4 **ScrollWindow**

ScrollWindow 描述如下：

函数名	ScrollWindow
说明	滚动指定窗口的客户区中的内容
参数	a) 指定窗口 b) 指定在水平方向上滚动的像素数 c) 指定在垂直方向上滚动的像素数 d) 指向一个数据结构，这个结构描述了一个矩形区域，该个矩形区域指定了将滚动哪部分客户区 e) 指向一个数据结构，这个结构描述了剪裁矩形的坐标。只有在剪裁矩形中的内容才被滚动
返回值	成功/失败

6.1.3.6 **窗口信息**

6.1.3.6.1 **EnumWindows**

EnumWindows 描述如下：

函数名	EnumWindows
说明	以屏幕上所有顶层窗口的描述符做为参数调用指定的回调函数，直到所有顶层窗口已被遍历一遍或回调函数返回“假”为止
参数	a) 指向自定义的回调函数 b) 指向一个传送给回调函数的 32 位值
返回值	成功/失败

6.1.3.6.2 **GetWindow**

GetWindow 描述如下：

函数名	GetWindow
说明	获得与指定窗口有指定关系的窗口描述符
参数	a) 指定一个窗口，要获取其描述符的窗口与该窗口之间存在某种关系，具体关系取决于参数 b)的值 b) 指定参数 a)所指定窗口与要获取其句柄的窗口之间的关系
返回值	函数获得的窗口描述符/不存在与 a)所指定窗口具有指定关系的窗口返回失败

6.1.3.6.3 **IsWindow**

IsWindow 描述如下：

函数名	IsWindow
说明	判断指定的窗口是否是一个已存在的窗口
参数	指定窗口
返回值	成功/失败

6.1.3.6.4 **GetUserData**

GetUserData 描述如下：

函数名	GetUserData
说明	获取指定窗口的窗口结构中用户数据的起始地址
参数	指定要获得用户数据起始地址的窗口
返回值	用户数据的起始地址/失败

6.1.3.7 **资源管理**

6.1.3.7.1 **RegisterResource**

RegisterResource 描述如下：

函数名	RegisterResource
说明	在使用一个资源之前注册资源
参数	a） 指定资源所属的程序模块的描述符 b） 指定要注册的资源的资源文件名 c） 指定资源的描述在整个文件中的偏移 d） 指定是以文件的格式还是以数据的格式注册资源
返回值	程序模块的描述符/失败

6.1.3.7.2 **UnRegisterResource**

UnRegisterResource 描述如下：

函数名	UnRegisterResource
说明	在使用资源之后注销资源
参数	RegisterResource 函数所返回的程序模块描述符
返回值	成功/失败

6.1.3.7.3 **FindResource**

FindResource 描述如下：

函数名	FindResource
说明	在指定的程序模块中查找具有指定类型和名称的资源
参数	a） 指定程序模块的描述符 b） 指定资源的名称 c） 指定资源的类型
返回值	一个数据结构的描述符(该数据结构中包含查找到资源的信息)/失败

6.1.3.7.4 **LoadResource**

LoadResource 描述如下：

函数名	LoadResource
说明	将指定的资源装入内存
参数	a) 标识其可执行文件中包含资源的模块 b) 指定要装入的资源的描述符
返回值	a) 成功，返回值为包含与此资源相关的数据的全局内存块的设备描述符 b) 否则，返回值为 NULL

6.1.3.7.5 **LockResource**

LockResource 描述如下：

函数名	LockResource
说明	将指定的资源在内存中加锁
参数	指定将被加锁的资源的描述符
返回值	a) 如果装入资源被加锁，则返回值为该资源首字节的描述符 b) 返回失败

6.1.3.7.6 **FreeResource**

FreeResource 描述如下：

函数名	FreeResource
说明	将已经装载的资源释放
参数	指定将被删除的资源的描述符
返回值	a) 该资源是以文件的形式装载进来的，返回 TRUE b) 返回 FALSE

6.1.3.7.7 **LoadString**

LoadString 描述如下：

函数名	LoadString
说明	装入与指定模块相关的字符串资源，将此字符串拷贝到一个缓冲区中，并附加一个结尾的 NULL 字符
参数	a) 指定资源所属的模块实例 b) 指定要装入的字符串的整数标识符 c) 指向用来接收字符串的缓冲区 d) 指定缓冲区的大小(按字符计)
返回值	a) 成功，返回值为被拷贝到缓冲区中的字符数目，不包含结尾的 NULL 字符 b) 字符串资源不存在，则返回 0

6.1.3.7.8 **LoadStringPtr**

LoadStringPtr 描述如下：

函数名	LoadStringPtr
说明	返回指定模块相关的字符串资源的描述符
参数	a） 指定资源所属的模块实例的设备描述符 b） 指定要装入的字符串的整数标识符
返回值	a） 成功，返回指向该资源的描述符 b） 否则，返回 NULL

6.1.3.7.9 **LoadImage**

LoadImage 描述如下：

函数名	LoadImage
说明	装入光标、图标或位图
参数	a） 指定要装入图像的模块实例 b） 指定装入图像的名称 c） 指定图像的类型，包括：位图类型、光标类型、图标类型 d） 指定图像的宽度(以像素为单位) e） 指定图像的高度(以像素为单位) f） 指明该图像来自一个特定文件名的文件
返回值	a） 成功，返回刚装入的图像设备描述符 b） 否则，返回 NULL

6.1.3.7.10 **LoadBitmap**

LoadBitmap 描述如下：

函数名	LoadBitmap
说明	从给定模块的可执行文件中装入指定的位图资源
参数	a） 标识其可执行文件中包含要装入位图的模块实例 b） 指向一个以 NULL 终止的、包含要装入的位图资源名称的字符串。除此之外，该参数还可以在其低位字中包含此资源标识符，在其高位字中置零
返回值	a） 成功，返回刚装入的位图的设备描述符 b） 否则，返回 NULL

6.1.3.7.11 **LoadCursor**

LoadCursor 描述如下：

函数名	LoadCursor
说明	从与给定应用程序实例相关的可执行文件中装入指定光标资源
参数	a） 标识其可执行文件中包含要装入光标的模块实例 b） 指向一个以 NULL 终止的、包含要装入的光标资源的名称的字符串。除此之外，这个参数也可以在其低位字中包含资源标识符，在其高位字中置零
返回值	a） 成功，返回刚装入的光标的设备描述符 b） 否则，返回 NULL

6.1.3.7.12 **LoadMenu**

LoadMenu 描述如下：

函数名	LoadMenu
说明	装入与给定的应用程序实例相关的的菜单资源
参数	a) 标识其可执行文件中包含要装入菜单的模块实例 b) 指向一个以 NULL 终止的、包含要装入的菜单资源名称的字符串。除此之外，该参数还可以在其低位字中包含此资源标识符，在其高位字中置零
返回值	a) 成功，返回刚装入的菜单的设备描述符 b) 否则，返回 NULL

6.1.3.7.13 **LoadMenuIndirect**

LoadMenuIndirect 描述如下：

函数名	LoadMenuIndirect
说明	装入指定的菜单模板
参数	指向一个菜单模板
返回值	a) 成功，返回刚装入的菜单的设备描述符 b) 否则，返回 NULL

6.1.3.7.14 **LoadIcon**

LoadIcon 描述如下：

函数名	LoadIcon
说明	装入与给定的应用程序实例相关的的图标资源
参数	a) 标识其可执行文件中包含要装入光标的模块实例 b) 指向一个以 NULL 终止的、包含要装入的图标资源名称的字符串。除此之外，该参数还可以在其低位字中包含此资源标识符，在其高位字中置零
返回值	a) 成功，返回刚装入的图标的设备描述符 b) 否则，返回 NULL

6.1.3.8 **系统函数**

6.1.3.8.1 **GetSysColor**

GetSysColor 描述如下：

函数名	GetSysColor
说明	获取由参数指定的显示元素的缺省系统颜色
参数	指定要获取颜色的显示元素
返回值	返回指定显示元素颜色的 RGB 值

6.1.3.8.2 **GetSystemMetrics**

GetSystemMetrics 描述如下：

函数名	GetSystemMetrics
说明	检取系统度量,系统度量是窗口系统所显示的各种显示单元的宽度和高度
参数	指定要检取的系统度量,所有度量按像素给出
返回值	a) 成功,返回所求的系统度量 b) 否则,返回检取失败

6.1.3.8.3 **SetSysColors**

SetSysColors 描述如下:

函数名	SetSysColors
说明	改变一个或多个系统颜色
参数	a) 指定改变的系统颜色数 b) 指向一整数索引数组,该数组指定了将要改变的元素 c) 指向一个颜色数组,该数组包含了每个元素新的 RGB 颜色值
返回值	成功/失败

6.1.4 图形设备接口

6.1.4.1 设备描述表

6.1.4.1.1 **CreateCompatibleDC**

CreateCompatibleDC 描述如下:

函数名	CreateCompatibleDC
说明	创建与指定设备兼容的内存设备描述表
参数	指定设备描述符
返回值	a) 成功,返回内存设备描述表的设备描述符 b) 否则,返回 NULL

6.1.4.1.2 **CreateMemoryDC**

CreateMemoryDC 描述如下:

函数名	CreateMemoryDC
说明	创建内存设备描述表
参数	a) 指定要创建的内存设备描述表的宽度 b) 指定要创建的内存设备描述表的高度
返回值	a) 成功,返回内存设备描述表的设备描述符 b) 否则,返回 NULL

6.1.4.1.3 **CreateScreenDC**

CreateScreenDC 描述如下:

函数名	CreateScreenDC
说明	创建屏幕设备描述表
参数	无
返回值	a) 成功,返回屏幕设备描述表的设备描述符 b) 否则,返回 NULL

6.1.4.1.4 **DeleteDC**

DeleteDC 描述如下：

函数名	DeleteDC
说明	删除指定的设备描述表
参数	指定要删除的设备描述符
返回值	a) 成功，返回 TRUE b) 否则，返回 FALSE

6.1.4.1.5 **GetDeviceCaps**

GetDeviceCaps 描述如下：

函数名	GetDeviceCaps
说明	检取有关给定设备的特定信息
参数	a) 指定标识设备描述符 b) 指定返回的项
返回值	a) 成功，返回指定项的值 b) 失败，返回 0

6.1.4.2 绘图工具

6.1.4.2.1 **CreateBrush**

CreateBrush 描述如下：

函数名	CreateBrushIndirect
说明	创建一个逻辑刷子，这个刷子可由任何设备选择为当前刷子
参数	a) 刷子的样式 b) 刷子的颜色 c) 刷子填充效果
返回值	a) 成功，返回创建的逻辑刷子的设备描述符 b) 否则，返回 NULL

6.1.4.2.2 **CreateBrushIndirect**

CreateBrushIndirect 描述如下：

函数名	CreateBrushIndirect
说明	创建一个具有指定式样、颜色和模式的逻辑刷子
参数	刷子信息的结构描述符
返回值	a) 成功，返回创建的逻辑刷子的设备描述符 b) 否则，返回 NULL

6.1.4.2.3 **CreateHatchBrush**

CreateHatchBrush 描述如下：

函数名	CreateHatchBrush
说明	创建一个具有指定的阴影图案和颜色的逻辑刷子
参数	a) 指定刷子的阴影类型 b) 指定刷子的前景颜色(阴影的颜色)
返回值	a) 成功,返回创建的逻辑刷子的设备描述符 b) 否则,返回 NULL

6.1.4.2.4 **CreatePatternBrush**

CreatePatternBrush 描述如下:

函数名	CreatePatternBrush
说明	创建一个具有内存位图定义图案的逻辑刷子
参数	指定被用来创建此逻辑刷子的位图的描述符
返回值	a) 成功,返回创建的逻辑刷子的设备描述符 b) 否则,返回 NULL

6.1.4.2.5 **CreatePen**

CreatePen 描述如下:

函数名	CreatePen
说明	用指定的类型、宽度和颜色创建一个逻辑笔。这个笔能被选择为任何设备的当前笔
参数	a) 笔的类型 b) 笔的宽度 c) 笔的颜色(可以使用 RGB 宏来指定)
返回值	a) 成功,返回创建的逻辑笔的设备描述符 b) 否则,返回 NULL

6.1.4.2.6 **CreatePenIndirect**

CreatePenIndirect 描述如下:

函数名	CreatePenIndirect
说明	创建一个逻辑笔,它具有在给定结构中指定笔的类型、宽度和颜色
参数	包含指定笔的类型、宽度和颜色的结构的描述符
返回值	a) 成功,返回创建的逻辑笔的设备描述符 b) 否则,返回 NULL

6.1.4.2.7 **CreateSolidBrush**

CreateSolidBrush 描述如下:

函数名	CreateSolidBrush
说明	创建一个具有指定颜色的逻辑刷子
参数	指定刷子的颜色
返回值	a) 成功,返回创建的逻辑刷子的设备描述符 b) 否则,返回 NULL

6.1.4.2.8 **DeleteObject**

DeleteObject 描述如下：

函数名	DeleteObject
说明	删除逻辑画笔、刷子、字库、位图和所有与它们有关的系统资源
参数	指定要删除的对象设备描述符
返回值	a) 若目标被删除返回值为非 0 值 b) 如果参数无效，或者当前被选入设备描述表而没被选出，则返回值为 0

6.1.4.2.9 **GetObject**

GetObject 描述如下：

函数名	GetObject
说明	获得指定对象的有关信息，其内容依赖于对象的类型
参数	a) 标识一对象，可以是下列之一：逻辑位图、笔、刷子或字体 b) 指定被拷贝到缓冲区的字节数目 c) 指向用于接收信息的缓冲区
返回值	a) 如果参数 c)是一个合法描述符并且函数成功，则返回值为返回的字节数目 b) 如果参数 c)为 NULL 并且函数成功，则返回值为保存对象所需的字节数目；否则返回 0

6.1.4.2.10 **UnrealizeObject**

UnrealizeObject 描述如下：

函数名	UnrealizeObject
说明	重置逻辑调色板
参数	指明将被重置的逻辑调色板
返回值	a) 成功，返回非 0 值 b) 否则返回 0

6.1.4.2.11 **GetStockObject**

GetStockObject 描述如下：

函数名	GetStockObject
说明	该函数获取预定义的画笔、刷子或字体的设备描述符
参数	指定预定义的对象类型
返回值	a) 成功，返回预定义对象的设备描述符 b) 否则，返回 NULL

6.1.4.2.12 **SelectObject**

SelectObject 描述如下：

函数名	SelectObject
说明	将一个对象选为当前对象
参数	a） 指定的设备描述符 b） 标识被选中的对象，可以是下列之一：笔、刷子或字体
返回值	a） 返回值标识了被参数 b)指定的对象所替代的旧对象 b） 函数执行有错，返回 NULL

6.1.4.2.13 **SetBrushOrg**

SetBrushOrg 描述如下：

函数名	SetBrushOrg
说明	为选进给定设备描述表的刷子设置原点
参数	a） 指定设备描述表 b） 以设备单位指定新画刷原点的 x 坐标 c） 以设备单位指定新画刷原点的 y 坐标 d） 指向一个原点结构，该结构接受原画刷原点
返回值	成功/失败

6.1.4.3 **绘图**

6.1.4.3.1 **Rectangle**

Rectangle 描述如下：

函数名	Rectangle
说明	画一个矩形，该矩形由当前画笔绘制边框，由当前画刷填充矩形框内的区域
参数	a） 指定绘图设备的描述符 b） 指定该矩形左上角的 x 坐标 c） 指定该矩形左上角的 y 坐标 d） 指定该矩形右下角的 x 坐标 e） 指定该矩形右下角的 y 坐标
返回值	a） 指定点在矩形内，返回成功 b） 否则，返回失败

6.1.4.3.2 **RoundRect**

RoundRect 描述如下：

函数名	RoundRect
说明	画一个矩形，该矩形由当前画笔绘制边框，由当前画刷填充矩形框内的区域
参数	a） 指定绘图设备的描述符 b） 指定该矩形左上角的 x 坐标 c） 指定该矩形左上角的 y 坐标 d） 该矩形的宽度 e） 该矩形的高度

返回值	a) 指定点在矩形内,返回成功 b) 否则,返回失败

6.1.4.3.3 **DrawText**

DrawText 描述如下:

函数名	DrawText
说明	在指定的矩形内显示指定格式的文本
参数	a) 窗口设备描述符 b) 指定要显示的字符串 c) 指出要显示的字符串的字符数 d) 指向矩形区域结构的描述符 e) 指定文本格式化输出的具体方式
返回值	a) 函数调用成功,返回非 0 b) 否则,返回 0

6.1.4.3.4 **FillRect**

FillRect 描述如下:

函数名	FillRect
说明	用指定刷子填充一个给定的矩形
参数	a) 指定绘图设备的描述符 b) 关于矩形区域结构的描述符,其中包含了要填充的矩形的左上角和右下角的坐标 c) 标识用于填充矩形的刷子(或指定填充矩形的颜色)
返回值	成功/失败

6.1.4.3.5 **LineTo**

LineTo 描述如下:

函数名	LineTo
说明	从当前位置到指定点间用选择的画笔绘制直线
参数	a) 指定绘图设备的描述符 b) 指定终点的 x 坐标 c) 指定终点的 y 坐标
返回值	成功/失败

6.1.4.3.6 **MoveToEx**

MoveToEx

函数名	MoveToEx
说明	把当前位置移到指定点

参数	a) 指定绘图设备的描述符 b) 以逻辑单位指定位置的 x 坐标 c) 以逻辑单位指定位置的 y 坐标 d) 指向原点的结构，该结构存储原先的当前位置
返回值	成功/失败

6.1.4.4 绘图属性

6.1.4.4.1 GetBkColor

GetBkColor 描述如下：

函数名	GetBkColor
说明	返回当前背景颜色
参数	指定要获得背景颜色的绘图设备
返回值	当前背景色的 RGB 颜色值

6.1.4.4.2 GetBkMode

GetBkMode 描述如下：

函数名	GetBkMode
说明	返回当前背景模式
参数	指定要获得背景模式的绘图设备的描述符
返回值	返回当前背景模式

6.1.4.4.3 GetROP2

GetROP2 描述如下：

函数名	GetROP2
说明	获取当前绘图模式
参数	指定要获得绘图模式的绘图设备的描述符
返回值	a) 成功，返回指定绘图设备的光栅操作码 b) 失败

6.1.4.4.4 GetTextColor

GetTextColor 描述如下：

函数名	GetTextColor
说明	获取当前的正文颜色
参数	指定要获得正文颜色的绘图设备的描述符
返回值	a) 成功，返回用一个 RGB 颜色值给出的文本颜色 b) 获取失败

6.1.4.4.5 SetBkColor

SetBkColor 描述如下：

函数名	SetBkColor
说明	设置背景颜色
参数	a) 指定要设置背景颜色的绘图设备描述符 b) 指定要设置的背景颜色
返回值	a) 成功,返回值为旧的背景色 b) 执行中有错,返回设置失败

6.1.4.4.6 **SetBkMode**

SetBkMode 描述如下:

函数名	SetBkMode
说明	设置背景模式
参数	a) 指定要设置背景模式的绘图设备描述符 b) 指定要设置的背景模式
返回值	a) 成功,返回旧的背景模式 b) 失败

6.1.4.4.7 **SetROP2**

SetROP2 描述如下:

函数名	SetROP2
说明	设置当前绘图模式
参数	a) 指定要设置光栅操作码的绘图设备描述符 b) 标识新的光栅操作码
返回值	a) 成功,返回旧的光栅操作模式 b) 失败

6.1.4.4.8 **SetTextColor**

SetTextColor 描述如下:

函数名	SetTextColor
说明	设置正文颜色
参数	a) 指定要设置正文颜色的绘图设备描述符 b) 指定要设置的正文颜色
返回值	a) 成功,返回原来的正文颜色 b) 否则,返回设置失败

6.1.4.5 **位图**

6.1.4.5.1 **BitBlt**

BitBlt 描述如下:

函数名	BitBlt
说明	把位图从源设备拷贝到目标设备
参数	a) 指定操作的目的绘图设备的描述符 b) 指定目标矩形左上角的 x 坐标 c) 指定目标矩形左上角的 y 坐标 d) 指定源和目的矩形的宽度 e) 指定源和目的矩形的高度 f) 指定操作的源绘图设备的描述符 g) 指定源矩形的左上角的 x 坐标 h) 指定源矩形的左上角的 y 坐标 i) 指定要执行的光栅操作
返回值	成功/失败

6.1.4.5.2 **CreateBitmapEx**

CreateBitmapEx 描述如下：

函数名	CreateBitmapEx
说明	创建一个有给定宽度、高度和颜色格式的位图
参数	a) 以像素为单位的位图的宽 b) 以像素为单位的位图的高 c) 该设备使用的色平面的数目 d) 标识单个像素的颜色所要求的位数 e) 当 f)为真时，此参数指定位图数据缓冲区；若为假时，是一个用于在像素矩形中设置颜色数据的数组，矩形中的每个扫描行必须是双字节对齐的；如果此参数是 NULL，标识未定义新位图 f) 指定参数 e)是否是一个位图数据缓冲区
返回值	a) 成功，返回创建的位图的设备描述符 b) 失败，返回 NULL

6.1.4.5.3 **CreateBitmapIndirect**

CreateBitmapIndirect 描述如下：

函数名	CreateBitmapIndirect
说明	创建一个在数据结构中描述的位图
参数	指向一个包含有关位图信息的结构
返回值	a) 成功，返回创建的位图的设备描述符 b) 失败，返回 NULL

6.1.4.5.4 **CreateCompatibleBitmap**

CreateCompatibleBitmap 描述如下：

函数名	CreateCompatibleBitmap
说明	创建一个与指定设备兼容的位图
参数	a) 指定绘图所需的绘图设备 b) 指定位图的宽度 c) 指定位图的高度
返回值	a) 成功,返回创建的位图的设备描述符 b) 失败,返回 NULL

6.1.4.5.5 **DrawBitmapFromData**

DrawBitmapFromData 描述如下:

函数名	DrawBitmapFromData
说明	在指定设备上绘制兼容位图
参数	a) 指定绘图所需的绘图设备描述符 b) 指定输出位置的 x 坐标 c) 指定输出位置的 y 坐标 d) 指定位图的宽度 e) 指定位图的高度 f) 该设备使用的色平面的数目 g) 标识单个像素的颜色所要求的位数 h) 指向一个用来设置像素矩形中颜色的颜色数据数组 i) 指定光栅操作码
返回值	成功/失败

6.1.4.5.6 **DrawBitmapFromFile**

DrawBitmapFromFile 描述如下:

函数名	DrawBitmapFromFile
说明	根据位图文件在指定设备上绘制位图
参数	a) 指定绘图所需的绘图设备描述符 b) 指定输出位置的 x 坐标 c) 指定输出位置的 y 坐标 d) 指定位图文件的名称 e) 指定光栅操作码
返回值	成功/失败

6.1.4.5.7 **PatBlt**

PatBlt 描述如下:

函数名	PatBlt
说明	创建位图

参数	a) 指定绘图所需的绘图设备描述符 b) 指定要填充区域的左上角 x 坐标 c) 指定要填充区域的左上角 y 坐标 d) 指定要填充区域的宽度 e) 指定要填充区域的高度 f) 指定要执行的光栅操作,可以是二元光栅操作或三元光栅操作
返回值	成功/失败

6.1.4.5.8 **SetBitmapBits**

SetBitmapBits 描述如下:

函数名	SetBitmapBits
说明	设置位图中各个位的值
参数	a) 指定要设置的位图的描述符 b) 指出由参数 c)指向的数组的字节数 c) 指向一个字节的数组,其中存放给定位图的颜色
返回值	a) 成功,返回设定位图中的位所用的字节数 b) 否则,返回 0

6.1.4.5.9 **StretchBlt**

StretchBlt 描述如下:

函数名	StretchBlt
说明	把位图从源设备拷贝到目标设备(如果需要,则进行压缩或放大)
参数	a) 指定目的设备描述符 b) 以逻辑单位指定目的矩形的左上角的 x 坐标 c) 以逻辑单位指定目的矩形的左上角的 y 坐标 d) 以逻辑单位指定目的矩形的宽度 e) 以逻辑单位指定目的矩形的高度 f) 指定源设备描述符 g) 以逻辑单位指定源矩形的左上角的 x 坐标 h) 以逻辑单位指定源矩形的左上角的 y 坐标 i) 以逻辑单位指定源矩形的宽度 j) 以逻辑单位指定源矩形的高度 k) 指定将要实现的光栅操作
返回值	成功/失败

6.1.4.5.10 **CreateDIBitmap**

CreateDIBitmap 描述如下:

函数名	CreateDIBitmap
说明	使用设备无关位图(DIB)的格式创建一个设备指定的内存位图,并可对位图中的位进行初始化,该函数与创建位图函数相似

参数	a） 指定设备描述符 b） 指向一个位图信息头的结构 c） 指定如何创建位图 d） 指向包含初始位图数据的字节数组 e） 指向一个位图信息的结构 f） 指定数据结构的成员是否已被初始化
返回值	成功/失败

6.1.4.5.11 **GetDIBits**

GetDIBits 描述如下：

函数名	GetDIBits
说明	获取以设备无关形式表示的指定位图在内存中的位
参数	a） 指定设备描述符 b） 指定标识位图描述符 c） 指定要检取的第一条扫描线 d） 指定要检取的扫描线数目 e） 指向接收位图数据的缓冲区 f） 指向一个位图信息结构 g） 指定位图信息结构中位图颜色结构成员的格式
返回值	a） 成功，返回值为从位图中拷贝的扫描线数目 b） 否则，返回值为 NULL

6.1.4.5.12 **SetDIBits**

SetDIBits 描述如下：

函数名	SetDIBits
说明	通过 DIB 设置内存位图中的位
参数	a） 指定设备描述符 b） 指定位图描述符，将使用给定 DIB 中的颜色数据修改该位图 c） 指定参数 e)指向的数组中的设备无关颜色数据的起始扫描行 d） 指定含有设备无关颜色数据的数组中的扫描行的总数 e） 指向 DIB 的颜色数据 f） 指向一个位图信息数据结构，该结构存放关于 DIB 的信息 g） 指出是否提供了位图信息结构的成员
返回值	a） 成功，返回实际设置的扫描行数 b） 否则，返回 0

6.1.4.5.13 **SetDIBitsToDevice**

SetDIBitsToDevice 描述如下：

函数名	SetDIBitsToDevice
说明	在设备上给定的矩形中设置像素，该设备与使用设备无关位图(DIB)颜色数据的目的设备描述表相联系
参数	a) 指定设备描述符 b) 以逻辑单位指定目的矩形的左上角的 x 坐标 c) 以逻辑单位指定目的矩形的左上角的 y 坐标 d) 以逻辑单位指定的 DIB 的宽度 e) 以逻辑单位指定的 DIB 的高度 f) 以逻辑单位指定的 DIB 左上角的 x 坐标 g) 以逻辑单位指定的 DIB 左上角的 y 坐标 h) 指定 DIB 中的起始扫描行 i) 指定参数 j)指向的数组中存放的 DIB 的扫描行数 j) 指向 DIB 的颜色数据。颜色数据以字节数组存放 k) 指向一个位图信息数据结构，该结构存放关于 DIB 的信息 l) 指出是否提供了位图信息结构的成员
返回值	成功/失败

6.1.4.5.14 **StretchDIBits**

StretchDIBits 描述如下：

函数名	StretchDIBits
说明	将设备无关位图的颜色数据拷贝到目的矩形，扩展或压缩位图以使其适合目的矩形的范围
参数	a) 指定设备描述符 b) 以逻辑单位指定目的矩形的左上角的 x 坐标 c) 以逻辑单位指定目的矩形的左上角的 y 坐标 d) 以逻辑单位指定目的矩形的宽度 e) 以逻辑单位指定目的矩形的高度 f) 以逻辑单位指定源矩形的左上角的 x 坐标 g) 以逻辑单位指定源矩形的左上角的 y 坐标 h) 以逻辑单位指定源矩形的宽度 i) 以逻辑单位指定源矩形的高度 j) 指定设备无关的位数据 k) 指定数据结构的成员是否已被初始化 l) 指定将要实现的光栅操作
返回值	a) 成功，返回实际拷贝的行数 b) 失败

6.1.4.6 **文本**

6.1.4.6.1 **GetTextAlign**

GetTextAlign 描述如下：

函数名	GetTextAlign
说明	获取正文对齐方式
参数	指定设备描述符
返回值	a) 成功，返回文本对齐标志的状态 b) 失败

6.1.4.6.2 **GetTextExtent**

GetTextExtent 描述如下：

函数名	GetTextExtent
说明	使用当前字体计算正文行的宽度和高度
参数	a) 指定设备描述符 b) 指向文本串 c) 指定字符串中字符个数 d) 指向一个尺寸结构，返回该结构中的字符串尺寸
返回值	成功/失败

6.1.4.6.3 **GetTextMetrics**

GetTextMetrics 描述如下：

函数名	GetTextMetrics
说明	获取当前字体的属性
参数	a) 指定设备描述符 b) 用于接收度量的结构
返回值	成功/失败

6.1.4.6.4 **SetTextAlign**

SetTextAlign 描述如下：

函数名	SetTextAlign
说明	设置正文的对齐方式
参数	a) 指定设备描述符 b) 指定掩码，通过掩码指定文字对齐
返回值	a) 成功，返回值为原文字对齐设置 b) 否则，返回失败

6.1.4.6.5 **TextOut**

TextOut 描述如下：

函数名	TextOut
说明	用当前字体显示字符串

参数	a） 指定绘图所需的绘图设备的描述符 b） 指定字符串的逻辑 x 坐标 c） 指定字符串的逻辑 y 坐标 d） 指定该字符串的字符数
返回值	成功/失败

6.1.4.7 字库

6.1.4.7.1 **CreateFont**

CreateFont 描述如下：

函数名	CreateFont
说明	创建具有指定特征的逻辑字库
参数	a） 指定所要求字体的字符单元的高度或字符所期望的高度(用逻辑单位) b） 指定所要求的字体中的字符的平均宽度(用逻辑单位计) c） 指定倾斜度矢量与设备的 x 轴之间的角度(以 1/10 度为单位) d） 指定每个字符基线与设备的 x 轴之间的角度(以 1/10 度为单位) e） 指定字体所需的深浅程序 f） 如果此参数设置为真，则指定字体为斜体 g） 如果此参数设置为真，则指定字体的字符要加下划线 h） 如果此参数设置为真，则指定字体的字符要加删除线 i） 指定所要求的字符集 j） 所要求的字体高度、宽度、字符方向，倾斜度和间距 k） 指定需要的剪辑精度 l） 指定所要求的输出质量 m） 指定字体的字符间距和字体家族 n） 字体的字样名，以 NULL 结束
返回值	a） 成功，返回一个逻辑字体的设备描述符 b） 否则，返回 NULL

6.1.4.7.2 **CreateFontIndirect**

CreateFontIndirect 描述如下：

函数名	CreateFontIndirect
说明	创建具有指定特征的逻辑字库
参数	指定一个定义了逻辑字体特征的结构的描述符
返回值	a） 成功，返回逻辑字体的设备描述符 b） 否则，返回 NULL

6.1.4.8 输入

6.1.4.8.1 **GetActiveWindow**

GetActiveWindow 描述如下：

函数名	GetActiveWindow
说明	获取当前活动窗口的窗口设备描述符
参数	无
返回值	a) 成功,返回活动窗口的设备描述符 b) 没有一个活动窗口,则返回 NULL

6.1.4.8.2 **GetCapture**

函数名	GetCapture
说明	返回捕获到鼠标事件的窗口
参数	无
返回值	a) 当前存在捕获鼠标事件的窗口,返回其设备描述符 b) 没有一个活动窗口,返回 NULL

6.1.4.8.3 **EnableWindow**

EnableWindow 描述如下:

函数名	EnableWindow
说明	允许或禁止给定窗口或控件接收鼠标和键盘的输入
参数	a) 指定要被允许或禁止的窗口的描述符 b) 指定是允许还是禁止窗口
返回值	a) 窗口原先是禁止的,返回成功 b) 否则,返回失败

6.1.4.8.4 **GetFocus**

GetFocus 描述如下:

函数名	GetFocus
说明	获取当前拥有输入焦点的窗口
参数	无
返回值	a) 成功,返回值为与调用线程有关的键盘焦点窗口的设备描述符 b) 调用线程不包含键盘焦点窗口,返回值为 NULL

6.1.4.8.5 **IsWindowEnabled**

IsWindowEnabled 描述如下:

函数名	IsWindowEnabled
说明	确定指定窗口是否允许接收鼠标和键盘输入
参数	指定的窗口设备的描述符
返回值	a) 此窗口允许鼠标和键盘输入,返回成功 b) 否则,返回失败

6.1.4.8.6 **UngrabPen**

UngrabPen 描述如下：

函数名	UngrabPen
说明	恢复正常的鼠标输入处理
参数	指定的窗口设备的描述符
返回值	成功/失败

6.1.4.8.7 **SetActiveWindow**

SetActiveWindow 描述如下：

函数名	SetActiveWindow
说明	使指定的窗口成为活动窗口
参数	指定的窗口设备的描述符
返回值	a) 成功，返回值为原来的活动窗口设备描述符 b) 否则，返回 NULL

6.1.4.8.8 **GrabPen**

GrabPen 描述如下：

函数名	GrabPen
说明	使所有鼠标输入送到指定窗口
参数	指定的要捕获笔输入的窗口设备描述符
返回值	无

6.1.4.8.9 **SetFocus**

SetFocus 描述如下：

函数名	SetFocus
说明	赋予指定窗口输入焦点
参数	窗口设备描述符
返回值	a) 成功，返回原来具有输入焦点的窗口设备描述符 b) 否则，返回 NULL

6.1.4.8.10 **SetTimer**

SetTimer 描述如下：

函数名	SetTimer
说明	用指定的时限值创建一个定时器
参数	a) 指定与定时器相联系的窗口设备描述符 b) 指定一个非 0 的定时器标识符 c) 以毫秒为单位指定时限值 d) 指向到时后将被通知的函数

返回值	a) 成功,返回值为标识该定时器的整数,应用程序可将这一值,或(存在的)字符串标识符传递给撤销定时器函数以毁掉该定时器 b) 若函数创建定时器失败,则返回 0

6.1.4.8.11 **KillTimer**

KillTimer 描述如下:

函数名	KillTimer
说明	撤销指定的定时器事件
参数	a) 指定与指定的定时器相关的窗口设备描述符 b) 指定要删除的定时器
返回值	成功/失败

6.1.5 **控件集**

6.1.5.1 **菜单**

6.1.5.1.1 **CreateMenu**

CreateMenu 描述如下:

函数名	CreateMenu
说明	创建一个空菜单
参数	无
返回值	a) 调用成功,返回新建菜单的设备描述符 b) 调用失败,返回 NULL

6.1.5.1.2 **CreatePopupMenu**

CreatePopupMenu 描述如下:

函数名	CreatePopupMenu
说明	创建一个弹出式菜单
参数	无
返回值	a) 成功,返回新建菜单的设备描述符 b) 失败,返回 NULL

6.1.5.1.3 **DestroyMenu**

DestroyMenu 描述如下:

函数名	DestroyMenu
说明	销毁给定的菜单,并释放该菜单所占用的内存
参数	要销毁的菜单描述符
返回值	成功/失败

6.1.5.1.4 **AppendMenu**

AppendMenu 描述如下:

函数名	AppendMenu
说明	在指定的菜单的尾部添加一个新的菜单项
参数	a) 菜单描述符 b) 菜单项外观和行为的标志 c) 菜单项的标识符 d) 菜单项的内容
返回值	成功/失败

6.1.5.1.5 **ChangeMenu**

ChangeMenu 描述如下：

函数名	ChangeMenu
说明	在指定的菜单中插入、修改、删除一个指定菜单项
参数	a) 指定将要修改的菜单描述符 b) 指定将要变化的菜单项 c) 指定新菜单项的内容 d) 指定操作的类型 e) 参数中可以设置的标志
返回值	成功/失败

6.1.5.1.6 **CheckMenuItem**

CheckMenuItem 描述如下：

函数名	CheckMenuItem
说明	设置或取消菜单项的选中标记
参数	a) 指定将要修改的菜单描述符 b) 指定设置状态的菜单项，具体动作由 c)参数决定 c) 指定如何解释 b)参数
返回值	成功/失败

6.1.5.1.7 **DeleteMenu**

DeleteMenu 描述如下：

函数名	DeleteMenu
说明	删除一个菜单项并删除任何与之有关的弹出式菜单
参数	a) 要删除的菜单的描述符 b) 指定要删除的菜单项，由 c)参数决定 c) 指定如何解释 b)参数
返回值	成功/失败

6.1.5.1.8 **EnableMenuItem**

EnableMenuItem 描述如下：

函数名	EnableMenuItem
说明	激活或禁止一个菜单项
参数	a) 标识将要修改的菜单描述符 b) 指定允许、禁止或变灰显示的菜单项,具体动作由 c)参数决定 c) 指定如何解释 b)参数
返回值	成功/失败

6.1.5.1.9 **DrawMenuBar**

DrawMenuBar 描述如下:

函数名	DrawMenuBar
说明	重绘菜单条
参数	指定其菜单条需要重新绘制的窗口描述符
返回值	成功/失败

6.1.5.1.10 **GetMenu**

GetMenu 描述如下:

函数名	GetMenu
说明	获取指定窗口的菜单描述符
参数	指定窗口描述符
返回值	a) 函数调用成功,返回菜单描述符 b) 如果给定窗口没有菜单,则返回 NULL

6.1.5.1.11 **GetMenuItemCount**

GetMenuItemCount 描述如下:

函数名	GetMenuItemCount
说明	确定给定菜单条或弹出式菜单中的菜单项数
参数	菜单描述符
返回值	a) 成功,返回菜单中的菜单项数 b) 否则,返回失败

6.1.5.1.12 **GetMenuItemID**

GetMenuItemID 描述如下:

函数名	GetMenuItemID
说明	获取菜单项的标识符
参数	a) 菜单描述符 b) 指定被检取标识符的菜单项的位置(以 0 为基数)
返回值	a) 函数调用成功,返回指定菜单项的标识符 b) 如果此标识符为 NULL,或此菜单项激活了一个弹出菜单,则返回失败

6.1.5.1.13 **GetMenuState**

GetMenuState 描述如下：

函数名	GetMenuState
说明	获取菜单项的状态(是否选中、变灰、禁止)
参数	a) 菜单描述符 b) 指定被检取其标志的菜单项,其意义由 c)参数决定 c) 指定如何解释 b)参数
返回值	a) 如果菜单项不存在,则返回失败 b) 如果此菜单项激活一个弹出菜单,则返回值的低位字节包含与此菜单项有关的菜单标志,而其高位字节包含由此菜单项激活的弹出式菜单的菜单项数目 c) 否则,返回值是各菜单标志的一个掩码(布尔 OR)

6.1.5.1.14 **GetMenuString**

GetMenuString 描述如下：

函数名	GetMenuString
说明	获取指定菜单项的名称
参数	a) 菜单描述符 b) 指定被检取的菜单项,其意义由 e)参数决定 c) 指定缓冲区 d) 字符串的最大长度 e) 指定如何解释 b)参数
返回值	a) 成功,返回指定被拷贝到缓冲区中的字符数目,不包括结尾的 NULL 字符 b) 否则,返回 0

6.1.5.1.15 **GetSubMenu**

GetSubMenu 描述如下：

函数名	GetSubMenu
说明	获取弹出菜单的菜单描述符
参数	a) 菜单描述符 b) 指定激活弹出式菜单的菜单项在给定菜单中的位置(以 0 为基)
返回值	a) 函数调用成功,返回被此菜单项激活的弹出式菜单的描述符 b) 若此菜单项不激活一个弹出式菜单,则返回 NULL

6.1.5.1.16 **InsertMenu**

InsertMenu 描述如下：

函数名	InsertMenu
说明	在菜单中的某个位置插入一个菜单项
参数	a) 菜单描述符 b) 指定新菜单项要插入在其前的菜单项，由 c)参数确定 c) 控制对 b)参数的解释，指定标志以控制新菜单项的外观和行为 d) 指定新菜单项的标识符 e) 指定新菜单项的内容
返回值	成功/失败

6.1.5.1.17 **IsMenu**

IsMenu 描述如下：

函数名	IsMenu
说明	判断指定描述符是否是菜单描述符
参数	指定描述符
返回值	成功/失败

6.1.5.1.18 **ModifyMenu**

ModifyMenu 描述如下：

函数名	ModifyMenu
说明	修改某个指定菜单项
参数	a) 菜单描述符 b) 指定新菜单项要插入在其前的菜单项，由参数 c)确定 c) 控制对参数 b)的解释，指定标志以控制新菜单项的外观和行为 d) 指定新菜单项的标识符 e) 指定新菜单项的内容
返回值	成功/失败

6.1.5.1.19 **RemoveMenu**

RemoveMenu 描述如下：

函数名	RemoveMenu
说明	从菜单中清掉一菜单项但并不删除它
参数	a) 菜单描述符 b) 指定删除的菜单项，具体动作由参数 c)决定 c) 指定如何解释参数 b)
返回值	成功/失败

6.1.5.1.20 **SetMenuItemBitmaps**

SetMenuItemBitmaps 描述如下：

函数名	SetMenuItemBitmaps
说明	把给定位图同一个菜单项联系起来。无论菜单项是被选择的还是未被选择的，系统都将在该菜单项旁显示适当位图
参数	a) 指定将要修改的菜单描述符 b) 指定要改变的菜单项，具体动作由参数 c)决定 c) 指定如何解释参数 b) d) 当菜单未被选择时所显示的位图 e) 当菜单被选择时所显示的位图
返回值	成功/失败

6.1.5.1.21 **SetMenu**

SetMenu 描述如下：

函数名	SetMenu
说明	为窗口指定新菜单
参数	a) 指定的窗口描述符 b) 指定的菜单描述符
返回值	成功/失败

6.1.5.1.22 **TrackPopupMenu**

TrackPopupMenu 描述如下：

函数名	TrackPopupMenu
说明	在指定位置显示弹出式菜单
参数	a) 将要显示的弹出式菜单描述符 b) 指定菜单的对齐方式 c) 以屏幕坐标指定弹出式菜单的水平位置 d) 以屏幕坐标指定弹出式菜单的顶部的垂直位置 e) 保留，必须为 0 f) 指定拥有该弹出式菜单的窗口 g) 矩阵结构存放一个矩形的屏幕坐标
返回值	成功/失败

6.1.5.1.23 **GetMenuCheckMarkDimensions**

GetMenuCheckMarkDimensions 描述如下：

函数名	GetMenuCheckMarkDimensions
说明	返回缺省检查记号位图的尺寸
参数	无
返回值	返回值指定缺省检查记号的像素高度和宽度。其高位字包含高度，低位字包含宽度

6.1.5.1.24 **HiliteMenuItem**

HiliteMenuItem 描述如下：

函数名	HiliteMenuItem
说明	对一菜单栏中的菜单项高亮或删除高亮
参数	a) 包含此菜单的窗口描述符 b) 指定将要修改的菜单描述符 c) 指定要被增亮的菜单项 d) 控件参数的解释的标志,并指示此菜单项是否被增亮
返回值	成功/失败

6.1.5.2 对话框

6.1.5.2.1 CheckDlgButton

CheckDlgButton 描述如下:

函数名	CheckDlgButton
说明	设置或清除复选按钮选中标记
参数	a) 指定包含该按钮的对话框的描述符 b) 指定要修改的按钮的标识符 c) 指定该按钮的选择状态
返回值	成功/失败

6.1.5.2.2 CheckRadioButton

CheckRadioButton 描述如下:

函数名	CheckRadioButton
说明	选中一个指定单选按钮并去掉所有其他单选按钮的选中标记
参数	a) 指定包含单选框的对话框的描述符 b) 指定按钮组中第一个单选框的标识符 c) 指定按钮组中最后一个单选框的标识符 d) 指定被选中的单选框的标识符
返回值	成功/失败

6.1.5.2.3 CreateDialog

CreateDialog 描述如下:

函数名	CreateDialog
说明	从程序定义的对话框模板创建一个无模式对话框
参数	a) 指定应用程序实例 b) 指定对话框模板 c) 指定拥有对话框的窗口描述符 d) 指向对话框函数
返回值	a) 成功,返回对话框的描述符 b) 否则,返回失败

6.1.5.2.4 **CreateDialogIndirect**

CreateDialogIndirect 描述如下：

函数名	CreateDialogIndirect
说明	该函数从内存中的一个对话框模板中创建一个无模式对话框
参数	a) 指定应用程序实例 b) 指向内存中一个用于创建对话框的模板 c) 指定拥有对话框的窗口描述符 d) 指向对话框的窗口函数
返回值	a) 成功，返回对话框的描述符 b) 否则，返回失败

6.1.5.2.5 **CreateDialogParam**

CreateDialogParam 描述如下：

函数名	CreateDialogParam
说明	从程序定义的对话框模板中创建一个无模式对话框，并在创建时把数据传给它
参数	a) 指定应用程序实例 b) 指定对话框模板 c) 指定拥有对话框的窗口描述符 d) 指向对话框的窗口函数 e) 指定发送对话框初始化消息时的参数值
返回值	a) 成功，返回对话框的描述符 b) 否则，返回失败

6.1.5.2.6 **CreateDialogIndirectParam**

CreateDialogIndirectParam 描述如下：

函数名	CreateDialogIndirectParam
说明	该函数从内存中的一个对话框模板中创建一个无模式对话框，并在创建时把数据传给它
参数	a) 指定应用程序实例的描述符 b) 指向内存中一个用于创建对话框的模板 c) 指定拥有对话框的窗口描述符 d) 指向对话框的窗口处理函数 e) 指定以对话框初始化消息的参数传递给对话框的值
返回值	a) 成功，返回对话框的描述符 b) 否则，返回失败

6.1.5.2.7 **DefDlgProc**

DefDlgProc 描述如下：

函数名	DefDlgProc
说明	为属于应用程序定义的对话框类的窗口过程实现缺省的消息处理
参数	a) 指定的对话框的描述符 b) 指定消息标识 c) 指定消息的附带参数 1 d) 指定消息的附带参数 2
返回值	返回值指定了消息处理的结果，它取决于实际发送的消息成功

6.1.5.2.8 **DialogBox**

DialogBox 描述如下：

函数名	DialogBox
说明	从程序定义的对话框模板创建一个模式对话框
参数	a) 指定包含对话框模板的应用程序实例 b) 指定对话框模板的名字，或者是一个指定对话框模板的资源标识符的整数值 c) 指定拥有对话框的窗口描述符 d) 指向对话框的窗口处理函数
返回值	a) 用成功，返回值为函数 6.1.5.2.12 EndDialog 中参数 b)值，EndDialog 函数用来终止对话框 b) 否则，返回失败

6.1.5.2.9 **DialogBoxIndirect**

DialogBoxIndirect 描述如下：

函数名	DialogBoxIndirect
说明	从内存中的一个对话框模板中创建模式对话框
参数	a) 指定包含对话框模板的应用程序实例 b) 指向内存中一个用于创建对话框的模板 c) 指定拥有对话框的窗口描述符 d) 指向对话框的窗口处理函数
返回值	a) 成功，返回值为函数 6.1.5.2.12 EndDialog 中参数 b)的值，EndDialog 函数用来终止对话框 b) 否则，返回失败

6.1.5.2.10 **DialogBoxParam**

DialogBoxParam 描述如下：

函数名	DialogBoxParam
说明	从程序定义的对话框模板创建模式对话框，并在创建时把数据传给它
参数	a) 指定包含对话框模板的应用程序实例 b) 指定对话框模板的名字，或者是一个指定对话框模板的资源标识符的整数值 c) 指定拥有对话框的窗口描述符 d) 指向对话框的窗口处理函数
返回值	a) 成功，返回值为函数 6.1.5.2.12 EndDialog 中参数 b)的值，EndDialog 函数用来终止对话框 b) 否则，返回失败

6.1.5.2.11 **DialogBoxIndirectParam**

DialogBoxIndirectParam 描述如下：

函数名	DialogBoxIndirectParam
说明	从内存中的一个对话框模板中创建模式对话框，并在创建时把数据传给它
参数	a) 指定包含对话框模板的模块的实例 b) 指向内存中一个用于创建对话框的对话框模板 c) 指定拥有对话框的窗口描述符 d) 指向对话框的窗口处理函数
返回值	a) 用成功，返回值为函数 6.1.5.2.12 EndDialog 中参数 b)的值，EndDialog 函数用来终止对话框 b) 否则，返回失败

6.1.5.2.12 **EndDialog**

EndDialog 描述如下：

函数名	EndDialog
说明	销毁一个模式对话框，并使系统终止对此对话框的任何处理
参数	a) 对话框描述符 b) 指定从创建对话框的函数返回到应用程序的值
返回值	成功/失败

6.1.5.2.13 **GetDlgCtrlID**

GetDlgCtrlID 描述如下：

函数名	GetDlgCtrlID
说明	获取控件的标识符
参数	控件的描述符
返回值	a) 成功，返回此控件的标识符 b) 否则，返回 NULL

6.1.5.2.14 **GetDlgItem**

GetDlgItem 描述如下：

函数名	GetDlgItem
说明	获取对话框中一个指定控件的描述符
参数	a） 对话框描述符 b） 要被检取的控件的标识符
返回值	a） 成功，返回给定控件的窗口描述符 b） 否则，返回 NULL

6.1.5.2.15 **GetDlgItemText**

GetDlgItemText 描述如下：

函数名	GetDlgItemText
说明	获取对话框中某个控件的标题或文本内容
参数	a） 对话框描述符 b） 要检取其标题或文本的控件标识符 c） 接收标题或文本的缓冲区 d） 被拷贝到缓冲区中的字符串长度。如果该字符长度超过限制，则该串被截断
返回值	a） 成功，返回指定被拷贝到缓冲区中的字符数目，不包括终止的 NULL 字符 b） 否则，返回失败

6.1.5.2.16 **GetNextDlgGroupItem**

GetNextDlgGroupItem 描述如下：

函数名	GetNextDlgGroupItem
说明	获取指定对话框中位于指定控件之前（或之后）的第一个控件的描述符
参数	a） 对话框描述符 b） 指定用作查找起始点的控件 c） 指定该函数将如何查找对话框中的控件组
返回值	a） 成功，返回查找到的控件描述符 b） 否则，返回 NULL

6.1.5.2.17 **GetNextDlgTabItem**

GetNextDlgTabItem 描述如下：

函数名	GetNextDlgTabItem
说明	获取指定控件之前（或之后）的第一个具有 Tabstop 风格的控件描述符
参数	a） 对话框描述符 b） 指定用作查找起始点的控件 c） 指定该函数将如何查找对话框中的控件组
返回值	成功/失败

6.1.5.2.18 **IsDialogMessage**

IsDialogMessage 描述如下：

函数名	IsDialogMessage
说明	判断指定消息是否是给定对话框所期望的，如果是则处理此消息
参数	a） 对话框描述符 b） 指定消息描述符
返回值	a） 如果该消息是给定对话框消息，返回成功 b） 否则，返回失败

6.1.5.2.19 **IsDlGButtonChecked**

IsDlgButtonChecked 描述如下：

函数名	IsDlGButtonChecked
说明	判断一个按钮控件是否选中
参数	a） 对话框描述符 b） 指定控件的标识符
返回值	a） 按钮状态未被选择 b） 按钮状态被选择 c） 按钮状态不确定 d） 返回失败

6.1.5.2.20 **IsInputMessage**

IsInputMessage 描述如下：

函数名	IsInputMessage
说明	判断一条消息是否是鼠标或键盘消息
参数	指定消息码
返回值	a） 是鼠标或键盘消息，返回成功 b） 否则，返回失败

6.1.5.2.21 **SendDlgItemMessage**

SendDlgItemMessage 描述如下：

函数名	SendDlgItemMessage
说明	发送一条消息给指定对话框中的指定控件
参数	a） 对话框描述符 b） 指定接收消息的控件标识符 c） 指定要发送的消息 d） 指定消息的附带参数 1 e） 指定消息的附带参数 2
返回值	返回值指定消息的处理结果并依赖于所发送的消息

6.1.5.2.22 **SetDlgItemText**

SetDlgItemText 描述如下：

函数名	SetDlgItemText
说明	设置对话框中某个控件的标题或文字
参数	a) 对话框描述符 b) 要设置其标题或文字的控件标识符 c) 指向一个以 NULL 结束的字符串，该字符串是要拷贝到控件中的文字
返回值	成功/失败

6.1.5.2.23 **MessageBox**

MessageBox 描述如下：

函数名	MessageBox
说明	创建、显示并操作一消息框。此消息框包含一条应用程序定义的消息和标题，以及任意组合的预定义图标和按钮
参数	a) 指定要创建的消息框的属主窗口的描述符 b) 指向一个以 NULL 终止的、包含要显示的消息的字符串 c) 指向一个以 NULL 终止的、用作此消息框标题的字符串 d) 指定对话框的内容和动作
返回值	如果没有足够的内存创建消息框，则返回值为 0；否则，返回值由对话框返回

6.1.5.3 剪贴板

6.1.5.3.1 **RegisterClipboardFormat**

RegisterClipboardFormat 描述如下：

函数名	RegisterClipboardFormat
说明	登记一个新的剪贴板格式。这个格式以后被用作一个有效的剪贴板格式
参数	指向一个以 NULL 结束的字符串，该字符串是新格式的名称
返回值	a) 成功，返回标识被登记的剪贴板格式 b) 否则，返回失败

6.1.5.3.2 **GetClipboardFormatName**

GetClipboardFormatName 描述如下：

函数名	GetClipboardFormatName
说明	该函数从剪贴板中检取指定的已注册的格式名称。该函数将此名称拷贝到指定缓冲区中
参数	a) 指定被检取格式的类型。这个参数不可以指定任何预定义的剪贴板格式 b) 指向接收此格式名称的缓冲区 c) 指定可被拷贝到缓冲区中的字符串的最大字符长度。如果此格式名称超出这个限制，则名称被截断
返回值	a) 成功，则返回值为被拷贝到缓冲区中的字符串的字符长度 b) 否则，返回失败

6.1.5.3.3 **OpenClipboard**

OpenClipboard 描述如下：

函数名	OpenClipboard
说明	打开剪贴板
参数	指定与打开的剪贴板相联系的窗口描述符
返回值	成功/失败

6.1.5.3.4 **CloseClipboard**

CloseClipboard 描述如下：

函数名	CloseClipboard
说明	关闭剪贴板
参数	无
返回值	成功/失败

6.1.5.3.5 **GetClipboardData**

GetClipboardData 描述如下：

函数名	GetClipboardData
说明	从剪贴板中取出数据
参数	指定一种剪贴板格式
返回值	a） 成功，返回指定格式的一剪贴板对象的描述符 b） 否则，返回值为 NULL

6.1.5.3.6 **SetClipboardData**

SetClipboardData 描述如下：

函数名	SetClipboardData
说明	设置剪贴板中数据
参数	a） 指定一种已登记的剪贴板格式 b） 指定格式数据的描述符
返回值	a） 成功，返回数据的描述符 b） 否则，返回 NULL

6.1.5.3.7 **EmptyClipboard**

EmptyClipboard 描述如下：

函数名	EmptyClipboard
说明	清空剪贴板并释放剪贴板中数据
参数	无
返回值	成功/失败

6.1.5.3.8 **IsClipboardFormatAvailable**

IsClipboardFormatAvailable 描述如下：

函数名	IsClipboardFormatAvailable
说明	判断剪贴板中是否有可使用的给定格式的数据
参数	指定一种剪贴板格式
返回值	a) 剪贴板格式可用，返回成功 b) 否则，返回失败

6.2 Java 接口

本标准中定义的 Java 接口要求参见 JSR30、JSR37、JSR118、JSR120、JSR135、JSR139、JSR172、JSR179、JSR184 和 JSR185。

6.3 安全

6.3.1 概述

安全分为 SSL 协议、数字证书和算法三个部分。其中 SSL 协议层包含握手过程的建立以及对用户数据进行封装和解封，并为用户提供编程接口；数字证书包含所有对数字证书的处理以及证书库的管理；算法层包含了所有涉及到的公钥算法和对称加密算法，结构如图 2 所示。

SSL 协议模块利用数字证书来完成对服务器端的认证工作，并利用算法模块提供的算法完成密钥交换、加/解密用户数据以及利用单向散列函数来完成 MAC(消息完整性检查)。对于数字证书，需要利用算法来提供可认证的属性。

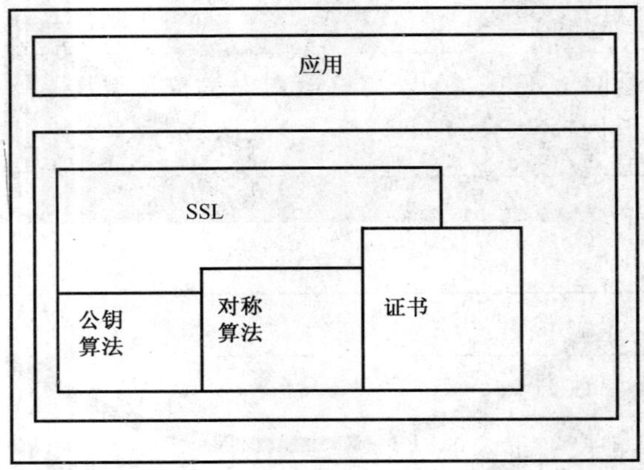

图 2 嵌入式软件安全框架

数字证书和算法模块可以各自是一个单独的模块，并不是专门针对 SSL 的，可以向外提供独立接口。

6.3.2 SSL 协议接口

6.3.2.1 **SSL_init**

SSL_init 描述如下：

函数名	SSL_init
说明	完成整个 SSL 协议栈的初始化工作
参数	初始化参数。若为 NULL，则使用缺省参数
返回值	成功/错误信息

6.3.2.2 **SSL_open**

SSL_open 描述如下：

函数名	SSL_open
说明	申请并按照缺省参数初始化一个安全会话
参数	本地网络地址
返回值	a) 成功时返回安全会话标识符 b) 失败则返回相应的出错信息

6.3.2.3 **SSL_connect**

SSL_connect 描述如下：

函数名	SSL_connect
说明	建立一个安全连接
参数	a) 安全会话标识符 b) 要连接的对端网络地址，包括 IP 和端口
返回值	成功/错误信息

6.3.2.4 **SSL_write**

SSL_write 描述如下：

函数名	SSL_write
说明	发送数据到已建立的安全连接对端
参数	a) 安全会话标识符 b) 要发送的数据 c) 要发送的数据长度
返回值	a) 成功时返回成功发送的字节数 b) 出错时返回错误信息

6.3.2.5 **SSL_read**

SSL_read 描述如下：

函数名	SSL_read
说明	从已建立的安全连接读入数据
参数	a) 安全会话标识符 b) 数据 c) 数据大小
返回值	a) 成功时返回成功发送的字节数 b) 出错时返回错误信息

6.3.2.6 **SSL_close**

SSL_close 描述如下：

函数名	SSL_close
说明	关闭一个安全连接
参数	安全会话标识符
返回值	成功/错误信息

6.3.2.7 **SSL_state**

SSL_state 描述如下：

函数名	SSL_state
说明	返回指定会话的状态
参数	安全会话标识符
返回值	连接的状态:连接关闭、正在建立连接、连接已经建立

6.3.2.8 **SSL_ioctl**

SSL_ioctl 描述如下：

函数名	SSL_ioctl
说明	对会话和连接参数进行控制
参数	a) 安全会话标识符 b) 操作类型(读/写):设置或是读取参数 c) 操作的选项类型:是否验证服务器证书,设置会话可重用性,会话可以容忍的最大警告错误信息数目,加密套接字,压缩方法,会话超时,会话生存时间,用户自定义的证书验证回调,非阻塞方式,阻塞方式,接收缓冲大小 d) 选项 e) 选项大小
返回值	成功/错误信息

6.3.3 **公开密钥算法接口**

6.3.3.1 **ENC_CIPHER_CTX_create**

ENC_CIPHER_CTX_create 描述如下：

函数名	ENC_CIPHER_CTX_create
说明	创建并初始化公开密钥的数据结构
参数	无
返回值	a) 成功时,返回公开密钥数据结构的描述符 b) NULL

6.3.3.2 **ENC_CIPHER_CTX_destroy**

ENC_CIPHER_CTX_destroy 描述如下：

函数名	ENC_CIPHER_CTX_destroy
说明	释放公开密钥的数据结构
参数	公开密钥数据结构的描述符
返回值	无

6.3.3.3 **ENC_CIPHER_CTX_init**

ENC_CIPHER_CTX_init 描述如下：

函数名	ENC_CIPHER_CTX_init
说明	初始化公开密钥的数据结构
参数	需要初始化的公开密钥数据结构的描述符
返回值	无

6.3.3.4 **ENC_CIPHER_CTX_cleanup**

ENC_CIPHER_CTX_cleanup

函数名	ENC_CIPHER_CTX_cleanup
说明	清除公开密钥数据结构中的内容并释放描述符型成员所指向的存储区
参数	公开密钥数据结构的描述符
返回值	成功/错误信息

6.3.3.5 **ENC_CIPHER_CTX_set_padding**

ENC_CIPHER_CTX_set_padding 描述如下：

函数名	ENC_CIPHER_CTX_set_padding
说明	设置公开密钥数据结构对应的某对称算法是否支持 padding 功能
参数	a) 公开密钥数据结构的描述符 b) 是否支持 padding：不等于 0 表示支持 padding，否则表示不支持 padding
返回值	成功/错误信息

6.3.3.6 **ENC_CIPHER_CTX_set_key_length**

ENC_CIPHER_CTX_set_key_length 描述如下：

函数名	ENC_CIPHER_CTX_set_key_length
说明	设置公开密钥数据结构中某对称算法的密钥长度
参数	a) 公开密钥数据结构的描述符 b) 密钥长度
返回值	成功/错误信息

6.3.3.7 **ENC_SealInit**

ENC_SealInit 描述如下：

函数名	ENC_SealInit
说明	使用输入的公钥序列加密,针对某算法随机生成的会话密钥以及初始化向量
参数	a) 公开密钥数据结构的描述符 b) 对称加密算法标识符 c) 公钥序列缓冲区的描述符 d) 公钥个数 e) 加密后会话密钥缓冲区的描述符 f) 加密后会话密钥的长度 g) 随机生成的初始化向量缓冲区的描述符
返回值	成功/错误信息

6.3.3.8 **ENC_SealUpdate**

ENC_SealUpdate 描述如下:

函数名	ENC_SealUpdate
说明	用对称加密算法加密明文
参数	a) 公开密钥数据结构的描述符 b) 明文缓冲区的描述符 c) 明文长度 d) 密文缓冲区的描述符 e) 密文长度
返回值	成功/错误信息

6.3.3.9 **ENC_SealFinal**

ENC_SealFinal 描述如下:

函数名	ENC_SealFinal
说明	加密明文中的最后一个分块并输出其对应的密文
参数	a) 公开密钥数据结构的描述符 b) 密文缓冲区的描述符 c) 密文长度
返回值	成功/错误信息

6.3.3.10 **ENC_OpenInit**

ENC_OpenInit 描述如下:

函数名	ENC_OpenInit
说明	使用私钥解密已用对应公钥加密的会话密钥以及未加密的初始化向量
参数	a) 公开密钥数据结构的描述符 b) 对称加密算法标识符 c) 加密后的会话密钥缓冲区的描述符

参数	d） 加密后的会话密钥长度 e） 初始化向量缓冲区的描述符 f） 指向公钥序列缓冲区的描述符
返回值	成功/错误信息

6.3.3.11 **ENC_OpenUpdate**

ENC_OpenUpdate 描述如下：

函数名	ENC_OpenUpdate
说明	用对称加密算法解密密文
参数	a） 公开密钥数据结构的描述符 b） 明文缓冲区的描述符 c） 密文长度 d） 明文缓冲区的描述符 e） 明文长度
返回值	成功/错误信息

6.3.3.12 **ENC_OpenFinal**

ENC_OpenFinal 描述如下：

函数名	ENC_OpenFinal
说明	解密密文中的最后一个分块并输出其对应的明文
参数	a） 公开密钥数据结构的描述符 b） 明文缓冲区描述符 c） 明文长度
返回值	成功/错误信息

6.3.3.13 **ENC_PubKEY_encrypt**

ENC_PubKEY_encrypt 描述如下：

函数名	ENC_PubKEY_encrypt
说明	用指定公钥加密明文
参数	a） 明文缓冲区的描述符 b） 明文长度 c） 公钥序列缓冲区的描述符 d） 存放密文的缓冲区的描述符
返回值	密文长度/错误信息

6.3.3.14 **ENC_PubKEY_decrypt**

ENC_PubKEY_decrypt 描述如下：

函数名	ENC_PubKEY_decrypt
说明	用指定公钥解密密文
参数	a) 密文缓冲区的描述符 b) 密文长度 c) 公钥序列缓冲区的描述符 d) 存放明文的缓冲区的描述符
返回值	明文长度/错误信息

6.3.3.15 **ENC_PriKEY_encrypt**

ENC_PriKEY_encrypt 描述如下：

函数名	ENC_PriKEY_encrypt
说明	用指定私钥加密明文
参数	a) 明文缓冲区的描述符 b) 明文长度 c) 公钥序列缓冲区的描述符 d) 存放密文的缓冲区的描述符
返回值	密文长度/错误信息

6.3.3.16 **ENC_PriKEY_decrypt**

ENC_PriKEY_decrypt 描述如下：

函数名	ENC_PriKEY_decrypt
说明	用指定私钥解密密文
参数	a) 密文缓冲区的描述符 b) 密文长度 c) 公钥序列缓冲区的描述符 d) 存放明文的缓冲区的描述符
返回值	明文长度/错误信息

6.3.4 对称算法接口

6.3.4.1 **ENC_CipherInit**

ENC_CipherInit 描述如下：

函数名	ENC_CipherInit
说明	初始化对称算法数据结构
参数	a) 对称算法数据结构的描述符 b) 对称加密算法标识符 c) 对称加密算法密钥缓冲区的描述符 d) 对称加密算法初始化向量缓冲区的描述符 e) 加解密标识:加密、解密
返回值	成功/错误信息

6.3.4.2 **ENC_EncryptInit**

ENC_EncryptInit 描述如下：

函数名	ENC_EncryptInit
说明	设置用于加密的数据结构
参数	a） 对称算法数据结构的描述符 b） 对称加密算法标识符 c） 对称加密算法密钥缓冲区的描述符 d） 对称加密算法初始化向量缓冲区的描述符
返回值	成功/错误信息

6.3.4.3 **ENC_EncryptUpdate**

ENC_EncryptUpdate 描述如下：

函数名	ENC_EncryptUpdate
说明	利用已经设置好的对称算法加密明文
参数	a） 对称算法数据结构的描述符 b） 明文缓冲区的描述符 c） 明文长度 d） 密文缓冲区的描述符 e） 密文长度
返回值	成功/错误信息

6.3.4.4 **ENC_EncryptFinal**

ENC_EncryptFinal 描述如下：

函数名	ENC_EncryptFinal
说明	加密明文中的最后一个分块并输出其对应的密文
参数	a） 对称算法数据结构的描述符 b） 密文缓冲区的描述符 c） 密文长度
返回值	成功/错误信息

6.3.4.5 **ENC_DecryptInit**

ENC_DecryptInit 描述如下：

函数名	ENC_DecryptInit
说明	设置用于解密的数据结构
参数	a） 对称算法数据结构的描述符 b） 对称加密算法标识符 c） 对称加密算法密钥缓冲区的描述符 d） 对称加密算法初始化向量缓冲区的描述符
返回值	成功/错误信息

6.3.4.6 **ENC_DecryptUpdate**

ENC_DecryptUpdate 描述如下：

函数名	ENC_DecryptUpdate
说明	利用已经设置好的对称算法解密密文
参数	a) 对称算法数据结构的描述符 b) 密文缓冲区的描述符 c) 密文长度 d) 明文缓冲区的描述符 e) 明文长度
返回值	成功/错误信息

6.3.4.7 **ENC_DecryptFinal**

ENC_DecryptFinal 描述如下：

函数名	ENC_DecryptFinal
说明	解密密文中的最后一个分块并输出其对应的密文
参数	a) 对称算法数据结构的描述符 b) 密文缓冲区的描述符 c) 密文长度 d) 明文缓冲区的描述符 e) 明文长度
返回值	成功/错误信息

6.3.5 **证书接口**

6.3.5.1 **CertStore_Create**

CertStore_Create 描述如下：

函数名	CertStore_Create
说明	创建一个证书库
参数	a) 证书库类型 b) 选项 c) 选项参数
返回值	成功/错误信息

6.3.5.2 **CertStore_Duplicate**

CertStore_Duplicate 描述如下：

函数名	CertStore_Duplicate
说明	复制证书库
参数	被复制的证书库描述符
返回值	复制成功返回证书库的标识符/错误信息

6.3.5.3 **CertStore_Destory**

CertStore_Destory 描述如下：

函数名	CertStore_Destory
说明	删除一个证书库
参数	要删除的证书库描述符
返回值	成功/错误信息

6.3.5.4 **CertObj_ImportToStore**

CertObj_ImportToStore 描述如下：

函数名	CertObj_ImportToStore
说明	导入一个证书到证书库
参数	a) 证书库标识符 b) 要导入的证书编码 c) 编码类型 d) 编码长度
返回值	生成的证书对象的描述符/NULL

6.3.5.5 **CertObj_GetFirstFromStore**

CertObj_GetFirstFromStore 描述如下：

函数名	CertObj_GetFirstFromStore
说明	获得指定的证书库的第一个证书
参数	证书库标识符
返回值	证书库的第一个证书描述符/NULL

6.3.5.6 **CertObj_GetNextFromStore**

CertObj_GetNextFromStore 描述如下：

函数名	CertObj_GetNextFromStore
说明	获得指定证书库中指定证书的下一个证书
参数	a) 证书库标识符 b) 证书对象描述符
返回值	证书

6.3.5.7 **CertObj_DeleteFromStore**

CertObj_DeleteFromStore 描述如下：

函数名	CertObj_DeleteFromStore
说明	从指定的证书库中取出一个证书
参数	a) 证书库标识符 b) 要取出的证书对象描述符
返回值	无

6.3.5.8 **CertObj_EnumInStore**

CertObj_EnumInStore 描述如下：

函数名	CertObj_EnumInStore
说明	获得指定的证书库中证书对象的个数
参数	证书库标识符
返回值	证书库中证书个数/错误信息

6.3.5.9 **CertObj_Free**

CertObj_Free 描述如下：

函数名	CertObj_Free
说明	释放一个证书对象
参数	a） 要释放的证书对象描述符 b） 证书对象类型
返回值	无

6.3.5.10 **CERT_CreateContext**

CERT_CreateContext 描述如下：

函数名	CERT_CreateContext
说明	为指定的证书创建数据结构
参数	a） 要转换的证书 b） 证书编码类型 c） 证书编码长度 d） 创建的证书结构描述符
返回值	成功/错误信息

6.3.5.11 **CERT_RefContext**

CERT_RefContext 描述如下：

函数名	CERT_RefContext
说明	引用指定的证书
参数	要引用的证书描述符
返回值	可引用的证书描述符

6.3.5.12 **CERT_FreeContext**

CERT_FreeContext 描述如下：

函数名	CERT_FreeContext
说明	释放指定证书的数据结构
参数	要释放的证书描述符
返回值	无

6.3.5.13 **CERT_Export**

CERT_Export 描述如下：

函数名	CERT_Export
说明	按照指定格式编码输出证书
参数	a) 证书描述符 b) 编码格式 c) 输出缓冲区 d) 输出缓冲区长度
返回值	成功/错误信息

6.3.5.14 **CERT_DisplayContext**

CERT_DisplayContext 描述如下：

函数名	CERT_DisplayContext
说明	显示证书内容
参数	a) 要显示的证书描述符 b) 显示设备
返回值	成功/错误信息

6.3.5.15 **CERT_getPublicKey**

CERT_getPublicKey 描述如下：

函数名	CERT_getPublicKey
说明	获取指定证书的公钥
参数	证书描述符
返回值	公钥描述符/NULL

6.3.5.16 **CertChain_InternalVerify**

CertChain_InternalVerify 描述如下：

函数名	CertChain_InternalVerify
说明	系统验证指定的证书链函数
参数	a) 要验证的证书链 b) 使用的可信任证书库 c) 对端证书(即证书链中第一个证书)的公钥
返回值	成功/错误信息

6.3.5.17 **CertChain_Create**

CertChain_Create 描述如下：

函数名	CertChain_Create
说明	创建证书链结构
参数	a) 要解析的编码证书链描述符 b) 编码证书链中证书个数
返回值	证书链描述符/NULL

6.3.5.18 **CertChain_Duplicate**

CertChain_Duplicate 描述如下：

函数名	CertChain_Duplicate
说明	复制指定的证书链
参数	要复制的证书链
返回值	复制出的证书链描述符/NULL

6.3.5.19 **CertChain_Free**

CertChain_Free 描述如下：

函数名	CertChain_Free
说明	释放指定的证书链空间
参数	要释放的证书链描述符
返回值	无

6.3.5.20 **CertVerify_TimeValid**

CertVerify_TimeValid 描述如下：

函数名	CertVerify_TimeValid
说明	验证证书的时间有效性
参数	a) 要验证的证书 b) 时间格式 c) 时间基准值
返回值	无

6.3.5.21 **CertVerify_TimeNesting**

CertVerify_TimeNesting 描述如下：

函数名	CertVerify_TimeNesting
说明	验证证书的有效期是否在其颁发者的有效期内
参数	a) 要验证的证书 b) 颁发者证书
返回值	成功/错误信息

6.3.5.22 **CertVerify_SignatureValid**

CertVerify_SignatureValid 描述如下：

函数名	CertVerify_SignatureValid
说明	验证证书的签名
参数	a） 要验证的证书 b） 验证使用的公钥
返回值	成功/错误信息

6.3.5.23 **CertVerify_CRLValid**

CertVerify_CRLValid 描述如下：

函数名	CertVerify_CRLValid
说明	验证证书是否被 CRL 撤销
参数	a） 要验证的证书 b） CRL 证书库标识符
返回值	成功/错误信息

6.3.5.24 **CRL_CreateContext**

CRL_CreateContext 描述如下：

函数名	CRL_CreateContext
说明	为指定的 CRL 创建数据结构
参数	a） 要转换的证书 b） 证书编码类型 c） 编码长度 d） CRL 数据结构的描述符
返回值	成功/错误信息

6.3.5.25 **CRL_RefContext**

CRL_RefContext 描述如下：

函数名	CRL_RefContext
说明	引用指定的 CRL 数据结构
参数	要引用的 CRL 描述符
返回值	成功/NULL

6.3.5.26 **CRL_FreeContext**

CRL_FreeContext 描述如下：

函数名	CRL_FreeContext
说明	释放指定 CRL 的数据结构
参数	要释放的 CRL 描述符
返回值	无

6.3.5.27 **CRL_DisplayContext**

CRL_DisplayContext 描述如下：

函数名	CRL_DisplayContext
说明	显示指定的 CRL 信息
参数	a) 要显示的证书描述符 b) 显示设备
返回值	成功/错误信息

6.3.5.28 **CRL_Export**

CRL_Export 描述如下：

函数名	CRL_Export
说明	按照指定的编码格式输出 CRL
参数	a) CRL 描述符 b) 编码格式 c) 输出缓冲区 d) 输出缓冲区长度
返回值	成功/错误信息

6.4 输入法

6.4.1 概述

手持电子产品上，使用的输入法按输入方式分为键盘输入法和手写输入法 2 大类。本条主要定义键盘输入法引擎的 API 接口。由于语音识别技术正在迅速发展，本章将保留语音输入法的接口。定义接口模型如图 3 所示。

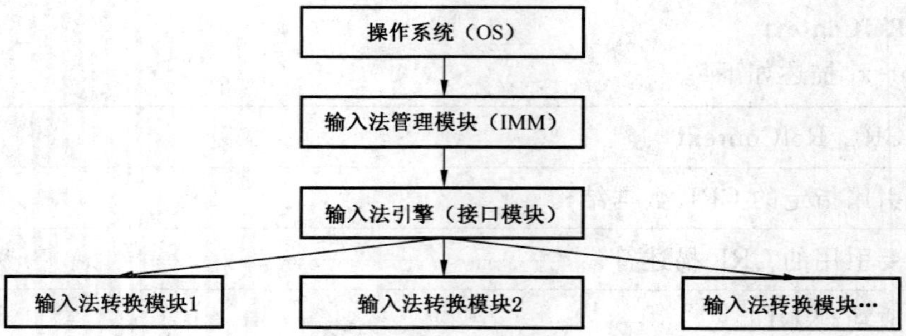

图 3 输入法引擎接口模型图

6.4.2 输入法接口函数

6.4.2.1 概述

接口函数是系统提供给输入法以及应用程序调用的函数，本条主要定义系统提供给输入法的接口函数。

6.4.2.2 **ImmRegisterIme**

ImmRegisterIme 描述如下：

函数名	ImmRegisterIme
说明	注册输入法，将一种输入法添加到系统中，系统能够调用该输入法接口
参数	指向输入法入口结构类型的结构描述符
返回值	成功/失败

6.4.2.3 **ImmUnregisterIme**

ImmUnregisterIme 描述如下：

函数名	ImmUnregisterIme
说明	卸载输入法，从系统中删除输入法的注册信息
参数	已添加到系统中的输入法名称
返回值	成功/失败

6.4.3 **输入法回调函数**

6.4.3.1 **概述**

输入法回调函数是输入法在注册时，输入法提供给系统的接口，并由系统调用。

6.4.3.2 **IME_Handlekey**

IME_Handlekey 描述如下：

函数名	IME_Handlekey
说明	输入法按键处理函数
参数	a) 传递键值。键值的传递分为 2 种： 1) 基于按键的键值传递。即每次传递一个键值进入输入法，输入法内部保留并处理此键值 2) 基于序列的键值传递。即每次传递一系列的有效键值组合进入输入法，输入法部保存该键值序列，只对键值序列进行处理 b) 处理结果回调结构体，取回处理参数 a)后所对应的结果。如果没有对应的值，则返回 NULL 或错误代码
返回值	成功/失败

6.4.3.3 **IME_Initialize**

IME_Initialize 描述如下：

函数名	IME_Initialize
说明	初始化输入法。设置输入法初始参数，包括初始输入法类型、公用变量等
参数	无
返回值	成功/失败

6.4.3.4 **IME_SelectIme**

IME_SelectIme 描述如下：

函数名	IME_SelectIme
说明	根据传递的参数内容,设置输入法类型,并将参数指定类型设置为当前输入法类型,同时设置该类型对应的输入法环境
参数	输入法语言结构。包括输入法语种、输入法子语种、输入法类型
返回值	成功/失败

6.4.3.5 **IME_ResetIme**

IME_ResetIme 描述如下:

函数名	IME_ResetIme
说明	重设当前输入法的状态
参数	输入法语言结构。包括输入法语种、输入法子语种、输入法类型
返回值	成功/失败

6.4.3.6 **IME_GetCurIme**

IME_GetCurIme 描述如下:

函数名	IME_GetCurIme
说明	获取当前输入法参数,并给参数赋值
参数	输入法语言设置。包括输入法语种、输入法子语种、输入法类型
返回值	成功/失败

6.4.3.7 **IME_GetUpString**

IME_GetUpString 描述如下:

函数名	IME_GetUpString
说明	获取上行内容,包括按键处理后传出的候选结果、结果数量、当前上行的排列方式、高亮位置等
参数	将上行处理的候选结果、结果数量、排列方式等传入参数,并由参数返回
返回值	成功/失败

6.4.3.8 **IME_GetDownString**

IME_ GetDownString 描述如下:

函数名	IME_ GetDownString
说明	取下行内容,包括按键处理后传出的候选结果、结果数量、当前上行的排列方式、高亮位置等
参数	将下行处理的候选结果、结果数量、排列方式等传入参数,并由参数返回
返回值	成功/失败

6.4.3.9 **IME_SetFocus**

IME_SetFocus 描述如下:

函数名	IME_SetFocus
说明	设置当前输入法的输入焦点
参数	设置的输入法的焦点位置。分为上行焦点、下行焦点
返回值	成功/失败

6.4.3.10 **IME_GetCurFocus**

IME_GetCurFocus 描述如下：

函数名	IME_GetCurFocus
说明	获取当前输入法的输入焦点
参数	无
返回值	返回当前输入法焦点

6.4.3.11 **IME_GetWordAbs**

IME_GetWordAbs 描述如下：

函数名	IME_GetWordAbs
说明	按照要取出的字词在候选字符串中的绝对位置，取出字词，并将当前输入法置位
参数	a) 绝对位置，输入法保存输出字符串的字符串数组的首地址 b) 保存在此位置上的字词的输出字符串
返回值	成功/失败

6.4.3.12 **IME_GetWordRel**

IME_GetWordRel 描述如下：

函数名	IME_GetWordRel
说明	按照要取出的字词在候选字符串中的相对位置，取出字词，并将当前输入法置位
参数	a) 相对位置，输入法保存输出字符串的字符串数组的首地址 b) 保存了在此位置上的字词的输出字符串
返回值	成功/失败

7 应用层

7.1 电话功能

电话功能主要提供了具备电话功能的手持电子产品所具备的 API。

7.1.1 电话功能系统模型

电话功能主要完成处理呼叫，呼叫等待，呼叫挂起，多方通话，呼叫限制等功能。开机之后电话进入紧急呼叫状态，通过查询电话状态，在相应电话业务验证的情况下，进入呼叫等待状态。当发起一个呼叫后，电话进入呼叫中状态。当所有电话都被禁止的时候，进入呼叫关闭状态。呼叫等待状态下，当电话业务验证未通过的时候(例如，手机中的 SIM 卡发生异常)，则由呼叫等待状态进入紧急呼叫状态。

就手持移动电话所具备的基本功能而言，其中有如多方通话等扩展业务功能，要根据手持设备所对应的实际网络提供业务情况而决定。

7.1.2 电话业务

7.1.2.1 概述

对手持设备的基本电话业务功能进行定义。

7.1.2.2 PHONE_Call

PHONE_Call 描述如下：

函数名	PHONE_Call
说明	向指定的电话号码发起主动呼叫
参数	定义为电话号码字符串，最大长度定义为 MAX_PHONE_NUM
返回值	NULL

7.1.2.3 PHONE_CallAnswer

PHONE_CallAnswer 描述如下：

函数名	PHONE_CallAnswer
说明	作为被叫时，收到被叫信息时，通过调用这个函数，使得手机设备进入通过状态。在实现时，也可以通过激活语音通过通道
参数	无
返回值	a) 接听失败 b) 接听成功

7.1.2.4 PHONE_CallHung

PHONE_CallHung 描述如下：

函数名	PHONE_CallHung
说明	调用可以挂断所有线路上的通话
参数	无
返回值	a) 挂断成功 b) 挂断失败

7.1.2.5 PHONE_CallHold

PHONE_CallHold 描述如下：

函数名	PHONE_CallHold
说明	a) 用于呼叫保持、切换、激活不同的线路 b) 建立多方的电话会议
参数	说明保持、激活多路电话的方式： a) 若有呼叫等待电话，则告诉等待状态的电话正忙；若没有呼叫等待，则将所有的处于保持状态的通话连接结束 b) 将当前所有正在进行的通话结束，从而接听等待或保持状态的电话 c) 将所有激活的电话处于保持状态，而接受其他等待或保持状态的电话，可以在 2 个通话连接之间不断进行切换 d) 激活所有的保持状态的会话，进入多方会话 e) 将 2 个电话建立连接，自己退出 f) 用于结束某个正在进行的会话连接 g) 将所有激活的会话连接(除了 x 连接)置于保持状态，需要通信网络的支持

返回值	a） 设置状态成功 b） 暂时不允许操作 c） 建立多方通话不成功，导致所有电话连接关闭

7.1.2.6 **PHONE_CCWAGet**

PHONE_CCWAGet 描述如下：

函数名	PHONE_CCWAGet
说明	查询呼叫等待业务的状态
参数	业务类型（语音、数据、传真等）
返回值	a） 呼叫等待使能 b） 呼叫等待禁止 c） 没有回应，超时出错 d） 查询不到，很可能是由于网络连接不正常

7.1.2.7 **PHONE_CCWASet**

PHONE_CCWASet 描述如下：

函数名	PHONE_CCWASet
说明	使能或禁止呼叫等待功能
参数	a） 业务类型（语音、数据、传真等） b） 模式参数。1 为设置使能，0 为设置禁止
返回值	a） 设置成功 b） 没有回应，超时出错 c） 该操作不允许 d） 没有相应的网络服务 e） 设置不成功，很可能是由于网络连接不正常

7.1.2.8 **PHONE_CLCKGet**

PHONE_CLCKGet 描述如下：

函数名	PHONE_CLCKGet
说明	查询指定类型的呼叫限制的状态
参数	a） PIN 码 b） 禁拨全部电话 c） 禁拨国际电话 d） 除本国外禁拨 e） 禁接全部电话 f） 漫游时禁接 g） PIN2 码
返回值	a） 相关类型的 FAC 被 locked b） 相关类型的 FAC 没有 locked c） FAC 类型错误，应用上基本不会产生 d） 没有回应，超时出错

7.1.2.9 **PHONE_CLCKSet**

PHONE_CLCKSet 描述如下：

函数名	PHONE_CLCKSet
说明	对指定的限制类型进行相应的设置(加锁、解锁)
参数	a) 参见 PHONE_CLCK_Status b) 0 值为解锁,1 值为加锁 c) 需要输入的密码字符串描述符
返回值	a) FAC 类型错误,应用上基本不会产生 b) 没有回应,超时出错 c) lock 参数出错,设置为 0、1 之外的数,应用上基本不会产生 d) 设置成功 e) 该服务还没有注册

7.1.2.10 **PHONE_CCFCGet**

PHONE_CCFCGet 描述如下：

函数名	PHONE_CCFCGet
说明	查询指定业务的呼叫转移的设置情况
参数	a) 呼叫转移类型： 0 无条件转移 1 遇忙转移 2 无应答转移 3 无法接通转移 b) 呼叫类型(voice、data、fax 等) c) 需要解析得到的电话号码字符串描述符,不可为 NULL,若没有设置呼叫转移,该值可以为 NULL d) 当呼叫转移类型为无应答转移时,该参数用于存放要解析出的具体延迟时间,单位为秒;若呼叫转移类型不为无应答转移,该值为 0
返回值	a) 该转移类型开启,并且可以得到电话号码,若类型为无应答转移,呼叫时间也能够得到 b) 该转移类型设置了,但没有使能,可以得到电话号码,若类型为无应答转移,呼叫时间也能够得到 c) 该转移类型没有进行设置,电话号码得不到,呼叫时间也得不到 d) 没有回应,超时出错;或者电话号码可以得到,但该地址为 NULL 的情况 e) 查询不到,很可能是由于网络连接不正常

7.1.2.11 **PHONE_CCFCSet**

PHONE_CCFCSet 描述如下：

函数名	PHONE_CCFCSet
说明	对不同的业务设置不同的转移类型

参数	a) 呼叫转移类型参数： 0 无条件转移 1 遇忙转移 2 无应答转移 3 无法接通转移 b) 模式参数： 0 取消所有的转移 1 使能所有的转移 2 查询呼叫转移的状态 3 转移到指定的电话号码 4 取消指定类型的转移 c) 呼叫类型(voice、data、fax 等) d) 需要解析得到的电话号码字符串描述符，不可为 NULL，若没有设置呼叫转移，该值可以为 NULL e) 当呼叫转移类型参数为“无应答转移”时，这个参数用于存放要解析出的具体延迟时间，单位为秒；若呼叫转移类型参数不为“无应答转移”，该值可以为 0
返回值	a) 设置成功 b) 密码字符串为 NULL 的情况 c) 可能是由于网络连接不正常 d) 没有回应，超时出错 e) 该操作不允许，主要是在无条件转移已经开启的情况下，再继续设置其余 3 种呼叫转移类型

7.1.3 网络和运营商管理

7.1.3.1 PHONE_NMInRegist

PHONE_NMInRegist 描述如下：

函数名	PHONE_NMInRegist
说明	强制查找并注册网络
参数	无
返回值	注册成功/失败

7.1.3.2 PHONE_NMGetOPList

PHONE_NMGetOPList 描述如下：

函数名	PHONE_NMGetOPList
说明	获取当前能够搜索到的网络运营商列表
参数	运营商描述结构存储区域的描述符： a) 运营商的编码，MCC+MNC b) 运营商的名称
返回值	成功/失败

7.1.3.3 **PHONE_NMFreeOPList**

PHONE_NMFreeOPList 描述如下：

函数名	PHONE_NMFreeOPList
说明	调用 PHONE_NMGetOPList 成功获取运营商列表后，不再使用时使用本函数释放存储空间
参数	运营商描述结构存储区域的描述符
返回值	成功/失败

7.1.3.4 **PHONE_NMGetCurOP**

PHONE_NMGetCurOP 描述如下：

函数名	PHONE_NMGetCurOP
说明	获取当前登录的网络运营商信息
参数	运营商描述结构存储区域的描述符： a) 运营商的编码，MCC+MNC b) 运营商的名称
返回值	成功/失败

7.1.3.5 **PHONE_NMSetCurOP**

PHONE_NMSetCurOP 描述如下：

函数名	PHONE_NMSetCurOP
说明	强制登录手动设置的运营商
参数	运营商描述结构存储区域的描述符： a) 运营商的编码，MCC+MNC b) 运营商的名称
返回值	成功/失败

7.1.3.6 **PHONE_RSSIQuery**

PHONE_RSSIQuery 描述如下：

函数名	PHONE_RSSIQuery
说明	网络信号强度查询
参数	无
返回值	a) 信号强度 b) 失败

7.1.3.7 **PHONE_GetBearerState**

PHONE_GetBearerState 描述如下：

函数名	PHONE_GetBearerState
说明	返回指定承载网络的当前状态信息

参数	承载网络类型
返回值	网络的状态

7.1.4 手机特殊管理

7.1.4.1 **PHONE_ModuleInit**

PHONE_ModuleInit 描述如下：

函数名	PHONE_ModuleInit
说明	a) 初始化承载网协议栈 b) 检查 SIM 卡的状态 c) 检查 PIN 码和 PUK 码的状态 d) 搜索网络并注册 e) 设置来电显示 f) 设置短信的工作模式 g) 设置短信的提醒模式
参数	无
返回值	无

7.1.4.2 **PHONE_GetPinPukState**

PHONE_GetPinPukState 描述如下：

函数名	PHONE_GetPinPukState
说明	查询 SIM 卡 PIN 码和 PUK 码的状态
参数	无
返回值	a) WAIT 等待 b) NOHSP 不需校验开机密码 c) NOPIN 不需校验 PIN 码 d) REQPIN 需要 PIN 码校验 e) REQPUK 需要 PUK 码校验 f) PINOK PIN 码校验成功 g) PUKOK PUK 码成功

7.1.4.3 **PHONE_IMEIQuery**

PHONE_IMEIQuery 描述如下：

函数名	PHONE_IMEIQuery
说明	获取手机的 IMEI 码
参数	指向存储 IMEI 码的存储空间的字符描述符
返回值	成功/失败

7.1.4.4 **PHONE_IMSIQuery**

PHONE_IMSIQuery 描述如下：

函数名	PHONE_IMSIQuery
说明	获取手机的 IMSI 码
参数	指向存储 IMEI 码的存储空间的字符描述符
返回值	成功/失败

7.2 消息类功能

7.2.1 手持电子设备的消息模型

消息部分完成对 SMS、MMS、EMAIL 的编解码、消息解析以及消息管理功能。

消息部分可以分为 3 层：网络接口层、消息解析层和统一消息管理层，其结构如图 4 所示。

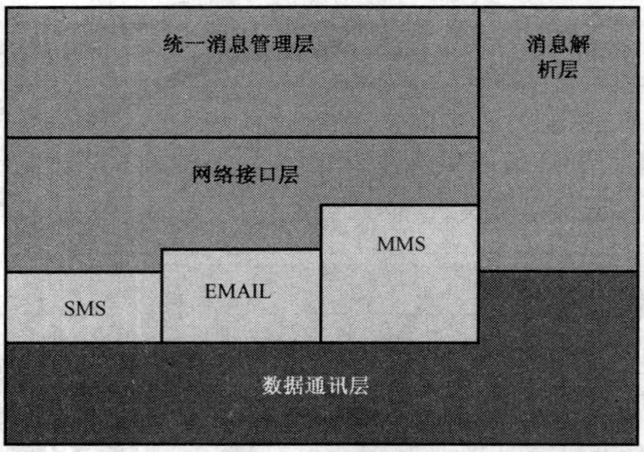

图 4 消息处理的层次结构

图 4 中的网络接口层与数据通讯层相接，负责应用的注册和信息的发送。消息解析层负责完成对信息的解析，给出信息类型，返回应用所需要的数据。统一消息管理层负责把消息放到适当文件夹中，并以正确的方式显示。彩信文件的编解码方式是 SMIL，邮件的编解码方式是 MIME。

7.2.2 网络接口层功能

7.2.2.1 NetInt_AppRegister

NetInt_AppRegister 描述如下：

函数名	NetInt_AppRegister
说明	消息类应用向数据层进行注册
参数	a) 消息类应用的描述符 b) 消息类型，表明是 SMS、MMS、EMAIL 中的一种
返回值	成功/错误码

7.2.2.2 NetInt_AppUnRegister

NetInt_AppUnRegister 描述如下：

函数名	NetInt_AppUnRegister
说明	消息类应用向数据层进行注销
参数	a) 消息类应用的描述符 b) 消息类型，表明是 SMS、MMS、EMAIL 中的一种
返回值	成功/错误码

7.2.2.3 **NetInt_SendMsg**

NetInt_SendMsg 描述如下：

函数名	NetInt_SendMsg
说明	消息类应用向数据层发送信息
参数	a) 消息类应用的描述符 b) 消息类型，表明是 SMS、MMS、EMAIL 中的一种 c) 要发送的信息长度 d) 要发送的信息内容描述符
返回值	成功/错误码

7.2.2.4 **NetInt_ChangeMode**

NetInt_ChangeMode 描述如下：

函数名	NetInt_ChangeMode
说明	在只读方式和读写方式之间进行切换。如果已经有进程用读写方式打开消息应用，则失败
参数	a) 消息类应用的描述符 b) 消息类型，表明是 SMS、MMS、EMAIL 中的一种 c) 读写方式，一般为只读或读写
返回值	成功/错误码

7.2.3 **消息解析层功能**

7.2.3.1 **Msg_GetAddr**

Msg_GetAddr 描述如下：

函数名	Msg_GetAddr
说明	获得消息中的收发者主特征值。例如短消息，如果消息不在草稿或发件箱中，则地址是发送者的电话号码。如果在草稿或发件箱中，则是接收者的电话号码
参数	a) 消息数据的描述符 b) 消息类型，表明是 SMS、MMS、EMAIL 中的一种 c) 存放数据的区域特征描述符 d) 存放数据的区域数据长度
返回值	成功/错误码

7.2.3.2 **Msg_GetTime**

Msg_GetTime 描述如下：

函数名	Msg_GetTime
说明	获得所收到消息的日期和时间
参数	a) 消息数据的描述符 b) 消息类型，表明是 SMS、MMS、EMAIL 中的一种 c) 存放日期的区域特征描述符 d) 存放时间的区域数据长度

返回值	a) 成功,返回日期、时间的数据结构的长度 b) 错误

7.2.3.3 **Msg_GetData**

Msg_GetData 描述如下:

函数名	Msg_GetData
说明	获得所收到消息的数据。如果存放返回数据区的长度小于数据的实际长度则表示失败。还可以通过将数据区域描述符设置为 NULL 来调用,此时返回信息数据的实际长度
参数	a) 消息数据的描述符 b) 消息类型,表明是 SMS、MMS、EMAIL 中的一种 c) 存放消息数据的区域特征描述符 d) 存放消息数据的区域长度
返回值	a) 成功,返回日期、时间的数据结构的长度 b) 错误

7.2.3.4 **Msg_GetDataLen**

Msg_GetDataLen 描述如下:

函数名	Msg_GetDataLen
说明	获得信息的数据的长度
参数	a) 消息数据的描述符 b) 消息类型,表明是 SMS、MMS、EMAIL 中的一种
返回值	a) 成功,返回信息数据的实际长度 b) 错误,返回错误码

7.2.3.5 **Msg_GetStatus**

Msg_GetStatus 描述如下:

函数名	Msg_GetStatus
说明	获得消息应用的状态
参数	a) 消息数据的描述符 b) 消息类型,表明是 SMS、MMS、EMAIL 中的一种
返回值	成功/失败

7.2.3.6 **Msg_GetListInfo**

Msg_GetListInfo 描述如下:

函数名	Msg_GetListInfo
说明	如果消息存在列表信息,可以获得指定消息的列表信息。包括发送者、标题、长度、状态等

参数	a) 消息数据的描述符 b) 消息类型,表明是 SMS、MMS、EMAIL 中的一种 c) 存放列表信息数据的区域特征描述符 d) 存放列表信息数据的区域长度
返回值	成功/失败

7.2.3.7 **Msg_ReadData**

Msg_ReadData 描述如下:

函数名	Msg_ReadData
说明	读取消息数据,可以分多个片段读取。如果将存放数据区域描述符设置为 NULL,返回数据的实际长度
参数	a) 消息数据的描述符 b) 开始读取的位置 c) 存放读取的数据区域的特征描述符 d) 存放读取的数据区域的区域长度
返回值	成功/失败

7.2.3.8 **SMS_Decode**

SMS_Decode 描述如下:

函数名	SMS_Decode
说明	对收到的 SMS-DELIVER 型短消息进行解码。解出的数据结构存放到一个标识符指出的内存。内存的长度不得小于 250 个字节
参数	a) 短消息原始数据存放区域的描述符 b) 短消息原始数据存放区域的长度 c) 解码后存放短消息数据区域的描述符 d) 解码后存放短消息数据区域的长度
返回值	a) 成功,返回解码后存放短消息头部数据结构区域的描述符 b) 错误,返回 NULL

7.2.3.9 **SMS_Encode**

SMS_Encode 描述如下:

函数名	SMS_Encode
说明	对短消息进行编码
参数	a) 编码前存放原始数据的数据区域描述符 b) 存放编码后短消息的数据区域的描述符 c) 存放编码后短消息的数据区域的长度
返回值	a) 成功,返回编码后存放短消息的数据区域的长度 b) 错误,返回 0 值

7.2.3.10 **MMS_SMIL_Decode**

MMS_SMIL_Decode 描述如下:

函数名	MMS_SMIL_Decode
说明	对 SMIL 文件进行解码。解出的数据存放在一个指定的数据区域
参数	a) MMS SMIL 文件原始数据的描述符 b) MMS SMIL 文件原始数据的长度 c) 存放解码后数据存储区域的描述符 d) 存放解码后数据存储区域的长度
返回值	成功/错误码

7.2.3.11 **MMS_SMIL_Encode**

MMS_SMIL_Encode 描述如下：

函数名	MMS_SMIL_Encode
说明	对 Smil 数据结构进行编码。编码后的数据放入指定的内存
参数	a) MMS SMIL 文件原始数据的描述符 b) MMS SMIL 文件原始数据的长度 c) 存放编码后数据存储区域的描述符 d) 存放编码后数据存储区域的长度
返回值	成功/错误码

7.2.4 **消息管理层功能**

7.2.4.1 **Msg_Open**

Msg_Open 描述如下：

函数名	Msg_Open
说明	建立与消息引擎的连接，返回该连接数据结构存储区域的描述符。系统中只能有一个应用采用“读写方式”连接消息引擎。如果消息引擎已经被一个应用以“读写方式”连接，第二个以“读写方式”连接消息引擎的函数调用将失败
参数	a) 消息引擎的描述符 b) 开始的位置 c) 接收消息的数据存储区域的描述符 d) 接收消息的数据存储区域的长度 e) 连接消息引擎的方式，只读还是读写 f) 信息的类型，SMS、MMS、EMAIL
返回值	a) 成功，返回一个消息引擎描述符 b) 错误，返回 NULL

7.2.4.2 **Msg_ListFolder**

Msg_ListFolder 描述如下：

名称	Msg_ListFolder
说明	获得一个文件夹的名字和属性。使用一个索引编号从 0 逐渐增加的方式反复调用，获得所有的文件夹的信息

参数	a） 消息引擎的描述符。 b） 顺序索引编号，从 0 开始 c） 存放文件夹名字和属性的存储区域的描述符 d） 存放文件夹名字和属性的存储区域的长度 e） 信息的类型：MMS、SMS、EMAIL
返回值	成功/失败

7.2.4.3 **Msg_GetFolderInfo**

Msg_GetFolderInfo 描述如下：

函数名	Msg_GetFolderInfo
说明	获得一个文件夹的状态信息。例如共有多少条信息，占用多少存储空间等
参数	a） 消息引擎的描述符 b） 文件夹的名字 c） 存放文件夹信息的存储区域的描述符 d） 存放文件夹信息的存储区域的长度
返回值	成功/失败

7.2.4.4 **Msg_CreateFolder**

Msg_CreateFolder 描述如下：

函数名	Msg_CreateFolder
说明	创建一个文件夹
参数	a） 消息引擎的描述符 b） 文件夹的名字
返回值	成功/失败

7.2.4.5 **Msg_RemoveFolder**

Msg_RemoveFolder 描述如下：

函数名	Msg_RemoveFolder
说明	删除一个文件夹
参数	a） 消息引擎的描述符 b） 文件夹的名字 c） 当文件夹不空时是否强制删除
返回值	成功/失败

7.2.4.6 **Msg_ClearFolder**

Msg_ClearFolder 描述如下：

函数名	Msg_ClearFolder
说明	清空指定的文件夹
参数	a） 消息引擎的描述符 b） 文件夹的名字
返回值	成功/失败

7.2.4.7 Msg_SelectFolder

Msg_SelectFolder 描述如下：

函数名	Msg_SelectFolder
说明	设置当前工作的文件夹
参数	a） 消息引擎的描述符 b） 文件夹的名字
返回值	成功/错误

7.2.4.8 Msg_List

Msg_List 描述如下：

函数名	Msg_List
说明	请求获得从某一索引号开始起的多条消息的列表信息。包括消息条数、发送者、长度、状态等
参数	a） 消息引擎的描述符 b） 开始起索引号 c） 接受信息的存储区域的描述符 d） 请求接收的消息条数
返回值	成功/失败

7.2.4.9 Msg_Move

Msg_Move 描述如下：

函数名	Msg_Move
说明	将指定的信息从当前选择的文件夹移动到参数指定的文件夹中。是否能执行移动要看源文件夹和目的文件夹的关系： a） 源文件夹必须与目的文件夹不同 b） 目的文件夹不能是收件箱和发件箱 c） 源文件夹不能是发件箱
参数	a） 消息引擎的描述符 b） 消息的 ID 号 c） 目标文件夹的名字 d） 信息的类型：MMS、SMS、EMAIL
返回值	a） 成功，该消息在新位置的 ID 号 b） 失败

7.2.4.10 Msg_Copy

Msg_Copy 描述如下：

函数名	Msg_Copy
说明	将指定的信息从当前选择的文件夹复制到参数指定的目标文件夹中。是否能执行复制要看源文件夹和目的文件夹的关系： a） 源文件夹必须与目的文件夹不同 b） 目的文件夹不能是收件箱和发件箱

参数	a) 消息引擎的描述符 b) 消息的 ID 号 c) 目标文件夹的名字 d) 信息的类型:MMS、SMS、EMAIL
返回值	a) 成功,新复制的消息的 ID 号 b) 失败,0 值

7.2.4.11 **Msg_Save**

Msg_Save 描述如下:

函数名	Msg_Save
说明	将正在编辑的信息保存在草稿文件夹中,不能保存到其他任何文件夹中
参数	a) 消息引擎读写控制结构的描述符 b) 要保存的消息数据的描述符 c) 要保存的消息数据的长度 d) 消息接收者的电话号码,可以是多个发送地址 e) 信息的类型:MMS、SMS、EMAIL
返回值	a) 成功,返回保存的短消息的 ID 号 b) 失败

7.2.4.12 **Msg_Delete**

Msg_Delete 描述如下:

函数名	Msg_Delete
说明	请求从当前选择的文件夹中删除参数所标记的一条消息
参数	a) 消息引擎的描述符 b) 消息的 ID 号 c) 信息的类型,MMS、SMS、EMAIL
返回值	成功/失败

7.2.4.13 **MAIL_Connect**

MAIL_Connect 描述如下:

函数名	MAIL_Connect
说明	开始与邮件服务器连接
参数	邮件引擎的描述符
返回值	成功连接/未成功连接

7.2.4.14 **MAIL_Disconnect**

MAIL_Disconnect 描述如下:

函数名	MAIL_Disconnect
说明	断开与邮件服务器连接。如果当时正在接收邮件,则取消该邮件的接收;如果当时在执行其他函数,则等函数完成后再执行断开连接

参数	邮件引擎的描述符
返回值	无

7.3 **桌面系统**

7.3.1 **概述**

桌面系统为一个可以对桌面显示进行修改处理的模块,它包括 2 个部分:一个是控制面板,另一部分是 PIM。

PIM 部分包括了对个人信息的增加、删除、修改。个人信息包含地址簿、日程表等,每一种类型的数据为一种表格,数据以记录的形式分条存放。

控制面板包括对桌面显示布局的修改,包括对墙纸,桌面风格的修改,所有的应用都可以通过控制面板在桌面系统上创建和修改图标。

7.3.2 **个人信息接口 API**

7.3.2.1 **PIM_Add**

PIM_Add 描述如下:

函数名	PIM_Add
说明	在数据库的最末增加一条记录
参数	指向个人信息数据结构的结构描述符
返回值	成功/失败

7.3.2.2 **PIM_Insert**

PIM_Insert 描述如下:

函数名	PIM_Insert
说明	在数据库指定位置插入一条记录
参数	a) 指向个人信息数据结构的结构描述符 b) 插入记录至数据库表格的位置
返回值	成功/失败

7.3.2.3 **PIM_GetStatus**

PIM_GetStatus 描述如下:

函数名	PIM_GetStatus
说明	获得 PIM 数据库的状态,包括当前的记录数、文件的长度、无效记录数等
参数	a) 指向个人信息数据结构的结构描述符 b) 获得状态数据区的描述符
返回值	成功/失败

7.3.2.4 **PIM_Save**

PIM_Save 描述如下:

函数名	PIM_Save
说明	将 PIM 数据库当前的修改保存到文件中
参数	指向个人信息数据结构的结构描述符
返回值	成功/失败

7.3.2.5 **PIM_Sort**

PIM_Sort 描述如下：

函数名	PIM_Sort
说明	对指定类型的数据进行排序
参数	a） 指向个人信息数据结构的结构描述符 b） 排序字段的名称 c） 排序的方式(升序、降序、按内码、按拼音等)
返回值	成功/失败

7.3.2.6 **PIM_Find**

PIM_Find 描述如下：

函数名	PIM_Find
说明	返回排序字段的数值等于指定数值的第一个记录
参数	a） 指向个人信息数据结构的结构描述符 b） 指向排序字段的数值的描述符 c） 排序字段数值的长度 d） 记录开始查找的位置 e） 总共查找的记录数
返回值	查找到记录的索引值

7.3.2.7 **PIM_Delete**

PIM_Delete 描述如下：

函数名	PIM_Delete
说明	删除当前记录
参数	指向个人信息数据结构的结构描述符
返回值	成功/失败

7.3.3 **控制面板接口 API**

7.3.3.1 **ControlPanel_Init**

ControlPanel_Init 描述如下：

函数名	ControlPanel_Init
说明	控制面板初始化
参数	无
返回值	a） 成功 b） 失败 c） 超时 d） 异常

7.3.3.2 **ControlPanel_ChangeSkin**

ControlPanel_ChangeSkin 描述如下：

函数名	ControlPanel_ChangeSkin
说明	改变桌面的墙纸或者桌面风格
参数	指向控制面板结构的结构描述符,表示新的 SKIN 值,包括墙纸和桌面风格
返回值	a) 成功 b) 失败 c) 超时 d) 异常

7.3.3.3 **ControlPanel_GetInfo**

ControlPanel_GetInfo 描述如下:

函数名	ControlPanel_GetInfo
说明	查询控制面板信息
参数	指向控制面板结构的结构描述符,表示当前的 SKIN 值
返回值	a) 成功 b) 失败 c) 超时 d) 异常

7.3.3.4 **ControlPanel_CreatAppIcon**

ControlPanel_CreatAppIcon 描述如下:

函数名	ControlPanel_CreatAppIcon
说明	在桌面上创建应用程序图标
参数	a) 指向相关应用程序的描述符 b) 指向图标图片的描述符
返回值	a) 成功 b) 失败 c) 超时 d) 异常

7.3.3.5 **ControlPanel_DeleteAppIcon**

ControlPanel_DeleteAppIcon 描述如下:

函数名	ControlPanel_DeleteAppIcon
说明	删除桌面上的应用程序图标
参数	指向图标图片的描述符
返回值	a) 成功,返回实际读取到的记录数 b) 失败 c) 超时 d) 异常

7.3.3.6 **ControlPanel_SetDateTime**

ControlPanel_SetDateTime 描述如下:

函数名	ControlPanel_SetDateTime
说明	设置桌面系统的时间和日期
参数	a) 日期 b) 时间
返回值	a) 成功 b) 失败 c) 超时 d) 异常

7.3.3.7 **ControlPanel_ActiveProfile**

ControlPanel_ActiveProfile 描述如下：

函数名	ControlPanel_ActiveProfile
说明	激活某一情景模式作为当前的配置，如静音、会议、正常、户外等模式
参数	将被激活的情景模式状态
返回值	a) 成功 b) 失败 c) 超时 d) 异常

7.3.3.8 **ControlPanel_GetProfile**

ControlPanel_GetProfile 描述如下：

函数名	ControlPanel_GetProfile
说明	获取指定的情景模式的配置
参数	a) 指定的情景模式 b) 指向情景模式配置结构的结构描述符
返回值	a) 成功 b) 失败 c) 超时 d) 异常

7.3.3.9 **ControlPanel_SetProfile**

ControlPanel_SetProfile 描述如下：

函数名	ControlPanel_SetProfile
说明	设置某一情景模式
参数	a) 将被设置的情景模式 b) 指向情景模式配置结构的结构描述符
返回值	a) 成功 b) 失败 c) 超时 d) 异常

7.3.3.10 **ControlPanel_GetNetProfile**

ControlPanel_GetNetProfile 描述如下：

函数名	ControlPanel_GetNetProfile
说明	获得当前网络的设置
参数	指向网络配置结构的结构描述符
返回值	成功/失败

7.3.3.11 **ControlPanel_SetNetProfile**

ControlPanel_SetNetProfile 描述如下：

函数名	ControlPanel_SetNetProfile
说明	设置当前网络参数
参数	指向网络配置结构的结构描述符
返回值	成功/失败

7.4 Internet 编程接口

7.4.1 综述

Internet 编程接口模型分为 3 层：解析层、表示层、应用层。在该模型中，底层的模块既是上层的支撑模块，又可以开放出来供应用直接调用。其中，解析层完成对 WML、HTML、XHTML 文档的解析；表示层实现浏览器网页请求、布局、交互、导航等功能；应用层统一封装了 WML、HTML、XHTML 这 3 种文档类型，允许应用创建自己的浏览器对象。

7.4.2 HTML/XHTML/WML 浏览器应用层接口

此应用层接口与底层浏览器承载无关，可以是上述任意一种浏览器或混合型浏览器，或者同时兼容 HTML/XHTML/WML 的浏览器。

浏览器程序对外接口包括两个部分：浏览器的操作命令和浏览器的消息。

系统允许多个应用程序同时使用浏览器，每一个应用程序提供自己的消息传送接口，创建自己的浏览器对象。

7.4.2.1 浏览器接口函数

7.4.2.1.1 **Browser_Create**

Browser_Create 描述如下：

函数名	Browser_Create
说明	创建一个浏览器对象。浏览器对象的窗口在指定的父窗口中创建，具有指定的位置和大小
参数	a) 浏览器窗口的父窗口的描述符 b) 浏览器窗口左上角在父窗口中的位置 x 坐标值 c) 浏览器窗口左上角在父窗口中的位置 y 坐标值 d) 浏览器窗口的宽度 e) 浏览器窗口的高度
返回值	a) 浏览器的描述符 b) 失败

7.4.2.1.2 **Browser_Destroy**

Browser_Destroy 描述如下：

函数名	Browser_Destroy
说明	删除一个浏览器对象
参数	浏览器对象
返回值	无

7.4.2.1.3 **Browser_Navigate**

Browser_Navigate 描述如下：

函数名	Browser_Navigate
说明	使浏览器开始浏览一个指定的页面
参数	a） 浏览器对象的描述符 b） 希望浏览的页面的 URL 字符串的描述符 c） 用 POST 方式发送请求时的 POST 数据。如果该参数为 NULL，表示用 GET 方式获得页面。如果该页面不是一个 HTTP 协议的 URL，该参数被忽略 d） 希望附加发送的 HTTP 请求头的描述符。该附加的请求头被附带在 HTTP 标准请求头的后面发送
返回值	成功/失败

7.4.2.1.4 **Browser_Refresh**

Browser_Refresh 描述如下：

函数名	Browser_Refresh
说明	使浏览器对象刷新当前显示的页面
参数	浏览器对象的描述符
返回值	成功/失败

7.4.2.1.5 **Browser_Stop**

Browser_Stop 描述如下：

函数名	Browser_Stop
说明	使浏览器对象停止对所有尚未传输完的对象的传输操作，也停止声音播放和动画 GIF 的动作，以及停止 JavaScript 的执行
参数	浏览器对象的描述符
返回值	成功/失败

7.4.2.1.6 **Browser_GoBack**

Browser_GoBack 描述如下：

函数名	Browser_GoBack
说明	使浏览器对象显示浏览历史的前一个页面
参数	浏览器对象的描述符
返回值	成功/失败

7.4.2.1.7 **Browser_GoForward**

Browser_GoForward 描述如下：

函数名	Browser_GoForward
说明	使浏览器对象显示浏览历史的下一个页面
参数	浏览器对象的描述符
返回值	成功/失败

7.4.2.1.8 **Browser_SetLayoutWidth**

Browser_SetLayoutWidth 描述如下：

函数名	Browser_SetLayoutWidth
说明	设置浏览器排版时使用的参考宽度。如果该值设置为非0,则无论浏览器窗口的宽度怎样变化,浏览器始终以该参考宽度进行排版。如果该值设置为0,则浏览器以当前的窗口宽度为参考宽度进行排版,窗口宽度改变时浏览器将自动重新排版
参数	a) 浏览器对象的描述符 b) 要设置的宽度的数值
返回值	无

7.4.2.1.9 **Browser_SetCharSet**

Browser_SetCharSet 描述如下：

函数名	Browser_SetCharSet
说明	设置浏览器使用的缺省字符集
参数	a) 浏览器对象的描述符 b) 要设置的字符集的代码
返回值	无

7.4.2.1.10 **Browser_SetFontMode**

Browser_SetFontMode 描述如下：

函数名	Browser_SetFontMode
说明	设置浏览器的基本字体的大小
参数	a) 浏览器对象的描述符 b) 字体大小
返回值	无

7.4.2.1.11 **Browser_SetImageMode**

Browser_SetImageMode 描述如下：

函数名	Browser_SetImageMode
说明	设置浏览器是否显示图形
参数	a) 浏览器对象的描述符 b) 显示模式,显示图形或不显示图形
返回值	无

7.4.2.1.12 **Browser_SetIOMode**

Browser_SetIOMode

函数名	Browser_SetIOMode
说明	设置浏览器工作模式
参数	a） 浏览器对象的描述符 b） 端口模式，file、http、wapstack
返回值	无

7.4.2.1.13 **Browser_IsBusy**

Browser_IsBusy 描述如下：

函数名	Browser_IsBusy
说明	测试浏览器对象是否处于空闲状态。浏览器处于空闲状态是指浏览器尚未开始传送URL 对象或者浏览器对象需要的所有 URL 对象都接收完毕
参数	浏览器对象的描述符
返回值	a） 非空闲状态 b） 空闲状态

7.4.2.1.14 **Browser_GetCurrentURL**

Browser_GetCurrentURL 描述如下：

函数名	Browser_GetCurrentURL
说明	获得浏览器对象当前活动页的 URL 名字字符串。由于 HTML 页面有转接等功能，最后显示的 URL 可能并不是 Navigate 命令给出的 URL
参数	浏览器对象的描述符
返回值	URL 名字字符串

7.4.2.1.15 **Browser_GetWindowHandle**

Browser_GetWindowHandle 描述如下：

函数名	Browser_GetWindowHandle
说明	获得浏览器对象使用的显示窗口的描述符，使用浏览器的程序获得该描述符后可以对浏览器窗口进行移动、改变大小等操作
参数	浏览器对象的描述符
返回值	浏览器对象显示窗口的描述符

7.4.2.1.16 **Browser_GetLayoutWidth**

Browser_GetLayoutWidth 描述如下：

函数名	Browser_GetLayoutWidth
说明	获取浏览器排版宽度
参数	浏览器对象的描述符
返回值	当前排版时使用的参考宽度

7.4.2.1.17 **Browser_GetCharSet**

Browser_GetCharSet 描述如下：

函数名	Browser_GetCharSet
说明	获取浏览器当前使用的字符集
参数	浏览器对象的描述符
返回值	当前浏览器使用的缺省字符集

7.4.2.1.18 **Browser_GetFontMode**

Browser_GetFontMode 描述如下：

函数名	Browser_GetFontMode
说明	获取浏览器当前的字体大小
参数	a) 浏览器对象的描述符 b) 字体模式
返回值	浏览器当前使用的基本字体的大小

7.4.2.1.19 **Browser_GetImageMode**

Browser_GetImageMode 描述如下：

函数名	Browser_GetImageMode
说明	获取浏览器当前使用的显示图形控制方式
参数	浏览器对象的描述符
返回值	浏览器当前使用的显示图形控制方式

7.4.2.1.20 **Browser_GetStatusInfo**

Browser_GetStatusInfo 描述如下：

函数名	Browser_GetStatusInfo
说明	获取浏览器状态信息
参数	浏览器对象的描述符
返回值	浏览器状态信息描述符

7.4.2.1.21 **Browser_GetTitle**

Browser_GetTitle 描述如下：

函数名	Browser_GetTitle
说明	获取浏览器当前网页标题信息
参数	浏览器对象的描述符
返回值	浏览器标题信息描述符

7.4.2.1.22 **Browser_SaveToHtml**

Browser_SaveToHtml 描述如下：

函数名	Browser_SaveToHtml
说明	保存当前网页为 html 文件格式
参数	a） 浏览器对象的描述符 b） 文件名
返回值	成功/失败

7.4.2.1.23 **Browser_SaveToText**

Browser_SaveToText 描述如下：

函数名	Browser_SaveToText
说明	保存当前网页为 txt 文件格式
参数	a） 浏览器对象的描述符 b） 文件名
返回值	成功/失败

7.4.2.1.24 **Browser_Search**

Browser_Search 描述如下：

函数名	Browser_Search
说明	从当前位置开始，在当前网页搜索指定的字符串，并定位到找到的第一个字符串位置
参数	a） 浏览器对象的描述符 b） 要查找的字符串
返回值	a） 未找到 b） 找到

7.4.2.2 **浏览器的消息**

7.4.2.2.1 **Browser_BeforeNavigate**

Browser_BeforeNavigate 描述如下：

函数名	Browser_BeforeNavigate
说明	当浏览器开始浏览一个页面之前，向该浏览器的消息发送窗口发送该消息
参数	a） 接收消息的对象的描述符 b） 发送该消息的浏览器对象的描述符 c） 目标 URL 字符串的描述符 d） 用 Post 方式发送的数据的描述符，为 NULL 表示用 Get 方式 e） 附加的 HTTP 请求头数据的描述符
返回值	成功/失败

7.4.2.2.2 **Browser_ProgressChange**

Browser_ProgressChange 描述如下：

函数名	Browser_ProgressChange
说明	当浏览器接收到新的数据时向该浏览器的消息发送窗口发送该消息

参数	a） 接收消息的对象的描述符 b） 发送该消息的浏览器对象的描述符 c） URL 字符串的描述符 d） 表示当前进度的整数 e） 表示当页面操作完成时的进度数值的整数
返回值	无

7.4.2.2.3 **Browser_DownloadBegin**

Browser_DownloadBegin 描述如下：

函数名	Browser_DownloadBegin
说明	当浏览器开始下载一个连接对象时向该浏览器的消息发送窗口发送该消息
参数	a） 接收消息的对象的描述符 b） 发送该消息的浏览器对象的描述符 c） URL 字符串的描述符
返回值	无

7.4.2.2.4 **Browser_DownloadComplete**

Browser_DownloadComplete 描述如下：

函数名	Browser_DownloadComplete
说明	当浏览器下载完毕一个连接对象时向该浏览器的消息发送窗口发送该消息
参数	a） 接收消息的对象的描述符 b） 发送该消息的浏览器对象的描述符 c） URL 字符串的描述符
返回值	无

7.4.2.2.5 **Browser_ReDisplay**

Browser_ReDisplay 描述如下：

函数名	Browser_ReDisplay
说明	当浏览器可显示内容发生变化，向该浏览器的消息发送窗口发送该消息
参数	a） 接收消息的对象的描述符 b） 发送该消息的浏览器对象的描述符
返回值	无

7.4.2.2.6 **Browser_StatusChange**

Browser_StatusChange 描述如下：

函数名	Browser_StatusChange
说明	当浏览器状态信息发生改变，向该浏览器的消息发送窗口发送该消息
参数	接收消息的对象的描述符 发送该消息的浏览器对象的描述符
返回值	无

7.4.3 HTML/XHTML/WML 浏览器表示层接口

7.4.3.1 概述

Browser 表示层为应用层所调用，实现浏览器网页请求、显示、交互、导航等诸功能。

7.4.3.2 系统与配置类

7.4.3.2.1 Browser_InitCtxt

Browser_InitCtxt 描述如下：

函数名	Browser_InitCtxt
说明	初始化一个浏览器实例
参数	初始化浏览器结构描述符
返回值	浏览器描述符

7.4.3.2.2 Browser_CloseCtxt

Browser_CloseCtxt 描述如下：

函数名	Browser_CloseCtxt
说明	卸载一个浏览器实例
参数	浏览器描述符
返回值	无

7.4.3.2.3 Browser_SetWidth

Browser_SetWidth 描述如下：

函数名	Browser_SetWidth
说明	设置浏览器布局宽度
参数	a) 浏览器描述符 b) 宽度
返回值	无

7.4.3.2.4 Browser_GetWidth

Browser_GetWidth 描述如下：

函数名	Browser_GetWidth
说明	获取浏览器布局宽度
参数	浏览器描述符
返回值	浏览器布局宽度

7.4.3.2.5 Browser_SetNativeCharset

Browser_SetNativeCharset 描述如下：

函数名	Browser_SetNativeCharset
说明	设置缺省本地字符集
参数	a) 浏览器描述符 b) 字符集代码
返回值	无

7.4.3.2.6 **Browser_GetNativeCharset**

Browser_GetNativeCharset 描述如下：

函数名	Browser_GetNativeCharset
说明	获取缺省本地字符集
参数	浏览器描述符
返回值	本地字符集代码

7.4.3.2.7 **Browser_SetCurrentCharset**

Browser_SetCurrentCharset 描述如下：

函数名	Browser_SetCurrentCharset
说明	设置当前网页的字符集代码
参数	a) 浏览器描述符 b) 字符集代码
返回值	无

7.4.3.2.8 **Browser_GetCurrentCharset**

Browser_GetCurrentCharset 描述如下：

函数名	Browser_GetCurrentCharset
说明	获取当前页面字符集代码
参数	浏览器描述符
返回值	字符集代码

7.4.3.2.9 **Browser_SetWidthFunc**

Browser_SetWidthFunc 描述如下：

函数名	Browser_SetWidthFunc
说明	设置字符宽度计算的回调函数,具体参数可自定义
参数	a) 浏览器描述符 b) 函数描述符
返回值	无

7.4.3.2.10 **Browser_SetHeightFunc**

Browser_SetHeightFunc 描述如下：

函数名	Browser_SetHeightFunc
说明	设置字符高度计算的回调函数
参数	a) 浏览器描述符 b) 函数描述符
返回值	无

7.4.3.2.11 **Browser_SetHttpProxy**

Browser_SetHttpProxy 描述如下：

函数名	Browser_SetHttpProxy
说明	设置 http 参数
参数	a) 浏览器描述符 b) http 代理服务器地址 c) http 代理服务器端口 d) 用户名 e) 口令
返回值	无

7.4.3.2.12 **Browser_SetWapProxy**

Browser_SetWapProxy 描述如下：

函数名	Browser_SetWapProxy
说明	设置 wap 协议栈参数
参数	a) 浏览器描述符 b) Wap 网关地址 c) Wap 网关端口
返回值	无

7.4.3.2.13 **Browser_SetImgMode**

Browser_SetImgMode 描述如下：

函数名	Browser_SetImgMode
说明	设置是否支持图片
参数	a) 浏览器描述符 b) 图片支持模式：支持，不支持
返回值	无

7.4.3.2.14 **Browser_SetNetMode**

Browser_SetNetMode 描述如下：

函数名	Browser_SetNetMode
说明	设置使用的承载网类型
参数	a) 浏览器描述符 b) 承载网类型：file，http，wapstack
返回值	无

7.4.3.3 网页显示类

7.4.3.3.1 **Browser_SumPages**

Browser_SumPages 描述如下：

函数名	Browser_SumPages
说明	当前浏览器实例的页面数目

参数	浏览器描述符
返回值	页面数目

7.4.3.3.2 **Browser_NeedReDisplay**

Browser_NeedReDisplay 描述如下：

函数名	Browser_NeedReDisplay
说明	当前网页在可显示范围内容是否发生变化，若发生变化，需要更新显示
参数	a） 浏览器描述符 b） 当前显示区域的上边界 c） 当前显示区域的下边界
返回值	a） 需要刷新 b） 不需要刷新

7.4.3.3.3 **Browser_GetPageHeight**

Browser_GetPageHeight 描述如下：

函数名	Browser_GetPageHeight
说明	获取当前页面的逻辑高度，用于设置滚动条高度
参数	浏览器描述符
返回值	页面高度

7.4.3.3.4 **Browser_GetMemSize**

Browser_GetMemSize 描述如下：

函数名	Browser_GetMemSize
说明	获取当前页面需要的内存大小
参数	浏览器描述符
返回值	当前页面需要的内存大小

7.4.3.3.5 **Browser_GetStatusInfo**

Browser_GetStatusInfo 描述如下：

函数名	Browser_GetStatusInfo
说明	获取浏览器状态信息
参数	浏览器描述符
返回值	浏览器状态信息描述符

7.4.3.3.6 **Browser_GetFirstNodeByYpos**

Browser_GetFirstNodeByYpos 描述如下：

函数名	Browser_GetFirstNodeByYpos
说明	获取逻辑坐标大于 y 的第一个元素的序号

参数	a) 浏览器描述符 b) 坐标
返回值	元素的序号

7.4.3.3.7 Browser_GetNodeInfo

Browser_GetNodeInfo 描述如下：

函数名	Browser_GetNodeInfo
说明	通过元素序号获取元素信息
参数	a) 浏览器描述符 b) 元素序号 c) 元素结构描述符
返回值	下一个元素的序号，0 则结束

7.4.3.3.8 Browser_GetBase

Browser_GetBase 描述如下：

函数名	Browser_GetBase
说明	获取基准地址
参数	浏览器描述符
返回值	基准地址

7.4.3.3.9 Browser_URLResolve

Browser_URLResolve 描述如下：

函数名	Browser_URLResolve
说明	计算绝对地址
参数	a) 基准地址 b) 相对地址
返回值	绝对地址

7.4.3.4 交互处理类

7.4.3.4.1 Browser_ResetForm

Browser_ResetForm 描述如下：

函数名	Browser_ResetForm
说明	重置(恢复)表单数据
参数	a) 浏览器描述符 b) 当前网页要重置的表单的序号
返回值	无

7.4.3.4.2 Browser_SubmitForm

Browser_SubmitForm 描述如下：

函数名	Browser_SubmitForm
说明	提交表单数据
参数	a) 浏览器描述符 b) 提交按钮的序号
返回值	成功返回提交的网址,失败返回 0

7.4.3.4.3 **Browser_SetSingleSelectIndex**

Browser_SetSingleSelectIndex 描述如下:

函数名	Browser_SetSingleSelectIndex
说明	当用户改变一个单选列表的选项时调用该接口
参数	a) 浏览器描述符 b) 下拉列表元素的序号 c) 选中的列表中第几个元素
返回值	无

7.4.3.4.4 **Browser_SetRadioSelected**

Browser_SetRadioSelected 描述如下:

函数名	Browser_SetRadioSelected
说明	当用户选择一个 radio 按钮时调用该接口,将会清除同组中其他 radio 按钮的选中状态
参数	a) 浏览器描述符 b) Radio 按钮的序号
返回值	无

7.4.3.4.5 **Browser_SetValue**

Browser_SetValue 描述如下:

函数名	Browser_SetValue
说明	设置 form 元素的值(单选列表和 radio 因有专用函数不使用该接口)
参数	a) 浏览器描述符 b) form 元素序号 c) 值的类型 d) 设置值
返回值	成功/失败

7.4.3.4.6 **Browser_GetAByName**

Browser_GetAByName 描述如下:

函数名	Browser_GetAByName
说明	根据 A 元素的名字获取序号,用于页内跳转

参数	a) 浏览器描述符 b) A 元素的名字
返回值	a) A 元素的序号 b) 失败

7.4.3.4.7 **Browser_AClicked**

Browser_AClicked 描述如下：

函数名	Browser_AClicked
说明	设置热连接为访问过状态
参数	a) 浏览器描述符 b) A 元素的序号
返回值	无

7.4.3.5 导航类

7.4.3.5.1 **Browser_Navigator**

Browser_Navigator 描述如下：

函数名	Browser_Navigator
说明	启动网页下载
参数	a) 浏览器描述符 b) 指向希望浏览的页面的 URL 字符串的描述符 c) 指向用 POST 方式发送请求时的 POST 数据。如果该参数为 NULL，表示用 GET 方式获得页面。如果该页面不是一个 HTTP 协议的 URL，该参数被忽略 d) 指向希望附加发送的 HTTP 请求头的描述符。该附加的请求头被附带在 HTTP 标准请求头的后面发送
返回值	成功/失败

7.4.3.5.2 **Browser_PostNavigator**

Browser_PostNavigator 描述如下：

函数名	Browser_PostNavigator
说明	将网页请求放在队列中，系统空闲时执行
参数	a) 浏览器描述符 b) 希望浏览的页面的 URL 字符串的描述符 c) 用 POST 方式发送请求时的 POST 数据。如果该参数为 NULL，表示用 GET 方式获得页面。如果该页面不是一个 HTTP 协议的 URL，该参数被忽略 d) 希望附加发送的 HTTP 请求头的描述符。该附加的请求头被附带在 HTTP 标准请求头的后面发送
返回值	成功/失败

7.4.3.5.3 **Browser_NaviForward**

Browser_NaviForward 描述如下：

函数名	Browser_NaviForward
说明	切换当前页面到下一个页面
参数	浏览器描述符
返回值	下一个页面的地址

7.4.3.5.4 **Browser_NaviBack**

Browser_NaviBack 描述如下：

函数名	Browser_NaviBack
说明	切换当前页面到上一个页面
参数	浏览器描述符
返回值	上一个页面的地址

7.4.3.5.5 **Browser_NaviStop**

Browser_NaviStop 描述如下：

函数名	Browser_NaviStop
说明	停止页面或资源下载
参数	浏览器描述符
返回值	成功/失败

7.4.3.5.6 **Browser_Refresh**

Browser_Refresh 描述如下：

函数名	Browser_Refresh
说明	刷新当前页面
参数	浏览器描述符
返回值	成功/失败

7.4.3.5.7 **Browser_NaviRedirect**

Browser_NaviRedirect 描述如下：

函数名	Browser_NaviRedirect
说明	处理自动跳转到新页面，每秒调用一次
参数	浏览器描述符
返回值	a) 新页面地址 b) 失败

7.4.3.5.8 **Browser_GetPageHeight**

Browser_GetPageHeight 描述如下：

函数名	Browser_GetPageHeight
说明	获取当前页面高度，用于显示和控制滚动条

参数	浏览器描述符
返回值	页面高度

7.4.3.5.9 **Browser_GetYPos**

Browser_GetYPos 描述如下：

函数名	Browser_GetYPos
说明	获取当前页面滚动 y 坐标位置，用于前进后退时恢复到上次访问的位置
参数	浏览器描述符
返回值	y 坐标位置

7.4.3.5.10 **Browser_SetYPos**

Browser_SetYPos 描述如下：

函数名	Browser_SetYPos
说明	设置当前页面滚动 y 坐标位置，用于前进后退时恢复到上次访问的位置
参数	a) 浏览器描述符 b) y 坐标位置
返回值	y 坐标位置

7.4.3.6 **Javascript 调用接口**

7.4.3.6.1 **Browser_ExecHrefCode**

Browser_ExecHrefCode 描述如下：

函数名	Browser_ExecHrefCode
说明	执行热连接 href 属性中的 javascript
参数	a) 浏览器描述符 b) 热连接元素序号
返回值	a) 执行缺省热连接动作 b) 不执行

7.4.3.6.2 **Browser_ExecScript**

Browser_ExecScript 描述如下：

函数名	Browser_ExecScript
说明	执行一段 javascript
参数	a) 浏览器描述符 b) Javascript 字符串
返回值	成功/失败

7.4.4 **HTML/XHTML/WML 浏览器解析层接口**

7.4.4.1 **Browser_ParserXML**

Browser_ParserXML 描述如下：

函数名	Browser_ParserXML
说明	解析 xml 文档
参数	a) 要解析的 xml 文档描述符 b) xml 文档长度
返回值	DOM 模型结构描述符

7.4.4.2 **Browser_DestroyDoc**

Browser_DestroyDoc 描述如下：

函数名	Browser_DestroyDoc
说明	释放 Dom 结构
参数	DOM 模型结构描述符
返回值	无

7.5 多媒体

7.5.1 系统模型

本条规定了手持电子产品与多媒体相关的软件所需要使用的 API。一方面定义了基本编解码器的装载过程，能够加载不同的编解码模块对图片、音频、视频等进行处理；另一个方面定义了手持电子产品进行多媒体相关操作时需要用到的功能，主要包括媒体播放、录音、摄像和 TTS 等。

多媒体 API 的系统模型由两个层次构成，如图 5 所示：

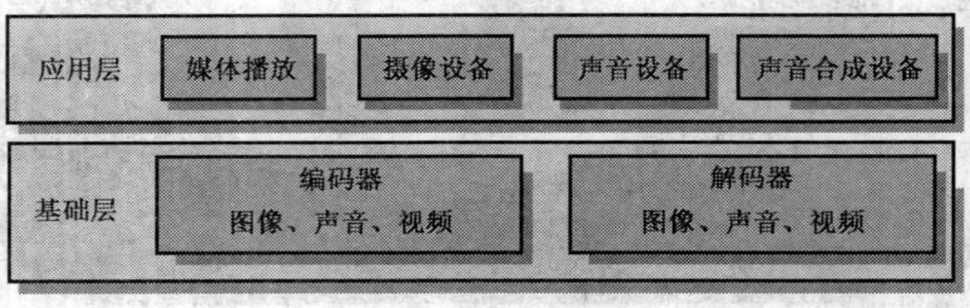

图 5 多媒体 API 的系统模型

基础层由基础编码器和解码器构成，支持常见媒体格式的编解码，如图片（BMP、PNG、GIF、JPEG 等格式），音频（AMR、MIDI、MP3 等格式），视频（AVS、H263、MPEG4 等编解码方式）。

应用层根据电子手持设备的常用功能，设置了 4 组应用级 API：媒体播放器、录音器、摄像机和 TTS。媒体播放器提供媒体播放的控制接口，录音器提供音频输入控制接口，摄像机提供摄像输入控制接口，TTS 提供文本的语音合成接口。

7.5.2 基础编解码器 API

7.5.2.1 **Encoder_Create**

Encoder_Create 描述如下：

函数名	Encoder_Create
说明	创建一个编码器，生成设备描述符
参数	创建的编码器类型
返回值	成功/失败

7.5.2.2 **Encoder_Encode**

Encoder_Encode 描述如下：

函数名	Encoder_Encode
说明	应用已经创建的编码器，对媒体进行编码
参数	a) 编码器设备描述符 b) 编码参数
返回值	成功/失败

7.5.2.3 **Encoder_Destroy**

Encoder_Destroy 描述如下：

函数名	Encoder_Destroy
说明	释放编码器资源，销毁编码器
参数	编码器的设备描述符
返回值	无

7.5.2.4 **Decoder_Create**

Decoder_Create 描述如下：

函数名	Decoder_Create
说明	创建一个解码器
参数	解码数据类型
返回值	成功/失败

7.5.2.5 **Decoder_Decode**

Decoder_Decode 描述如下：

函数名	Decoder_Decode
说明	进行解码
参数	a) 解码器设备描述符 b) 解码参数
返回值	成功/失败

7.5.2.6 **Decoder_Destroy**

Decoder_Destroy 描述如下：

函数名	Decoder_Destroy
说明	释放解码器资源，销毁解码器
参数	解码器的设备描述符
返回值	无

7.5.3 TTS 接口 API

7.5.3.1 **TTSCreate**

TTSCreate 描述如下：

函数名	TTSCreate
说明	对 TTS 初始化,加载所需的资源,完成初始化
参数	无
返回值	成功/失败

7.5.3.2 **TTSDestroy**

TTSDestroy 描述如下:

函数名	TTSDestroy
说明	释放 TTS 资源,销毁 TTS
参数	无
返回值	无

7.5.3.3 **TTSSpeak**

TTSSpeak 描述如下:

函数名	TTSSpeak
说明	对文本进行语音合成并播放
参数	需要播放的文本
返回值	成功/失败

7.5.3.4 **TTSPause**

TTSPause 描述如下:

函数名	TTSPause
说明	暂停文本的语音合成和播放
参数	无
返回值	无

7.5.3.5 **TTSResume**

TTSResume 描述如下:

函数名	TTSResume
说明	已经被暂停的语音合成和播放的文本继续播放
参数	无
返回值	无

7.5.3.6 **TTSStop**

TTSStop 描述如下:

函数名	TTSStop
说明	停止文本的语音合成和播放功能
参数	无
返回值	无

7.5.3.7 **TTSGetStatus**

TTSGetStatus 描述如下：

函数名	TTSGetStatus
说明	查询 TTS 的当前状态，并返回
参数	无
返回值	TTS 当前的状态值

7.5.3.8 **TTSSetParam**

TTSSetParam 描述如下：

函数名	TTSSetParam
说明	设置 TTS 的合成参数
参数	a) 参数类型(语速、音量、音调、编码方式、念发习惯……) b) 以上参数类型的相应参数值
返回值	无

7.5.3.9 **TTSGetParam**

TTSGetParam 描述如下：

函数名	TTSGetParam
说明	返回 TTS 的合成参数到一个数据结构中
参数	a) 参数类型(语速、音量、音调、编码方式、念发习惯……) b) 以上参数类型的相应参数值
返回值	无

7.5.4 **媒体播放器 API**

7.5.4.1 **Media_Create**

Media_Create 描述如下：

函数名	Media_Create
说明	创建媒体播放器，得到播放器设备描述符
参数	需要播放的媒体类型
返回值	创建成功/失败

7.5.4.2 **Media_Destroy**

Media_Destroy 描述如下：

函数名	Media_Destroy
说明	销毁媒体播放器设备描述符，释放资源
参数	媒体播放器设备描述符
返回值	销毁成功/失败

7.5.4.3 **Media_FastForward**

Media_FastForward 描述如下：

函数名	Media_FastForward
说明	从当前位置快进,媒体保持当前状态
参数	a) 媒体描述符 b) 快进时间(以毫秒为单位)
返回值	a) 成功 b) 错误代码

7.5.4.4 **Media_GetMediaData**

Media_GetMediaData 描述如下:

函数名	Media_GetMediaData
说明	获取媒体数据
参数	a) 媒体设备描述符 b) 媒体输出数据
返回值	a) 成功 b) 错误代码

7.5.4.5 **Media_GetRect**

Media_GetRect 描述如下:

函数名	Media_GetRect
说明	检索目标图像矩形和文本矩形
参数	a) 媒体设备描述符 b) 图像矩形结构 c) 文本矩形结构
返回值	a) 成功 b) 错误代码

7.5.4.6 **Media_GetState**

Media_GetState 描述如下:

函数名	Media_GetState
说明	返回媒体设备的当前状态
参数	媒体设备描述符
返回值	媒体设备描述符当前状态

7.5.4.7 **Media_GetTotalTime**

Media_GetTotalTime 描述如下:

函数名	Media_GetTotalTime
说明	返回媒体对象的播放总时长
参数	媒体设备描述符
返回值	a) 成功 b) 错误代码

7.5.4.8 **Media_GetVolume**

Media_GetVolume 描述如下：

函数名	Media_GetVolume
说明	得到当前播放的音量
参数	a） 媒体设备描述符 b） 音量的输出参数
返回值	a） 成功 b） 错误代码

7.5.4.9 **Media_Pause**

Media_Pause 描述如下：

函数名	Media_Pause
说明	暂停媒体播放
参数	媒体设备描述符
返回值	a） 成功 b） 错误代码

7.5.4.10 **Media_Play**

Media_Play 描述如下：

函数名	Media_Play
说明	开始播放指定的媒体
参数	媒体设备描述符
返回值	a） 成功 b） 错误代码

7.5.4.11 **Media_Resume**

Media_Resume 描述如下：

函数名	Media_Resume
说明	从当前位置恢复指定的媒体
参数	媒体设备描述符
返回值	a） 成功 b） 错误代码

7.5.4.12 **Media_Rewind**

Media_Rewind 描述如下：

函数名	Media_Rewind
说明	从当前位置倒退指定的时间
参数	a） 媒体设备描述符 b） 指定的倒退时间（以毫秒为单位）

返回值	a) 成功 b) 错误代码

7.5.4.13 **Media_Seek**

Media_Seek 描述如下：

函数名	Media_Seek
说明	定位媒体位置，媒体保持当前状态
参数	a) 媒体设备描述符 b) 定位引用 c) 指定的时间(以毫秒为单位)
返回值	a) 成功 b) 错误代码

7.5.4.14 **Media_SetMediaData**

Media_SetMediaData 描述如下：

函数名	Media_SetMediaData
说明	设置媒体数据，并将媒体置为就绪状态
参数	a) 媒体设备描述符 b) 要设置的媒体数据
返回值	a) 成功 b) 错误代码

7.5.4.15 **Media_SetMuteCtl**

Media_SetMuteCtl 描述如下：

函数名	Media_SetMuteCtl
说明	将当前音频输出设备设置成静音或取消静音
参数	a) 媒体设备描述符 b) 静音设置参数
返回值	a) 成功 b) 错误代码

7.5.4.16 **Media_SetRect**

Media_SetRect 描述如下：

函数名	Media_SetRect
说明	设置目标图像矩形和文本矩形。如果媒体数据包含视频或图像信息，将在指定的图像矩形中显示；如果媒体数据包含嵌入式文本信息，将在文本矩形中显示
参数	a) 媒体设备描述符 b) 图像矩形结构 c) 文本矩形结构
返回值	a) 成功 b) 错误代码

7.5.4.17 **Media_SetVolume**

Media_SetVolume 描述如下：

函数名	Media_SetVolume
说明	设置当前播放的音量
参数	a） 媒体设备描述符 b） 要设置的音量
返回值	a） 成功 b） 错误代码

7.5.4.18 **Media_Stop**

Media_Stop 描述如下：

函数名	Media_Stop
说明	停止对媒体对象进行播放
参数	媒体设备描述符
返回值	停止成功/失败

7.5.5 **音频输入控制 API**

7.5.5.1 **Recorder_Create**

Recorder_Create 描述如下：

函数名	Recorder_Create
说明	创建录音器的设备描述符
参数	无
返回值	创建成功/失败

7.5.5.2 **Recorder_Destroy**

Recorder_Destroy 描述如下：

函数名	Recorder_Destroy
说明	释放录音器的设备描述符，释放资源
参数	录音器的设备描述符
返回值	销毁成功/失败

7.5.5.3 **Recorder_Pause**

Recorder_Pause 描述如下：

函数名	Recorder_Pause
说明	暂停录音或播放
参数	录音器的设备描述符
返回值	a） 成功 b） 错误代码

7.5.5.4 **Recorder_SetFile**

Recorder_SetFile 描述如下：

函数名	Recorder_SetFile
说明	设置存放音频文件的文件路径名
参数	a） 录音器的设备描述符 b） 要设置的存放音频文件的文件路径名
返回值	a） 成功 b） 错误代码

7.5.5.5 **Recorder_Start**

Recorder_Start 描述如下：

函数名	Recorder_Start
说明	开始录音工作
参数	录音器的设备描述符
返回值	a） 成功 b） 错误代码

7.5.5.6 **Recorder_Stop**

Recorder_Stop 描述如下：

函数名	Recorder_Stop
说明	结束录音或者播放声音工作
参数	录音器的设备描述符
返回值	a） 成功 b） 错误代码

7.5.6 **摄像输入控制 API**

7.5.6.1 **Capture_Create**

Capture_Create 描述如下：

函数名	Capture_Create
说明	创建摄像设备的状态描述符
参数	无
返回值	a） 成功返回状态描述符 b） 错误

7.5.6.2 **Capture_Destroy**

Capture_Destroy 描述如下：

函数名	Capture_Destroy
说明	释放摄像设备的状态描述符
参数	摄像设备的状态描述符
返回值	成功/失败

7.5.6.3 **Capture_SetFile**

Capture_SetFile 描述如下：

函数名	Capture_SetFile
说明	设置存放摄像文件路径名
参数	a) 摄像设备的状态描述符 b) 文件路径名，其中相片缺省为 jpeg，视频缺省为 mpeg4
返回值	a) 成功 b) 错误代码

7.5.6.4 **Capture_SetParm**

Capture_SetParm 描述如下：

函数名	Capture_SetParm
说明	设置摄像参数
参数	a) 摄像设备的状态描述符 b) 摄像相关的参数
返回值	a) 成功 b) 错误代码

7.5.6.5 **Capture_Shot**

Capture_Shot 描述如下：

函数名	Capture_Shot
说明	进行照片拍摄
参数	摄像设备的状态描述符
返回值	a) 成功 b) 错误代码

7.5.6.6 **Capture_Start**

Capture_Start 描述如下：

函数名	Capture_Start
说明	开始连续的拍摄
参数	摄像设备的状态描述符
返回值	a) 成功 b) 错误代码

7.5.6.7 **Capture_Stop**

Capture_Stop 描述如下：

函数名	Capture_Stop
说明	停止连续的拍摄
参数	摄像设备的状态描述符
返回值	a) 成功 b) 错误代码

8 数据交换

8.1 信息交换接口

8.1.1 数据交换系统结构

数据交换包括同步协议的选择和定义。同步协议是用于在客户端和服务器之间通讯的规范，其中包括与具体传输协议(HTTP,WSP)的绑定方式、客户端和服务器交互响应过程、数据表现形式，还保证与现有的 SyncML 终端兼容。

图 6 是数据交换的层次结构模型：

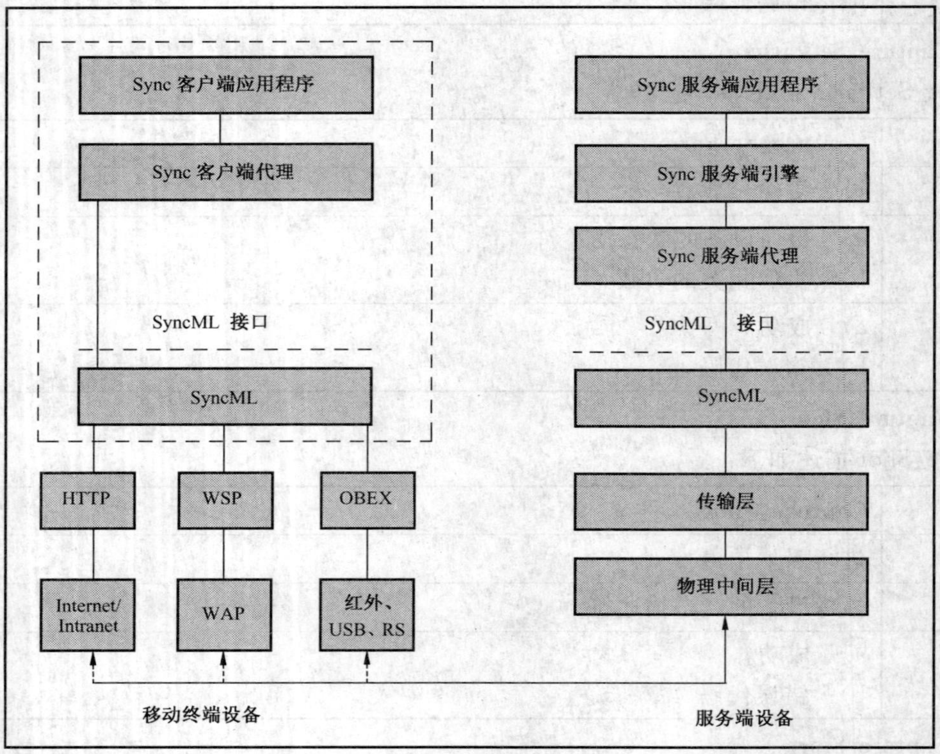

图 6 数据交换的层次结构

数据内容格式在数据交换格式的基础上，进一步定义了实际交换的数据的表示方式，该格式的统一有助于不同厂商的客户端与服务器能够理解并交换数据。标准支持表 3 中的数据内容格式。

表 3 数据交换支持的格式

数据类型	数据内容格式
vCard	vCard 2.1
	vCard 3.0
vCalendar	vCalendar 1.0
vMobileX	Contacts(电话)
	Memo(记事)
	Lnkwriter(便签)
	Calendar(日程)
	Excel(电子表格)
	Stenography(速记)
	Mail(邮件)

表 3(续)

数据类型	数据内容格式
vMobileX	MMC(扩展卡)
	MP3(音乐)
	Recorder(录音机)
	Files(资料中心)
	Other(其他)
其他 MIME	MIME Part One

本条除了全面支持 SyncML 建议的 vCard、vCalendar 等数据格式之外,还支持 YD/T 1229—2002 的数据格式——vMobileX。

8.1.2 SyncML 应用提供支持的功能函数

8.1.2.1 T_InitDatabase

T_InitDatabase 描述如下:

函数名	T_InitDatabase
说明	建立与数据管理的联系
参数	无
返回值	成功/失败

8.1.2.2 T_UnInitDatabase

T_UnInitDatabase 描述如下:

函数名	T_UnInitDatabase
说明	关闭与数据管理的联系
参数	无
返回值	成功/失败

8.1.2.3 T_BackupDatabase

T_BackupDatabase 描述如下:

函数名	T_BackupDatabase
说明	备份数据管理
参数	无
返回值	成功/失败

8.1.2.4 T_RestoreDatabase

T_RestoreDatabase 描述如下:

函数名	T_RestoreDatabase
说明	恢复数据管理
参数	无
返回值	成功/失败

8.1.2.5 **T_GetAllId**

T_GetAllId 描述如下：

函数名	T_GetAllId
说明	获得数据管理所有记录的标识符
参数	数据管理记录链表
返回值	成功/失败

8.1.2.6 **T_GetIdInfo**

T_GetIdInfo 描述如下：

函数名	T_GetIdInfo
说明	获取自上一次同步过程结束后，数据管理变化的信息
参数	a) 上一次同步的时间 b) 映射标识符的链表 c) 新增加标识符的链表 d) 删除标识符的链表 e) 修改标识符的链表
返回值	成功/失败

8.1.2.7 **T_DelIdRecord**

T_DelIdRecord 描述如下：

函数名	T_DelIdRecord
说明	删除标识符链表对应的记录
参数	数据管理标识符记录链表
返回值	成功/失败

8.1.2.8 **T_AddIdRecord**

T_AddIdRecord 描述如下：

函数名	T_AddIdRecord
说明	增加标识符链表对应的记录
参数	记录新增标识符的记录链表
返回值	成功/失败

8.1.2.9 **T_ModIdRecord**

T_ModIdRecord 描述如下：

函数名	T_ModIdRecord
说明	修改标识符链表对应的记录
参数	要修改的标识符记录链表
返回值	成功/失败

8.1.2.10 **T_GetClientRecordInfo**

T_GetClientRecordInfo 描述如下：

函数名	T_GetClientRecordInfo
说明	根据用户标识符获取对应的记录
参数	a) 客户标识符 b) 存放获取数据的内存区域
返回值	成功/失败

8.2 数据管理

8.2.1 数据管理系统模型

嵌入式数据管理系统，体系结构上不作限制，可以采用 C/S 数据管理模型（一般为请求/响应式协议），也可以采用"嵌入式链接库"的模型（数据管理系统与特定的应用程序编译在一起）。嵌入式数据管理的数据模型仍采用最通用的"关系"模型。

嵌入式数据管理 API，主要由环境管理、数据库管理、事务管理、表管理、索引管理、记录管理、游标管理、聚集操作和远程访问接口等部分组成，如图 7 所示。

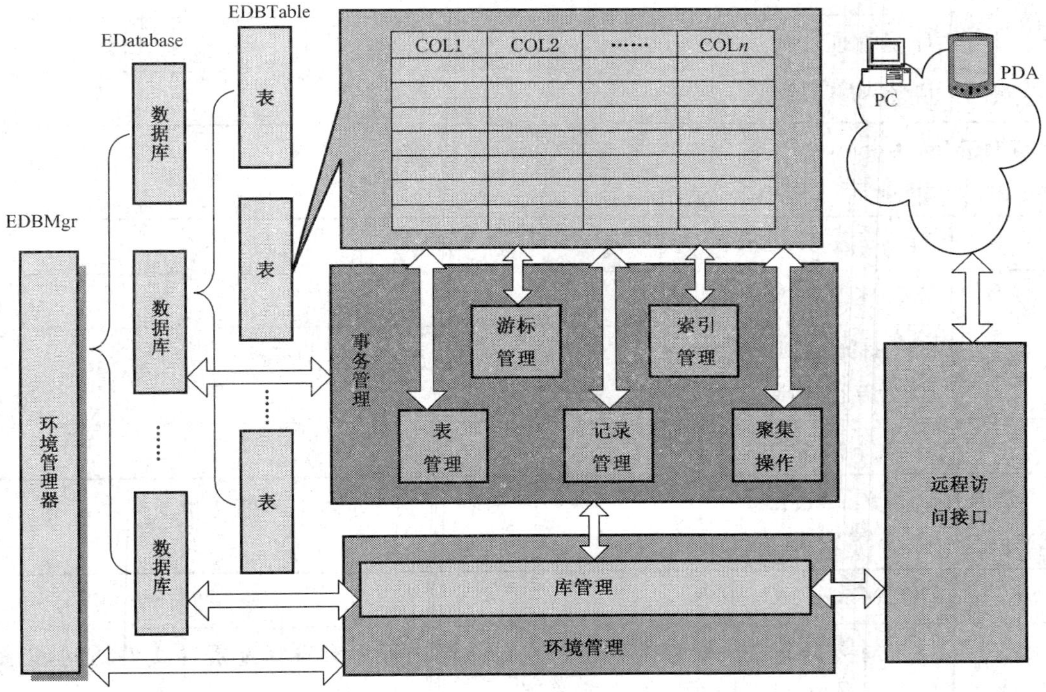

图 7 嵌入式数据管理 API 组成

环境管理能为一组并发的数据管理应用同时提供参数设置等共享信息，并负责管理当前处于活动状态的数据管理。

数据库管理模块提供对其下所有数据表元数据管理的支持，并负责管理事务、表、索引等。

事务管理接口提供事务 ACID 特性的支持，并提供嵌套子事务的支持。

表管理接口提供创建、删除、打开、关闭表的操作。

索引管理接口提供创建、删除索引的操作。

记录管理接口提供记录插入、查询、删除、更新等功能。

游标管理接口提供按指定列字段值顺序访问记录的功能。

聚集操作接口支持访问指定字段求和、均值、最大值、最小值等统计信息。

远程访问模块提供远程访问数据库的接口。

8.2.2 嵌入式数据管理 API

8.2.2.1 EDBMgr_Open

EDBMgr_Open 描述如下：

函数名	EDBMgr_Open
说明	创建环境管理器
参数	a） 环境管理器描述符 b） 访问权限
返回值	成功/错误信息

8.2.2.2 EDBMgr_Close

EDBMgr_Close 描述如下：

函数名	EDBMgr_Close
说明	关闭环境管理器
参数	环境管理器描述符
返回值	成功/错误信息

8.2.2.3 EDBMgr_Remove

EDBMgr_Remove 描述如下：

函数名	EDBMgr_Remove
说明	删除环境管理器
参数	a） 环境管理器描述符 b） 访问权限
返回值	成功/错误信息

8.2.2.4 EDBMgr_SetCacheSize

EDBMgr_SetCacheSize 描述如下：

函数名	EDBMgr_SetCacheSize
说明	设置对数据库文件缓存的大小。它允许调用程序有选择地缓冲文件访问，以提高性能。必须在调用打开操作之前调用
参数	a） 环境管理器描述符 b） 缓存的大小
返回值	成功/错误信息

8.2.2.5 EDBMgr_GetCacheSize

EDBMgr_GetCacheSize 描述如下：

函数名	EDBMgr_GetCacheSize
说明	得到当前设置的对数据库文件缓存的大小

参数	a) 环境管理器描述符 b) 缓存的大小
返回值	成功/错误信息

8.2.2.6 **EDBDatabase_Open**

EDBDatabase_Open 描述如下：

函数名	EDBDatabase_Open
说明	打开指定数据库，如果打开数据库失败，则返回错误码。如果指定的数据库不存在，并且标记为要创建，则创建一个新数据库。如果成功打开数据库，则新创建一个数据库对象用于保存新打开数据库的信息
参数	a) 环境管理器描述符 b) 数据库对象描述符 c) 字符串，表示数据库文件名 d) 指定未找到数据库时是否必须创建数据库
返回值	成功/错误信息

8.2.2.7 **EDBDatabase_Remove**

EDBDatabase_Remove 描述如下：

函数名	EDBDatabase_Remove
说明	删除指定数据管理
参数	a) 环境管理器描述符 b) 字符串，表示数据库文件名
返回值	成功/错误信息

8.2.2.8 **EDBDatabase_Close**

EDBDatabase_Close 描述如下：

函数名	EDBDatabase_Close
说明	关闭指定数据库
参数	a) 环境管理器描述符 b) 数据库对象
返回值	成功/错误信息

8.2.2.9 **EDBDatabase_GetTables**

EDBDatabase_GetTables 描述如下：

函数名	EDBDatabase_GetTables
说明	得到当前数据库的所有表信息
参数	a) 数据库描述符 b) 返回该数据库所有表信息
返回值	成功/错误信息

8.2.2.10 **EDBDatabase_GetAttrs**

EDBDatabase_GetAttrs 描述如下：

函数名	EDBDatabase_GetAttrs
说明	得到表的所有列信息
参数	a) 环境管理器描述符 b) 待查询的表名 c) 返回所有列名信息
返回值	成功/错误信息

8.2.2.11 **EDBTxn_Begin**

EDBTxn_Begin 描述如下：

函数名	EDBTxn_Begin
说明	创建并启动一个事务
参数	a) 待创建事务所依赖的数据库描述符 b) 存储被创建事务信息标识符 c) 属性：可以读取脏数据，不同步写日志（保证 ACI 特性），同步写日志（保证 ACID 特性）
返回值	成功/错误信息

8.2.2.12 **EDBTxn_Commit**

EDBTxn_Commit 描述如下：

函数名	EDBTxn_Commit
说明	用于提交指定事务
参数	a) 待提交事务的对象描述符 b) 属性：可以读取脏数据，不同步写日志（保证 ACI 特性），同步写日志（保证 ACID 特性）
返回值	成功/错误信息

8.2.2.13 **EDBTxn_Rollback**

EDBTxn_Rollback 描述如下：

函数名	EDBTxn_Rollback
说明	用于回滚指定事务
参数	待回滚事务的对象描述符
返回值	成功/错误信息

8.2.2.14 **EDBTxn_GetDB**

EDBTxn_GetDB 描述如下：

函数名	EDBTxn_GetDB
说明	得到指定事务所属的数据管理

参数	a) 待访问的事务对象描述符 b) 返回事务所属对象描述符
返回值	成功/错误信息

8.2.2.15 **EDBTxn_IsRunning**

EDBTxn_IsRunning 描述如下：

函数名	EDBTxn_IsRunning
说明	判断指定事务是否活动事务
参数	a) 待访问的事务对象描述符 b) 用于返回事务是否处于活动状态
返回值	成功/错误信息

8.2.2.16 **EDBTxn_SetTimeout**

EDBTxn_SetTimeout 描述如下：

函数名	EDBTxn_SetTimeout
说明	用于设定事务相关的最长时限(Deadline)
参数	a) 待设定的事务最长时限 b) 属性：设置事务封锁的失效时间和事务的失效时间
返回值	成功/错误信息

8.2.2.17 **EDBTxn_SetTimeout**

EDBTxn_SetTimeout 描述如下：

函数名	EDBTxn_SetTimeout
说明	设定执行 SQL 语句的超时时间
参数	a) 事务设备描述符 b) SQL 语句缓冲区所占空间 c) SQL 语句缓冲区
返回值	成功/错误信息

8.2.2.18 **EDBTbl_Create**

EDBTbl_Create 描述如下：

函数名	EDBTbl_Create
说明	用于创建表
参数	a) 新建表的名字 b) 新建表所在的路径，为空则在缺省路径创建表 c) 新建表的列数目 d) 列属性数组 e) 待建索引数目 f) 待建索引对应的列信息数组 g) 当前操作事务 h) 属性：使该操作包含在一个事务内，物理删除已存在的文件，提供多线程支持
返回值	成功/错误信息

8.2.2.19 **EDBTbl_Drop**

EDBTbl_Drop 描述如下：

函数名	EDBTbl_Drop
说明	删除表
参数	a） 待关闭的表名 b） 指向当前操作事务句柄
返回值	成功/错误信息

8.2.2.20 **EDBTbl_Open**

EDBTbl_Open 描述如下：

函数名	EDBTbl_Open
说明	打开表
参数	a） 待打开的表名 b） 输出参数，指向打开的表的设备描述符 c） 指向当前操作事务的描述符 d） 属性：使该操作包含在一个事务内，只读模式下打开表，提供多线程支持
返回值	成功/错误信息

8.2.2.21 **EDBTbl_Close**

EDBTbl_Close 描述如下：

函数名	EDBTbl_Close
说明	关闭表
参数	a） 待关闭表对象的描述符 b） 此参数必须设置为 0
返回值	成功/错误信息

8.2.2.22 **EDBIdx_Create**

EDBIdx_Create 描述如下：

函数名	EDBIdx_Create
说明	创建索引
参数	a） 建立索引对应表的表名 b） 索引名 c） 索引对应的列数 d） 相关的列名信息 e） 当前操作事务
返回值	成功/错误信息

8.2.2.23 **EDBIdx_Delete**

EDBIdx_Delete 描述如下：

函数名	EDBIdx_Delete
说明	删除索引
参数	a） 待删除的索引名 b） 当前操作事务
返回值	成功/错误信息

8.2.2.24 **EDBRec_Insert**

EDBRec_Insert 描述如下：

函数名	EDBRec_Insert
说明	向数据表插入一条记录
参数	a） 操作的表对象描述符 b） 指向当前操作事务描述符 c） 指向待插入记录的描述符 d） 属性：只有在不存在情况下插入，在数据已存在的情况下插入，使该操作包含在一个事务内
返回值	成功/错误信息

8.2.2.25 **EDBRec_Select**

EDBRec_Select 描述如下：

函数名	EDBRec_Select
说明	从数据表查询记录
参数	a） 操作的表对象描述符 b） 指向当前操作事务描述符 c） 查询条件信息 d） 结果信息 e） 属性：允许脏读，使该操作包含在一个事务内
返回值	成功/错误信息

8.2.2.26 **EDBRec_Update**

EDBRec_Update 描述如下：

函数名	EDBRec_Update
说明	更新数据表中满足条件的记录
参数	a） 操作的表对象描述符 b） 当前操作事务描述符 c） 更新条件 d） 被更新的列数 e） 被更新列的目标值 f） 属性：使该操作包含在一个事务内
返回值	成功/错误信息

8.2.2.27 **EDBRec_Delete**

EDBRec_Delete 描述如下：

函数名	EDBRec_Delete
说明	删除数据表中满足条件的记录
参数	a) 操作的表对象描述符 b) 当前操作事务设备描述符 c) 删除表的条件 d) 属性：使该操作包含在一个事务内
返回值	成功/错误信息

8.2.2.28 **EDBCsr_Create**

EDBCsr_Create 描述如下：

函数名	EDBCsr_Create
说明	创建定义在某列上的游标
参数	a) 操作的表对象描述符 b) 指向当前操作事务描述符 c) 输出参数，游标对象的描述符 d) 游标所在的字段名 e) 属性：允许脏读，允许用游标更新表数据
返回值	成功/错误信息

8.2.2.29 **EDBCsr_CreateCursorOnIndex**

EDBCsr_CreateCursorOnIndex 描述如下：

函数名	EDBCsr_CreateCursorOnIndex
说明	创建定义在某字段上的游标
参数	a) 操作的表对象描述符 b) 指向当前操作事务描述符 c) 输出参数，游标对象的描述符 d) 游标依赖的索引名 e) 属性：允许脏读，允许用游标更新表数据
返回值	成功/错误信息

8.2.2.30 **EDBCsr_Get**

EDBCsr_Get 描述如下：

函数名	EDBCsr_Get
说明	从游标中获取数据

参数	a） 操作的游标对象描述符 b） 待返回记录信息的描述符 c） 属性：返回游标当前指向的记录，返回表的第一条记录，返回表的最后一条记录，返回下一条记录，返回重复记录的下一条记录，返回不重复的下一条记录，返回上一条记录，返回指向匹配的记录
返回值	成功/错误信息

8.2.2.31 **EDBCsr_Put**

EDBCsr_Put 描述如下：

函数名	EDBCsr_Put
说明	通过游标修改一条记录
参数	a） 操作的游标对象描述符 b） 待修改的列数目 c） 待修改列的目标数据信息数组
返回值	成功/错误信息

8.2.2.32 **EDBCsr_Del**

EDBCsr_Del 描述如下：

函数名	EDBCsr_Del
说明	删除游标当前指定的记录
参数	操作的游标对象描述符
返回值	成功/错误信息

8.2.2.33 **EDBCsr_Close**

EDBCsr_Close 描述如下：

函数名	EDBCsr_Close
说明	关闭游标
参数	操作的游标对象描述符
返回值	成功/错误信息

8.2.2.34 **EDBCsr_DupCursor**

EDBCsr_DupCursor 描述如下：

函数名	EDBCsr_DupCursor
说明	复制一个新的游标
参数	a） 操作的游标对象描述符 b） 输出参数，复制得到的游标对象描述符 c） 属性：新游标位置初始化成与旧游标一致
返回值	成功/错误信息

8.2.2.35 **EDBCsr_CountDups**

EDBCsr_CountDups 描述如下：

函数名	EDBCsr_CountDups
说明	获取对应字段与当前游标所指字段相同的重复记录个数
参数	a) 操作的游标对象描述符 b) 输出信息
返回值	成功/错误信息

8.2.2.36 **EDBAgr_Max**

EDBAgr_Max 描述如下：

函数名	EDBAgr_Max
说明	获取某个列的最大值
参数	a) 操作的表对象描述符 b) 指向当前操作事务描述符 c) 进行聚集操作的字段的名称 d) 输出参数，得到聚集操作结果值
返回值	成功/错误信息

8.2.2.37 **EDBAgr_Min**

EDBAgr_Min 描述如下：

函数名	EDBAgr_Min
说明	获取某个列的最小值
参数	a) 操作的表对象描述符 b) 指向当前操作事务描述符 c) 进行聚集操作的字段的名称 d) 输出参数，得到聚集操作结果值
返回值	成功/错误信息

8.2.2.38 **EDBAgr_Count**

EDBAgr_Count 描述如下：

函数名	EDBAgr_Count
说明	获取数据表的记录总数
参数	a) 操作的表对象描述符 b) 指向当前操作事务描述符 c) 进行聚集操作的字段的名称 d) 输出参数，得到聚集操作结果值
返回值	成功/错误信息

8.2.2.39 **EDBAgr_Avg**

EDBAgr_Avg 描述如下：

函数名	EDBAgr_Avg
说明	获取所有记录在某字段上的平均值
参数	a) 操作的表对象描述符 b) 指向当前操作事务描述符 c) 进行聚集操作的字段的名称 d) 输出参数,得到聚集操作结果值
返回值	成功/错误信息

8.2.2.40 **EDBAgr_Sum**

EDBAgr_Sum 描述如下:

函数名	EDBAgr_Sum
说明	获取某一列的统计和
参数	a) 操作的表对象描述符 b) 指向当前操作事务描述符 c) 进行聚集操作的字段的名称 d) 输出参数,得到聚集操作结果值
返回值	成功/错误信息

8.2.2.41 **EDBRemote_InitConnection**

EDBRemote_InitConnection 描述如下:

函数名	EDBRemote_InitConnection
说明	和远程数据管理建立起连接
参数	a) 存放远程数据管理连接描述符 b) 远程数据管理服务器的地址 c) 远程数据管理服务器访问端口 d) 登录远程数据管理服务器的用户名 e) 登录远程数据管理服务器的密码 f) 要操纵的远程数据管理库名
返回值	成功/错误信息

8.2.2.42 **EDBRemote_ReleaseConnection**

EDBRemote_ReleaseConnection 描述如下:

函数名	EDBRemote_ReleaseConnection
说明	释放和远程数据管理服务器建立起的连接,通知远程数据管理服务器释放资源
参数	连接描述符,标识和远程数据管理服务器建立的连接
返回值	成功/错误信息

8.2.2.43 **EDBRemote_InsertItem**

EDBRemote_InsertItem 描述如下：

函数名	EDBRemote_InsertItem
说明	向远程数据管理表中插入一条记录
参数	a) 连接描述符，标识和远程数据管理服务器建立的连接 b) 被访问的表名 c) 被插入数据信息
返回值	成功/错误信息

8.2.2.44 **EDBRemote_SelectItem**

EDBRemote_SelectItem 描述如下：

函数名	EDBRemote_SelectItem
说明	从远程数据管理中执行查询操作
参数	a) 连接描述符，标识和远程数据管理服务器建立的连接 b) 被访问的表名 c) 查询条件(关键字条件查询) d) 存储返回的查询结果
返回值	成功/错误信息

8.2.2.45 **EDBRemote_UpdateItem**

EDBRemote_UpdateItem 描述如下：

函数名	EDBRemote_UpdateItem
说明	更新远程数据管理表中关键字为符合条的记录
参数	a) 连接描述符，标识和远程数据管理服务器建立的连接 b) 被访问的表名 c) 更新条件 d) 存储返回的查询结果 e) 被更新的新值 f) 属性：使该操作包含在一个事务内
返回值	成功/错误信息

8.2.2.46 **EDBRemote_SelectItem**

EDBRemote_SelectItem 描述如下：

函数名	EDBRemote_SelectItem
说明	从远程数据管理中执行查询操作
参数	a) 连接描述符，标识和远程数据管理服务器建立的连接 b) 被访问的表名 c) 查询条件(关键字条件查询) d) 存储返回的查询结果
返回值	成功/错误信息

8.2.2.47 **EDBRemote_ExecSQL**

EDBRemote_ExecSQL 描述如下：

函数名	EDBRemote_ExecSQL
说明	删除远程数据管理表中关键字符合条件的记录
参数	a) 连接描述符,标识和远程数据管理服务器建立的连接 b) 被访问的表名 c) 条件表达式
返回值	成功/错误信息

8.2.2.48 **EDBRemote_DeleteItem**

EDBRemote_DeleteItem 描述如下：

函数名	EDBRemote_DeleteItem
说明	向远程数据管理发送 SQL 语句执行
参数	a) 连接描述符,标识和远程数据管理服务器建立的连接 b) SQL 语句缓冲区所占空间 c) SQL 语句缓冲区 d) 执行返回结果
返回值	成功/错误信息

9 电源管理

9.1 dpm_init

dpm_init 描述如下：

函数名	dpm_init
说明	初始化 DPM
参数	无
返回值	初始化成功/失败

9.2 dpm_terminate

dpm_terminate 描述如下：

函数名	dpm_terminate
说明	结束 DPM 功能
参数	无
返回值	成功/失败

9.3 dpm_disable

dpm_disable 描述如下：

函数名	dpm_disable
说明	暂时停止 DPM 功能

参数	无
返回值	停止成功/失败

9.4 **dpm_enable**

dpm_enable 描述如下：

函数名	dpm_enable
说明	使 DPM 恢复工作
参数	无
返回值	恢复成功/失败

9.5 **dpm_set_os**

dpm_set_os 描述如下：

函数名	dpm_set_os
说明	当系统操作状态发生改变，而需要一个新的操作点支持时，通知系统需要更换操作点
参数	新操作点
返回值	无

9.6 **dynamicpm_suspend**

dynamicpm_suspend 描述如下：

函数名	dynamicpm_suspend
说明	通过系统的挂起代码，安全的保存现在操作点的内容
参数	无
返回值	成功/失败

9.7 **dynamicpm_resume**

dynamicpm_resume 描述如下：

函数名	dynamicpm_resume
说明	根据提供的操作点名称建立一个操作点
参数	无
返回值	无

9.8 **dpm_create_opt**

dpm_create_opt 描述如下：

函数名	dpm_create_opt
说明	根据提供的操作点名称建立一个操作点
参数	a） 新建操作点名称 b） 操作点信息
返回值	建立成功/失败

9.9 **dpm_create_policy**

dpm_create_policy 描述如下：

函数名	dpm_create_policy
说明	根据提供的策略名称建立一个电源管理策略
参数	a) 电源管理策略名称 b) 操作点名称集合
返回值	建立成功/失败

9.10 **dpm_set_policy**

dpm_set_policy 描述如下：

函数名	dpm_set_policy
说明	根据提供的策略名称激活一个电源管理策略
参数	电源管理策略名称
返回值	激活成功/失败

9.11 **dpm_get_policy**

dpm_get_policy 描述如下：

函数名	dpm_get_policy
说明	获得现在正在使用的电源管理策略的名称
参数	电源管理策略名称
返回值	成功/失败

9.12 **dpm_set_task_state**

dpm_set_task_state 描述如下：

函数名	dpm_set_task_state
说明	根据提供的任务标识号和状态设置相应任务的状态
参数	a) 任务标识号 b) 任务状态
返回值	成功/失败

9.13 **dpm_get_task_state**

dpm_get_task_state 描述如下：

函数名	dpm_get_task_state
说明	获得指定进程号进程的状态
参数	a) 进程号 b) 输出的进程状态结构
返回值	成功/失败

9.14 dpm_check_constraints

dpm_check_constraints 描述如下：

函数名	dpm_check_constraints
说明	检测操作点是否符合当前系统约束的函数
参数	操作点结构信息
返回值	检测约束成功/失败

参 考 文 献

[1] GB/T 17192(所有部分) 信息技术 计算机图形 与图形设备会话的接口技术(CGI)功能说明

[2] GB/T 18220—2000 手持式个人信息处理设备通用规范

[3] GB/T 18031—2000 信息技术 数字键盘汉字输入通用要求

[4] GB/T 18790—2002 联机手写汉字识别技术要求与测试规程

[5] GB/T 19245—2003 电子名片信息交换规范

[6] IEEE std 1003.1:1990 POSIX 可移植操作系统核心服务接口

[7] IEEE std 1003.1b:1993 POSIX 可移植操作系统实时扩展服务接口

[8] IEEE std 1003.1c:1995 POSIX 可移植操作系统线程扩展服务接口

[9] JSR30 Connected, Limited Device Configuration CLDC 1.0

[10] JSR37 Mobile Information Device Profile 1.0

[11] JSR118 Mobile Information Device Profile 2.0

[12] JSR120 Wireless Messaging API 1.0

[13] JSR135 Multi Media API

[14] JSR139 Connected, Limited Device Configuration CLDC 1.1

[15] JSR172 Web Services

[16] JSR179 Location API for J2ME

[17] JSR184 Mobile 3D Graphics

[18] JSR185 Java Technology for the Wireless Industry (JTWI)

ICS 35.060
L 74

中华人民共和国国家标准

GB/T 25655—2010

信息技术　中文 Linux 桌面操作系统技术要求

Information technology—
Technical requirement for Chinese Linux desktop operating system

2010-12-01 发布　　2011-04-01 实施

中华人民共和国国家质量监督检验检疫总局
中国国家标准化管理委员会　发布

前　言

本标准的附录 A 为规范性附录。

本标准由中华人民共和国工业和信息化部提出。

本标准由全国信息技术标准化技术委员会(SAC/TC 28)归口。

本标准主要起草单位:上海中标软件有限公司、中国电子技术标准化研究所、中国科学院软件研究所、北京中科红旗软件技术有限公司、新华科技(南京)系统有限公司。

本标准主要起草人:郭峰、高林、谢谦、李祥凯、王自强、郑忠源、周明德、张东、苏建中。

信息技术 中文 Linux 桌面操作系统技术要求

1 范围

本标准规定了基于 Linux 的桌面操作系统的一般要求，其内容包括系统的中文要求、系统安装、硬件适配、系统操作、图形用户界面、桌面应用、桌面系统安全、辅助工具等。

本标准适用于 Linux 桌面操作系统实现厂商、应用程序开发厂商等。

2 规范性引用文件

下列文件中的条款通过本标准的引用而成为本标准的条款。凡是注日期的引用文件，其随后所有的修改单(不包括勘误的内容)或修订版均不适用于本标准，然而，鼓励根据本标准达成协议的各方研究是否可使用这些文件的最新版本。凡是不注日期的引用文件，其最新版本适用于本标准。

GB 2312—1980 信息交换用汉字编码字符集 基本集

GB 18030—2000 信息技术 中文编码字符集

GB/T 18031 信息技术 数字键盘汉字输入通用要求

GB/T 19246—2003 信息技术 通用键盘汉字输入通用要求

GB/T 18790—2002 联机手写汉字识别技术要求与测试规程

GB/T 25646—2010 信息技术 中文 Linux 用户界面规范

3 术语和定义、缩略语

下列术语和定义适用于本标准。

3.1 术语和定义

3.1.1

图形用户界面应用程序 GUI application

具有图形化界面并可以使用鼠标进行交互操作的应用程序。

3.1.2

中文输入法 Chinese input method

接收键盘、手写板等输入设备的输入，并转化为中文字、词、句的方法。

3.1.3

形码类输入法 stroke input method

按照汉字的字形(包括笔画)进行汉字编码及输入的方法。

注：以形为主的编码方案，包括形码、形音码、音形码。

3.1.4

音码类输入法 phonetic input method

按照汉字的读音进行汉字编码及输入的方法，采用汉语拼音的全拼或简拼的方式。

3.1.5

控制面板 control panel

用于设置用户的个人计算机，能够为用户提供硬件配置、系统管理和资源查看等基本的设置功能。

3.1.6

VGA 显示器　VGA monitor

采用 VGA 接口，输出至少支持 640×480 的显示器。

3.1.7

资源管理器　resource manager

管理系统资源的工具，能够显示计算机上的文件和文件夹，通过操作资源管理器来对系统文件和文件夹进行操作。

3.1.8

中文信息　chinese message

信息内容全部是中文，但专有名词和版权信息可以是非中文。

3.2 缩略语

CPU	中央处理器	(Central Processor Unit)
FTP	文件传输协议	(File Transfer Protocol)
GRUB	大一统引导器	(GRand Unified Bootloader)
GUI	图形用户界面	(Graphic User Interface)
HTML	超文本标记语言	(HyperText Markup Language)
LILO	Linux 载入器	(the LInux LOader)
MPEG	动态图像专家组	(Moving Picture Experts Group)
URL	统一资源定位器	(Uniform Resource Locator)
VGA	视频图形阵列	(Vedio Graphic Array)

4 要求

4.1 系统的中文要求

4.1.1 编码要求

系统应符合 GB 18030—2000 的要求。

4.1.2 输入法要求

系统提供的输入法应满足下列要求：

a) 键盘输入法

系统应提供一种形码类输入法或音码类输入法。数字键盘输入法应符合 GB/T 18031，通用键盘输入法应符合 GB/T 19246—2003。

b) 手写输入法

系统提供的手写输入法应符合 GB/T 18790—2002 联机手写汉字识别技术要求与测试规程。

c) 其他输入法

系统提供的其他形式的输入法应符合相应的标准。

4.1.3 字库要求

本标准主要针对汉字字库标准提出要求：

a) 系统应提供四种基本的输出字体：宋体、仿宋、黑体、楷体，其中系统默认输出字体为宋体；

b) 系统应提供以下输出字型的变换方式：常规、倾斜、加粗、加粗并倾斜，其中默认字型为常规字型。

4.1.4 打印要求

系统中的打印输出应能够输出系统提供的基本字体与字型，应做到中文输出无乱码。

4.1.5 表示

系统中文表示应符合下列要求：

a) 中文界面显示：系统所提供的图形用户界面应用程序的界面窗口中的菜单信息、标签以及提示信息应为中文；

b) 中文日期及时间格式应遵循如下规定：

 1) 日期显示格式分为长日期格式和短日期格式两种：
 长日期格式为：YYYY 年 MM 月 DD 日；
 短日期格式为：YYYY-MM-DD；

 2) 星期格式为星期日、星期一、星期二、星期三、星期四、星期五、星期六；

 3) 上下午显示格式：上午符号为"上午"，下午符号为"下午"；

 4) 时间显示格式分为长时间格式和短时间格式两种：
 长时间格式为：HH 时 MM 分 SS 秒；
 短时间显示格式为 HH：MM：SS；

c) 本地货币符号为￥，本地货币正数的格式为￥1.1，负数的格式为￥－1.1；

d) 数字显示应遵循如下要求：数字表达格式，正数为 123，456，789.00；负数为－123，456，789.00；小数点为"."，千位的分隔符为"，"；数字分组形式如下：123，456，789，三位为一组。

4.2 系统安装

4.2.1 基本技术要求

提供足够的提示信息引导用户正确地进行安装操作，保证系统正确地被安装到硬盘上，并且安装在硬盘上的系统可以正确的被引导。

4.2.2 显示要求

安装过程中应为用户提供直观易用的提示信息。如下信息应提供中文信息，包括帮助信息、提示信息、窗口选项以及按钮标记。

4.2.3 系统兼容

系统安装后，通过正确配置 Linux 引导器，可以选择启动已安装的操作系统。

4.2.4 安装引导媒体

系统安装应至少支持光盘安装引导媒体。如果计算机的 BIOS 支持光驱引导，设置 BIOS 后，插入安装光盘，就可以光驱引导并进行安装。

4.2.5 安装形态

系统的安装形态应支持图形和文本安装。缺省为图形安装。由于硬件原因不能进入图形安装的，应能够自动切换到文本安装。这两种方式应分别满足下面的要求：

a) 图形安装
 安装使用图形方式(分辨率不小于 640×480)显示安装过程，可以通过鼠标和键盘进行操作。

b) 文本安装
 安装使用文本方式显示安装过程，可以使用鼠标或键盘操作安装过程。

4.2.6 安装类型

系统应至少提供如下安装类型中的一种：

a) 标准安装
 提供一种简易的向导式安装。此方式对安装所需信息(除安装所需分区信息外)都应提供缺省值，使得用户仅需对这些信息进行核查并确认后就可以将系统成功地安装到硬盘上，并且安装后的系统满足本标准中对桌面环境的功能要求。

b) 定制安装
 定制安装应提供对安装所需信息的定制。安装过程完全由用户掌握，在安装过程中用户可以自主选择要安装的软件包，进行系统安装。

c) 一键安装

不提供诸如分区、安装内容选择等步骤。点击确定按钮,系统就自动开始安装,并自动配置安装所需信息。但应在安装开始操作前,醒目地提供此操作可能带来对硬盘上原有内容的破坏以及所造成的后果的提示。

4.2.7 系统引导修复

本条描述了系统在系统引导修复方面的要求。

本条的具体要求与硬件体系结构相关,见附录A。

4.2.8 安装配置信息

本条描述了系统在安装配置信息,包括分区设置、安装引导设置等方面的要求。

本条的具体要求与硬件体系结构相关,见附录A。

4.3 系统操作

4.3.1 基本技术要求

系统操作是指用户对系统的基本操作,应包括系统启动选择、系统启动过程、登录/退出、系统快捷方式、系统恢复、在线升级等方面。

4.3.2 系统启动选择

系统启动选择应包括以下选项:

a) 启动到图形用户界面,此为缺省值;

b) 启动到安全模式。安全模式提供图形界面,方便进行硬件的配置;

c) 启动到字符用户界面。

4.3.3 启动过程

启动过程应包括以下功能:

a) 系统启动过程中默认应显示为图形启动界面,屏蔽系统启动信息,并有进度提示;

b) 应能够通过快捷键从图形界面切换到字符界面;

c) 在字符界面中,应能够显示系统启动信息;

d) 系统启动成功后,出现登录界面,如果选择图形用户界面或安全模式,显示为图形登录界面,如果选择字符用户界面显示为字符登录界面;

e) 文件系统完整性检查。

4.3.4 登录及退出登录

a) 登录

登录界面包括图形和字符两种:

1) 图形界面登录:登录界面应包括用户名输入框和口令输入框,用户名输入框中可输入用户名,口令输入框可输入用户口令;提供关机与重启计算机功能;

2) 字符界面登录:提供用户名提示符和口令提示符,在用户名提示符后输入用户名,在口令提示符后输入用户口令,确认后即可进入字符环境;

b) 退出登录

图形界面下,退出登录功能应设置在面板的主菜单中,系统提供关闭系统选项。选择该选项,进入退出登录界面。退出登录界面应为用户提供三个功能选项:重新启动计算机、关闭计算机、注销当前用户。

4.3.5 系统快捷键

a) 具体快捷键的定义见GB/T 25646—2010;

b) 本要求中只定义对应快捷键的功能,快捷键名称与功能对照表见表1。

表 1 快捷键名称与功能对照表

功能名称	功　能
起始菜单	弹出起始菜单
遍历窗口	遍历应用程序窗口
关闭当前窗口	关闭当前窗口
运行命令	弹出运行命令对话框
剪切	删除被选中区内容， 并复制到剪贴板中
复制	将被选中区内容复制到剪贴板中
粘贴	将剪贴板中的内容粘贴光标所在位置
开启/关闭输入法	开启/关闭输入法
切换输入法	切换输入法

4.3.6 系统设置恢复

系统应提供恢复出厂桌面设置功能，包括系统背景图案、窗口风格和色彩、桌面外观、主题、窗口修饰和屏幕保护。

4.3.7 在线升级

系统应提供通过互联网进行系统部件、应用软件等内容的升级。

4.4 图形用户界面

4.4.1 基本技术要求

系统应提供美观大方、简单易用的图形用户界面，应包括如下基本项：窗口管理器、系统面板和桌面管理程序。

4.4.2 窗口管理器

系统应提供窗口管理器，而且窗口管理器应包括如下功能：

a) 提供窗口菜单的图标；窗口菜单提供对本窗口的操作，包括窗口最大化、最小化、窗口移动、窗口大小控制、关闭等；
b) 提供标题条，显示本窗口的名称；选中窗口与未选中窗口的标题条有明显区分；
c) 提供最小化、最大化、关闭按钮，分别对应下列功能：
   1) 最小化：窗口缩到任务栏上；
   2) 最大化：窗口放大并充满整个屏幕中除去系统面板外的部分；
   3) 关闭：关闭窗口。

4.4.3 系统面板

4.4.3.1 基本技术要求

系统面板应包括系统菜单、应用程序快捷访问、状态栏和系统托盘等 4 个方面的应用。

4.4.3.2 系统菜单

系统菜单中应包含如下内容：

a) 关机功能：应该包括注销当前用户、重新启动系统和关机 3 个功能的操作。
b) 运行命令功能：能够直接打开运行命令窗口，在对话框输入要运行的程序的名字，或要访问的文件或 URL，回车即可运行相应的命令或访问相应的文件或 URL。
c) 文档功能：应提供下列功能选项入口，
   1) 显示系统记录的用户打开过的所有文档信息；
   2) 提供清空用户历史记录的功能。

d) 帮助:提供访问系统帮助以及应用程序手册的直接入口。

e) 程序快捷方式:能够提供直接打开应用程序的快捷方式。

f) 提供锁屏功能。

4.4.3.3 应用程序快捷访问

应满足如下技术要求:

a) 点击快捷方式图标可以打开相应的应用程序或功能;

b) 可以将其他地方的快捷方式拖拽到本区域;

c) 可以添加、删除本区域的快捷方式。

4.4.3.4 状态栏

a) 能够显示打开的所有窗口的图标、名称;

b) 当前被激活的窗口应与其他窗口明显不同;

c) 点击状态栏的窗口栏可以根据窗口栏的状态将窗口最小化、最大化、激活。

4.4.3.5 系统托盘

a) 点击时间栏可以查看日期和时间,并提供修改时间和日期的功能;

b) 显示输入法图标;

c) 提供声音相关设置功能。

4.4.4 桌面管理程序

a) 桌面管理程序要求能够为用户提供桌面快捷方式的正确显示;

b) 能够根据用户的选择对桌面图标进行正确的排列;

c) 能够创建桌面快捷方式、目录以及特定类型的文件;

d) 提供配置显示和桌面属性(外观、虚拟桌面等)的快捷访问方式。

4.5 桌面应用

4.5.1 资源管理器

4.5.1.1 文件管理

文件管理应包括以下功能:

a) 显示计算机磁盘分区中的文件和文件夹;

b) 提供对文件和文件夹进行新建、删除、复制、移动、重命名的功能;

c) 可以直接访问软驱和光驱;

d) 可以直接访问系统支持的移动存储设备;

e) 提供访问用户用于存储个人文档的目录的功能;

f) 支持 FTP(支持中文文件及目录)。

4.5.1.2 文件删除及恢复

a) 提供存储已删除的项目(并未永久删除)的功能;

b) 应能显示已删除的项目的名称、位置、删除日期、类型和大小;

c) 应能对已删除的项目进行恢复和彻底删除;

d) 能够全部彻底删除所有已删除的项目;

e) 能够全部恢复所有已删除的项目。

4.5.2 控制面板

4.5.2.1 硬件配置

a) 声卡配置

声卡配置应包括如下功能:

1) 应在声卡类型列表中列出系统支持的所有声卡类型,并提供自动检测功能;

2) 声卡配置成功后应提供声音测试功能。

b) 打印机配置

1) 打印机配置应该能够提供选择打印机型号和打印机驱动的功能；

2) 系统应提供打印测试页的功能；

3) 打印机的管理应包括下列各功能，功能要求如下：

- 编辑打印机属性；
- 删除打印机；
- 设置缺省打印机；
- 创建新的打印机；
- 使配置生效；
- 设置打印机为共享打印机；

4) 系统应提供对打印作业的管理功能，包括如下内容：

- 显示当前使用打印机上打印队列的情况，作业列表中能够显示作业的属主、作业号、文件名、大小和状态等；
- 提供对作业的删除、停止等功能。

c) 显示配置

系统应提供对显卡的配置和对显示器的配置功能，每个功能的技术要求如下：

1) 应提供对显示器和显卡的自动探测；

2) 能够设置显示器分辨率、刷新率；

3) 显示当前使用显示器信息；

4) 能够设置颜色数；

5) 显示当前使用显卡信息；

6) 提供测试显示配置的功能；

7) 提供应用显示配置的功能；

8) 提供系统支持的显示器详细列表，允许用户进行手工选择；

9) 手动设置显卡；

10) 提供显卡的详细列表，包括显卡的型号、芯片、驱动程序等信息，允许用户进行手工选择。

d) 网卡配置

网卡配置应提供自动检测网卡设备的功能，提供启用、禁用所选网卡的功能，提供添加、编辑、删除所选网卡配置的功能。

4.5.2.2 系统管理

a) 声音配置

声音配置应提供调节音量大小、控制左右声道的功能。

b) 拨号管理

拨号管理用于设置拨号网络，并且可以拨号连接到所设置的 Internet 服务提供商，包括选择设备和选择连接；支持 ISDN、ADSL 和 MODEM 拨号。

c) 用户管理

1) 应能够提供添加、删除用户、组的功能；

2) 应提供对用户、组信息显示与编辑的功能；

3) 应提供设置用户口令的功能。

d) 输入法配置

1) 提供添加、删除输入法的功能；

2) 提供设置缺省输入法的功能；

3) 提供对已安装输入法的属性设置的功能；

4） 提供显示已安装输入法的信息的功能；

5） 提供输入法顺序调整的功能。

e） 鼠标

1） 提供调整左右手习惯的功能；

2） 提供设置鼠标响应速度的功能。

f） 键盘

提供配置键盘响应速度和延迟的功能。

g） 快捷键

提供配置系统快捷键的功能。

h） 软件管理

1） 提供添加、删除、升级软件包的功能；

2） 提供查看已安装软件包及其详细信息的功能，详细信息包括包名、版本信息、包内容等。

4.5.2.3 系统资源查看

a） CPU 查看

应提供图形化的 CPU 状态查看工具，可查看 CPU 使用率和动态负载。

b） 内存查看

1） 提供查看内存总量（物理内存和交互空间）的功能，包括已用和空闲内存的统计；

2） 提供查看物理内存功能，包括已用和空闲物理内存的统计；

3） 提供查看交换空间的功能，包括已用和空闲交换空间的统计。

c） 硬盘信息查看

提供查看已挂装分区的使用情况的功能，包括：

1） 分区大小；

2） 分区类型；

3） 分区的挂装点；

4） 分区的使用情况。

4.5.3 网络应用

4.5.3.1 浏览器

a） 浏览器是为用户提供访问互联网的功能，应具备如下功能：

1） 可以设置缺省主页；

2） 键入网页位置可以转到相应网址；

3） 应提供查看浏览历史的功能，历史列表中包含最近访问过的页面链接；

4） “地址栏”列表应提供历史功能，记录最近键入的并访问了的网址；

5） 浏览器应提供书签功能，用来收藏感兴趣的网页。书签可以导入导出成 HTML 格式；

6） 提供插件的功能。

b） 编码应支持 UTF-8、GB 18030 和 GB 2312。

4.5.3.2 电子邮件功能

a） 应支持的编码：UTF-8、GB 18030 和 GB 2312；

b） 系统应提供电子邮件收发的功能。具体应具备以下功能：

1） 提供地址簿功能，支持 vCard 导入导出；

2） 提供邮件的导入导出（当前邮件程序支持的格式）功能，导入时只需指定邮件夹位置和目标文件夹即自动完成导入功能；应能够将指定文件夹的邮件导出；

3） 提供来信监视功能：监控是否有新邮件到达并提示。

4.5.4 图形/图像支持功能

4.5.4.1 图形/图像查看

a) 提供预览功能；
b) 提供全图查看的功能；
c) 提供缩放的功能；
d) 提供旋转的功能。
e) 至少应支持PNG、BMP、XPM图形格式。

4.5.4.2 图形/图像编辑

a) 提供基本图形的绘制功能，包括点、线、椭圆、圆、矩形的绘制功能；
b) 提供调整图像大小的功能；
c) 提供调整图像颜色深度的功能。

4.5.4.3 屏幕捕捉

a) 提供捕捉图像的功能；
b) 提供延时捕捉的功能；
c) 提供选择是否只捕捉包含鼠标指针的窗口的功能；
d) 提供保存捕捉图像的功能。

4.5.5 多媒体支持

系统应提供如下多媒体支持，包括CD播放功能和媒体播放功能。

4.5.5.1 CD播放

a) 提供CD播放功能，包括：播放/暂停、停止、循环、前进/后退、上一首歌/下一首歌、乱序播放等；
b) 提供音量调节功能。

4.5.5.2 媒体播放

a) 应可支持播放VCD；
b) 应可支持OGG、MPEG 1、WAV格式的媒体；
c) 应提供如下基本功能：播放/暂停、停止、循环、前进/后退；
d) 提供音量控制功能；
e) 提供调整播放顺序的功能；
f) 提供缩放功能，并支持全屏幕播放；
g) 提供调整饱和度、亮度、对比度的功能。

4.5.6 其他

系统应提供简单文本编辑功能、仿真终端功能和计算器功能。

4.5.6.1 文本编辑

a) 应可以创建不含格式的纯文本文件；
b) 提供文本编辑功能：剪切、复制、粘贴、插入、查找、替换等；
c) 提供调整显示字体、字体风格、大小、颜色的功能。

4.5.6.2 仿真终端

a) 提供新建、关闭和退出会话的功能；
b) 提供复制终端中鼠标选中区的功能；
c) 提供粘贴已复制内容到终端的功能；
d) 提供设置屏幕大小、字体、快捷键的功能。

4.5.6.3 计算器

a) 提供加、减、乘、除基本运算功能；

b） 提供乘方、开方、指数、对数、倒数运算功能；

c） 提供基本三角函数运算功能；

d） 提供二进制、八进制、十进制、十六进制运算的功能；

e） 提供配置数字精度的功能。

4.6 系统安全

4.6.1 用户管理

4.6.1.1 基本要求

a） 系统应默认提供一个超级管理员 root，root 用户有最高权限，可以增加、修改、删除普通用户，并可以设置、修改普通用户口令；

b） 普通用户默认只可修改自身口令。

4.6.1.2 用户管理功能

用户管理应包括用户信息管理、口令管理功能，每项的具体要求如下：

a） 用户信息管理：应支持查看和修改用户登录名、口令设置、登录 shell 的信息；

b） 口令管理：应提供规定口令的最短长度、设置是否允许空口令以及设置有效期的功能。

4.6.2 防火墙

系统宜提供防火墙，防火墙应是包过滤防火墙，应有缺省的防火墙设置。

4.7 辅助工具

桌面系统宜为残障用户提供下列输入和输出辅助工具。

4.7.1 键盘和鼠标辅助

a） 系统宜提供只凭借数字键区就能控制鼠标指示器的功能，用于给不能控制鼠标的用户提供帮助；

b） 系统宜提供慢速键，用于“减慢”键盘的输入；

c） 系统宜提供粘滞键，用于给不能同时按组合键的用户能够以一定的顺序按键；

d） 系统宜提供屏幕键盘，使用户不再依赖于标准的键盘和鼠标来控制计算机，而是用屏幕上的图形化键盘来控制。

4.7.2 放大器

系统宜为那些有弱视的人提供辅助功能来放大屏幕上的内容。

4.7.3 高对比度

系统宜能为那些视觉缺陷的人在高对比模式下显示桌面，可首选黑底白字提供最高的对比度，以及使用相对大的字体。

4.7.4 可视语音通告

系统宜给语音事件以视觉上的通告，用于有听力缺陷的用户。

附 录 A
（规范性附录）
与 x86 体系结构相关的技术要求

A.1 系统引导修复

该功能用于修复系统引导。在安装过程选择此功能，可以修复已安装系统的 GRUB/LILO 或其他系统引导程序。

A.2 安装配置信息

A.2.1 分区设置

分区设置是对磁盘进行分区，确定 Linux 安装在磁盘的指定分区上，即定义一个或多个磁盘分区的安装点。具体技术要求如下：

a) 应提供硬盘的分区信息显示，分区信息包括如下信息：分区的安装位置、分区的设备文件名、分区大小和分区类型。
b) 应提供如下分区相关功能：
   1) 删除分区；
   2) 添加分区；
   3) 编辑分区；
   4) 取消操作，取消本次安装进行的分区操作。

A.2.2 安装引导设置

应提供对引导器是否安装以及安装位置的设定。缺省为安装引导器，并安装在硬盘的主引导扇区（MBR）。缺省引导所安装的系统。

a) 引导器安装在主引导：将 Linux 引导器安装在主引导扇区上，机器启动时就会出现引导提示符，直接引导；
b) /boot 目录所在分区的第一扇区：将 Linux 引导器安装在/boot 目录所在分区的第一扇区；
c) 不安装引导器。

ICS 35.060
L 74

中华人民共和国国家标准

GB/T 25656—2010

信息技术 中文Linux应用编程界面(API)规范

Information technology—
Specification for Chinese Linux programming interface (API)

2010-12-01 发布 2011-04-01 实施

中华人民共和国国家质量监督检验检疫总局
中国国家标准化管理委员会 发布

前　言

本标准的附录A是规范性附录。

本标准由中华人民共和国工业和信息化部提出。

本标准由全国信息技术标准化技术委员会(SAC/TC 28)归口。

本标准主要起草单位：上海中标软件有限公司、中国电子技术标准化研究所、中国科学院软件研究所、北京中科红旗软件技术有限公司、新华科技(南京)系统有限公司、北京络威尔软件有限公司、太阳计算机系统(中国)有限公司、北京即时俊业软件有限公司、红帽软件(北京)有限公司、信息产业部软件与集成电路促进中心、北京共创开源软件有限公司。

本标准主要起草人：周明德、高林、张东、谢谦、李祥凯、苏哲、王自强、郑忠源、郭峰、苏建中、向剑岭、张海峰、董清富、黄建中、刘俊贤、霍东灵、邵宇、朱兴雄、杨少鹏。

信息技术　中文 Linux 应用编程界面(API)规范

1　范围

本标准规定了中文 Linux 操作系统为应用程序时提供的必要接口和运行环境，包括基本库、实用程序库、命令和实用程序、执行环境以及国际化和本地化函数等，以支持应用程序源码级的可移植性。

本标准适用于应用程序开发者和 Linux 操作系统的实现者。

2　规范性引用文件

下列文件中的条款通过本标准的引用而成为本标准的条款。凡是注日期的引用文件，其随后所有的修改单(不包括勘误的内容)或修订版均不适用于本标准，然而，鼓励根据本标准达成协议的各方研究是否可使用这些文件的最新版本。凡是不注日期的引用文件，其最新版本适用于本标准。

ISO/IEC 23360-1:2006　Linux 标准基础(LSB)核心规范 3.1 版本　第 1 部分:总规范

ISO/IEC 9945-2:2003　信息技术　可移植的操作系统接口(POSIX)　第 2 部分:系统接口

Filesystem Hierarchy Standard (FHS) 2.3

ISO/IEC 9899:1999　信息技术　程序设计语言 C

3　术语和定义

下列术语和定义适用于本标准。

3.1

Shell 脚本　Shell script

由解释程序(例如，awk)读的文件。Shell 脚本的第一行包括对它的二进制解释程序的引用。

3.2

字符　character

一个或多个字节序列，代表单个图形符号或控制码。

注：此术语对应于 ISO/IEC 9899:1999 标准术语 multibyte character(多字节字符)，单字节字符是多字节字符的特殊情况，此处字符(character)不必与存储空间相关，当讨论存储空间时用字节。

3.3

字节　byte

数据存储的一个独立能寻址的单元，它等于或大于一个八位位组，用于存储一字符或字符的一部分。

一个字节是由连续的位序列组成，它的位数是实现相关的。最小有效位称为低序位，最高有效位称为高序位。

注：字节的定义是有意识区别于在某些国际标准中字节的定义，在那些标准中字节用作八位位组(始终为八位)的同义字。在基于 ISO/IEC 9945-2:2003 的系统中，一个字节可以大于八位，所以，它可以是大的数据对象的完整的一部分，甚至于不能被八位除(例如一 36-位字，它包含 4 个 9-位字节)。

3.4

字符集　character set

不同字符的一个有限集，用于表示、组织或控制数据。

3.5

编码字符集　coded character set

一个有明确规则的集，它建立字符集和在集中的每个字符与它的位表示有一对一的关系。

3.6

语境　locale

用户环境的子集定义，它依赖于语言和文化约定。

3.7

当地习惯　local customs

地理区域或版图对于某些事项例如日期、时间和货币格式的约定。

3.8

本地化　localization

计算机系统中建立专用于具体的国家语言、当地习惯和编码字符集操作信息的过程。

3.9

输入方法引擎　input method engine

输入方法构造块的部件或模块，它从一个或多个事件或串序列构造串，实现语言或脚本特定的逻辑。它能独立于窗口系统、图形用户界面或可视化外观。

4　Linux 标准基础规范

4.1　基本库

4.1.1　libc 接口

在 libc 中提供了以下函数接口和数据接口。

4.1.1.1　RPC(见表 1)

表 1　RPC 函数接口

authnone_create	clnt_create	clnt_pcreateerror	clnt_perrno
Clnt_perror	clnt_spcreateerror	clnt_sperrno	clnt_sperror
Key_decryptsession	pmap_getport	pmap_set	pmap_unset
Svc_getreqset	svc_register	svc_run	svc_sendreply
svcerr_auth	svcerr_decode	svcerr_noproc	svcerr_noprog
svcerr_progvers	svcerr_systemerr	svcerr_weakauth	svctcp_create
svcudp_create	xdr_accepted_reply	xdr_array	xdr_bool
Xdr_bytes	xdr_callhdr	xdr_callmsg	xdr_char
Xdr_double	xdr_enum	xdr_float	xdr_free
Xdr_int	xdr_long	xdr_opaque	xdr_opaque_auth
Xdr_pointer	xdr_reference	xdr_rejected_reply	xdr_replymsg
Xdr_short	xdr_string	xdr_u_char	xdr_u_int
Xdr_u_long	xdr_u_short	xdr_union	xdr_vector
Xdr_void	xdr_wrapstring	xdrmem_create	xdrrec_create
xdrrec_eof			

4.1.1.2 系统调用(见表 2)

表 2 系统调用函数接口

__ fxstat	__ getpgid	__ lxstat	__ xmknod
__ xstat	access	acct	alarm
Brk	chdir	chmod	chown
Chroot	clock	close	closedir
Creat	dup	dup2	execl
Execle	execlp	execv	execve
Execvp	exit	fchdir	fchmod
Fchown	fcntl	fdatasync	flock
Fork	fstatvfs	fsync	ftime
Ftruncate	getcontext	getegid	geteuid
Getgid	getgroups	getitimer	getloadavg
getpagesize	getpgid	getpgrp	getpid
Getppid	getpriority	getrlimit	getrusage
Getsid	getuid	getwd	initgroups
Ioctl	kill	killpg	lchown
Link	lockf	lseek	mkdir
Mkfifo	mlock	mlockall	mmap
mprotect	msync	munlock	munlockall
Munmap	nanosleep	nice	open
Opendir	pathconf	pause	pipe
Poll	read	readdir	readdir_r
Readlink	readv	rename	rmdir
Sbrk	sched_get_priority_max	sched_get_priority_min	sched_getparam
sched_getscheduler	sched_rr_get_interval	sched_setparam	sched_setscheduler
sched_yield	select	setcontext	setegid
seteuid	setgid	setitimer	setpgid
setpgrp	setpriority	setregid	setreuid
setrlimit	setrlimit64	setsid	setuid
sleep	statvfs	stime	symlink
sync	sysconf	time	times
truncate	ulimit	umask	uname
unlink	utime	utimes	vfork
wait	wait4	waitpid	write
writev			

4.1.1.3 标准 I/O(见表 3 和表 4)

表 3 标准 I/O 函数接口

_IO_feof	_IO_getc	_IO_putc	_IO_puts
asprintf	clearerr	ctermid	fclose
fdopen	feof	ferror	fflush
fflush_unlocked	fgetc	fgetpos	fgets
fgetwc_unlocked	fileno	flockfile	fopen
fprintf	fputc	fputs	fread
freopen	fscanf	fseek	fseeko
fsetpos	ftell	ftello	fwrite
getc	getc_unlocked	getchar	getchar_unlocked
getw	pclose	popen	printf
putc	putc_unlocked	putchar	putchar_unlocked
puts	putw	remove	rewind
rewinddir	scanf	seekdir	setbuf
setbuffer	setvbuf	snprintf	sprintf
sscanf	telldir	tempnam	ungetc
vasprintf	vdprintf	vfprintf	vprintf
vsnprintf	vsprintf		

表 4 标准 I/O 数据接口

stderr	stdin	stdout	

4.1.1.4 信号处理(见表 5 和表 6)

表 5 信号处理函数接口

__libc_current_sigrtmax	__libc_current_sigrtmin	__sigsetjmp	__sysv_signal
bsd_signal	psignal	raise	sigaction
sigaddset	sigaltstack	sigandset	sigdelset
sigemptyset	sigfillset	sighold	sigignore
siginterrupt	sigisemptyset	sigismember	siglongjmp
signal	sigorset	sigpause	sigpending
sigprocmask	sigqueue	sigrelse	sigreturn
sigset	sigsuspend	sigtimedwait	sigwait
sigwaitinfo			

表 6 信号处理数据接口

_sys_siglist			

4.1.1.5 本地化函数(见表7和表8)

表7 本地化函数函数接口

bind_textdomain_codeset	bindtextdomain	catclose	catgets
catopen	dcgettext	dcngettext	dgettext
dngettext	duplocale(GLIBC_2.3)	freelocale(GLIBC_2.3)	gettext
iconv	iconv_close	iconv_open	localeconv
newlocale(GLIBC_2.3)	ngettext	nl_langinfo	setlocale
textdomain	uselocale(GLIBC_2.3)		

表8 本地化函数数据接口

_nl_msg_cat_cntr			

4.1.1.6 套接字接口(见表9)

表9 套接字函数接口

__ h_errno_location	accept	bind	bindresvport
connect	gethostid	gethostname	getpeername
getsockname	getsockopt	if_freenameindex	if_indextoname
if_nameindex	if_nametoindex	listen	recv
recvfrom	recvmsg	send	sendmsg
sendto	setsockopt	shutdown	sockatmark
socket	socketpair		

4.1.1.7 宽字符(见表10)

表10 宽字符函数接口

__ wcstod_internal	__ wcstof_internal	__ wcstol_internal	__ wcstold_internal
__ wcstoul_internal	btowc	fgetwc	fgetws
fputwc	fputws	fwide	fwprintf
fwscanf	getwc	getwchar	mblen
mbrlen	mbrtowc	mbsinit	mbsnrtowcs
mbsrtowcs	mbstowcs	mbtowc	putwc
putwchar	swprintf	swscanf	towctrans
towlower	towupper	ungetwc	vfwprintf
vfwscanf	vswprintf	vswscanf	vwprintf
vwscanf	wcpcpy	wcpncpy	wcrtomb
wcscasecmp	wcscat	wcschr	wcscmp
wcscoll	wcscpy	wcscspn	wcsdup
wcsftime	wcslen	wcsncasecmp	wcsncat
wcsncmp	wcsncpy	wcsnlen	wcsnrtombs
wcspbrk	wcsrchr	wcsrtombs	wcsspn
wcsstr	wcstod	wcstof	wcstoimax

表 10（续）

wcstok	wcstol	wcstold	wcstoll
wcstombs	wcstoq	wcstoul	wcstoull
wcstoumax	wcstouq	wcswcs	wcswidth
wcsxfrm	wctob	wctomb	wctrans
wctype	wcwidth	wmemchr	wmemcmp
wmemcpy	wmemmove	wmemset	wprintf
wscanf			

4.1.1.8　字符串函数(见表 11)

表 11　字符串函数函数接口

__ mempcpy	__ rawmemchr	__ stpcpy	__ strdup
__ strtod_internal	__ strtof_internal	__ strtok_r	__ strtol_internal
__ strtold_internal	__ strtoll_internal	__ strtoul_internal	__ strtoull_internal
bcmp	bcopy	bzero	ffs
index	memccpy	memchr	memcmp
memcpy	memmove	memrchr	memset
rindex	stpcpy	stpncpy	strcasecmp
strcasestr	strcat	strchr	strcmp
strcoll	strcpy	strcspn	strdup
strerror	strerror_r	strfmon	strftime
strlen	strncasecmp	strncat	strncmp
strncpy	strndup	strnlen	strpbrk
strptime	strrchr	strsep	strsignal
strspn	strstr	strtof	strtoimax
strtok	strtok_r	strtold	strtoll
strtoq	strtoull	strtoumax	strtouq
strxfrm	swab		

4.1.1.9　IPC 函数(见表 12)

表 12　IPC 函数函数接口

ftok	msgctl	msgget	msgrcv
msgsnd	semctl	semget	semop
shmat	shmctl	shmdt	shmget

4.1.1.10　正则表达式(见表 13)

表 13　正则表达式函数接口

regcomp	regerror	regexec	regfree

4.1.1.11 字符类型函数(见表 14)

表 14 字符类型函数函数接口

__ctype_b_loc(GLIBC_2.3)	__ctype_get_mb_cur_max	__ctype_tolower_loc (GLIBC_2.3)	__ctype_toupper_loc (GLIBC_2.3)
_tolower	_toupper	isalnum	isalpha
isascii	iscntrl	isdigit	isgraph
islower	isprint	ispunct	isspace
isupper	iswalnum	iswalpha	iswblank
iswcntrl	iswctype	iswdigit	iswgraph
iswlower	iswprint	iswpunct	iswspace
iswupper	iswxdigit	isxdigit	toascii
tolower	toupper		

4.1.1.12 时间操作(见表 15 和表 16)

表 15 时间操作函数接口

adjtime	Asctime	asctime_r	ctime
ctime_r	Difftime	gmtime	gmtime_r
localtime	localtime_r	mktime	tzset
ualarm			

表 16 时间操作数据接口

__daylight	__timezone	__tzname	daylight
timezone	tzname		

4.1.1.13 终端接口函数(见表 17)

表 17 终端接口函数函数接口

cfgetispeed	cfgetospeed	cfmakeraw	cfsetispeed
cfsetospeed	cfsetspeed	tcdrain	tcflow
tcflush	tcgetattr	tcgetpgrp	tcgetsid
tcsendbreak	tcsetattr	tcsetpgrp	

4.1.1.14 系统数据库(见表 18)

表 18 系统数据库函数接口

endgrent	endprotoent	endpwent	endservent
endutent	endutxent	getgrent	getgrgid
getgrgid_r	getgrnam	getgrnam_r	getgrouplist
gethostbyaddr	gethostbyname	getprotobyname	getprotobynumber
getprotoent	getpwent	getpwnam	getpwnam_r
getpwuid	getpwuid_r	getservbyname	getservbyport
getservent	getutent	getutent_r	getutxent
getutxid	getutxline	pututxline	setgrent
setgroups	setprotoent	setpwent	setservent
setutent	setutxent	utmpname	

4.1.1.15 语言支持(见表 19)

表 19 语言支持函数接口

__libc_start_main	__register_atfork(GLIBC_2.3.2)		

4.1.1.16 大文件支持(见表 20)

表 20 大文件支持函数接口

__fxstat64	__lxstat64	__xstat64	creat64
fgetpos64	fopen64	freopen64	fseeko64
fsetpos64	fstatvfs64	ftello64	ftruncate64
ftw64	getrlimit64	lockf64	mkstemp64
mmap64	nftw64	readdir64	statvfs64
tmpfile64	truncate64		

4.1.1.17 标准库(见表 21 和表 22)

表 21 标准库函数接口

__Exit	__assert_fail	__cxa_atexit	__errno_location
__fpending	__getpagesize	__isinf	__isinff
__isinfl	__isnan	__isnanf	__isnanl
__sysconf	__exit	__longjmp	__setjmp
a64l	abort	abs	atof
atoi	atol	atoll	basename
bsearch	calloc	closelog	confstr
cuserid	daemon	dirname	div
drand48	ecvt	erand48	err
error	errx	fcvt	fmtmsg
fnmatch	fpathconf	free	freeaddrinfo
ftrylockfile	ftw	funlockfile	gai_strerror
gcvt	getaddrinfo	getcwd	getdate
getenv	getlogin	getlogin_r	getnameinfo
getopt	getopt_long	getopt_long_only	getsubopt
gettimeofday	glob	glob64	globfree
globfree64	grantpt	hcreate	hdestroy
hsearch	htonl	htons	imaxabs
imaxdiv	inet_addr	inet_ntoa	inet_ntop
inet_pton	initstate	insque	isatty
isblank	jrand48	l64a	labs
lcong48	ldiv	lfind	llabs
lldiv	longjmp	lrand48	lsearch
makecontext	malloc	memmem	mkstemp

表 21（续）

mktemp	mrand48	nftw	nrand48
ntohl	ntohs	openlog	perror
posix_memalign	posix_openpt	ptsname	putenv
qsort	rand	rand_r	random
realloc	realpath	remque	seed48
setenv	sethostname	setlogmask	setstate
srand	srand48	srandom	strtod
strtol	strtoul	swapcontext	syslog
system	tdelete	tfind	tmpfile
tmpnam	tsearch	ttyname	ttyname_r
twalk	unlockpt	unsetenv	usleep
verrx	vfscanf	vscanf	vsscanf
vsyslog	warn	warnx	wordexp
wordfree			

表 22　标准库数据接口

__environ	__environ	__sys_errlist	environ
getdate_err	optarg	opterr	optind
optopt			

4.1.2　libc 的数据定义

本条定义与 libc 中接口相关联的全局标识符及其取值，这些定义按照相应的系统头文件分组组织。这些约定仅用于为读者提供方便，并不意味着这些头文件或内容必须按本标准列出的形式存在。

本标准采用 ISO/IEC 9899:1999 作为参考的编程语言，数据定义按照 ISO/IEC 9899:1999 格式进行规定。在此处使用 C 语言仅仅是为了方便，这些用 C 语言描述的数据对象并不排除被其他编程语言所使用。

本条定义了以下头文件：

arpa/inet. h

assert. h

ctype. h

dirent. h

err. h

errno. h

fcntl. h

fmtmsg. h

fnmatch. h

ftw. h

getopt. h

glob. h

grp. h

iconv. h

inttypes. h
langinfo. h
libgen. h
libintl. h
limits. h
locale. h
monetary. h
net/if. h
netdb. h
netinet/in. h
netinet/ip. h
netinet/tcp. h
netinet/udp. h
nl_types. h
poll. h
pty. h
pwd. h
regex. h
rpc/auth. h
rpc/clnt. h
rpc/pmap_clnt. h
rpc/rpc_msg. h
rpc/svc. h
rpc/types. h
rpc/xdr. h
sched. h
search. h
setjmp. h
signal. h
stddef. h
stdio. h
stdlib. h
string. h
sys/file. h
sys/ioctl. h
sys/ipc. h
sys/mman. h
sys/msg. h
sys/param. h
sys/poll. h
sys/resource. h
sys/sem. h
sys/shm. h

sys/socket. h
sys/stat. h
sys/statvfs. h
sys/time. h
sys/timeb. h
sys/times. h
sys/types. h
sys/uio. h
sys/un. h
sys/utsname. h
sys/wait. h
syslog. h
termios. h
time. h
ucontext. h
ulimit. h
unistd. h
utime. h
utmp. h
utmpx. h
wchar. h
wctype. h
wordexp. h

头文件的定义详见 ISO/IEC 23360-1 的基本库部分。

4.1.3 libc 的接口定义

本标准没有对 libc 的接口进行扩充，4.1.1 中表述的所有函数的详细描述见 ISO/IEC 23360-1 的基本库部分。

4.1.4 libm 接口

libm 库中规定了数学计算的接口，见表 23 和表 24。

表 23 数学计算函数接口

__finite	__finitef	__finitel	__fpclassify
__fpclassifyf	__signbit	__signbitf	acos
acosf	acosh	acoshf	acoshl
acosl	asin	asinf	asinh
asinhf	asinhl	asinl	atan
atan2	atan2f	atan2l	atanf
atanh	atanhf	atanhl	atanl
cabs	cabsf	cabsl	cacos
cacosf	cacosh	cacoshf	cacoshl
cacosl	carg	cargf	cargl
casin	casinf	casinh	casinhf

表 23（续）

casinhl	casinl	catan	catanf
catanh	catanhf	catanhl	catanl
cbrt	cbrtf	cbrtl	ccos
ccosf	ccosh	ccoshf	ccoshl
ccosl	ceil	ceilf	ceill
cexp	cexpf	cexpl	cimag
cimagf	cimagl	clog	clog10
clog10f	clog10l	clogf	clogl
conj	conjf	conjl	copysign
copysignf	copysignl	cos	cosf
cosh	coshf	coshl	cosl
cpow	cpowf	cpowl	cproj
cprojf	cprojl	creal	crealf
creall	csin	csinf	csinh
csinhf	csinhl	csinl	csqrt
csqrtf	csqrtl	ctan	ctanf
ctanh	ctanhf	ctanhl	ctanl
dremf	dreml	erf	erfc
erfcf	erfcl	erff	erfl
exp	exp2	exp2f	expf
expl	expm1	expm1f	expm1l
fabs	fabsf	fabsl	fdim
fdimf	fdiml	feclearexcept	fegetenv
fegetexceptflag	fegetround	feholdexcept	feraiseexcept
fesetenv	fesetexceptflag	fesetround	fetestexcept
feupdateenv	finite	finitef	finitel
floor	floorf	floorl	fma
fmaf	fmal	fmax	fmaxf
fmaxl	fmin	fminf	fminl
fmod	fmodf	fmodl	frexp
frexpf	frexpl	gamma	gammaf
gammal	hypot	hypotf	hypotl
ilogb	ilogbf	ilogbl	j0
j0f	j0l	j1	j1f
j1l	jn	jnf	jnl
ldexp	ldexpf	ldexpl	lgamma

表 23（续）

lgamma_r	lgammaf	lgammaf_r	lgammal
lgammal_r	llrint	llrintf	llrintl
llround	llroundf	llroundl	log
log10	log10f	log10l	log1p
log1pf	log1pl	log2	log2f
log2l	logb	logbf	logbl
logf	logl	lrint	lrintf
lrintl	lround	lroundf	lroundl
matherr	modf	modff	modfl
nan	nanf	nanl	nearbyint
nearbyintf	nearbyintl	nextafter	nextafterf
nextafterl	nexttoward	nexttowardf	nexttowardl
pow	pow10	pow10f	pow10l
powf	powl	remainder	remainderf
remainderl	remquo	remquof	remquol
rint	rintf	rintl	round
roundf	roundl	scalb	scalbf
scalbl	scalbln	scalblnf	scalblnl
scalbn	scalbnf	scalbnl	significand
significandf	significandl	sin	sincos
sincosf	sincosl	sinf	sinh
sinhf	sinhl	sinl	sqrt
sqrtf	sqrtl	tan	tanf
tanh	tanhf	tanhl	tanl
tgamma	tgammaf	tgammal	trunc
truncf	truncl	y0	y0f
y0l	y1	y1f	y1l
yn	ynf	ynl	

表 24 数学计算数据接口

signgam			

4.1.5 Libm 的数据定义

本条定义了以下头文件：

complex. h

fenv. h

math. h

头文件的定义详见 ISO/IEC 23360-1 的基本库部分。

4.1.6 **libm 的接口定义**

本标准没有对 libm 的接口进行扩充，4.1.4 中表述的所有函数的详细描述见 ISO/IEC 23360-1 的基本库部分。

4.1.7 **libpthread 接口**

libpthread 规定了以下的接口。

4.1.7.1 实时线程(见表 25)

表 25 实时线程函数接口

pthread_attr_getinheritsched	pthread_attr_getschedpolicy	pthread_attr_getscope	pthread_attr_setinheritsched
pthread_attr_setschedpolicy	pthread_attr_setscope	pthread_getschedparam	pthread_setschedparam
pthread_setschedprio(GLIBC_2.3.4)			

4.1.7.2 高级实时线程

本标准中没有为 libpthread 定义高级实时线程外部函数接口。

4.1.7.3 **Posix** 线程(见表 26)

表 26 **Posix** 线程函数接口

_pthread_cleanup_pop	_pthread_cleanup_push	pthread_attr_destroy	pthread_attr_getdetachstate
pthread_attr_getguardsize	pthread_attr_getschedparam	pthread_attr_getstack	pthread_attr_getstackaddr
pthread_attr_getstacksize	pthread_attr_init	pthread_attr_setdetachstate	pthread_attr_setguardsize
pthread_attr_setschedparam	pthread_attr_setstack	pthread_attr_setstackaddr	pthread_attr_setstacksize
pthread_cancel	pthread_cond_broadcast	pthread_cond_destroy	pthread_cond_init
pthread_cond_signal	pthread_cond_timedwait	pthread_cond_wait	pthread_condattr_destroy
pthread_condattr_getpshared	pthread_condattr_init	pthread_condattr_setpshared	pthread_create
pthread_detach	pthread_equal	pthread_exit	pthread_getconcurrency
pthread_getspecific	pthread_join	pthread_key_create	pthread_key_delete
pthread_kill	pthread_mutex_destroy	pthread_mutex_init	pthread_mutex_lock
pthread_mutex_trylock	pthread_mutex_unlock	pthread_mutexattr_destroy	pthread_mutexattr_getpshared
pthread_mutexattr_gettype	pthread_mutexattr_init	pthread_mutexattr_setpshared	pthread_mutexattr_settype
pthread_once	pthread_rwlock_destroy	pthread_rwlock_init	pthread_rwlock_rdlock
pthread_rwlock_timedrdlock	pthread_rwlock_timedwrlock	pthread_rwlock_tryrdlock	pthread_rwlock_trywrlock
pthread_rwlock_unlock	pthread_rwlock_wrlock	pthread_rwlockattr_destroy	pthread_rwlockattr_getpshared
pthread_rwlockattr_init	pthread_rwlockattr_setpshared	pthread_self	pthread_setcancelstate
pthread_setcanceltype	pthread_setconcurrency	pthread_setspecific	pthread_sigmask

表 26（续）

pthread_testcancel	sem_close	sem_destroy	sem_getvalue
sem_init	sem_open	sem_post	sem_timedwait
sem_trywait	sem_unlink	sem_wait	

4.1.7.4 **libc 接口中与线程相关的部分(见表 27)**

表 27 libc 接口中与线程相关的部分函数接口

lseek64	open64	pread	pread64
pwrite	pwrite64		

4.1.8 **libpthread 的数据定义**

本条定义了以下头文件：

pthread.h

semaphore.h

头文件的定义详见 ISO/IEC 23360-1 的基本库部分。

4.1.9 **libpthread 的接口定义**

本标准没有对 libpthread 的接口进行扩充，4.1.7 中表述的所有函数的详细描述见 ISO/IEC 23360-1 的基本库部分。

4.1.10 **libgcc_s 接口**

本条规定了 Unwind 库的接口。本标准没有对 Unwind 库定义外部函数接口。

4.1.11 **libgcc_s 的数据定义**

本条定义了以下头文件：

unwind.h

头文件的定义详见 ISO/IEC 23360-1 的基本库部分。

4.1.12 **libdl 接口**

本条规定动态加载函数接口，见表 28。

表 28 动态加载函数接口

dladdr	dlclose	dlerror	dlopen
dlsym			

4.1.13 **libdl 的数据定义**

本条定义了以下头文件：

dlfcn.h

头文件的定义详见 ISO/IEC 23360-1 的基本库部分。

4.1.14 **libdl 的接口定义**

本标准没有对 libdl 的接口进行扩充，4.1.12 中表述的所有函数的详细描述见 ISO/IEC 23360-1 的基本库部分。

4.1.15 **Librt 接口**

本条规定了以下接口：

4.1.15.1 **共享内存对象(见表 29)**

表 29 共享内存对象函数接口

shm_open	shm_unlink		

4.1.15.2 时钟(见表 30)

表 30 时钟函数接口

clock_getcpuclockid	clock_getres	clock_gettime	clock_nanosleep
clock_settime			

4.1.15.3 定时器(见表 31)

表 31 定时器函数接口

timer_create	timer_delete	timer_getoverrun	timer_gettime
timer_settime			

4.1.16 **libcrypt 接口**

本条规定了加密函数接口,见表 32。

表 32 加密函数接口

crypt	encrypt	setkey	

4.1.17 **libpam 接口**

可插入式认证模块(PAM)接口允许应用程序按照系统管理员预先定义的机制(即服务),请求进行身份认证。

名为 other 的服务应一直存在,该服务的行为应由系统管理员确定。也可能存在附加的服务名称。

本条定义了可插入式认证应用编程接口,见表 33。

表 33 可插入式认证应用编程接口

pam_acct_mgmt	pam_authenticate	pam_chauthtok	pam_close_session
pam_end	pam_fail_delay	pam_get_item	pam_getenvlist
pam_open_session	pam_set_item	pam_setcred	pam_start
pam_strerror			

4.1.18 **libpam 的数据定义**

本条定义了以下头文件:

security/pam_appl.h

头文件的定义详见 ISO/IEC 23360-1 的基本库部分。

4.1.19 **libpam 的接口定义**

本标准没有对 libpam 的接口进行扩充,4.1.17 中表述的所有函数的详细描述见 ISO/IEC 23360-1 的基本库部分。

4.2 实用工具库

符合本标准的实现也应支持下列实用工具库,它们构造在基本库提供的接口之上。这些库实现了公共的功能,并隐含了额外的系统依赖信息,例如文件格式和设备名称。

4.2.1 **libz 接口**

本条规定了压缩库函数接口,见表 34。

表 34 压缩库函数接口

adler32	compress	compress2	compressBound
crc32	deflate	deflateBound	deflateCopy
deflateEnd	deflateInit2_	deflateInit_	deflateParams
deflateReset	deflateSetDictionary	get_crc_table	gzclose

表 34（续）

gzdopen	gzeof	gzerror	gzflush
gzgetc	gzgets	gzopen	gzprintf
gzputc	gzputs	gzread	gzrewind
gzseek	gzsetparams	gztell	gzwrite
inflate	inflateEnd	inflateInit2_	inflateInit_
inflateReset	inflateSetDictionary	inflateSync	inflateSyncPoint
uncompress	zError	zlibVersion	

4.2.2 libz 的数据定义

本条定义了以下头文件：

zlib. h

头文件的定义详见 ISO/IEC 23360-1 实用工具库部分。

4.2.3 libz 的接口定义

本标准没有对 libz 的接口进行扩充，4.2.1 中表述的所有函数的详细描述见 ISO/IEC 23360-1 的实用工具库部分。

4.2.4 libncurses 接口

本条规定了 Curses 接口，见表 35 和表 36。

表 35 Curses 函数接口

addch	addchnstr	addchstr	addnstr
addstr	attr_get	attr_off	attr_on
attr_set	attroff	attron	attrset
baudrate	beep	bkgd	bkgdset
border	box	can_change_color	cbreak
chgat	clear	clearok	clrtobot
clrtoeol	color_content	color_set	copywin
curs_set	def_prog_mode	def_shell_mode	del_curterm
delay_output	delch	deleteln	delscreen
delwin	derwin	doupdate	dupwin
echo	echochar	endwin	erase
erasechar	filter	flash	flushinp
getbkgd	getch	getnstr	getstr
getwin	halfdelay	has_colors	has_ic
has_il	hline	idcok	idlok
immedok	inch	inchnstr	inchstr
init_color	init_pair	initscr	innstr
insch	insdelln	insertln	insnstr
insstr	instr	intrflush	is_linetouched
is_wintouched	isendwin	keyname	keypad

表 35（续）

killchar	leaveok	longname	meta
move	mvaddch	mvaddchnstr	mvaddchstr
mvaddnstr	mvaddstr	mvchgat	mvcur
mvdelch	mvderwin	mvgetch	mvgetnstr
mvgetstr	mvhline	mvinch	mvinchnstr
mvinchstr	mvinnstr	mvinsch	mvinsnstr
mvinsstr	mvinstr	mvprintw	mvscanw
mvvline	mvwaddch	mvwaddchnstr	mvwaddchstr
mvwaddnstr	mvwaddstr	mvwchgat	mvwdelch
mvwgetch	mvwgetnstr	mvwgetstr	mvwhline
mvwin	mvwinch	mvwinchnstr	mvwinchstr
mvwinnstr	mvwinsch	mvwinsnstr	mvwinsstr
mvwinstr	mvwprintw	mvwscanw	mvwvline
napms	newpad	newterm	newwin
nl	nocbreak	nodelay	noecho
nonl	noqiflush	noraw	notimeout
overlay	overwrite	pair_content	pechochar
pnoutrefresh	prefresh	printw	putp
putwin	qiflush	raw	redrawwin
refresh	reset_prog_mode	reset_shell_mode	resetty
restartterm	ripoffline	savetty	scanw
scr_dump	scr_init	scr_restore	scr_set
scrl	scroll	scrollok	set_curterm
set_term	setscrreg	setupterm	slk_attr_set
slk_attroff	slk_attron	slk_attrset	slk_clear
slk_color	slk_init	slk_label	slk_noutrefresh
slk_refresh	slk_restore	slk_set	slk_touch
standend	standout	start_color	subpad
subwin	syncok	termattrs	termname
tgetent	tgetflag	tgetnum	tgetstr
tgoto	tigetflag	tigetnum	tigetstr
timeout	touchline	touchwin	tparm
tputs	typeahead	unctrl	ungetch
untouchwin	use_env	vidattr	vidputs
vline	vw_printw	vw_scanw	vwprintw
vwscanw	waddch	waddchnstr	waddchstr

表 35（续）

waddnstr	waddstr	wattr_get	wattr_off
wattr_on	wattr_set	wattroff	wattron
wattrset	wbkgd	wbkgdset	wborder
wchgat	wclear	wclrtobot	wclrtoeol
wcolor_set	wcursyncup	wdelch	wdeleteln
wechochar	werase	wgetch	wgetnstr
wgetstr	whline	winch	winchnstr
winchstr	winnstr	winsch	winsdelln
winsertln	winsnstr	winsstr	winstr
wmove	wnoutrefresh	wprintw	wredrawln
wrefresh	wscanw	wscrl	wsetscrreg
wstandend	wstandout	wsyncdown	wsyncup
wtimeout	wtouchln	wvline	

表 36　Curses 数据接口

COLORS	COLOR_PAIRS	COLS	LINES
acs_map	cur_term	curscr	stdscr

4.2.5　libncurses 的数据定义

本条定义了以下头文件：

curses. h

term. h

头文件的定义详见 ISO/IEC 23360-1 实用工具库部分。

4.2.6　libutil 接口

本条规定了实用工具函数库接口，见表 37。

表 37　实用工具函数库函数接口

forkpty	login	login_tty	logout
logwtmp	openpty		

4.2.7　libutil 的接口定义

本标准没有对 libutil 的接口进行扩充，4. 2. 6 中表述的所有函数的详细描述见 ISO/IEC 23360-1 的实用工具库部分。

4.3　命令和实用工具

本条定义了符合本标准的实现应提供的命令和实用工具，以及这些命令和实用工具至少应实现的功能，见表 38。

表 38　命令和实用工具

[	dmesg	id	mount	sort
ar	du	install	msgfmt	split
at	echo	install_initd	mv	strip
awk	ed	ipcrm	newgrp	stty

表 38（续）

basename	egrep	ipcs	nice	su
batch	env	join	nl	sync
bc	expand	kill	nohup	tail
cat	expr	killall	od	tar
chfn	false	ln	passwd	tee
chgrp	fgrep	locale	paste	test
chmod	file	localedef	patch	time
chown	find	logger	pathchk	touch
chsh	fold	logname	pax	tr
cksum	fuser	lp	pidof	true
cmp	gencat	lpr	pr	tsort
col	getconf	ls	printf	tty
comm	gettext	lsb_release	ps	umount
cp	grep	m4	pwd	uname
cpio	groupadd	mailx	remove_initd	unexpand
crontab	groupdel	make	renice	uniq
csplit	groupmod	man	rm	useradd
cut	groups	md5sum	rmdir	userdel
date	gunzip	mkdir	sed	usermod
dd	gzip	mkfifo	sendmail	wc
df	head	mknod	sh	xargs
diff	hostname	mktemp	shutdown	
dirname	iconv	more	sleep	

符合本标准的实现应提供表 39 中描述的 shell 内置实用工具，这些内置命令和实用工具应由 sh 工具自己提供，不需要支持被 ISO POSIX(2003)中定义的 exec 族函数访问，也不应由那些执行其他实用工具的标准实用工具(env,find,nice,nohup,time,xargs)直接调用。

表 39　内置实用工具

cd	getopts	read	umask	wait

本标准没有对命令和实用工具进行扩充，本条中表述的所有命令和实用工具的详细描述见 ISO/IEC 23360-1 的命令和实用工具部分。

4.4　执行环境

4.4.1　文件系统层次结构

符合本标准的实现应提供 FHS 所规定的文件系统层次结构的强制要求部分，以及本标准中制定的所有的附加要求。

符合本标准的应用程序应遵循 FHS。

FHS 允许一些部件或子系统是可选的。应用程序在使用某可选部件之前，应检查该部件是否存在，如果该部件不存在，应用程序应仍能以合理的方式运行。

FHS 要求操作系统内核存放在/或/boot。如果操作系统内核不是作为文件系统的一个文件存在，则该要求不适用。

FHS 规定一些命令(如果这些命令存在)的行为,例如 ping 或 python。然而,符合本标准的应用程序不能依赖任何超出本标准规定的命令。本标准没有规定的命令即使存在,也不意味着该命令具有FHS 规定的表现行为。

以下目录或链接不必存在:/etc/X11、/usr/bin/X11、/usr/lib/X11、/proc。

4.4.1.1 /dev:设备文件

/dev 目录下应存在以下设备文件。其他设备文件也可以存在于/dev 中。设备文件可以是一个符号链接,链接到/dev 目录或其子目录中的设备文件。本标准对主/次设备号的值无要求。

/dev/null 一个无限的数据源和数据接收设备。所有写至此设备的数据应被废弃。从此设备读应总是返回 EOF。

/dev/zero 此设备是零输出数据源。写至此设备的所有数据应被废弃。从该设备的一次读操作应总是返回请求的字节数,并且每个字节都被初始化为'\0'。

/dev/tty 如果进程所属的进程组有相关联的控制终端,/dev/tty 是该控制终端的同义词。所有对/dev/tty 的读写行为应等同于对已打开的实际控制终端设备的相应操作。

4.4.1.2 /etc:主机系统配置文件

以下内容是文件系统层次规范中没有要求的,而符合本标准的实现应该提供如下的目录或目录符号连接:

/etc/cron.d 一个包含扩展 crontab 文件的目录,详见 4.5.1。

/etc/cron.daily 一个包含每一天被执行的 shell 脚本的目录,详见 4.5.1。

/etc/cron.hourly 一个包含每一小时被执行的 shell 脚本的目录,详见 4.5.1。

/etc/cron.monthly 一个包含每一月被执行的 shell 脚本的目录,详见 4.5.1。

/etc/cron.weekly 一个包含每一周被执行的 shell 脚本的目录,详见 4.5.1。

/etc/init.d 一个包含系统初始化脚本的目录,详见 Installation and Removal of Init Scripts。

/etc/profile.d 一个包含 shell 脚本的目录。脚本名字应遵循 cron jobs 所指定的相同约定,但是应该有.sh 后缀,也没有特别规定所安装在该目录下的脚本文件一定要具有此后缀。详见 4.5.1。

当 sh 工具被当作一个交互式登录 shell 被调用,或带有—1 参数执行时,应从该目录中读取所有后缀为.sh 的脚本中的命令,并在当前执行环境中执行。

4.4.1.2.1 文件命名规范

安装到上述/etc 下的符合本标准的实现和应用程序仅可以使用来自下列被管理的用户命名空间的文件名:

- 指定名称。这些名称必须选自字符集[a-z0-9]。为了避免冲突,应在 LANANA(the Linux Assigned Names and Numbers Authority)保留这些名称。详见 LANANA(www.lanana.org)。
- 层级名称。这类脚本的文件名按〈hier1〉-〈hier2〉-…-〈名称〉命名,该〈名称〉取自字符集[a-z0-9],可能有一个或多个〈Hier-n〉部分.〈hier1〉既可以是一个 LANANA 分配的 LSB 提供者名称,也可以是拥有者小写的 DNS 名,其中至少包含一个"."。例如"debian.org","staroffice.sun.com"等,由 LANANA 分配的 LSB 提供者的名字仅由 ASCII 字符[a-z0-9]组成。
- 保留名称。以"_"开始的名字被保留给发行版使用。这些名字应仅被重要的系统包使用。

4.4.1.3 用户记账数据库

文件系统层次规范中规定两个可选择的位置用于放置用户记账数据库:/var/run/utmp 和/var/run/wtmp,该数据库供 getutent(),getutent_r(),getutxent(),getutxid(),getutxline()和 pututxline()

函数使用；

本标准中并没有规定这些文件的格式或结构，甚至没有规定它们是否是文件。它们应该仅被作为"magic cookies"供 utmpname( )函数使用。

4.4.1.4 系统管理实用工具存放路径

系统管理实用工具(和其他特权命令)可被存放在以下路径：/sbin，/usr/sbin，/usr/local/sbin。需要使用这些系统管理工具的应用程序应该添加这些目录到它们自己的 PATH 环境变量中。默认情况下，标准的实用程序应能在"getconf PATH"命令(或者用"command -p getconf PATH"命令来保证调用正确版本的"getconf"命令)返回的路径中找到。

4.4.2 在所有权和权限方面对应用程序的建议

4.4.2.1 目录写权限

除/tmp、/var/tmp、，以及调用该应用的用户的主目录以外，应用程序不应依赖其他目录的写权限。

此外，如果目录/var/opt/package(其中 package 是应用程序包名)在安装期间被创建并被赋予适当的权限，应用程序可将可变数据存放在该目录里。

对于这些目录，应用程序应可以通过 S_ISVTXT 位对目录写权限进行制约，实现 ISO POSIX (2003)中 XSI 选项描述的受限的删除模式。

4.4.2.2 文件写权限

应用程序不应依赖于对任何不是由它自己创建的文件拥有写权限。

4.4.2.3 文件的读和执行权限

应用程序不应依赖于对所有文件和目录都拥有读权限。

4.4.2.4 Suid 和 Sgid 权限

应用程序不应依赖未与应用程序打包在一起的文件的 SUID/SGID (S_ISUID 或 S_ISGID 权限位)权限。相应的，发行版有责任保证所有系统命令拥有所需权限并能正常工作。

4.4.2.5 特权用户

通常情况下，应用程序不应依赖于以特权用户身份运行。本标准使用"适当特权"来标识必须赋予某些特定附加特权才能完成的操作。

需要适当特权去运行的应用程序应在其文档中清楚的描述原因。应用程序应告知用户"此应用程序需要安全特权，有可能影响系统安全"。

应用程序不应包含要求特权运行的只有二进制代码的软件，因为这会使安全审核变得困难甚至不可能。

4.4.2.6 权限变更

应用程序不应改变不属于自身软件包的文件和目录的权限。如果应用程序要求某些不直接属于该软件包的文件和目录具有特定的所有权，应在文档中描述该要求。如果这些文件不具备适当的权限，安装可能会失败。

4.4.2.7 可移动的存储介质(Cdrom、软盘等)

期望从可移动的存储介质运行的应用程序不应依赖于作为特权用户登录，且应准备应对受限的环境。这种限制的例子可能是下列默认加载选项：禁用设置用户/组 ID 属性、禁用在存储介质上的设备文件、把文件的用户/组 ID 映射到非特权值。

4.4.2.8 可安装的应用程序

如果应用程序在安装时需要额外的特权，对/opt/*pkg-name* 和/var/opt/*pkg-name* 目录之外的任何文件和系统数据库进行修改，必须在文档中清楚说明，因系统日志或审计活动而被更新的除外。

4.4.3 附加行为

4.4.3.1 需强制的可选行为

本条指定了一些其他标准中的可选行为，这些标准被本标准所引用，但在本标准中，这些行为是确定的。

符合本标准的实现应支持在 ISO/IEC 9945-2:2003 中定义的以下选项：

_POSIX_FSYNC

_POSIX_MAPPED_FILES

_POSIX_MEMLOCK

_POSIX_MEMLOCK_RANGE

_POSIX_MEMORY_PROTECTION

_POSIX_PRIORITY_SCHEDULING

_POSIX_REALTIME_SIGNALS

_POSIX_THREAD_ATTR_STACKADDR

_POSIX_THREAD_ATTR_STACKSIZE

_POSIX_THREAD_PROCESS_SHARED

_POSIX_THREAD_SAFE_FUNCTIONS

_POSIX_THREADS

opendir()函数应如 open()函数一样占用一个文件描述符，因此，也可能出现 EMFILE 或 ENFILE 类型的失败。

termios 字符 START 和 STOP 应是可变更的，如在 ISO/IEC 9945-2:2003 的“General Terminal Interface”中所描述的可选行为一样。

当调用 access()函数时，若 amode 参数包含除 R_OK、W_OK、X_OK 和 F_OK 之外的位，调用将失败并将 errno 设置为 EINVAL。

link()函数应在对已存在文件拥有访问权限时，才能调用成功。

对目录调用 unlink()应失败。将目录作为第一个变量调用 link()时应失败。

4.4.3.1.1 特殊要求

符合本标准的系统应增强某些超出 ISO/IEC 9945-2:2003 规定的附加约束。

fcntl()函数应视“cmd”值为－1 是无效的。

对于 lseek()、fseek()和 fcntl()函数，“whence”值为－1 应为无效值。

值“－5”应视为无效信号值。

若传递一无效的信号值至 sigaddset()或 sigdelset()，它们应产生 EINVAL。具体实现系统仅需要在本标准所指定的无效信号值方面进行增强，例如上面提到的－5。

对于 access()函数，mode 值“－1”应视为无效。

对于 pathconf()，值－1 应是一无效“_PC_…”值。

对于 sysconf()，值－1 应是一无效“_SC_…”值。

对于 nl_langinfo，nl_item 值“－1”应是无效的。

对于 confstr()，值－1 应是无效的“_CS_…”。

对于 popen()，值“a”应是一无效的 mode 参数。

如果“cmd”参数值是 F_SETLKW，并且该锁被另一个已经被当前进程阻塞的进程锁定，fcntl()函数应失败，并且设置 errno 为 EDEADLK。

opendir()函数将占用一个文件描述符，如果所占用的文件描述符被关闭，readdir()函数应失败，并设置 errno 为 EBADF。

link()函数将不应跨文件系统工作，否则应失败并设置 errno 为 EXDEV。

4.4.4 本地化

为了建立一个消息编目，安装过程应以 msgfmt 实用工具可读格式提供一个消息编目。该实用工具用于将消息编目编译成目标系统上的二进制格式。

得到的二进制消息编目应该被放置在/opt 目录下的软件包私有专区，应用程序可以使用 bindtextdomain()来指定这个位置。

实现应支持 ISO/IEC 9945-2:2003 中规定的 POSIX 和 C 语境。其他的语境也可支持。

实现可定义 ISO/IEC 9945-2:2003 没有规定的其他语境分类。

正则表达式

处理正则表达式的实用工具应支持 ISO/IEC 9945-2:2003 所规定的基本正则表达式和扩展正则表达式，但有以下例外：

范围表达式(例如[a-z])能基于码点顺序而非理序元素顺序。

等值类表达式(=a=)和多字符理序元素表达式([. ch.])是可选的。

多字符理序元素的处理是可选的。

本条至少影响以下实用工具：

- grep(包括 egrep)
- sed
- awk

本条也影响到基本库中的接口行为，至少包括：

- regexec()

4.4.4.1 模式匹配记法

进行文件名匹配的实用工具应符合 ISO/IEC 9945-2:2003 的规定，但有以下例外：

范围表达式(例如[a-z])能基于码点顺序而非理序元素顺序。

相等类表达式(=a=)和多字符理序元素表达式(. ch.)是可选的。

多字符理序元素的处理是可选的。

本条至少影响以下实用工具：cpio、find、ls 和 tar。

4.5 系统初始化

4.5.1 Cron 作业

除了 ISO/IEC 9945-2:2003 规定的存储在目录/var/spool/cron 之下的单个用户的 crontab 文件，执行预定指令的进程还应处理如下的附加 crontab 文件：/etc/corotab，/etc/cron. d/ *。软件包的安装不应该修改/etc/corntab 配置文件。

如果软件包要求安装一个必须被定期执行的作业，它应放置一个可执行的 cron 脚本文件到以下目录之一：

/etc/cron. hourly

/etc/cron. daily

/etc/cron. weekly

/etc/cron. monthly

正如目录名所示，在这些目录中的文件应在 crontab 文件中对应条目的控制下，分别按每小时、每日、每周或每月的周期，在该周期中某个未指定的时间执行。

如果有一个特定的任务必须按照某个不同于预定义的周期被执行，那么这个软件包应该安装一个/etc/cron. d/cron-name 文件。该文件与在 ISO/IEC 9945-2:2003 中定义的 crontab 命令所描述的格式一样。除此之外，在执行命令名称之前还应有一个额外的“用户名”域。完整的 7 个域如下所示：

- 分[0,59]
- 时[0,23]

- 日[1,31]
- 月[1,12]
- 星期[0,6](0=星期日)
- 用户名
- 命令[参数…]

该文件应被系统自动处理,在指定的时间,以指定的用户名运行指定的命令。

应用程序安装在这些目录中的各文件的命名应遵循本标准命名规范(见4.4.1.2.1)。

4.5.2 init 脚本行为

需要在改变系统的运行级(包括启动和关机)时执行命令的应用程序可以安装一个或多个init脚本。由符合本标准的应用程序提供的init脚本应该接收单一的参数,来选择以下行为之一:

start	启动服务
stop	停止服务
restart	如果服务已经运行,停止和重启动服务;否则,启动服务
try-restart	如果服务已经运行,重启动服务
reload	重装入服务的配置,而不实际停止和重启动服务
force-reload	如果服务支持,重装入配置;否则,如果服务正运行,重启动服务
status	打印服务的当前状态

所有init脚本都应支持start、stop、restart、force-reload和status行为;reload和try-restart行为是可选的。其他init脚本行为可以由init脚本自定义。

如果当服务已在运行时执行start行为,或当服务未运行时执行stop行为,init脚本应保证合理的响应,且不杀死相似命名的用户进程。达到此目的的最好的方法是使用由/lib/lsb/init-functions提供的init脚本函数。

如果服务自动重装入它的配置(例如,由cron执行的情况),init脚本的reload行为应做出响应,如同配置已经成功重装入。restart、try-restart、reload和force-reload行为宜为原子的;即如果预知重启动或重装入后服务不可用,则该脚本宜直接返回一个错误,而不做任何动作。

若init脚本要执行status行为,将返回以下退出状态码。

0	程序正运行或服务正常
1	程序已死且/var/run下的pid文件存在
2	程序已死且/var/lock下的锁文件存在
3	程序未运行
4	程序或服务状态未知
5~99	保留为将来的标准使用
100~149	保留为发行版使用
150~199	保留为应用程序使用
200~254	保留

对于所有其他的init脚本行为,如果该行为执行成功,则init脚本应该返回退出状态0。否则,退出状态应为非0,如下表定义。以下情况也被认为是成功的:

- 以参数force-reload重启动(而非重装入)服务
- 对已经运行的服务运行start
- 对已停止或未运行的服务运行stop
- 对已停止或未运行的服务运行restart
- 对已停止或未运行的服务运行try-restart

在处理除了status外的任何init行为而出错的情况下,init脚本应打印错误消息并返回如下之一的非0退出状态码。

1	一般的或未规定的错误
2	无效或过多的参数
3	未实现的特征(例如,reload)
4	用户未有充分的特权
5	程序未安装
6	程序未配置
7	程序未运行
8～99	保留为将来的标准使用
100～149	保留为发行版使用
150～199	保留为应用程序使用
200～254	保留

错误和状态消息应使用 log_success_msg(),log_failure_msg(),log_warning_msg()等日志函数打印。脚本也可以直接写标准错误或标准输出,但实现不保证向用户显示相应文本或做任何其他响应。

4.5.3 init 脚本的注释约定

符合本标准的应用程序可以安装一个或多个 init 脚本。这些 init 脚本必须通过调用 install_initd 命令激活。在删除软件包之前,install_initd 所做的变化必须通过调用 remove_initd 撤销。详细见4.5.4。

install_initd 和 remove_initd 通过在脚本里解析特定格式的块来确定要执行的行为。这个块通过如下行来定界:

```
### BEGIN INIT INFO
### END INIT INFO
```

定界行的结尾可以包含空白字符,这些空白字符应被忽略。块里的所有行的第一列都应是字符"#",这样 shell 就会将它们解释为注释行,从而不对脚本的操作产生影响。这些行应为如下格式:

{keyword}:arg1[arg2…]

在"#"和 keyword 之间精确地要求有一个空格符。只有在包含 Description 关键字的行之后,直到下一个关键字或块结束定界行出现之前,以"#"开始并跟着多于一个空格或制表符的行,将被视为前一行的继续。

从块中提取的信息,被安装工具或 init 脚本系统用来确保 init 脚本按照正确的顺序运行。本标准没有规定信息提取的时机,可以是仅当 install_initd 运行时,或仅当 init 脚本被执行时,或两者皆可。提取的信息包括运行级(在4.5.5中定义)和启动设施(在4.5.6中定义)。

下面是关键字和相应参数的定义:

Provides:boot_facility_1[boot_facility_2…]

由这个 init 脚本提供的启动设施。当 init 脚本以 start 参数运行时,由 Provides 关键字指定的一个或多个启动设施应被认为已经存在,而要求这些启动设施的 init 脚本应在稍后被启动。当 init 脚本以 stop 参数运行时,由 Provides 关键字指定的启动设施被视为不再存在。

Required-Start:boot_facility_1[boot_facility_2…]

在这个服务启动期间必须可用的设施。init 脚本系统应确保那些提供 Required-Start 设施的 init 脚本在启动本脚本之前启动。

Required-Stop:boot_facility_1[boot_facility_2…]

在关闭这个服务期间必须可用的设施。init 脚本系统应该避免在本 init 脚本停止前停止那些提供 Required-Stop 设施的 init 脚本。

Should-Start:boot_facility_1[boot_facility_2…]

如果存在，就应当在这个服务启动过程中可用的设施。这个关键字用于那些弱的依赖关系，即如果设施不可用，也不会导致服务失败。在这种情况下，服务可以减少功能。符合本标准的应用程序不应该依赖于这个特征的存在。

Should-Stop：boot_facility_1[boot_facility_2…]

在关闭这个服务期间应当可用的设施。

Default-Start：run_level_1[run_level_2…]

Default-Stop：run_level_1[run_level_2…]

缺省以 start (stop)参数启动(停止)该 init 脚本控制的服务的运行级。

例如，如果一个服务应仅在 3、4 和 5 级运行，那么就指定"Default-Start：3 4 5"和"Default-Stop：0 1 2 6"。

Short-Description：short_description

为 init 脚本的行为提供一个简短的描述，限制为单行文本。

Description：multiline_description

提供更加完整的 init 脚本行为描述，可以占多行。在多行描述里，每个续行都应该以"#"开头，其后为一个制表符或至少有两个空格符。多行的描述由不匹配本条件的第一行终止。

其他的关键字可能在本标准未来的版本中定义。另外，实现可通过使用前缀 X-implementor 来定义本地扩展。

例如：

```
### BEGIN INIT INFO
# Provides:lsb-ourdb
# Required-Start: $local_fs $network $remote_fs
# Required-Stop: $local_fs $network $remote_fs
# Default-Start:2 3 4 5
# Default-Stop:0 1 6
# Short-Description:start and stop OurDB
# Description:OurDB is a very fast and reliable database
# engine used for illustrating init scripts
### END INIT INFO
```

在本章描述的注释约定要求仅针对符合本标准的应用程序安装的 init 脚本。不要求符合本标准的实现在它们系统提供的 init 脚本中也使用这些规则。

4.5.4 init 脚本的安装与删除

符合本标准的应用程序可以安装一个或多个初始化脚本(或 init 脚本)。init 脚本应通过包安装器安装在/etc/init.d 目录(也可以是指向另一个位置的符号连接)中。

在安装器的安装后续处理阶段，必须调用/usr/lib/lsb/install_initd 程序来激活 init 脚本。激活过程包括，基于初始化脚本提供的依赖关系(见 4.5.3)，安排在系统运行级变化(包括系统启动和关闭)时 init 脚本被调用的正确顺序。install_initd 命令可被看作一种隐藏实现细节的封装，因此不需要规定实现如何安排并适时调用 init 脚本。

例如：如果一个 init 脚本指定"Default-Start：3 4 5"和"Default-Stop：0 1 2 6"，install_initd 将在/etc/rc3.d，/etc/rc4.d 和/etc/rc5.d 目录中创建一个以字母"S"开头的"start"符号连接，并且在/etc/rc0.d，/etc/rc1.d，/etc/rc2.d 和/etc/rc6.d 目录下创建一个以字母"K"开头的"stop"符号连接。这种机制与 System V 初始化机制很相似，但绝不是本标准被实现的唯一方式。

install_initd 命令有单一的一个参数，即被安装 init 脚本的绝对路径。init 脚本必须已经被安装在/etc/init.d 目录。install_initd 命令只会在 init 脚本被安装之后激活它，而不会将它复制到那里。例如：

/usr/lib/lsb/install_initd/etc/init.d/example.com-coffeed

如果 init 脚本激活成功或者已经被激活，install_initd 命令将返回退出状态 0；如果不符合 init 脚本里定义的依赖关系（见 4.5.3），将返回退出状态 1，并且 init 脚本不应被激活。

当一个软件包被卸载后，必须调用/usr/lib/lsb/remove_initd 使 init 脚本失效。这一步必须在 init 脚本自身被删除之前进行，因为成功地使 init 脚本失效会需要脚本中的依赖关系信息。因此安装器卸载前处理阶段必须调用 remove_initd，并且将已被安装的 init 脚本的绝对路径传给该命令。包安装器有责任删除 init 脚本。例如：

/usr/lib/lsb/remove_initd/etc/init.d/example.com-coffeed

如果成功使 init 脚本失效或 init 脚本之前就没有被激活，remove_initd 程序应该返回退出状态 0。如果另一个依赖由本 init 脚本提供的启动设施的 init 脚本被激活，应返回退出状态 1，同时 init 脚本保持被激活状态。对这样的退出码，安装器卸载应失败，并且也不能接着删除该 init 脚本。

4.5.5 运行级

以下的运行级被规定用于 4.5.3 中定义的 Default-Start 和 Default-Stop 关键字，作为 install_initd 命令的提示。

符合本标准的实现不需要提供这些确切的运行级或者给它们一个如下所描述的含义，并且可映射任何此处所描述的级别到一个提供相当功能特性的不同级别。应用程序不应依赖于具体的运行级数字。

0	停止
1	单用户模式
2	无网络服务输出的多用户
3	正常的/完全的多用户
4	保留为本地使用，缺省是正常的/完全的多用户
5	图形方式的多用户
6	重引导

4.5.6 设施名

引导设施用于标明在初始化脚本中的依赖关系，如 4.5.3 中所定义。设施名通过 Provides 关键字被指定给脚本。“$”符号开始的设施名是保留的系统设施名。

符合本标准的应用程序不应提供由“$”符号开始的设施。实现应提供以下设施名：

$local_fs	所有本地文件系统已被加载。
$network	基本网络支持可用。例：一个服务器程序可以基于套接字监听。
$named	使用本标准所描述接口的 IP 地址解析可用。例如：如果一个 DNS 查询守护进程提供该设施，该守护进程已经启动了。
$portmap	提供在 RFC 1833：Binding Protocols for ONC RPC Version 2 中定义的 SunRPC/ONCRPC 端口映射服务的守护进程在运行中。
$remote_fs	所有远程文件系统是可用的。在一些配置中，文件系统譬如/usr 也许是远程的。需要 $local_fs 的许多应用也可能将需要 $remote_fs。
$syslog	系统日志是可操作的。
$time	系统时间已经设置，例如通过使用类似 ntp 或 rdate 的基于网络的时间程序，或通过硬件实时时钟设置。

其他（非系统）设施可由其他符合本标准的应用程序定义。这些设施应与 init 脚本名使用相同的命名约定（见 4.5.7）。通常，由符合本标准的 init 脚本提供的设施名应与 init 脚本名相同。

4.5.7 脚本名

鉴于 init 脚本存放在同一目录中，必须共用一个名字空间。为了避免冲突，应用程序在这个目录中所安装的文件应当使用本标准规定的命名规范(见 4.4.1.2.1)。

4.5.8 Init 脚本功能

每个符合本标准的 init 脚本应在当前的环境中执行/lib/lsb/init-functions 文件中的命令(见 shell 特殊内置命令“.”)。该文件应定义下表中的 shell 脚本命令。

当引入/lib/lsb/init-functions 文件,或者调用其他使该文件有效的命令时,符合本标准的 init 脚本应该不规定“出错退出”选项(即 set-e)。

start_daemon,killproc 和 pidofproc 函数应该使用如下算法确定具体程序的状态和进程号。

a) 如果“-p pidfile”选项被指定,并且被命名为 pidfile 的文件存在,那么在 pidfile 文件中的第一行应被读取。如果该行包含一个或多个有空格间隔的值,这些值应被使用。如果-p pidfile 选项被指定,而被命名为 pidfile 的文件不存在,函数应认为守护进程没有运行。

b) 另外,/var/run/basename.pid 应该能以相似的方式读取。如果在第一行包含一个或多个数值,这些值应可用。实现也可以有选择地使用非指定的方法来定位所需的进程号。

用于确定进程状态的方法是实现定义的,但应能被非二进制程序使用。

除非已经用了-p pidfile 选项,符合本标准的实现可使用基于 pidfiles 文件之外的其他机制。符合本标准的应用程序不宜依赖于这样的机制,而应始终使用 pidfile。当一个程序停止时,它应删除自己的 pidfile。在 pidfile 文件以及在 pidofproc 函数的输出中,多个进程标识符 pid 应由单个空格分隔。

start_daemon[-f][-n nicelevel][-p pidfile] pathname[args]	作为守护进程运行指定的程序。start_daemon 功能应使用上面给定的算法检查程序是否已运行。若是,它不应启动域的另一拷贝,除非给定-*f* 选项。-*n* 选项规定 nice 级。参见命令与实用程序部分对 nice 的描述。start_daemon 应返回已定义的退出状态码。如果程序已经成功地启动或正在运行,应返回 0;否则,返回非 0。
killproc [-p pidfile] pathname[signal]	killproc 功能停止指定的程序。该程序用上面给定的算法查找。如果用如由 kill 命令规定的-*signal_name* 或-*signal_number* 语法规定一个信号,则此信号被送至该程序。否则,在过了几秒钟以后应发送 SIGTERM 信号,然后是 SIGKILL 信号。如果该程序已经被终止,并且终止它的进程没有删除它的 pidfile,它的 pidfile 应被删除。killproc 应返回已定义的退出状态码。如果不带信号调用,若程序已经停止或未运行,应返回 0;否则,返回非 0。如果给定一个信号,仅当程序正在运行时,返回 0。
pidofproc [-p pidfile] pathname	pidofproc 功能用上面给定的算法返回一个具体的守护进程的一个或多个 pid。只有正在运行的进程的 pid 应被返回。多进程守护进程的 pid 应使用空格分隔。pidofproc 应返回已定义的退出码。若程序正在运行,返回 0;否则,返回非 0。
Log_success_msg “message”	Log_success_msg 功能应使系统打印一条成功信息。
Log_failure_msg “message”	Log_failure_msg 功能应使系统打印一条失败信息。
Log_warning_msg “message”	Log_warning_msg 功能应使系统打印一条警告信息。

4.6 用户和组

4.6.1 用户和组数据库

用户名和组数据库的格式未规定。程序使用所提供的 API 只能读这些数据库。变更这些数据库宜用所提供的命令。

4.6.2 用户名和组名

表 40 描述了要求的用户名和组名。除了规定“root”的用户 ID 和组 ID 应等于 0，本标准不试图用数字分配用户或组的 ID。

表 40 要求的用户名和组名

User	Group	注 释
Root	root	拥有适当特权的管理用户
Bin	bin	遗留的用户 ID/组 ID
Daemon	daemon	遗留的用户 ID/组 ID

表 41 描述了可选的用户名和组名表。本标准不试图用数字分配用户 ID 或组 ID。如果用户名在系统中存在，那么它们宜放在建议的相应的组中。这些用户名和组名被发行版使用，而应用程序不使用。

表 41 可选的用户名与组名

用户	组	说 明
adm	adm	管理特权
lp	lp	打印管理特权
sync	sync	登录以同步系统
shutdown	shutdown	登录以关闭系统
halt	halt	登录以停止系统
mail	mail	Mail 特权
news	news	News 特权
uucp	uucp	UUCP 特权
operator	root	操作者特权
man	man	Man 特权
nobody	nobody	NFS 使用

只有“用户名”和相应“用户组”的最小工作集是必需的。应用程序不能假定非系统用户名或组名会被定义。

应用程序不能假定用户可能拥有的默认文件创建掩码(umask)或默认目录权限。应用程序应增强用户在私有文件上的权限，例如 mailboxes。除了 FHS 标准的建议外，用户主目录的位置也不由其他策略定义，并且应通过 getpwnam()，getpwnam_r()，getpwent()，getpwuid()和 getpwuid_r()函数获取。

4.6.3 用户 ID 范围

从 0 到 99 的系统用户 ID 应由系统静态分配，不应由应用程序创建。

从 100 至 499 的系统用户 ID 应被保留为系统管理员和安装后脚本使用 useradd 动态分配。

5 输入法接口

本章规定中文 Linux 标准供中文输入方法服务器与中文输入方法使用的接口。只要按此接口标准开发的中文输入方法就可以很方便地与符合本标准的 Linux 实现连接。

输入法大体上包括两个部分：编码转换算法以及界面。输入法服务器介于操作系统和输入法之间，输入法通过输入法服务器与操作系统交互。为了支持输入法的个性化，同时为了尽可能减轻输入法开发的难度，输入法服务器必须制定一个简洁的接口规范，并提供一组功能强大的 API。

5.1 体系结构

本输入法编程界面采用动态可加载模块的形式来实现。包含输入法引擎模块(Input Method Engine,IME)、输入法引擎辅助模块(IME Helper)、输入法管理器(Input Method Manager,IMM)等部分组成。

输入法引擎模块实现输入法的核心算法,与具体用户界面无关;输入法引擎辅助模块实现和用户界面相关的功能,例如软键盘等;输入法管理器负责管理所有输入法引擎模块和相应的输入法引擎辅助模块。

输入法管理器采用动态装载的形式来运行输入法引擎模块和输入法引擎辅助模块,使用回调函数进行通讯。这样输入法引擎模块和输入法引擎辅助模块就无须连接任何特定的输入法函数库。凡是符合该编程界面规范的输入法引擎模块和辅助模块都可以被符合本规范的输入法管理器加载和使用。

输入法引擎模块不处理任何与图形用户界面相关的功能,因此可以应用于输入法管理器支持的任何桌面环境,例如 X Window 环境或者文字终端环境等。

所有图形界面相关的功能都由输入法引擎辅助模块来实现,因此对于不同的图形界面环境必须提供不同的辅助模块。但是辅助模块与管理器之间的应用程序编程界面与图形界面无关。

5.2 通用输入法编程界面规范

5.2.1 基本数据类型

5.2.1.1 ME_Bool

定义:

```
typedef enum _IME_Bool {
    IME_FALSE=0,
    IME_TRUE=1
} IME_Bool;
```

说明:

用于函数返回值,表示函数调用是否成功。

5.2.2 输入法引擎模块的界面规范

符合本规范的输入法引擎模块应提供以下导出函数:

```
IME_Bool ime_register_module (const IMM_Functions *imm,IME_Functions *ime);
```

说明:

该函数由输入法管理器调用,用于将输入法引擎模块注册到输入法管理器中。

参数:

imm　输入法管理器为输入法引擎模块提供的包含所有回调函数指针的数据结构,输入法引擎模块通过调用该数据结构中提供的回调函数与输入法管理器通讯。

ime　包含输入法引擎模块所有回调函数指针的数据结构,该函数调用负责填充此数据结构。输入法管理器通过调用该数据结构中提供的回调函数与输入法引擎模块通讯。

返回值:

IME_TRUE　　输入法引擎模块可用;

IME_FALSE　　输入法引擎模块不可用。

5.2.3 输入法引擎辅助模块的界面规范

符合本规范的输入法引擎辅助模块应提供以下导出函数:

```
IME_Bool ime_helper_register_module (const IMM_Helper_Functions *imm_helper,
                                     IME_Helper_Functions        *ime_helper,
                                     IME_Helper_Info             *helper_info)
```

说明：

该函数由输入法管理器调用，用于将输入法引擎辅助模块注册到输入法管理器中。

参数：

imm_helper　输入法管理器为输入法引擎辅助模块提供的包含所有回调函数指针的数据结构，输入法引擎辅助模块通过调用该数据结构中提供的回调函数与输入法管理器通讯。

ime_helper　包含输入法引擎辅助模块所有回调函数指针的数据结构，该函数调用负责填充此数据结构。输入法管理器通过调用该数据结构中提供的回调函数与输入法引擎辅助模块通讯。

helper_info　包含输入法引擎辅助模块各种信息的数据结构，该函数调用负责填充此数据结构。

5.2.4　回调函数数据结构定义

5.2.4.1　IMM_Functions 输入法管理器应提供的回调函数

定义：

```
typedef struct _IMM_Functions {
    void ( * show_preedit_string)         (const IME_InputContext       * ic);
    void ( * hide_preedit_string)         (const IME_InputContext       * ic);
    void ( * update_preedit_string)       (const IME_InputContext       * ic,
                                            const IME_String             * string);
    void ( * update_preedit_caret)        (const IME_InputContext       * ic,
                                            int                            caret);
    void ( * show_aux_string)             (const IME_InputContext       * ic);
    void ( * hide_aux_string)             (const IME_InputContext       * ic);
    void ( * update_aux_string)           (const IME_InputContext       * ic,
                                            const IME_String             * string);
    void ( * show_candidates_list)        (const IME_InputContext       * ic);
    void ( * hide_candidates_list)        (const IME_InputContext       * ic);
    void ( * update_candidates_list)      (const IME_InputContext       * ic,
                                            const IME_CandidatesList     * candidates);
    void ( * set_focused_candidate)       (const IME_InputContext       * ic,
                                            int                            index);
    void ( * commit_string)               (const IME_InputContext       * ic,
                                            const char                   * string);
    void ( * register_properties)         (const IME_InputContext       * ic,
                                            const IME_PropertiesList     * properties);
    void ( * update_property)             (const IME_InputContext       * ic,
                                            const IME_Property           * property);
    void ( * start_helper)                (const IME_InputContext       * ic,
                                            const char                   * helper_uuid);
    void ( * stop_helper)                 (const IME_InputContext       * ic,
                                            const char                   * helper_uuid);
    void ( * send_helper_event)           (const IME_InputContext       * ic,
                                            const char                   * helper_uuid,
                                            const void                   * buf,
                                            size_t                         bufsize);
```

```
    void ( * beep)                    (const IME_InputContext      * ic);
} IMM_Functions
```

说明：

该数据结构包含所有输入法管理器提供给输入法引擎模块使用的回调函数指针。输入法引擎模块通过调用这些回调函数与输入法管理器交换数据。

5.2.4.1.1 **show_preedit_string 显示预编辑字符串**

```
void ( * show_preedit_string)          (const IME_InputContext     * ic)
```

说明：

通知输入法管理器显示预编辑字符串区域。预编辑字符串区域的显示方式与客户程序所使用的输入风格有关。对于 OnTheSpot 输入风格，预编辑字符串将被直接显示在客户端输入光标处。对于其他输入风格，输入法管理器应提供独立的预编辑字符串显示区域

参数：

ic　当前输入上下文。

返回值：

无。

5.2.4.1.2 **hide_preedit_string 隐藏预编辑字符串**

```
void ( * hide_preedit_string)          (const IME_InputContext     * ic)
```

说明：

通知输入法管理器隐藏预编辑字符串区域。

参数：

ic　当前输入上下文。

返回值：

无。

5.2.4.1.3 **update_preedit_string 更新预编辑字符串的内容**

```
void ( * update_preedit_string)        (const IME_InputContext     * ic,
                                        const IME_String           * string)
```

说明：

通知输入法管理器更新预编辑字符串的内容。

参数：

ic　当前输入上下文；

string　新的预编辑字符串。

返回值：

无。

5.2.4.1.4 **update_preedit_caret 更新预编辑光标位置**

```
void    ( * update_preedit_caret)      (const IME_InputContext     * ic,
                                        int                          caret)
```

说明：

通知输入法管理器更新预编辑光标位置。每次更新预编辑字符串后，预编辑光标位置都将被移动到预编辑字符串尾部。

参数：

ic　当前输入上下文；

caret　新的预编辑光标位置，相对于当前预编辑字符串的起始位置，从 0 开始。

返回值：

无。

5.2.4.1.5 **show_aux_string 显示辅助信息字符串**

void (* show_aux_string)　　　(const IME_InputContext　* ic)

说明：

通知输入法管理器显示辅助信息字符串区域。辅助信息字符串区域用于显示一行辅助信息，例如简单的提示信息等。输入法引擎可以利用此区域显示任何可能的信息。

参数：

ic　当前输入上下文。

返回值：

无。

5.2.4.1.6 **hide_aux_string 隐藏辅助信息字符串**

void (* hide_aux_string)　　　(const IME_InputContext　* ic)

说明：

通知输入法管理器隐藏辅助信息字符串区域。

参数：

ic　当前输入上下文。

返回值：

无。

5.2.4.1.7 **update_aux_string 更新辅助信息字符串的内容**

void (* update_aux_string)　　　(const IME_InputContext　* ic,
　　　const IME_String　* string)

说明：

通知输入法管理器更新辅助信息字符串的内容。

参数：

ic　当前输入上下文；

string　新的辅助信息字符串。

返回值：

无。

5.2.4.1.8 **show_candidates_list 显式候选词列表**

void (* show_candidates_list)　　　(const IME_InputContext　* ic)

说明：

通知输入法管理器显式候选词列表区域。

参数：

ic　当前输入上下文。

返回值：

无。

5.2.4.1.9 **hide_candidates_list 隐藏候选词列表**

void (* hide_candidates_list)　　　(const IME_InputContext　* ic)

说明：

通知输入法管理器隐藏候选词列表区域。

参数：

ic　当前输入上下文。

返回值：

无。

5.2.4.1.10 **update_candidates_list 更新候选词列表**

```
void (* update_candidates_list)    (const IME_InputContext    * ic,
                                    const IME_CandidatesList  * candidates)
```

说明：

通知输入法管理器更新候选词列表的内容。

参数：

ic 当前输入上下文；

candidates 新的候选词列表。

返回值：

无。

5.2.4.1.11 **set_focused_candidate 设置焦点候选词**

```
void (* set_focused_candidate)    (const IME_InputContext    * ic,
                                   int                        index)
```

说明：

通知输入法管理器设置当前焦点候选词。

参数：

ic 当前输入上下文；

index 焦点候选词的索引号。

返回值：

无。

5.2.4.1.12 **commit_string 向客户程序提交字符串**

```
void (* commit_string)    (const IME_InputContext    * ic,
                           const char                * string)
```

说明：

通知输入法管理器向客户程序提交一个字符串。

参数：

ic 当前输入上下文；

string 要提交的字符串。

返回值：

无。

5.2.4.1.13 **register_properties 注册输入法属性列表**

```
void (* register_properties)    (const IME_InputContext    * ic,
                                 const IME_PropertiesList  * properties)
```

说明：

向输入法管理器注册输入法属性。输入法属性可以用于显示输入法状态、功能按钮或者菜单。例如中文输入法的全角/半角标点符号状态等。

参数：

ic 当前输入上下文；

properties 属性列表。

返回值：

无。

5.2.4.1.14 update_property 更新一个输入法属性的内容

```
void ( * update_property)          (const IME_InputContext    * ic,
                                    const IME_Property        * property)
```

说明：

通知输入法管理器更新一个输入法属性的内容。

参数：

ic　当前输入上下文；

property　要更新的输入法属性。

返回值：

无。

5.2.4.1.15 start_helper 启动一个输入法引擎辅助模块

```
void ( * start_helper)          (const IME_InputContext    * ic,
                                 const char                * helper_uuid)
```

说明：

启动一个输入法引擎辅助模块；

参数：

ic　当前输入上下文；

helper_uuid　要启动的辅助模块的唯一标识号(UUID)。

返回值：

无。

5.2.4.1.16 stop_helper 停止一个已启动的输入法引擎辅助模块

```
void ( * stop_helper)          (const IME_InputContext    * ic,
                                const char                * helper_uuid)
```

说明：

停止一个已经启动的输入法引擎辅助模块，只有启动该辅助模块的输入上下文有权停止该模块。

参数：

ic　当前输入上下文；

helper_uuid　要停止的辅助模块的唯一标识号(UUID)。

返回值：

无。

5.2.4.1.17 send_helper_event 向已经启动的输入法引擎辅助模块发送信息

```
void ( * send_helper_event)          (const IME_InputContext    * ic,
                                      const char                * helper_uuid,
                                      const void                * buf,
                                      size_t                      bufsize)
```

说明：

向已经启动的输入法引擎辅助模块发送信息。

参数：

ic　当前输入上下文；

helper_uuid　目的辅助模块的唯一标识号(UUID)；

buf　包含信息的缓冲区；

bufsize　缓冲区大小。

返回值：

无。

5.2.4.1.18 **beep 发出警告**

```
void (*beep)                    (const IME_InputContext  *ic)
```

说明：

通知输入法管理器发出警告。

参数：

ic 当前输入上下文。

返回值：

无。

5.2.4.2 **IME_Functions 输入法引擎模块应提供的回调函数**

定义：

```
typedef struct _IME_Functions {
    void      (*initialize)                   (void);
    void      (*finalize)                     (void);
    int       (*get_number_of_input_methods)  (void);
    IME_Bool  (*get_input_method_info)        (int                       index,
                                                IME_InputMethod          *info);
    IME_Bool  (*create_input_context)         (IME_InputContext         *ic);
    void      (*destroy_input_context)        (IME_InputContext         *ic);
    IME_Bool  (*process_key_event)            (const IME_InputContext   *ic,
                                                const IME_KeyEvent       *key);
    void      (*process_helper_event)         (const IME_InputContext   *ic,
                                                const char               *helper_uuid,
                                                const void               *buf,
                                                size_t                    bufsize);
    void      (*focus_in)                     (const IME_InputContext   *ic);
    void      (*focus_out)                    (const IME_InputContext   *ic);
    void      (*reset)                        (const IME_InputContext   *ic);
    void      (*move_preedit_caret)           (const IME_InputContext   *ic,
                                                int                       position);
    void      (*select_candidate)             (const IME_InputContext   *ic,
                                                int                       index);
    void      (*previous_candidates_page)     (const IME_InputContext   *ic);
    void      (*next_candidates_page)         (const IME_InputContext   *ic);
    void      (*update_candidates_page_size)  (const IME_InputContext   *ic,
                                                int                       size);
    void      (*trigger_property)             (const IME_InputContext   *ic,
                                                const char               *property)

} IME_Functions
```

说明：

该数据结构包含所有输入法引擎模块应提供给输入法管理器使用的回调函数指针。输入法管理器通过调用这些回调函数与输入法引擎模块交换数据。

5.2.4.2.1 initialize 初始化输入法引擎模块

void　　(* initialize)　　　　　　　(void)

说明：

用以初始化输入法引擎模块，例如调入码表、词库数据，用户配置等，输入法引擎模块应在该函数中完成所有的初始化工作。

参数：

无。

返回值：

无。

5.2.4.2.2 finalize 结束输入法引擎模块

void　　(* finalize)　　　　　　　(void)

说明：

用以在卸载输入法引擎模块之前完成相应的清理工作，输入法管理器在卸载输入法引擎模块之前会调用该函数进行必要的清理，例如保存用户数据等。

参数：

无。

返回值：

无。

5.2.4.2.3 get_number_of_input_methods 取得该输入法引擎模块所支持的输入法数量

int　　(* get_number_of_input_methods) (void)

说明：

取得该输入法引擎模块所支持的输入法的数量，一个输入法引擎模块可以支持多个不同的输入法，每个输入法用唯一的标识号来标识。

参数：

无。

返回值：

所支持的输入法的个数。

5.2.4.2.4 get_input_method_info 取得一个输入法的信息

IME_Bool (* get_input_method_info)　　(int　　　　index,
　　　　　　　　　　　　　　　　　　IME_InputMethod　　* info)

说明：

取得输入法引擎模块所支持一个特定输入法的信息。

参数：

index　输入法的索引号，必须在 0 到输入法个数－1 之间；

info　保存输入法信息的数据结构，由该函数负责填充。

返回值：

IME_TRUE　　该输入法可用；

IME_FALSE　　该输入法不可用。

5.2.4.2.5 create_input_context 创建一个输入上下文对象

IME_Bool (* create_input_context)　　(IME_InputContext　　* ic)

说明：

创建一个输入上下文对象。一个输入上下文对应客户程序的一个输入域。不同的输入域（输入上下文）可以使用不同的输入法或有不同的输入状态。输入法管理器通过事先申请的 ic 数据结构向输入法引擎模块传送要创建输入上下文的输入法唯一标识号和输入上下文标号。输入法引擎负责创建相应的内部数据结构并进行初始化工作。

参数：

ic 保存输入上下文相关数据的数据结构。

返回值：

IME_TRUE 创建成功；

IME_FALSE 创建失败。

5.2.4.2.6 destroy_input_context 销毁一个输入上下文对象

```
void    (*destroy_input_context)    (IME_InputContext    *ic)
```

说明：

销毁一个输入上下文对象，输入法引擎要释放与该输入上下文相关的私有数据，并做必要的清理工作。

参数：

ic 要销毁的输入上下文对象。

返回值：

无。

5.2.4.2.7 process_key_event 处理一个键盘事件

```
IME_Bool (*process_key_event)    (const IME_InputContext    *ic,
                                  const IME_KeyEvent        *key)
```

说明：

处理一个键盘事件。

参数：

ic 接收键盘事件的输入上下文；

key 要处理的键盘事件。

返回值：

IME_TRUE 该键盘事件已经被处理；

IME_FALSE 该键盘事件未被处理，应转发给客户程序。

5.2.4.2.8 process_helper_event 处理一个从输入法引擎辅助模块发来的事件

```
void    (*process_helper_event)    (const IME_InputContext    *ic,
                                    const char                *helper_uuid,
                                    const void                *buf,
                                    size_t                     bufsize)
```

说明：

处理一个从输入法引擎辅助模块发来的事件。

参数：

ic 接收该事件的输入上下文；

helper_uuid 发送该事件的辅助模块唯一标识号；

buf 包含事件数据的缓冲区；

bufsize 缓冲区尺寸。

返回值：

无。

5.2.4.2.9 focus_in 一个输入上下文得到焦点

```
void    (*focus_in)    (const IME_InputContext    *ic)
```

说明：

通知输入法引擎模块，一个输入上下文得到了输入焦点。

参数：

ic 得到输入焦点的输入上下文对象。

返回值：

无。

5.2.4.2.10 focus_out 一个输入上下文失去焦点

```
void        (* focus_out)                (const IME_InputContext    * ic)
```

说明：

通知输入法引擎模块，一个输入上下文失去了输入焦点。

参数：

ic 失去输入焦点的输入上下文对象。

返回值：

无。

5.2.4.2.11 reset 复位一个输入上下文对象

```
void        (* reset)                    (const IME_InputContext    * ic)
```

说明：

复位一个输入上下文对象，使其恢复到初始输入状态。

参数：

ic 要复位的输入上下文对象。

返回值：

无。

5.2.4.2.12 move_preedit_caret 请求移动预编辑光标

```
void        (* move_preedit_caret)       (const IME_InputContext    * ic,
                                          int                        position)
```

说明：

用户请求改变预编辑光标的位置。

参数：

ic 要改变预编辑光标的输入上下文；

position 新的预编辑光标位置。

返回值：

无。

5.2.4.2.13 select_candidate 用户选择候选词

```
void        (* select_candidate)         (const IME_InputContext    * ic,
                                          int                        index)
```

说明：

通知输入法引擎，用户选择了一个候选词。

参数：

ic 当前输入上下文；

index 被选择的候选词的索引号。

返回值：

无。

5.2.4.2.14 **previous_candidates_page 候选词列表向前翻页**

```
void    (* previous_candidates_page)    (const IME_InputContext  * ic)
```

说明：

通知输入法引擎，用户请求向前翻页候选词列表。

参数：

ic 当前输入上下文。

返回值：

无。

5.2.4.2.15 **next_candidates_page 候选词列表向后翻页**

```
void    (* next_candidates_page)    (const IME_InputContext  * ic);
```

说明：

通知输入法引擎，用户请求向后翻页候选词列表。

参数：

ic 当前输入上下文。

返回值：

无。

5.2.4.2.16 **update_candidates_page_size 更新候选词列表页尺寸**

```
void    (* update_candidates_page_size)  (const IME_InputContext  * ic,
                                          int                       size)
```

说明：

当输入法管理器无法显示所有候选词的时候，将通过该回调函数通知输入法引擎模块缩小候选词列表的页尺寸。这样输入法引擎在向后翻页的时候就应当按照新的页尺寸进行翻页。

参数：

ic 当前输入上下文；

size 新的候选词列表页尺寸。

返回值：

无。

5.2.4.2.17 **trigger_property 触发一个输入法属性**

```
void    (* trigger_property)    (const IME_InputContext  * ic,
                                 const char               * property)
```

说明：

通知输入法引擎模块，用户触发了一个已注册的输入法属性。输入法属性可以用于显示和改变输入法状态。例如中文输入法常用的全角/半角标点符号状态。用户可以通过点击相应属性按钮来通知输入法引擎改变输入法状态。

参数：

ic 当前输入上下文；

property 被触发的输入法属性名字。

返回值：

无。

5.2.4.3 **IMM_Helper_Functions 输入法管理器应提供给输入法引擎辅助模块使用的回调函数**

定义：

```
typedef struct _IMM_Helper_Functions {
    int      (* get_connection_number)     (void);
```

```
        void        (* filter_event)                     (void);
    void      (* register_properties)           (const IME_PropertiesList   * properties);
    void      (* update_property)               (const IME_Property         * property);
    void      (* send_ime_event)                (int                          ic
                                                 const char                 * ic_uuid,
                                                 const void                 * buf,
                                                 size_t                       bufsize);
    void      (* send_key_event)                (int                          ic
                                                 const char                 * ic_uuid,
                                                 const IME_KeyEvent         * key);
    void      (* commit_string)                 (int                          ic,
                                                 const char                 * ic_uuid,
                                                 const char                 * string);
    void      (* forward_key_event)             (int                          ic,
                                                 const char                 * ic_uuid,
                                                 const IME_KeyEvent         * key);
} IMM_Helper_Functions
```

说明：

该数据结构包含所有输入法管理器应提供给输入法引擎辅助模块使用的回调函数指针。输入法引擎辅助模块通过调用这些回调函数与输入法管理器交换数据。

5.2.4.3.1 get_connection_number 取得数据连接的文件标识符

```
int      (* get_connection_number)        (void)
```

说明：

取得与输入法管理器之间的数据连接的文件标识符。

参数：

无。

返回值：

数据连接的文件标识符，与 open_connection()的返回值相同。

5.2.4.3.2 filter_event 处理事件数据

```
void      (* filter_event)          (void)
```

说明：

处理由输入法管理器发来的事件数据。该函数负责解析输入法管理器发来的事件数据，并通过调用输入法引擎辅助模块提供的相应回调函数来进行处理。

参数：

无。

返回值：

无。

5.2.4.3.3 register_properties 注册输入法辅助模块属性列表

```
void      (* register_properties)           (const IME_PropertiesList  * properties)
```

说明：

向输入法管理器注册辅助模块的属性列表。

参数：

properties　要注册的属性列表。

返回值：

无。

5.2.4.3.4 **update_property 更新一个辅助模块属性的内容**

```
void (＊update_property) (const IME_Property ＊property)
```

说明：

通知输入法管理器，更新一个已注册辅助模块属性的内容。

参数：

property 要更新的属性。

返回值：

无。

5.2.4.3.5 **send_ime_event 向输入法引擎发送私有事件**

```
void (＊send_ime_event) (int            ic
                         const char     ＊ic_uuid,
                         const void     ＊buf,
                         size_t         bufsize)
```

说明：

向相应的输入法引擎发送事件。

参数：

ic 由输入法管理器提供的当前输入上下文标识号；

ic_uuid 要接收数据的输入法的唯一标识号；

buf 保存事件数据的缓冲区；

bufsize 缓冲区大小。

返回值：

无。

5.2.4.3.6 **send_key_event 向输入法引擎发送键盘事件**

```
void (＊send_key_event) (int                 ic
                         const char          ＊ic_uuid,
                         const IME_KeyEvent  ＊key)
```

说明：

向相应的输入法引擎发送键盘事件。

参数：

ic 由输入法管理器提供的当前输入上下文标识号；

ic_uuid 要接收数据的输入法的唯一标识号；

key 要发送的键盘事件。

返回值：

无。

5.2.4.3.7 **commit_string 向客户程序提交一个字符串**

```
void (＊commit_string) (int           ic,
                        const char    ＊ic_uuid,
                        const char    ＊string)
```

说明：

向客户程序直接提交一个字符串。

参数：

ic　由输入法管理器提供的当前输入上下文表示号；

ic_uuid　要接收数据的输入法的唯一标识号，设为 NULL 表示不检查输入法 UUID；

string　要提交的字符串。

返回值：

无。

5.2.4.3.8 forward_key_event 向客户程序转发一个按键事件

```
void        (*forward_key_event)        (int                   ic,
                                         const char           *ic_uuid,
                                         const IME_KeyEvent   *key)
```

说明：

向客户程序直接转发一个按键事件。

参数：

ic　由输入法管理器提供的当前输入上下文表示号；

ic_uuid　要接收数据的输入法的唯一标识号，设为 NULL 表示不检查输入法 UUID；

key　要转发的按键事件。

返回值：

无。

5.2.4.4 IME_Helper_Functions 输入法引擎辅助模块应提供的回调函数

定义：

```
typedef struct _IME_Helper_Functions {
    void    (*finalize)               (void);
    void    (*run)                    (const char  *display);
    void    (*update_screen)          (int          ic,
                                       const char  *ic_uuid,
                                       const char  *screen);
    void    (*update_spot_location)   (int          ic,
                                       const char  *ic_uuid,
                                       int          x,
                                       int          y);
    void    (*trigger_property)       (int          ic,
                                       const char  *ic_uuid,
                                       const char  *property);
    void    (*process_ime_event)      (int          ic,
                                       const char  *ic_uuid,
                                       const void  *buf,
                                       size_t       len);
    void    (*attach_input_context)   (int          ic,
                                       const char  *ic_uuid);
    void    (*detach_input_context)   (int          ic,
                                       const char  *ic_uuid);

} IME_Helper_Functions
```

说明：

该数据结构包含所有输入法引擎辅助模块应提供给输入法管理器使用的回调函数指针。输入法管理器通过调用这些回调函数与输入法引擎辅助模块交换数据。

5.2.4.4.1 **finalize 结束辅助模块**

void (*finalize) (void)

说明：

结束辅助模块的运行。该函数由输入法管理器的 filter_event ()函数调用，用来通知该辅助模块退出。

参数：

无。

返回值：

无。

5.2.4.4.2 **run 运行辅助模块**

void (*run) (const char *display)

说明：

该函数是辅助模块的入口函数，负责初始化并运行辅助模块的主事件循环。

参数：

display 该 Helper 要运行于这个显示器上。对于 X11 图形环境，显示器名称格式符合 X11 规范。

返回值：

无。

5.2.4.4.3 **update_screen 更新屏幕**

```
void (*update_screen) (int          ic,
                       const char   *ic_uuid,
                       const char   *screen)
```

说明：

通知辅助模块改变当前输入上下文所在的屏幕。

参数：

ic 当前输入上下文的标识号；

ic_uuid 当前输入上下文所使用的输入法唯一标识号；

screen 新的屏幕名称。

返回值：

无。

5.2.4.4.4 **update_spot_location 更新当前输入焦点的屏幕坐标**

```
void (*update_spot_location) (int          ic,
                              const char   *ic_uuid,
                              int          x,
                              int          y)
```

说明：

通知辅助模块改变当前输入焦点的屏幕坐标。

参数：

ic 当前输入上下文的标识号；

ic_uuid 当前输入上下文所使用的输入法唯一标识号；

x,y 新的输入焦点坐标。

返回值：

无。

5.2.4.4.5 **trigger_property 触发一个已注册的属性**

```
void        ( * trigger_property)          (int             ic,
                                             const char   * ic_uuid,
                                             const char   * property)
```

说明：

通知输入法引擎辅助模块，用户触发了一个已注册的属性。

参数：

ic 当前输入上下文的标识号；

ic_uuid 当前输入上下文所使用的输入法唯一标识号；

property 被触发的输入法属性名字。

返回值：

无。

5.2.4.4.6 **process_ime_event 处理输入法引擎发来的事件**

```
void        ( * process_ime_event)          (int             ic,
                                              const char   * ic_uuid,
                                              const void   * buf,
                                              size_t          len)
```

说明：

处理由输入法引擎模块发来的私有事件。

参数：

ic 当前输入上下文的标识号；

ic_uuid 当前输入上下文所使用的输入法唯一标识号；

buf 事件数据缓冲；

len 缓冲区尺寸。

返回值：

无。

5.2.4.4.7 **attach_input_context 绑定一个输入法上下文**

```
void        ( * attach_input_context)       (int ic,
                                             const char * ic_uuid)
```

说明：

对该辅助模块进行引用计数(+1)，并通知输入法引擎模块，该辅助模块已经初始化成功并开始运行。

参数：

ic 当前输入法上下文的标识号；

ic_uuid 当前输入法上下文所使用的输入法唯一标号。

返回值：

无。

5.2.4.4.8 **detach_input_context 解除绑定一个输入法上下文**

```
void        ( * detach_input_context)       (int ic,
                                             const char * ic_uuid)
```

说明：

对该辅助模块进行引用计数(—1)。

参数：

ic 当前输入法上下文的标识号；

ic_uuid 当前输入法上下文所使用的输入法唯一标号。

返回值：

无。

5.2.5 其他数据结构说明

5.2.5.1 IME_InputMethod 输入法描述数据结构

定义：

```
typedef struct _IME_InputMethod {
    const char * uuid;
    const char * encoding;
    const char * name;
    const char * icon;
    const char * languages;
    const char * help;
    const char * copyright;
    const char * version;
} IME_InputMethod
```

成员：

uuid 输入法的唯一标识号；

encoding 输入法所使用的编码，采用标准 glibc 命名规范，例如 GB 2312，UTF-8 等；

name 输入法的名称；

icon 输入法的图标文件；

languages 输入法所支持的语言。多个语言由逗号隔开。语言名称遵循 glibc locale 命名标准，例如 zh_CN；

Help 简单的帮助；

copyright 版权信息；

version 版本信息。

说明：

uuid 是输入法独一无二的标识号。输入法引擎开发者有义务保证该标识号的唯一性。

5.2.5.2 IME_InputContext 输入上下文数据结构

定义：

```
typedef struct _IME_InputContext {
    int            id;
    const char   * uuid;
    const char   * charset;
    void         * private_data;
} IME_InputContext
```

成员：

id 输入上下文的标识号，由输入法管理器统一分配。输入法引擎模块无权修改；

uuid 输入上下文所使用的输入法的唯一标识号。由输入法管理器指定，输入法引擎根据该标识号来创建输入上下文；

charset 输入上下文（即客户端）所支持的字符集，采用标准 glibc 命名规范，例如 GB 2312；

private_data 私有数据指针。由输入法引擎使用。可以用于输入上下文的私有数据与输入上下文结构的关联。

说明：

输入法管理器在调用输入法引擎的 create_input_context()函数创建输入上下文的时候，应提供包含有效 id 和 uuid 的输入法上下文数据结构。输入法引擎根据 uuid 信息创建相应的私有数据结构。输入法引擎可以将私有数据结构指针直接保存在 private_data 中，或者利用 id 与输入上下文建立关联。当输入法管理器调用输入法引擎的 destroy_input_context()函数销毁一个上下文的时候，输入法引擎应销毁所对应的私有数据结构。

5.2.5.3 IME_KeyEvent 键盘事件数据结构

定义：

```
typedef struct _IME_KeyEvent {
    int code;
    int unicode;
    int mask;
} IME_KeyEvent
```

成员：

code	键盘编码；
unicode	字符对应的 UTF-32 编码表示；
mask	键盘修饰键掩码。

说明：

键盘编码和键盘修饰掩码定义详见附录 A。

5.2.5.4 IME_AttributeType 字符串显示属性类型

定义：

```
typedef enum_IME_AttributeType {
    IME_ATTR_NONE,
    IME_ATTR_DECORATION,
    IME_ATTR_FOREGROUND_RGB,
    IME_ATTR_BACKGROUND_RGB
} IME_AttributeType
```

成员：

IME_ATTR_NONE	没有显示属性(正常显示)；
IME_ATTR_DECORATION	标准修饰属性；
IME_ATTR_FOREGROUND_RGB	自定义前景颜色属性；
IME_ATTR_BACKGROUND_RGB	自定义背景颜色属性。

5.2.5.5 IME_Attribute 字符串显示属性数据结构

定义：

```
typedef struct _IME_Attribute {
    IME_AttributeType type;
    int          value;
    int          start;
    int          length;
} IME_Attribute
```

成员：

type　　显示属性类型；

value　显示属性的值；

start　该属性在字符串中的起始位置(以字符为单位，一个汉字为一个字符)；

length　该属性所影响的字符串长度(以字符为单位，一个汉字为一个字符)。

对于标准修饰属性，预定义以下标准修饰类型值：

```
#define IME_DECORATION_NONE          0
#define IME_DECORATION_UNDERLINE     1
#define IME_DECORATION_HIGHLIGHT     2
#define IME_DECORATION_REVERSE       4
```

依次分别为：

IME_DECORATION_NONE　没有修饰；

IME_DECORATION_UNDERLINE　下划线修饰；

IME_DECORATION_HIGHLIGHT　高亮显示修饰；

IME_DECORATION_REVERSE　反色显示修饰。

四种修饰可以组合使用。

对于颜色修饰属性，可以使用以下宏来构造和解析属性值：

```
#define IME_RGB_COLOR(RED,GREEN,BLUE)  ((int)(((RED)<<16)+((GREEN)<<8)+(BLUE)))
#define IME_RGB_COLOR_RED(COLOR)       ((int)(COLOR>>16))
#define IME_RGB_COLOR_GREEN(COLOR)     ((int)((COLOR>>8)&0x00ff))
#define IME_RGB_COLOR_BLUE(COLOR)      ((int)(COLOR&0x0000ff))
```

依次分别为：

IME_RGB_COLOR　通过红绿蓝三原色构造显示属性值；

IME_RGB_COLOR_RED　从显示属性值中获得红色数值；

IME_RGB_COLOR_GREEN　从显示属性值中获得绿色数值；

IME_RGB_COLOR_BLUE　从显示属性值中获得蓝色数值。

5.2.5.6 IME_String 带显示属性的字符串数据结构

定义：

```
typedef struct _IME_String {
    const char      *string;
    int              nr_attributes;
    IME_Attribute   *attributes;
} IME_String
```

成员：

string　字符串内容，使用 IME_InputMethod 数据结构中定义的编码；

nr_attributes　显示属性的个数；

attributes　包含所有显示属性的数组。

5.2.5.7 IME_Candidate 候选词数据结构

定义：

```
typedef struct _IME_Candidate {
    const char    *label;
    IME_String     content;
} IME_Candidate
```

成员：

label 候选词标号字符串；

content 候选词内容。

5.2.5.8 IME_CandidatesList 候选词列表数据结构

定义：

```
typedef struct_IME_CandidatesList {
    int                focused_candidate;
    int                page_state;
    int                nr_candidates;
    const char        * title;
    IME_Candidate     * candidates;
} IME_CandidatesList
```

成员：

focused_candidate 当前焦点候选词标号；

page_state 候选词页状态，可以是 IME_FIRST_PAGE 和 IME_LAST_PAGE 的组合。0 表示中间页；

nr_candidates 列表中的候选词数量(页大小)；

title 候选词列表的标题；

candidates 包含所有候选词的数组。

宏定义：

```
#define IME_FIRST_PAGE    1    /* 标明该页为第一页 */
#define IME_LAST_PAGE     2    /* 标明该页为最后一页 */
```

5.2.5.9 IME_Property 输入法属性数据结构

定义：

```
typedef struct _IME_Property {
    const char * key;
    const char * label;
    const char * icon;
    const char * tip;
    int          state;
} IME_Property
```

成员：

key 该属性的唯一键值；

label 该属性的显示名字；

icon 该属性的图标文件；

tip 该属性的简要帮助；

state 该属性的状态，可以是 IME_PROPERTY_ACTIVE 和 IME_PROPERTY_VISIBLE 的任意组合。

宏定义：

```
#define IME_PROPERTY_ACTIVE     1    /* 该属性可以被触发 */
#define IME_PROPERTY_VISIBLE    2    /* 该属性可见 */
```

5.2.5.10 IME_PropertiesList 属性列表数据结构

定义：

```
typedef struct _IME_PropertiesList {
```

```
    int            nr_properties;
    IME_Property  * properties;
} IME_PropertiesList
```

成员：

nr_properties 属性个数；

properties 包含所有属性的数组。

5.2.5.11 **IME_Helper_Info 输入法引擎辅助模块信息数据结构**

定义：

```
typedef struct_IME_Helper_Info {
    const char * uuid;
    const char * encoding;
    const char * name;
    const char * description;
    const char * icon;
    int          options;
} IME_Helper_Info
```

成员：

uuid 辅助模块的唯一标识号；

encoding 辅助模块使用的文字编码；

name 辅助模块的名称；

description 辅助模块的描述；

icon 辅助模块的图标文件；

options 辅助模块的选项，可以是以下三种类型的任意组合：

```
#define IME_HELPER_STAND_ALONE     1    /* 标明该模块为独立辅助模块，没有对应的输入法引擎 */
#define IME_HELPER_AUTO_START      2    /* 标明该模块将被自动运行 */
#define IME_HELPER_AUTO_RESTART    4    /* 标明在该模块意外退出后，将被自动重新运行 */
```

说明：

如果设置了自动运行选项，对于有对应输入法引擎的辅助模块，则当输入法引擎向该模块发送数据的时候该辅助模块将会被自动运行。对于没有对应输入法引擎的独立辅助模块，则会在输入法管理器启动的时候自动被运行。

附 录 A
（规范性附录）
输入法协议中的键盘编码定义

A.1 键盘修饰键掩码定义

IME_KEY_ShiftMask	(1<<0)
IME_KEY_LockMask	(1<<1)
IME_KEY_CapsLockMask	(1<<1)
IME_KEY_ControlMask	(1<<2)
IME_KEY_Mod1Mask	(1<<3)
IME_KEY_AltMask	(1<<3)
IME_KEY_Mod2Mask	(1<<4)
IME_KEY_NumLockMask	(1<<4)
IME_KEY_Mod3Mask	(1<<5)
IME_KEY_Mod4Mask	(1<<6)
IME_KEY_Mod5Mask	(1<<7)
IME_KEY_ScrollLockMask	(1<<7)
IME_KEY_ReleaseMask	(1<<30)

A.2 键盘编码定义

IME_KEY_VoidSymbol	0xFFFFFF
IME_KEY_BackSpace	0xFF08
IME_KEY_Tab	0xFF09
IME_KEY_Linefeed	0xFF0A
IME_KEY_Clear	0xFF0B
IME_KEY_Return	0xFF0D
IME_KEY_Pause	0xFF13
IME_KEY_Scroll_Lock	0xFF14
IME_KEY_Sys_Req	0xFF15
IME_KEY_Escape	0xFF1B
IME_KEY_Delete	0xFFFF
IME_KEY_Multi_key	0xFF20
IME_KEY_Codeinput	0xFF37
IME_KEY_SingleCandidate	0xFF3C
IME_KEY_MultipleCandidate	0xFF3D
IME_KEY_PreviousCandidate	0xFF3E
IME_KEY_Kanji	0xFF21
IME_KEY_Muhenkan	0xFF22
IME_KEY_Henkan_Mode	0xFF23
IME_KEY_Henkan	0xFF23
IME_KEY_Romaji	0xFF24

IME_KEY_Hiragana	0xFF25
IME_KEY_Katakana	0xFF26
IME_KEY_Hiragana_Katakana	0xFF27
IME_KEY_Zenkaku	0xFF28
IME_KEY_Hankaku	0xFF29
IME_KEY_Zenkaku_Hankaku	0xFF2A
IME_KEY_Touroku	0xFF2B
IME_KEY_Massyo	0xFF2C
IME_KEY_Kana_Lock	0xFF2D
IME_KEY_Kana_Shift	0xFF2E
IME_KEY_Eisu_Shift	0xFF2F
IME_KEY_Eisu_toggle	0xFF30
IME_KEY_Kanji_Bangou	0xFF37
IME_KEY_Zen_Koho	0xFF3D
IME_KEY_Mae_Koho	0xFF3E
IME_KEY_Home	0xFF50
IME_KEY_Left	0xFF51
IME_KEY_Up	0xFF52
IME_KEY_Right	0xFF53
IME_KEY_Down	0xFF54
IME_KEY_Prior	0xFF55
IME_KEY_Page_Up	0xFF55
IME_KEY_Next	0xFF56
IME_KEY_Page_Down	0xFF56
IME_KEY_End	0xFF57
IME_KEY_Begin	0xFF58
IME_KEY_Select	0xFF60
IME_KEY_Print	0xFF61
IME_KEY_Execute	0xFF62
IME_KEY_Insert	0xFF63
IME_KEY_Undo	0xFF65
IME_KEY_Redo	0xFF66
IME_KEY_Menu	0xFF67
IME_KEY_Find	0xFF68
IME_KEY_Cancel	0xFF69
IME_KEY_Help	0xFF6A
IME_KEY_Break	0xFF6B
IME_KEY_Mode_switch	0xFF7E
IME_KEY_script_switch	0xFF7E
IME_KEY_Num_Lock	0xFF7F
IME_KEY_KP_Space	0xFF80
IME_KEY_KP_Tab	0xFF89
IME_KEY_KP_Enter	0xFF8D

IME_KEY_KP_F1	0xFF91
IME_KEY_KP_F2	0xFF92
IME_KEY_KP_F3	0xFF93
IME_KEY_KP_F4	0xFF94
IME_KEY_KP_Home	0xFF95
IME_KEY_KP_Left	0xFF96
IME_KEY_KP_Up	0xFF97
IME_KEY_KP_Right	0xFF98
IME_KEY_KP_Down	0xFF99
IME_KEY_KP_Prior	0xFF9A
IME_KEY_KP_Page_Up	0xFF9A
IME_KEY_KP_Next	0xFF9B
IME_KEY_KP_Page_Down	0xFF9B
IME_KEY_KP_End	0xFF9C
IME_KEY_KP_Begin	0xFF9D
IME_KEY_KP_Insert	0xFF9E
IME_KEY_KP_Delete	0xFF9F
IME_KEY_KP_Equal	0xFFBD
IME_KEY_KP_Multiply	0xFFAA
IME_KEY_KP_Add	0xFFAB
IME_KEY_KP_Separator	0xFFAC
IME_KEY_KP_Subtract	0xFFAD
IME_KEY_KP_Decimal	0xFFAE
IME_KEY_KP_Divide	0xFFAF
IME_KEY_KP_0	0xFFB0
IME_KEY_KP_1	0xFFB1
IME_KEY_KP_2	0xFFB2
IME_KEY_KP_3	0xFFB3
IME_KEY_KP_4	0xFFB4
IME_KEY_KP_5	0xFFB5
IME_KEY_KP_6	0xFFB6
IME_KEY_KP_7	0xFFB7
IME_KEY_KP_8	0xFFB8
IME_KEY_KP_9	0xFFB9
IME_KEY_F1	0xFFBE
IME_KEY_F2	0xFFBF
IME_KEY_F3	0xFFC0
IME_KEY_F4	0xFFC1
IME_KEY_F5	0xFFC2
IME_KEY_F6	0xFFC3
IME_KEY_F7	0xFFC4
IME_KEY_F8	0xFFC5
IME_KEY_F9	0xFFC6

IME_KEY_F10	0xFFC7
IME_KEY_F11	0xFFC8
IME_KEY_L1	0xFFC8
IME_KEY_F12	0xFFC9
IME_KEY_L2	0xFFC9
IME_KEY_F13	0xFFCA
IME_KEY_L3	0xFFCA
IME_KEY_F14	0xFFCB
IME_KEY_L4	0xFFCB
IME_KEY_F15	0xFFCC
IME_KEY_L5	0xFFCC
IME_KEY_F16	0xFFCD
IME_KEY_L6	0xFFCD
IME_KEY_F17	0xFFCE
IME_KEY_L7	0xFFCE
IME_KEY_F18	0xFFCF
IME_KEY_L8	0xFFCF
IME_KEY_F19	0xFFD0
IME_KEY_L9	0xFFD0
IME_KEY_F20	0xFFD1
IME_KEY_L10	0xFFD1
IME_KEY_F21	0xFFD2
IME_KEY_R1	0xFFD2
IME_KEY_F22	0xFFD3
IME_KEY_R2	0xFFD3
IME_KEY_F23	0xFFD4
IME_KEY_R3	0xFFD4
IME_KEY_F24	0xFFD5
IME_KEY_R4	0xFFD5
IME_KEY_F25	0xFFD6
IME_KEY_R5	0xFFD6
IME_KEY_F26	0xFFD7
IME_KEY_R6	0xFFD7
IME_KEY_F27	0xFFD8
IME_KEY_R7	0xFFD8
IME_KEY_F28	0xFFD9
IME_KEY_R8	0xFFD9
IME_KEY_F29	0xFFDA
IME_KEY_R9	0xFFDA
IME_KEY_F30	0xFFDB
IME_KEY_R10	0xFFDB
IME_KEY_F31	0xFFDC
IME_KEY_R11	0xFFDC

IME_KEY_F32	0xFFDD
IME_KEY_R12	0xFFDD
IME_KEY_F33	0xFFDE
IME_KEY_R13	0xFFDE
IME_KEY_F34	0xFFDF
IME_KEY_R14	0xFFDF
IME_KEY_F35	0xFFE0
IME_KEY_R15	0xFFE0
IME_KEY_Shift_L	0xFFE1
IME_KEY_Shift_R	0xFFE2
IME_KEY_Control_L	0xFFE3
IME_KEY_Control_R	0xFFE4
IME_KEY_Caps_Lock	0xFFE5
IME_KEY_Shift_Lock	0xFFE6
IME_KEY_Meta_L	0xFFE7
IME_KEY_Meta_R	0xFFE8
IME_KEY_Alt_L	0xFFE9
IME_KEY_Alt_R	0xFFEA
IME_KEY_Super_L	0xFFEB
IME_KEY_Super_R	0xFFEC
IME_KEY_Hyper_L	0xFFED
IME_KEY_Hyper_R	0xFFEE
IME_KEY_ISO_Lock	0xFE01
IME_KEY_ISO_Level2_Latch	0xFE02
IME_KEY_ISO_Level3_Shift	0xFE03
IME_KEY_ISO_Level3_Latch	0xFE04
IME_KEY_ISO_Level3_Lock	0xFE05
IME_KEY_ISO_Group_Shift	0xFF7E
IME_KEY_ISO_Group_Latch	0xFE06
IME_KEY_ISO_Group_Lock	0xFE07
IME_KEY_ISO_Next_Group	0xFE08
IME_KEY_ISO_Next_Group_Lock	0xFE09
IME_KEY_ISO_Prev_Group	0xFE0A
IME_KEY_ISO_Prev_Group_Lock	0xFE0B
IME_KEY_ISO_First_Group	0xFE0C
IME_KEY_ISO_First_Group_Lock	0xFE0D
IME_KEY_ISO_Last_Group	0xFE0E
IME_KEY_ISO_Last_Group_Lock	0xFE0F
IME_KEY_ISO_Left_Tab	0xFE20
IME_KEY_ISO_Move_Line_Up	0xFE21
IME_KEY_ISO_Move_Line_Down	0xFE22
IME_KEY_ISO_Partial_Line_Up	0xFE23
IME_KEY_ISO_Partial_Line_Down	0xFE24

IME_KEY_ISO_Partial_Space_Left	0xFE25
IME_KEY_ISO_Partial_Space_Right	0xFE26
IME_KEY_ISO_Set_Margin_Left	0xFE27
IME_KEY_ISO_Set_Margin_Right	0xFE28
IME_KEY_ISO_Release_Margin_Left	0xFE29
IME_KEY_ISO_Release_Margin_Right	0xFE2A
IME_KEY_ISO_Release_Both_Margins	0xFE2B
IME_KEY_ISO_Fast_Cursor_Left	0xFE2C
IME_KEY_ISO_Fast_Cursor_Right	0xFE2D
IME_KEY_ISO_Fast_Cursor_Up	0xFE2E
IME_KEY_ISO_Fast_Cursor_Down	0xFE2F
IME_KEY_ISO_Continuous_Underline	0xFE30
IME_KEY_ISO_Discontinuous_Underline	0xFE31
IME_KEY_ISO_Emphasize	0xFE32
IME_KEY_ISO_Center_Object	0xFE33
IME_KEY_ISO_Enter	0xFE34
IME_KEY_dead_grave	0xFE50
IME_KEY_dead_acute	0xFE51
IME_KEY_dead_circumflex	0xFE52
IME_KEY_dead_tilde	0xFE53
IME_KEY_dead_macron	0xFE54
IME_KEY_dead_breve	0xFE55
IME_KEY_dead_abovedot	0xFE56
IME_KEY_dead_diaeresis	0xFE57
IME_KEY_dead_abovering	0xFE58
IME_KEY_dead_doubleacute	0xFE59
IME_KEY_dead_caron	0xFE5A
IME_KEY_dead_cedilla	0xFE5B
IME_KEY_dead_ogonek	0xFE5C
IME_KEY_dead_iota	0xFE5D
IME_KEY_dead_voiced_sound	0xFE5E
IME_KEY_dead_semivoiced_sound	0xFE5F
IME_KEY_dead_belowdot	0xFE60
IME_KEY_dead_hook	0xFE61
IME_KEY_dead_horn	0xFE62
IME_KEY_First_Virtual_Screen	0xFED0
IME_KEY_Prev_Virtual_Screen	0xFED1
IME_KEY_Next_Virtual_Screen	0xFED2
IME_KEY_Last_Virtual_Screen	0xFED4
IME_KEY_Terminate_Server	0xFED5
IME_KEY_AccessX_Enable	0xFE70
IME_KEY_AccessX_Feedback_Enable	0xFE71
IME_KEY_RepeatKeys_Enable	0xFE72

IME_KEY_SlowKeys_Enable	0xFE73
IME_KEY_BounceKeys_Enable	0xFE74
IME_KEY_StickyKeys_Enable	0xFE75
IME_KEY_MouseKeys_Enable	0xFE76
IME_KEY_MouseKeys_Accel_Enable	0xFE77
IME_KEY_Overlay1_Enable	0xFE78
IME_KEY_Overlay2_Enable	0xFE79
IME_KEY_AudibleBell_Enable	0xFE7A
IME_KEY_Pointer_Left	0xFEE0
IME_KEY_Pointer_Right	0xFEE1
IME_KEY_Pointer_Up	0xFEE2
IME_KEY_Pointer_Down	0xFEE3
IME_KEY_Pointer_UpLeft	0xFEE4
IME_KEY_Pointer_UpRight	0xFEE5
IME_KEY_Pointer_DownLeft	0xFEE6
IME_KEY_Pointer_DownRight	0xFEE7
IME_KEY_Pointer_Button_Dflt	0xFEE8
IME_KEY_Pointer_Button1	0xFEE9
IME_KEY_Pointer_Button2	0xFEEA
IME_KEY_Pointer_Button3	0xFEEB
IME_KEY_Pointer_Button4	0xFEEC
IME_KEY_Pointer_Button5	0xFEED
IME_KEY_Pointer_DblClick_Dflt	0xFEEE
IME_KEY_Pointer_DblClick1	0xFEEF
IME_KEY_Pointer_DblClick2	0xFEF0
IME_KEY_Pointer_DblClick3	0xFEF1
IME_KEY_Pointer_DblClick4	0xFEF2
IME_KEY_Pointer_DblClick5	0xFEF3
IME_KEY_Pointer_Drag_Dflt	0xFEF4
IME_KEY_Pointer_Drag1	0xFEF5
IME_KEY_Pointer_Drag2	0xFEF6
IME_KEY_Pointer_Drag3	0xFEF7
IME_KEY_Pointer_Drag4	0xFEF8
IME_KEY_Pointer_Drag5	0xFEFD
IME_KEY_Pointer_EnableKeys	0xFEF9
IME_KEY_Pointer_Accelerate	0xFEFA
IME_KEY_Pointer_DfltBtnNext	0xFEFB
IME_KEY_Pointer_DfltBtnPrev	0xFEFC
IME_KEY_3270_Duplicate	0xFD01
IME_KEY_3270_FieldMark	0xFD02
IME_KEY_3270_Right2	0xFD03
IME_KEY_3270_Left2	0xFD04
IME_KEY_3270_BackTab	0xFD05

IME_KEY_3270_EraseEOF	0xFD06
IME_KEY_3270_EraseInput	0xFD07
IME_KEY_3270_Reset	0xFD08
IME_KEY_3270_Quit	0xFD09
IME_KEY_3270_PA1	0xFD0A
IME_KEY_3270_PA2	0xFD0B
IME_KEY_3270_PA3	0xFD0C
IME_KEY_3270_Test	0xFD0D
IME_KEY_3270_Attn	0xFD0E
IME_KEY_3270_CursorBlink	0xFD0F
IME_KEY_3270_AltCursor	0xFD10
IME_KEY_3270_KeyClick	0xFD11
IME_KEY_3270_Jump	0xFD12
IME_KEY_3270_Ident	0xFD13
IME_KEY_3270_Rule	0xFD14
IME_KEY_3270_Copy	0xFD15
IME_KEY_3270_Play	0xFD16
IME_KEY_3270_Setup	0xFD17
IME_KEY_3270_Record	0xFD18
IME_KEY_3270_ChangeScreen	0xFD19
IME_KEY_3270_DeleteWord	0xFD1A
IME_KEY_3270_ExSelect	0xFD1B
IME_KEY_3270_CursorSelect	0xFD1C
IME_KEY_3270_PrintScreen	0xFD1D
IME_KEY_3270_Enter	0xFD1E
IME_KEY_space	0x020
IME_KEY_exclam	0x021
IME_KEY_quotedbl	0x022
IME_KEY_numbersign	0x023
IME_KEY_dollar	0x024
IME_KEY_percent	0x025
IME_KEY_ampersand	0x026
IME_KEY_apostrophe	0x027
IME_KEY_quoteright	0x027
IME_KEY_parenleft	0x028
IME_KEY_parenright	0x029
IME_KEY_asterisk	0x02a
IME_KEY_plus	0x02b
IME_KEY_comma	0x02c
IME_KEY_minus	0x02d
IME_KEY_period	0x02e
IME_KEY_slash	0x02f
IME_KEY_0	0x030

IME_KEY_1	0x031
IME_KEY_2	0x032
IME_KEY_3	0x033
IME_KEY_4	0x034
IME_KEY_5	0x035
IME_KEY_6	0x036
IME_KEY_7	0x037
IME_KEY_8	0x038
IME_KEY_9	0x039
IME_KEY_colon	0x03a
IME_KEY_semicolon	0x03b
IME_KEY_less	0x03c
IME_KEY_equal	0x03d
IME_KEY_greater	0x03e
IME_KEY_question	0x03f
IME_KEY_at	0x040
IME_KEY_A	0x041
IME_KEY_B	0x042
IME_KEY_C	0x043
IME_KEY_D	0x044
IME_KEY_E	0x045
IME_KEY_F	0x046
IME_KEY_G	0x047
IME_KEY_H	0x048
IME_KEY_I	0x049
IME_KEY_J	0x04a
IME_KEY_K	0x04b
IME_KEY_L	0x04c
IME_KEY_M	0x04d
IME_KEY_N	0x04e
IME_KEY_O	0x04f
IME_KEY_P	0x050
IME_KEY_Q	0x051
IME_KEY_R	0x052
IME_KEY_S	0x053
IME_KEY_T	0x054
IME_KEY_U	0x055
IME_KEY_V	0x056
IME_KEY_W	0x057
IME_KEY_X	0x058
IME_KEY_Y	0x059
IME_KEY_Z	0x05a
IME_KEY_bracketleft	0x05b

IME_KEY_backslash	0x05c
IME_KEY_bracketright	0x05d
IME_KEY_asciicircum	0x05e
IME_KEY_underscore	0x05f
IME_KEY_grave	0x060
IME_KEY_quoteleft	0x060
IME_KEY_a	0x061
IME_KEY_b	0x062
IME_KEY_c	0x063
IME_KEY_d	0x064
IME_KEY_e	0x065
IME_KEY_f	0x066
IME_KEY_g	0x067
IME_KEY_h	0x068
IME_KEY_i	0x069
IME_KEY_j	0x06a
IME_KEY_k	0x06b
IME_KEY_l	0x06c
IME_KEY_m	0x06d
IME_KEY_n	0x06e
IME_KEY_o	0x06f
IME_KEY_p	0x070
IME_KEY_q	0x071
IME_KEY_r	0x072
IME_KEY_s	0x073
IME_KEY_t	0x074
IME_KEY_u	0x075
IME_KEY_v	0x076
IME_KEY_w	0x077
IME_KEY_x	0x078
IME_KEY_y	0x079
IME_KEY_z	0x07a
IME_KEY_braceleft	0x07b
IME_KEY_bar	0x07c
IME_KEY_braceright	0x07d
IME_KEY_asciitilde	0x07e
IME_KEY_nobreakspace	0x0a0
IME_KEY_exclamdown	0x0a1
IME_KEY_cent	0x0a2
IME_KEY_sterling	0x0a3
IME_KEY_currency	0x0a4
IME_KEY_yen	0x0a5
IME_KEY_brokenbar	0x0a6

IME_KEY_section	0x0a7
IME_KEY_diaeresis	0x0a8
IME_KEY_copyright	0x0a9
IME_KEY_ordfeminine	0x0aa
IME_KEY_guillemotleft	0x0ab
IME_KEY_notsign	0x0ac
IME_KEY_hyphen	0x0ad
IME_KEY_registered	0x0ae
IME_KEY_macron	0x0af
IME_KEY_degree	0x0b0
IME_KEY_plusminus	0x0b1
IME_KEY_twosuperior	0x0b2
IME_KEY_threesuperior	0x0b3
IME_KEY_acute	0x0b4
IME_KEY_mu	0x0b5
IME_KEY_paragraph	0x0b6
IME_KEY_periodcentered	0x0b7
IME_KEY_cedilla	0x0b8
IME_KEY_onesuperior	0x0b9
IME_KEY_masculine	0x0ba
IME_KEY_guillemotright	0x0bb
IME_KEY_onequarter	0x0bc
IME_KEY_onehalf	0x0bd
IME_KEY_threequarters	0x0be
IME_KEY_questiondown	0x0bf
IME_KEY_Agrave	0x0c0
IME_KEY_Aacute	0x0c1
IME_KEY_Acircumflex	0x0c2
IME_KEY_Atilde	0x0c3
IME_KEY_Adiaeresis	0x0c4
IME_KEY_Aring	0x0c5
IME_KEY_AE	0x0c6
IME_KEY_Ccedilla	0x0c7
IME_KEY_Egrave	0x0c8
IME_KEY_Eacute	0x0c9
IME_KEY_Ecircumflex	0x0ca
IME_KEY_Ediaeresis	0x0cb
IME_KEY_Igrave	0x0cc
IME_KEY_Iacute	0x0cd
IME_KEY_Icircumflex	0x0ce
IME_KEY_Idiaeresis	0x0cf
IME_KEY_ETH	0x0d0
IME_KEY_Eth	0x0d0

IME_KEY_Ntilde	0x0d1
IME_KEY_Ograve	0x0d2
IME_KEY_Oacute	0x0d3
IME_KEY_Ocircumflex	0x0d4
IME_KEY_Otilde	0x0d5
IME_KEY_Odiaeresis	0x0d6
IME_KEY_multiply	0x0d7
IME_KEY_Ooblique	0x0d8
IME_KEY_Oslash	IME_KEY_Ooblique
IME_KEY_Ugrave	0x0d9
IME_KEY_Uacute	0x0da
IME_KEY_Ucircumflex	0x0db
IME_KEY_Udiaeresis	0x0dc
IME_KEY_Yacute	0x0dd
IME_KEY_THORN	0x0de
IME_KEY_Thorn	0x0de
IME_KEY_ssharp	0x0df
IME_KEY_agrave	0x0e0
IME_KEY_aacute	0x0e1
IME_KEY_acircumflex	0x0e2
IME_KEY_atilde	0x0e3
IME_KEY_adiaeresis	0x0e4
IME_KEY_aring	0x0e5
IME_KEY_ae	0x0e6
IME_KEY_ccedilla	0x0e7
IME_KEY_egrave	0x0e8
IME_KEY_eacute	0x0e9
IME_KEY_ecircumflex	0x0ea
IME_KEY_ediaeresis	0x0eb
IME_KEY_igrave	0x0ec
IME_KEY_iacute	0x0ed
IME_KEY_icircumflex	0x0ee
IME_KEY_idiaeresis	0x0ef
IME_KEY_eth	0x0f0
IME_KEY_ntilde	0x0f1
IME_KEY_ograve	0x0f2
IME_KEY_oacute	0x0f3
IME_KEY_ocircumflex	0x0f4
IME_KEY_otilde	0x0f5
IME_KEY_odiaeresis	0x0f6
IME_KEY_division	0x0f7
IME_KEY_oslash	0x0f8
IME_KEY_ooblique	IME_KEY_oslash

IME_KEY_ugrave	0x0f9
IME_KEY_uacute	0x0fa
IME_KEY_ucircumflex	0x0fb
IME_KEY_udiaeresis	0x0fc
IME_KEY_yacute	0x0fd
IME_KEY_thorn	0x0fe
IME_KEY_ydiaeresis	0x0ff
IME_KEY_Aogonek	0x1a1
IME_KEY_breve	0x1a2
IME_KEY_Lstroke	0x1a3
IME_KEY_Lcaron	0x1a5
IME_KEY_Sacute	0x1a6
IME_KEY_Scaron	0x1a9
IME_KEY_Scedilla	0x1aa
IME_KEY_Tcaron	0x1ab
IME_KEY_Zacute	0x1ac
IME_KEY_Zcaron	0x1ae
IME_KEY_Zabovedot	0x1af
IME_KEY_aogonek	0x1b1
IME_KEY_ogonek	0x1b2
IME_KEY_lstroke	0x1b3
IME_KEY_lcaron	0x1b5
IME_KEY_sacute	0x1b6
IME_KEY_caron	0x1b7
IME_KEY_scaron	0x1b9
IME_KEY_scedilla	0x1ba
IME_KEY_tcaron	0x1bb
IME_KEY_zacute	0x1bc
IME_KEY_doubleacute	0x1bd
IME_KEY_zcaron	0x1be
IME_KEY_zabovedot	0x1bf
IME_KEY_Racute	0x1c0
IME_KEY_Abreve	0x1c3
IME_KEY_Lacute	0x1c5
IME_KEY_Cacute	0x1c6
IME_KEY_Ccaron	0x1c8
IME_KEY_Eogonek	0x1ca
IME_KEY_Ecaron	0x1cc
IME_KEY_Dcaron	0x1cf
IME_KEY_Dstroke	0x1d0
IME_KEY_Nacute	0x1d1
IME_KEY_Ncaron	0x1d2
IME_KEY_Odoubleacute	0x1d5

IME_KEY_Rcaron	0x1d8
IME_KEY_Uring	0x1d9
IME_KEY_Udoubleacute	0x1db
IME_KEY_Tcedilla	0x1de
IME_KEY_racute	0x1e0
IME_KEY_abreve	0x1e3
IME_KEY_lacute	0x1e5
IME_KEY_cacute	0x1e6
IME_KEY_ccaron	0x1e8
IME_KEY_eogonek	0x1ea
IME_KEY_ecaron	0x1ec
IME_KEY_dcaron	0x1ef
IME_KEY_dstroke	0x1f0
IME_KEY_nacute	0x1f1
IME_KEY_ncaron	0x1f2
IME_KEY_odoubleacute	0x1f5
IME_KEY_udoubleacute	0x1fb
IME_KEY_rcaron	0x1f8
IME_KEY_uring	0x1f9
IME_KEY_tcedilla	0x1fe
IME_KEY_abovedot	0x1ff
IME_KEY_Hstroke	0x2a1
IME_KEY_Hcircumflex	0x2a6
IME_KEY_Iabovedot	0x2a9
IME_KEY_Gbreve	0x2ab
IME_KEY_Jcircumflex	0x2ac
IME_KEY_hstroke	0x2b1
IME_KEY_hcircumflex	0x2b6
IME_KEY_idotless	0x2b9
IME_KEY_gbreve	0x2bb
IME_KEY_jcircumflex	0x2bc
IME_KEY_Cabovedot	0x2c5
IME_KEY_Ccircumflex	0x2c6
IME_KEY_Gabovedot	0x2d5
IME_KEY_Gcircumflex	0x2d8
IME_KEY_Ubreve	0x2dd
IME_KEY_Scircumflex	0x2de
IME_KEY_cabovedot	0x2e5
IME_KEY_ccircumflex	0x2e6
IME_KEY_gabovedot	0x2f5
IME_KEY_gcircumflex	0x2f8
IME_KEY_ubreve	0x2fd
IME_KEY_scircumflex	0x2fe

IME_KEY_kra	0x3a2
IME_KEY_kappa	0x3a2
IME_KEY_Rcedilla	0x3a3
IME_KEY_Itilde	0x3a5
IME_KEY_Lcedilla	0x3a6
IME_KEY_Emacron	0x3aa
IME_KEY_Gcedilla	0x3ab
IME_KEY_Tslash	0x3ac
IME_KEY_rcedilla	0x3b3
IME_KEY_itilde	0x3b5
IME_KEY_lcedilla	0x3b6
IME_KEY_emacron	0x3ba
IME_KEY_gcedilla	0x3bb
IME_KEY_tslash	0x3bc
IME_KEY_ENG	0x3bd
IME_KEY_eng	0x3bf
IME_KEY_Amacron	0x3c0
IME_KEY_Iogonek	0x3c7
IME_KEY_Eabovedot	0x3cc
IME_KEY_Imacron	0x3cf
IME_KEY_Ncedilla	0x3d1
IME_KEY_Omacron	0x3d2
IME_KEY_Kcedilla	0x3d3
IME_KEY_Uogonek	0x3d9
IME_KEY_Utilde	0x3dd
IME_KEY_Umacron	0x3de
IME_KEY_amacron	0x3e0
IME_KEY_iogonek	0x3e7
IME_KEY_eabovedot	0x3ec
IME_KEY_imacron	0x3ef
IME_KEY_ncedilla	0x3f1
IME_KEY_omacron	0x3f2
IME_KEY_kcedilla	0x3f3
IME_KEY_uogonek	0x3f9
IME_KEY_utilde	0x3fd
IME_KEY_umacron	0x3fe
IME_KEY_Babovedot	0x12a1
IME_KEY_babovedot	0x12a2
IME_KEY_Dabovedot	0x12a6
IME_KEY_Wgrave	0x12a8
IME_KEY_Wacute	0x12aa
IME_KEY_dabovedot	0x12ab
IME_KEY_Ygrave	0x12ac

IME_KEY_Fabovedot	0x12b0
IME_KEY_fabovedot	0x12b1
IME_KEY_Mabovedot	0x12b4
IME_KEY_mabovedot	0x12b5
IME_KEY_Pabovedot	0x12b7
IME_KEY_wgrave	0x12b8
IME_KEY_pabovedot	0x12b9
IME_KEY_wacute	0x12ba
IME_KEY_Sabovedot	0x12bb
IME_KEY_ygrave	0x12bc
IME_KEY_Wdiaeresis	0x12bd
IME_KEY_wdiaeresis	0x12be
IME_KEY_sabovedot	0x12bf
IME_KEY_Wcircumflex	0x12d0
IME_KEY_Tabovedot	0x12d7
IME_KEY_Ycircumflex	0x12de
IME_KEY_wcircumflex	0x12f0
IME_KEY_tabovedot	0x12f7
IME_KEY_ycircumflex	0x12fe
IME_KEY_OE	0x13bc
IME_KEY_oe	0x13bd
IME_KEY_Ydiaeresis	0x13be
IME_KEY_overline	0x47e
IME_KEY_kana_fullstop	0x4a1
IME_KEY_kana_openingbracket	0x4a2
IME_KEY_kana_closingbracket	0x4a3
IME_KEY_kana_comma	0x4a4
IME_KEY_kana_conjunctive	0x4a5
IME_KEY_kana_middledot	0x4a5
IME_KEY_kana_WO	0x4a6
IME_KEY_kana_a	0x4a7
IME_KEY_kana_i	0x4a8
IME_KEY_kana_u	0x4a9
IME_KEY_kana_e	0x4aa
IME_KEY_kana_o	0x4ab
IME_KEY_kana_ya	0x4ac
IME_KEY_kana_yu	0x4ad
IME_KEY_kana_yo	0x4ae
IME_KEY_kana_tsu	0x4af
IME_KEY_kana_tu	0x4af
IME_KEY_prolongedsound	0x4b0
IME_KEY_kana_A	0x4b1
IME_KEY_kana_I	0x4b2

IME_KEY_kana_U	0x4b3
IME_KEY_kana_E	0x4b4
IME_KEY_kana_O	0x4b5
IME_KEY_kana_KA	0x4b6
IME_KEY_kana_KI	0x4b7
IME_KEY_kana_KU	0x4b8
IME_KEY_kana_KE	0x4b9
IME_KEY_kana_KO	0x4ba
IME_KEY_kana_SA	0x4bb
IME_KEY_kana_SHI	0x4bc
IME_KEY_kana_SU	0x4bd
IME_KEY_kana_SE	0x4be
IME_KEY_kana_SO	0x4bf
IME_KEY_kana_TA	0x4c0
IME_KEY_kana_CHI	0x4c1
IME_KEY_kana_TI	0x4c1
IME_KEY_kana_TSU	0x4c2
IME_KEY_kana_TU	0x4c2
IME_KEY_kana_TE	0x4c3
IME_KEY_kana_TO	0x4c4
IME_KEY_kana_NA	0x4c5
IME_KEY_kana_NI	0x4c6
IME_KEY_kana_NU	0x4c7
IME_KEY_kana_NE	0x4c8
IME_KEY_kana_NO	0x4c9
IME_KEY_kana_HA	0x4ca
IME_KEY_kana_HI	0x4cb
IME_KEY_kana_FU	0x4cc
IME_KEY_kana_HU	0x4cc
IME_KEY_kana_HE	0x4cd
IME_KEY_kana_HO	0x4ce
IME_KEY_kana_MA	0x4cf
IME_KEY_kana_MI	0x4d0
IME_KEY_kana_MU	0x4d1
IME_KEY_kana_ME	0x4d2
IME_KEY_kana_MO	0x4d3
IME_KEY_kana_YA	0x4d4
IME_KEY_kana_YU	0x4d5
IME_KEY_kana_YO	0x4d6
IME_KEY_kana_RA	0x4d7
IME_KEY_kana_RI	0x4d8
IME_KEY_kana_RU	0x4d9
IME_KEY_kana_RE	0x4da

IME_KEY_kana_RO	0x4db
IME_KEY_kana_WA	0x4dc
IME_KEY_kana_N	0x4dd
IME_KEY_voicedsound	0x4de
IME_KEY_semivoicedsound	0x4df
IME_KEY_kana_switch	0xFF7E
IME_KEY_Farsi_0	0x590
IME_KEY_Farsi_1	0x591
IME_KEY_Farsi_2	0x592
IME_KEY_Farsi_3	0x593
IME_KEY_Farsi_4	0x594
IME_KEY_Farsi_5	0x595
IME_KEY_Farsi_6	0x596
IME_KEY_Farsi_7	0x597
IME_KEY_Farsi_8	0x598
IME_KEY_Farsi_9	0x599
IME_KEY_Arabic_percent	0x5a5
IME_KEY_Arabic_superscript_alef	0x5a6
IME_KEY_Arabic_tteh	0x5a7
IME_KEY_Arabic_peh	0x5a8
IME_KEY_Arabic_tcheh	0x5a9
IME_KEY_Arabic_ddal	0x5aa
IME_KEY_Arabic_rreh	0x5ab
IME_KEY_Arabic_comma	0x5ac
IME_KEY_Arabic_fullstop	0x5ae
IME_KEY_Arabic_0	0x5b0
IME_KEY_Arabic_1	0x5b1
IME_KEY_Arabic_2	0x5b2
IME_KEY_Arabic_3	0x5b3
IME_KEY_Arabic_4	0x5b4
IME_KEY_Arabic_5	0x5b5
IME_KEY_Arabic_6	0x5b6
IME_KEY_Arabic_7	0x5b7
IME_KEY_Arabic_8	0x5b8
IME_KEY_Arabic_9	0x5b9
IME_KEY_Arabic_semicolon	0x5bb
IME_KEY_Arabic_question_mark	0x5bf
IME_KEY_Arabic_hamza	0x5c1
IME_KEY_Arabic_maddaonalef	0x5c2
IME_KEY_Arabic_hamzaonalef	0x5c3
IME_KEY_Arabic_hamzaonwaw	0x5c4
IME_KEY_Arabic_hamzaunderalef	0x5c5
IME_KEY_Arabic_hamzaonyeh	0x5c6

IME_KEY_Arabic_alef	0x5c7
IME_KEY_Arabic_beh	0x5c8
IME_KEY_Arabic_tehmarbuta	0x5c9
IME_KEY_Arabic_teh	0x5ca
IME_KEY_Arabic_theh	0x5cb
IME_KEY_Arabic_jeem	0x5cc
IME_KEY_Arabic_hah	0x5cd
IME_KEY_Arabic_khah	0x5ce
IME_KEY_Arabic_dal	0x5cf
IME_KEY_Arabic_thal	0x5d0
IME_KEY_Arabic_ra	0x5d1
IME_KEY_Arabic_zain	0x5d2
IME_KEY_Arabic_seen	0x5d3
IME_KEY_Arabic_sheen	0x5d4
IME_KEY_Arabic_sad	0x5d5
IME_KEY_Arabic_dad	0x5d6
IME_KEY_Arabic_tah	0x5d7
IME_KEY_Arabic_zah	0x5d8
IME_KEY_Arabic_ain	0x5d9
IME_KEY_Arabic_ghain	0x5da
IME_KEY_Arabic_tatweel	0x5e0
IME_KEY_Arabic_feh	0x5e1
IME_KEY_Arabic_qaf	0x5e2
IME_KEY_Arabic_kaf	0x5e3
IME_KEY_Arabic_lam	0x5e4
IME_KEY_Arabic_meem	0x5e5
IME_KEY_Arabic_noon	0x5e6
IME_KEY_Arabic_ha	0x5e7
IME_KEY_Arabic_heh	0x5e7
IME_KEY_Arabic_waw	0x5e8
IME_KEY_Arabic_alefmaksura	0x5e9
IME_KEY_Arabic_yeh	0x5ea
IME_KEY_Arabic_fathatan	0x5eb
IME_KEY_Arabic_dammatan	0x5ec
IME_KEY_Arabic_kasratan	0x5ed
IME_KEY_Arabic_fatha	0x5ee
IME_KEY_Arabic_damma	0x5ef
IME_KEY_Arabic_kasra	0x5f0
IME_KEY_Arabic_shadda	0x5f1
IME_KEY_Arabic_sukun	0x5f2
IME_KEY_Arabic_madda_above	0x5f3
IME_KEY_Arabic_hamza_above	0x5f4
IME_KEY_Arabic_hamza_below	0x5f5

IME_KEY_Arabic_jeh	0x5f6
IME_KEY_Arabic_veh	0x5f7
IME_KEY_Arabic_keheh	0x5f8
IME_KEY_Arabic_gaf	0x5f9
IME_KEY_Arabic_noon_ghunna	0x5fa
IME_KEY_Arabic_heh_doachashmee	0x5fb
IME_KEY_Farsi_yeh	0x5fc
IME_KEY_Arabic_farsi_yeh	IME_KEY_Farsi_yeh
IME_KEY_Arabic_yeh_baree	0x5fd
IME_KEY_Arabic_heh_goal	0x5fe
IME_KEY_Arabic_switch	0xFF7E
IME_KEY_Cyrillic_GHE_bar	0x680
IME_KEY_Cyrillic_ghe_bar	0x690
IME_KEY_Cyrillic_ZHE_descender	0x681
IME_KEY_Cyrillic_zhe_descender	0x691
IME_KEY_Cyrillic_KA_descender	0x682
IME_KEY_Cyrillic_ka_descender	0x692
IME_KEY_Cyrillic_KA_vertstroke	0x683
IME_KEY_Cyrillic_ka_vertstroke	0x693
IME_KEY_Cyrillic_EN_descender	0x684
IME_KEY_Cyrillic_en_descender	0x694
IME_KEY_Cyrillic_U_straight	0x685
IME_KEY_Cyrillic_u_straight	0x695
IME_KEY_Cyrillic_U_straight_bar	0x686
IME_KEY_Cyrillic_u_straight_bar	0x696
IME_KEY_Cyrillic_HA_descender	0x687
IME_KEY_Cyrillic_ha_descender	0x697
IME_KEY_Cyrillic_CHE_descender	0x688
IME_KEY_Cyrillic_che_descender	0x698
IME_KEY_Cyrillic_CHE_vertstroke	0x689
IME_KEY_Cyrillic_che_vertstroke	0x699
IME_KEY_Cyrillic_SHHA	0x68a
IME_KEY_Cyrillic_shha	0x69a
IME_KEY_Cyrillic_SCHWA	0x68c
IME_KEY_Cyrillic_schwa	0x69c
IME_KEY_Cyrillic_I_macron	0x68d
IME_KEY_Cyrillic_i_macron	0x69d
IME_KEY_Cyrillic_O_bar	0x68e
IME_KEY_Cyrillic_o_bar	0x69e
IME_KEY_Cyrillic_U_macron	0x68f
IME_KEY_Cyrillic_u_macron	0x69f
IME_KEY_Serbian_dje	0x6a1
IME_KEY_Macedonia_gje	0x6a2

IME_KEY_Cyrillic_io	0x6a3
IME_KEY_Ukrainian_ie	0x6a4
IME_KEY_Ukranian_je	0x6a4
IME_KEY_Macedonia_dse	0x6a5
IME_KEY_Ukrainian_i	0x6a6
IME_KEY_Ukranian_i	0x6a6
IME_KEY_Ukrainian_yi	0x6a7
IME_KEY_Ukranian_yi	0x6a7
IME_KEY_Cyrillic_je	0x6a8
IME_KEY_Serbian_je	0x6a8
IME_KEY_Cyrillic_lje	0x6a9
IME_KEY_Serbian_lje	0x6a9
IME_KEY_Cyrillic_nje	0x6aa
IME_KEY_Serbian_nje	0x6aa
IME_KEY_Serbian_tshe	0x6ab
IME_KEY_Macedonia_kje	0x6ac
IME_KEY_Ukrainian_ghe_with_upturn	0x6ad
IME_KEY_Byelorussian_shortu	0x6ae
IME_KEY_Cyrillic_dzhe	0x6af
IME_KEY_Serbian_dze	0x6af
IME_KEY_numerosign	0x6b0
IME_KEY_Serbian_DJE	0x6b1
IME_KEY_Macedonia_GJE	0x6b2
IME_KEY_Cyrillic_IO	0x6b3
IME_KEY_Ukrainian_IE	0x6b4
IME_KEY_Ukranian_JE	0x6b4
IME_KEY_Macedonia_DSE	0x6b5
IME_KEY_Ukrainian_I	0x6b6
IME_KEY_Ukranian_I	0x6b6
IME_KEY_Ukrainian_YI	0x6b7
IME_KEY_Ukranian_YI	0x6b7
IME_KEY_Cyrillic_JE	0x6b8
IME_KEY_Serbian_JE	0x6b8
IME_KEY_Cyrillic_LJE	0x6b9
IME_KEY_Serbian_LJE	0x6b9
IME_KEY_Cyrillic_NJE	0x6ba
IME_KEY_Serbian_NJE	0x6ba
IME_KEY_Serbian_TSHE	0x6bb
IME_KEY_Macedonia_KJE	0x6bc
IME_KEY_Ukrainian_GHE_WITH_UPTURN	0x6bd
IME_KEY_Byelorussian_SHORTU	0x6be
IME_KEY_Cyrillic_DZHE	0x6bf
IME_KEY_Serbian_DZE	0x6bf

IME_KEY_Cyrillic_yu	0x6c0
IME_KEY_Cyrillic_a	0x6c1
IME_KEY_Cyrillic_be	0x6c2
IME_KEY_Cyrillic_tse	0x6c3
IME_KEY_Cyrillic_de	0x6c4
IME_KEY_Cyrillic_ie	0x6c5
IME_KEY_Cyrillic_ef	0x6c6
IME_KEY_Cyrillic_ghe	0x6c7
IME_KEY_Cyrillic_ha	0x6c8
IME_KEY_Cyrillic_i	0x6c9
IME_KEY_Cyrillic_shorti	0x6ca
IME_KEY_Cyrillic_ka	0x6cb
IME_KEY_Cyrillic_el	0x6cc
IME_KEY_Cyrillic_em	0x6cd
IME_KEY_Cyrillic_en	0x6ce
IME_KEY_Cyrillic_o	0x6cf
IME_KEY_Cyrillic_pe	0x6d0
IME_KEY_Cyrillic_ya	0x6d1
IME_KEY_Cyrillic_er	0x6d2
IME_KEY_Cyrillic_es	0x6d3
IME_KEY_Cyrillic_te	0x6d4
IME_KEY_Cyrillic_u	0x6d5
IME_KEY_Cyrillic_zhe	0x6d6
IME_KEY_Cyrillic_ve	0x6d7
IME_KEY_Cyrillic_softsign	0x6d8
IME_KEY_Cyrillic_yeru	0x6d9
IME_KEY_Cyrillic_ze	0x6da
IME_KEY_Cyrillic_sha	0x6db
IME_KEY_Cyrillic_e	0x6dc
IME_KEY_Cyrillic_shcha	0x6dd
IME_KEY_Cyrillic_che	0x6de
IME_KEY_Cyrillic_hardsign	0x6df
IME_KEY_Cyrillic_YU	0x6e0
IME_KEY_Cyrillic_A	0x6e1
IME_KEY_Cyrillic_BE	0x6e2
IME_KEY_Cyrillic_TSE	0x6e3
IME_KEY_Cyrillic_DE	0x6e4
IME_KEY_Cyrillic_IE	0x6e5
IME_KEY_Cyrillic_EF	0x6e6
IME_KEY_Cyrillic_GHE	0x6e7
IME_KEY_Cyrillic_HA	0x6e8
IME_KEY_Cyrillic_I	0x6e9
IME_KEY_Cyrillic_SHORTI	0x6ea

IME_KEY_Cyrillic_KA	0x6eb
IME_KEY_Cyrillic_EL	0x6ec
IME_KEY_Cyrillic_EM	0x6ed
IME_KEY_Cyrillic_EN	0x6ee
IME_KEY_Cyrillic_O	0x6ef
IME_KEY_Cyrillic_PE	0x6f0
IME_KEY_Cyrillic_YA	0x6f1
IME_KEY_Cyrillic_ER	0x6f2
IME_KEY_Cyrillic_ES	0x6f3
IME_KEY_Cyrillic_TE	0x6f4
IME_KEY_Cyrillic_U	0x6f5
IME_KEY_Cyrillic_ZHE	0x6f6
IME_KEY_Cyrillic_VE	0x6f7
IME_KEY_Cyrillic_SOFTSIGN	0x6f8
IME_KEY_Cyrillic_YERU	0x6f9
IME_KEY_Cyrillic_ZE	0x6fa
IME_KEY_Cyrillic_SHA	0x6fb
IME_KEY_Cyrillic_E	0x6fc
IME_KEY_Cyrillic_SHCHA	0x6fd
IME_KEY_Cyrillic_CHE	0x6fe
IME_KEY_Cyrillic_HARDSIGN	0x6ff
IME_KEY_Greek_ALPHAaccent	0x7a1
IME_KEY_Greek_EPSILONaccent	0x7a2
IME_KEY_Greek_ETAaccent	0x7a3
IME_KEY_Greek_IOTAaccent	0x7a4
IME_KEY_Greek_IOTAdieresis	0x7a5
IME_KEY_Greek_IOTAdiaeresis	IME_KEY_Greek_IOTAdieresis
IME_KEY_Greek_OMICRONaccent	0x7a7
IME_KEY_Greek_UPSILONaccent	0x7a8
IME_KEY_Greek_UPSILONdieresis	0x7a9
IME_KEY_Greek_OMEGAaccent	0x7ab
IME_KEY_Greek_accentdieresis	0x7ae
IME_KEY_Greek_horizbar	0x7af
IME_KEY_Greek_alphaaccent	0x7b1
IME_KEY_Greek_epsilonaccent	0x7b2
IME_KEY_Greek_etaaccent	0x7b3
IME_KEY_Greek_iotaaccent	0x7b4
IME_KEY_Greek_iotadieresis	0x7b5
IME_KEY_Greek_iotaaccentdieresis	0x7b6
IME_KEY_Greek_omicronaccent	0x7b7
IME_KEY_Greek_upsilonaccent	0x7b8
IME_KEY_Greek_upsilondieresis	0x7b9
IME_KEY_Greek_upsilonaccentdieresis	0x7ba

IME_KEY_Greek_omegaaccent	0x7bb
IME_KEY_Greek_ALPHA	0x7c1
IME_KEY_Greek_BETA	0x7c2
IME_KEY_Greek_GAMMA	0x7c3
IME_KEY_Greek_DELTA	0x7c4
IME_KEY_Greek_EPSILON	0x7c5
IME_KEY_Greek_ZETA	0x7c6
IME_KEY_Greek_ETA	0x7c7
IME_KEY_Greek_THETA	0x7c8
IME_KEY_Greek_IOTA	0x7c9
IME_KEY_Greek_KAPPA	0x7ca
IME_KEY_Greek_LAMDA	0x7cb
IME_KEY_Greek_LAMBDA	0x7cb
IME_KEY_Greek_MU	0x7cc
IME_KEY_Greek_NU	0x7cd
IME_KEY_Greek_XI	0x7ce
IME_KEY_Greek_OMICRON	0x7cf
IME_KEY_Greek_PI	0x7d0
IME_KEY_Greek_RHO	0x7d1
IME_KEY_Greek_SIGMA	0x7d2
IME_KEY_Greek_TAU	0x7d4
IME_KEY_Greek_UPSILON	0x7d5
IME_KEY_Greek_PHI	0x7d6
IME_KEY_Greek_CHI	0x7d7
IME_KEY_Greek_PSI	0x7d8
IME_KEY_Greek_OMEGA	0x7d9
IME_KEY_Greek_alpha	0x7e1
IME_KEY_Greek_beta	0x7e2
IME_KEY_Greek_gamma	0x7e3
IME_KEY_Greek_delta	0x7e4
IME_KEY_Greek_epsilon	0x7e5
IME_KEY_Greek_zeta	0x7e6
IME_KEY_Greek_eta	0x7e7
IME_KEY_Greek_theta	0x7e8
IME_KEY_Greek_iota	0x7e9
IME_KEY_Greek_kappa	0x7ea
IME_KEY_Greek_lamda	0x7eb
IME_KEY_Greek_lambda	0x7eb
IME_KEY_Greek_mu	0x7ec
IME_KEY_Greek_nu	0x7ed
IME_KEY_Greek_xi	0x7ee
IME_KEY_Greek_omicron	0x7ef
IME_KEY_Greek_pi	0x7f0

IME_KEY_Greek_rho	0x7f1
IME_KEY_Greek_sigma	0x7f2
IME_KEY_Greek_finalsmallsigma	0x7f3
IME_KEY_Greek_tau	0x7f4
IME_KEY_Greek_upsilon	0x7f5
IME_KEY_Greek_phi	0x7f6
IME_KEY_Greek_chi	0x7f7
IME_KEY_Greek_psi	0x7f8
IME_KEY_Greek_omega	0x7f9
IME_KEY_Greek_switch	0xFF7E
IME_KEY_leftradical	0x8a1
IME_KEY_topleftradical	0x8a2
IME_KEY_horizconnector	0x8a3
IME_KEY_topintegral	0x8a4
IME_KEY_botintegral	0x8a5
IME_KEY_vertconnector	0x8a6
IME_KEY_topleftsqbracket	0x8a7
IME_KEY_botleftsqbracket	0x8a8
IME_KEY_toprightsqbracket	0x8a9
IME_KEY_botrightsqbracket	0x8aa
IME_KEY_topleftparens	0x8ab
IME_KEY_botleftparens	0x8ac
IME_KEY_toprightparens	0x8ad
IME_KEY_botrightparens	0x8ae
IME_KEY_leftmiddlecurlybrace	0x8af
IME_KEY_rightmiddlecurlybrace	0x8b0
IME_KEY_topleftsummation	0x8b1
IME_KEY_botleftsummation	0x8b2
IME_KEY_topvertsummationconnector	0x8b3
IME_KEY_botvertsummationconnector	0x8b4
IME_KEY_toprightsummation	0x8b5
IME_KEY_botrightsummation	0x8b6
IME_KEY_rightmiddlesummation	0x8b7
IME_KEY_lessthanequal	0x8bc
IME_KEY_notequal	0x8bd
IME_KEY_greaterthanequal	0x8be
IME_KEY_integral	0x8bf
IME_KEY_therefore	0x8c0
IME_KEY_variation	0x8c1
IME_KEY_infinity	0x8c2
IME_KEY_nabla	0x8c5
IME_KEY_approximate	0x8c8
IME_KEY_similarequal	0x8c9

IME_KEY_ifonlyif	0x8cd
IME_KEY_implies	0x8ce
IME_KEY_identical	0x8cf
IME_KEY_radical	0x8d6
IME_KEY_includedin	0x8da
IME_KEY_includes	0x8db
IME_KEY_intersection	0x8dc
IME_KEY_union	0x8dd
IME_KEY_logicaland	0x8de
IME_KEY_logicalor	0x8df
IME_KEY_partialderivative	0x8ef
IME_KEY_function	0x8f6
IME_KEY_leftarrow	0x8fb
IME_KEY_uparrow	0x8fc
IME_KEY_rightarrow	0x8fd
IME_KEY_downarrow	0x8fe
IME_KEY_blank	0x9df
IME_KEY_soliddiamond	0x9e0
IME_KEY_checkerboard	0x9e1
IME_KEY_ht	0x9e2
IME_KEY_ff	0x9e3
IME_KEY_cr	0x9e4
IME_KEY_lf	0x9e5
IME_KEY_nl	0x9e8
IME_KEY_vt	0x9e9
IME_KEY_lowrightcorner	0x9ea
IME_KEY_uprightcorner	0x9eb
IME_KEY_upleftcorner	0x9ec
IME_KEY_lowleftcorner	0x9ed
IME_KEY_crossinglines	0x9ee
IME_KEY_horizlinescan1	0x9ef
IME_KEY_horizlinescan3	0x9f0
IME_KEY_horizlinescan5	0x9f1
IME_KEY_horizlinescan7	0x9f2
IME_KEY_horizlinescan9	0x9f3
IME_KEY_leftt	0x9f4
IME_KEY_rightt	0x9f5
IME_KEY_bott	0x9f6
IME_KEY_topt	0x9f7
IME_KEY_vertbar	0x9f8
IME_KEY_emspace	0xaa1
IME_KEY_enspace	0xaa2
IME_KEY_em3space	0xaa3

IME_KEY_em4space	0xaa4
IME_KEY_digitspace	0xaa5
IME_KEY_punctspace	0xaa6
IME_KEY_thinspace	0xaa7
IME_KEY_hairspace	0xaa8
IME_KEY_emdash	0xaa9
IME_KEY_endash	0xaaa
IME_KEY_signifblank	0xaac
IME_KEY_ellipsis	0xaae
IME_KEY_doubbaselinedot	0xaaf
IME_KEY_onethird	0xab0
IME_KEY_twothirds	0xab1
IME_KEY_onefifth	0xab2
IME_KEY_twofifths	0xab3
IME_KEY_threefifths	0xab4
IME_KEY_fourfifths	0xab5
IME_KEY_onesixth	0xab6
IME_KEY_fivesixths	0xab7
IME_KEY_careof	0xab8
IME_KEY_figdash	0xabb
IME_KEY_leftanglebracket	0xabc
IME_KEY_decimalpoint	0xabd
IME_KEY_rightanglebracket	0xabe
IME_KEY_marker	0xabf
IME_KEY_oneeighth	0xac3
IME_KEY_threeeighths	0xac4
IME_KEY_fiveeighths	0xac5
IME_KEY_seveneighths	0xac6
IME_KEY_trademark	0xac9
IME_KEY_signaturemark	0xaca
IME_KEY_trademarkincircle	0xacb
IME_KEY_leftopentriangle	0xacc
IME_KEY_rightopentriangle	0xacd
IME_KEY_emopencircle	0xace
IME_KEY_emopenrectangle	0xacf
IME_KEY_leftsinglequotemark	0xad0
IME_KEY_rightsinglequotemark	0xad1
IME_KEY_leftdoublequotemark	0xad2
IME_KEY_rightdoublequotemark	0xad3
IME_KEY_prescription	0xad4
IME_KEY_minutes	0xad6
IME_KEY_seconds	0xad7
IME_KEY_latincross	0xad9

IME_KEY_hexagram	0xada
IME_KEY_filledrectbullet	0xadb
IME_KEY_filledlefttribullet	0xadc
IME_KEY_filledrighttribullet	0xadd
IME_KEY_emfilledcircle	0xade
IME_KEY_emfilledrect	0xadf
IME_KEY_enopencircbullet	0xae0
IME_KEY_enopensquarebullet	0xae1
IME_KEY_openrectbullet	0xae2
IME_KEY_opentribulletup	0xae3
IME_KEY_opentribulletdown	0xae4
IME_KEY_openstar	0xae5
IME_KEY_enfilledcircbullet	0xae6
IME_KEY_enfilledsqbullet	0xae7
IME_KEY_filledtribulletup	0xae8
IME_KEY_filledtribulletdown	0xae9
IME_KEY_leftpointer	0xaea
IME_KEY_rightpointer	0xaeb
IME_KEY_club	0xaec
IME_KEY_diamond	0xaed
IME_KEY_heart	0xaee
IME_KEY_maltesecross	0xaf0
IME_KEY_dagger	0xaf1
IME_KEY_doubledagger	0xaf2
IME_KEY_checkmark	0xaf3
IME_KEY_ballotcross	0xaf4
IME_KEY_musicalsharp	0xaf5
IME_KEY_musicalflat	0xaf6
IME_KEY_malesymbol	0xaf7
IME_KEY_femalesymbol	0xaf8
IME_KEY_telephone	0xaf9
IME_KEY_telephonerecorder	0xafa
IME_KEY_phonographcopyright	0xafb
IME_KEY_caret	0xafc
IME_KEY_singlelowquotemark	0xafd
IME_KEY_doublelowquotemark	0xafe
IME_KEY_cursor	0xaff
IME_KEY_leftcaret	0xba3
IME_KEY_rightcaret	0xba6
IME_KEY_downcaret	0xba8
IME_KEY_upcaret	0xba9
IME_KEY_overbar	0xbc0
IME_KEY_downtack	0xbc2

IME_KEY_upshoe	0xbc3
IME_KEY_downstile	0xbc4
IME_KEY_underbar	0xbc6
IME_KEY_jot	0xbca
IME_KEY_quad	0xbcc
IME_KEY_uptack	0xbce
IME_KEY_circle	0xbcf
IME_KEY_upstile	0xbd3
IME_KEY_downshoe	0xbd6
IME_KEY_rightshoe	0xbd8
IME_KEY_leftshoe	0xbda
IME_KEY_lefttack	0xbdc
IME_KEY_righttack	0xbfc
IME_KEY_hebrew_doublelowline	0xcdf
IME_KEY_hebrew_aleph	0xce0
IME_KEY_hebrew_bet	0xce1
IME_KEY_hebrew_beth	0xce1
IME_KEY_hebrew_gimel	0xce2
IME_KEY_hebrew_gimmel	0xce2
IME_KEY_hebrew_dalet	0xce3
IME_KEY_hebrew_daleth	0xce3
IME_KEY_hebrew_he	0xce4
IME_KEY_hebrew_waw	0xce5
IME_KEY_hebrew_zain	0xce6
IME_KEY_hebrew_zayin	0xce6
IME_KEY_hebrew_chet	0xce7
IME_KEY_hebrew_het	0xce7
IME_KEY_hebrew_tet	0xce8
IME_KEY_hebrew_teth	0xce8
IME_KEY_hebrew_yod	0xce9
IME_KEY_hebrew_finalkaph	0xcea
IME_KEY_hebrew_kaph	0xceb
IME_KEY_hebrew_lamed	0xcec
IME_KEY_hebrew_finalmem	0xced
IME_KEY_hebrew_mem	0xcee
IME_KEY_hebrew_finalnun	0xcef
IME_KEY_hebrew_nun	0xcf0
IME_KEY_hebrew_samech	0xcf1
IME_KEY_hebrew_samekh	0xcf1
IME_KEY_hebrew_ayin	0xcf2
IME_KEY_hebrew_finalpe	0xcf3
IME_KEY_hebrew_pe	0xcf4
IME_KEY_hebrew_finalzade	0xcf5

IME_KEY_hebrew_finalzadi	0xcf5
IME_KEY_hebrew_zade	0xcf6
IME_KEY_hebrew_zadi	0xcf6
IME_KEY_hebrew_qoph	0xcf7
IME_KEY_hebrew_kuf	0xcf7
IME_KEY_hebrew_resh	0xcf8
IME_KEY_hebrew_shin	0xcf9
IME_KEY_hebrew_taw	0xcfa
IME_KEY_hebrew_taf	0xcfa
IME_KEY_Hebrew_switch	0xFF7E
IME_KEY_Thai_kokai	0xda1
IME_KEY_Thai_khokhai	0xda2
IME_KEY_Thai_khokhuat	0xda3
IME_KEY_Thai_khokhwai	0xda4
IME_KEY_Thai_khokhon	0xda5
IME_KEY_Thai_khorakhang	0xda6
IME_KEY_Thai_ngongu	0xda7
IME_KEY_Thai_chochan	0xda8
IME_KEY_Thai_choching	0xda9
IME_KEY_Thai_chochang	0xdaa
IME_KEY_Thai_soso	0xdab
IME_KEY_Thai_chochoe	0xdac
IME_KEY_Thai_yoying	0xdad
IME_KEY_Thai_dochada	0xdae
IME_KEY_Thai_topatak	0xdaf
IME_KEY_Thai_thothan	0xdb0
IME_KEY_Thai_thonangmontho	0xdb1
IME_KEY_Thai_thophuthao	0xdb2
IME_KEY_Thai_nonen	0xdb3
IME_KEY_Thai_dodek	0xdb4
IME_KEY_Thai_totao	0xdb5
IME_KEY_Thai_thothung	0xdb6
IME_KEY_Thai_thothahan	0xdb7
IME_KEY_Thai_thothong	0xdb8
IME_KEY_Thai_nonu	0xdb9
IME_KEY_Thai_bobaimai	0xdba
IME_KEY_Thai_popla	0xdbb
IME_KEY_Thai_phophung	0xdbc
IME_KEY_Thai_fofa	0xdbd
IME_KEY_Thai_phophan	0xdbe
IME_KEY_Thai_fofan	0xdbf
IME_KEY_Thai_phosamphao	0xdc0
IME_KEY_Thai_moma	0xdc1

IME_KEY_Thai_yoyak	0xdc2
IME_KEY_Thai_rorua	0xdc3
IME_KEY_Thai_ru	0xdc4
IME_KEY_Thai_loling	0xdc5
IME_KEY_Thai_lu	0xdc6
IME_KEY_Thai_wowaen	0xdc7
IME_KEY_Thai_sosala	0xdc8
IME_KEY_Thai_sorusi	0xdc9
IME_KEY_Thai_sosua	0xdca
IME_KEY_Thai_hohip	0xdcb
IME_KEY_Thai_lochula	0xdcc
IME_KEY_Thai_oang	0xdcd
IME_KEY_Thai_honokhuk	0xdce
IME_KEY_Thai_paiyannoi	0xdcf
IME_KEY_Thai_saraa	0xdd0
IME_KEY_Thai_maihanakat	0xdd1
IME_KEY_Thai_saraaa	0xdd2
IME_KEY_Thai_saraam	0xdd3
IME_KEY_Thai_sarai	0xdd4
IME_KEY_Thai_saraii	0xdd5
IME_KEY_Thai_saraue	0xdd6
IME_KEY_Thai_sarauee	0xdd7
IME_KEY_Thai_sarau	0xdd8
IME_KEY_Thai_sarauu	0xdd9
IME_KEY_Thai_phinthu	0xdda
IME_KEY_Thai_maihanakat_maitho	0xdde
IME_KEY_Thai_baht	0xddf
IME_KEY_Thai_sarae	0xde0
IME_KEY_Thai_saraae	0xde1
IME_KEY_Thai_sarao	0xde2
IME_KEY_Thai_saraaimaimuan	0xde3
IME_KEY_Thai_saraaimaimalai	0xde4
IME_KEY_Thai_lakkhangyao	0xde5
IME_KEY_Thai_maiyamok	0xde6
IME_KEY_Thai_maitaikhu	0xde7
IME_KEY_Thai_maiek	0xde8
IME_KEY_Thai_maitho	0xde9
IME_KEY_Thai_maitri	0xdea
IME_KEY_Thai_maichattawa	0xdeb
IME_KEY_Thai_thanthakhat	0xdec
IME_KEY_Thai_nikhahit	0xded
IME_KEY_Thai_leksun	0xdf0
IME_KEY_Thai_leknung	0xdf1

IME_KEY_Thai_leksong	0xdf2
IME_KEY_Thai_leksam	0xdf3
IME_KEY_Thai_leksi	0xdf4
IME_KEY_Thai_lekha	0xdf5
IME_KEY_Thai_lekhok	0xdf6
IME_KEY_Thai_lekchet	0xdf7
IME_KEY_Thai_lekpaet	0xdf8
IME_KEY_Thai_lekkao	0xdf9
IME_KEY_Hangul	0xff31
IME_KEY_Hangul_Start	0xff32
IME_KEY_Hangul_End	0xff33
IME_KEY_Hangul_Hanja	0xff34
IME_KEY_Hangul_Jamo	0xff35
IME_KEY_Hangul_Romaja	0xff36
IME_KEY_Hangul_Codeinput	0xff37
IME_KEY_Hangul_Jeonja	0xff38
IME_KEY_Hangul_Banja	0xff39
IME_KEY_Hangul_PreHanja	0xff3a
IME_KEY_Hangul_PostHanja	0xff3b
IME_KEY_Hangul_SingleCandidate	0xff3c
IME_KEY_Hangul_MultipleCandidate	0xff3d
IME_KEY_Hangul_PreviousCandidate	0xff3e
IME_KEY_Hangul_Special	0xff3f
IME_KEY_Hangul_switch	0xFF7E
IME_KEY_Hangul_Kiyeog	0xea1
IME_KEY_Hangul_SsangKiyeog	0xea2
IME_KEY_Hangul_KiyeogSios	0xea3
IME_KEY_Hangul_Nieun	0xea4
IME_KEY_Hangul_NieunJieuj	0xea5
IME_KEY_Hangul_NieunHieuh	0xea6
IME_KEY_Hangul_Dikeud	0xea7
IME_KEY_Hangul_SsangDikeud	0xea8
IME_KEY_Hangul_Rieul	0xea9
IME_KEY_Hangul_RieulKiyeog	0xeaa
IME_KEY_Hangul_RieulMieum	0xeab
IME_KEY_Hangul_RieulPieub	0xeac
IME_KEY_Hangul_RieulSios	0xead
IME_KEY_Hangul_RieulTieut	0xeae
IME_KEY_Hangul_RieulPhieuf	0xeaf
IME_KEY_Hangul_RieulHieuh	0xeb0
IME_KEY_Hangul_Mieum	0xeb1
IME_KEY_Hangul_Pieub	0xeb2
IME_KEY_Hangul_SsangPieub	0xeb3

IME_KEY_Hangul_PieubSios	0xeb4
IME_KEY_Hangul_Sios	0xeb5
IME_KEY_Hangul_SsangSios	0xeb6
IME_KEY_Hangul_Ieung	0xeb7
IME_KEY_Hangul_Jieuj	0xeb8
IME_KEY_Hangul_SsangJieuj	0xeb9
IME_KEY_Hangul_Cieuc	0xeba
IME_KEY_Hangul_Khieuq	0xebb
IME_KEY_Hangul_Tieut	0xebc
IME_KEY_Hangul_Phieuf	0xebd
IME_KEY_Hangul_Hieuh	0xebe
IME_KEY_Hangul_A	0xebf
IME_KEY_Hangul_AE	0xec0
IME_KEY_Hangul_YA	0xec1
IME_KEY_Hangul_YAE	0xec2
IME_KEY_Hangul_EO	0xec3
IME_KEY_Hangul_E	0xec4
IME_KEY_Hangul_YEO	0xec5
IME_KEY_Hangul_YE	0xec6
IME_KEY_Hangul_O	0xec7
IME_KEY_Hangul_WA	0xec8
IME_KEY_Hangul_WAE	0xec9
IME_KEY_Hangul_OE	0xeca
IME_KEY_Hangul_YO	0xecb
IME_KEY_Hangul_U	0xecc
IME_KEY_Hangul_WEO	0xecd
IME_KEY_Hangul_WE	0xece
IME_KEY_Hangul_WI	0xecf
IME_KEY_Hangul_YU	0xed0
IME_KEY_Hangul_EU	0xed1
IME_KEY_Hangul_YI	0xed2
IME_KEY_Hangul_I	0xed3
IME_KEY_Hangul_J_Kiyeog	0xed4
IME_KEY_Hangul_J_SsangKiyeog	0xed5
IME_KEY_Hangul_J_KiyeogSios	0xed6
IME_KEY_Hangul_J_Nieun	0xed7
IME_KEY_Hangul_J_NieunJieuj	0xed8
IME_KEY_Hangul_J_NieunHieuh	0xed9
IME_KEY_Hangul_J_Dikeud	0xeda
IME_KEY_Hangul_J_Rieul	0xedb
IME_KEY_Hangul_J_RieulKiyeog	0xedc
IME_KEY_Hangul_J_RieulMieum	0xedd
IME_KEY_Hangul_J_RieulPieub	0xede

IME_KEY_Hangul_J_RieulSios	0xedf
IME_KEY_Hangul_J_RieulTieut	0xee0
IME_KEY_Hangul_J_RieulPhieuf	0xee1
IME_KEY_Hangul_J_RieulHieuh	0xee2
IME_KEY_Hangul_J_Mieum	0xee3
IME_KEY_Hangul_J_Pieub	0xee4
IME_KEY_Hangul_J_PieubSios	0xee5
IME_KEY_Hangul_J_Sios	0xee6
IME_KEY_Hangul_J_SsangSios	0xee7
IME_KEY_Hangul_J_Ieung	0xee8
IME_KEY_Hangul_J_Jieuj	0xee9
IME_KEY_Hangul_J_Cieuc	0xeea
IME_KEY_Hangul_J_Khieuq	0xeeb
IME_KEY_Hangul_J_Tieut	0xeec
IME_KEY_Hangul_J_Phieuf	0xeed
IME_KEY_Hangul_J_Hieuh	0xeee
IME_KEY_Hangul_RieulYeorinHieuh	0xeef
IME_KEY_Hangul_SunkyeongeumMieum	0xef0
IME_KEY_Hangul_SunkyeongeumPieub	0xef1
IME_KEY_Hangul_PanSios	0xef2
IME_KEY_Hangul_KkogjiDalrinIeung	0xef3
IME_KEY_Hangul_SunkyeongeumPhieuf	0xef4
IME_KEY_Hangul_YeorinHieuh	0xef5
IME_KEY_Hangul_AraeA	0xef6
IME_KEY_Hangul_AraeAE	0xef7
IME_KEY_Hangul_J_PanSios	0xef8
IME_KEY_Hangul_J_KkogjiDalrinIeung	0xef9
IME_KEY_Hangul_J_YeorinHieuh	0xefa
IME_KEY_Korean_Won	0xeff
IME_KEY_Armenian_eternity	0x14a1
IME_KEY_Armenian_ligature_ew	0x14a2
IME_KEY_Armenian_full_stop	0x14a3
IME_KEY_Armenian_verjaket	0x14a3
IME_KEY_Armenian_parenright	0x14a4
IME_KEY_Armenian_parenleft	0x14a5
IME_KEY_Armenian_guillemotright	0x14a6
IME_KEY_Armenian_guillemotleft	0x14a7
IME_KEY_Armenian_em_dash	0x14a8
IME_KEY_Armenian_dot	0x14a9
IME_KEY_Armenian_mijaket	0x14a9
IME_KEY_Armenian_separation_mark	0x14aa
IME_KEY_Armenian_but	0x14aa
IME_KEY_Armenian_comma	0x14ab

IME_KEY_Armenian_en_dash	0x14ac
IME_KEY_Armenian_hyphen	0x14ad
IME_KEY_Armenian_yentamna	0x14ad
IME_KEY_Armenian_ellipsis	0x14ae
IME_KEY_Armenian_exclam	0x14af
IME_KEY_Armenian_amanak	0x14af
IME_KEY_Armenian_accent	0x14b0
IME_KEY_Armenian_shesht	0x14b0
IME_KEY_Armenian_question	0x14b1
IME_KEY_Armenian_paruyk	0x14b1
IME_KEY_Armenian_AYB	0x14b2
IME_KEY_Armenian_ayb	0x14b3
IME_KEY_Armenian_BEN	0x14b4
IME_KEY_Armenian_ben	0x14b5
IME_KEY_Armenian_GIM	0x14b6
IME_KEY_Armenian_gim	0x14b7
IME_KEY_Armenian_DA	0x14b8
IME_KEY_Armenian_da	0x14b9
IME_KEY_Armenian_YECH	0x14ba
IME_KEY_Armenian_yech	0x14bb
IME_KEY_Armenian_ZA	0x14bc
IME_KEY_Armenian_za	0x14bd
IME_KEY_Armenian_E	0x14be
IME_KEY_Armenian_e	0x14bf
IME_KEY_Armenian_AT	0x14c0
IME_KEY_Armenian_at	0x14c1
IME_KEY_Armenian_TO	0x14c2
IME_KEY_Armenian_to	0x14c3
IME_KEY_Armenian_ZHE	0x14c4
IME_KEY_Armenian_zhe	0x14c5
IME_KEY_Armenian_INI	0x14c6
IME_KEY_Armenian_ini	0x14c7
IME_KEY_Armenian_LYUN	0x14c8
IME_KEY_Armenian_lyun	0x14c9
IME_KEY_Armenian_KHE	0x14ca
IME_KEY_Armenian_khe	0x14cb
IME_KEY_Armenian_TSA	0x14cc
IME_KEY_Armenian_tsa	0x14cd
IME_KEY_Armenian_KEN	0x14ce
IME_KEY_Armenian_ken	0x14cf
IME_KEY_Armenian_HO	0x14d0
IME_KEY_Armenian_ho	0x14d1
IME_KEY_Armenian_DZA	0x14d2

IME_KEY_Armenian_dza	0x14d3
IME_KEY_Armenian_GHAT	0x14d4
IME_KEY_Armenian_ghat	0x14d5
IME_KEY_Armenian_TCHE	0x14d6
IME_KEY_Armenian_tche	0x14d7
IME_KEY_Armenian_MEN	0x14d8
IME_KEY_Armenian_men	0x14d9
IME_KEY_Armenian_HI	0x14da
IME_KEY_Armenian_hi	0x14db
IME_KEY_Armenian_NU	0x14dc
IME_KEY_Armenian_nu	0x14dd
IME_KEY_Armenian_SHA	0x14de
IME_KEY_Armenian_sha	0x14df
IME_KEY_Armenian_VO	0x14e0
IME_KEY_Armenian_vo	0x14e1
IME_KEY_Armenian_CHA	0x14e2
IME_KEY_Armenian_cha	0x14e3
IME_KEY_Armenian_PE	0x14e4
IME_KEY_Armenian_pe	0x14e5
IME_KEY_Armenian_JE	0x14e6
IME_KEY_Armenian_je	0x14e7
IME_KEY_Armenian_RA	0x14e8
IME_KEY_Armenian_ra	0x14e9
IME_KEY_Armenian_SE	0x14ea
IME_KEY_Armenian_se	0x14eb
IME_KEY_Armenian_VEV	0x14ec
IME_KEY_Armenian_vev	0x14ed
IME_KEY_Armenian_TYUN	0x14ee
IME_KEY_Armenian_tyun	0x14ef
IME_KEY_Armenian_RE	0x14f0
IME_KEY_Armenian_re	0x14f1
IME_KEY_Armenian_TSO	0x14f2
IME_KEY_Armenian_tso	0x14f3
IME_KEY_Armenian_VYUN	0x14f4
IME_KEY_Armenian_vyun	0x14f5
IME_KEY_Armenian_PYUR	0x14f6
IME_KEY_Armenian_pyur	0x14f7
IME_KEY_Armenian_KE	0x14f8
IME_KEY_Armenian_ke	0x14f9
IME_KEY_Armenian_O	0x14fa
IME_KEY_Armenian_o	0x14fb
IME_KEY_Armenian_FE	0x14fc
IME_KEY_Armenian_fe	0x14fd

IME_KEY_Armenian_apostrophe	0x14fe
IME_KEY_Armenian_section_sign	0x14ff
IME_KEY_Georgian_an	0x15d0
IME_KEY_Georgian_ban	0x15d1
IME_KEY_Georgian_gan	0x15d2
IME_KEY_Georgian_don	0x15d3
IME_KEY_Georgian_en	0x15d4
IME_KEY_Georgian_vin	0x15d5
IME_KEY_Georgian_zen	0x15d6
IME_KEY_Georgian_tan	0x15d7
IME_KEY_Georgian_in	0x15d8
IME_KEY_Georgian_kan	0x15d9
IME_KEY_Georgian_las	0x15da
IME_KEY_Georgian_man	0x15db
IME_KEY_Georgian_nar	0x15dc
IME_KEY_Georgian_on	0x15dd
IME_KEY_Georgian_par	0x15de
IME_KEY_Georgian_zhar	0x15df
IME_KEY_Georgian_rae	0x15e0
IME_KEY_Georgian_san	0x15e1
IME_KEY_Georgian_tar	0x15e2
IME_KEY_Georgian_un	0x15e3
IME_KEY_Georgian_phar	0x15e4
IME_KEY_Georgian_khar	0x15e5
IME_KEY_Georgian_ghan	0x15e6
IME_KEY_Georgian_qar	0x15e7
IME_KEY_Georgian_shin	0x15e8
IME_KEY_Georgian_chin	0x15e9
IME_KEY_Georgian_can	0x15ea
IME_KEY_Georgian_jil	0x15eb
IME_KEY_Georgian_cil	0x15ec
IME_KEY_Georgian_char	0x15ed
IME_KEY_Georgian_xan	0x15ee
IME_KEY_Georgian_jhan	0x15ef
IME_KEY_Georgian_hae	0x15f0
IME_KEY_Georgian_he	0x15f1
IME_KEY_Georgian_hie	0x15f2
IME_KEY_Georgian_we	0x15f3
IME_KEY_Georgian_har	0x15f4
IME_KEY_Georgian_hoe	0x15f5
IME_KEY_Georgian_fi	0x15f6
IME_KEY_Ccedillaabovedot	0x16a2
IME_KEY_Xabovedot	0x16a3

IME_KEY_Qabovedot	0x16a5
IME_KEY_Ibreve	0x16a6
IME_KEY_IE	0x16a7
IME_KEY_UO	0x16a8
IME_KEY_Zstroke	0x16a9
IME_KEY_Gcaron	0x16aa
IME_KEY_Obarred	0x16af
IME_KEY_ccedillaabovedot	0x16b2
IME_KEY_xabovedot	0x16b3
IME_KEY_Ocaron	0x16b4
IME_KEY_qabovedot	0x16b5
IME_KEY_ibreve	0x16b6
IME_KEY_ie	0x16b7
IME_KEY_uo	0x16b8
IME_KEY_zstroke	0x16b9
IME_KEY_gcaron	0x16ba
IME_KEY_ocaron	0x16bd
IME_KEY_obarred	0x16bf
IME_KEY_SCHWA	0x16c6
IME_KEY_schwa	0x16f6
IME_KEY_Lbelowdot	0x16d1
IME_KEY_Lstrokebelowdot	0x16d2
IME_KEY_lbelowdot	0x16e1
IME_KEY_lstrokebelowdot	0x16e2
IME_KEY_Gtilde	0x16d3
IME_KEY_gtilde	0x16e3
IME_KEY_Abelowdot	0x1ea0
IME_KEY_abelowdot	0x1ea1
IME_KEY_Ahook	0x1ea2
IME_KEY_ahook	0x1ea3
IME_KEY_Acircumflexacute	0x1ea4
IME_KEY_acircumflexacute	0x1ea5
IME_KEY_Acircumflexgrave	0x1ea6
IME_KEY_acircumflexgrave	0x1ea7
IME_KEY_Acircumflexhook	0x1ea8
IME_KEY_acircumflexhook	0x1ea9
IME_KEY_Acircumflextilde	0x1eaa
IME_KEY_acircumflextilde	0x1eab
IME_KEY_Acircumflexbelowdot	0x1eac
IME_KEY_acircumflexbelowdot	0x1ead
IME_KEY_Abreveacute	0x1eae
IME_KEY_abreveacute	0x1eaf
IME_KEY_Abrevegrave	0x1eb0

IME_KEY_abrevegrave	0x1eb1
IME_KEY_Abrevehook	0x1eb2
IME_KEY_abrevehook	0x1eb3
IME_KEY_Abrevetilde	0x1eb4
IME_KEY_abrevetilde	0x1eb5
IME_KEY_Abrevebelowdot	0x1eb6
IME_KEY_abrevebelowdot	0x1eb7
IME_KEY_Ebelowdot	0x1eb8
IME_KEY_ebelowdot	0x1eb9
IME_KEY_Ehook	0x1eba
IME_KEY_ehook	0x1ebb
IME_KEY_Etilde	0x1ebc
IME_KEY_etilde	0x1ebd
IME_KEY_Ecircumflexacute	0x1ebe
IME_KEY_ecircumflexacute	0x1ebf
IME_KEY_Ecircumflexgrave	0x1ec0
IME_KEY_ecircumflexgrave	0x1ec1
IME_KEY_Ecircumflexhook	0x1ec2
IME_KEY_ecircumflexhook	0x1ec3
IME_KEY_Ecircumflextilde	0x1ec4
IME_KEY_ecircumflextilde	0x1ec5
IME_KEY_Ecircumflexbelowdot	0x1ec6
IME_KEY_ecircumflexbelowdot	0x1ec7
IME_KEY_Ihook	0x1ec8
IME_KEY_ihook	0x1ec9
IME_KEY_Ibelowdot	0x1eca
IME_KEY_ibelowdot	0x1ecb
IME_KEY_Obelowdot	0x1ecc
IME_KEY_obelowdot	0x1ecd
IME_KEY_Ohook	0x1ece
IME_KEY_ohook	0x1ecf
IME_KEY_Ocircumflexacute	0x1ed0
IME_KEY_ocircumflexacute	0x1ed1
IME_KEY_Ocircumflexgrave	0x1ed2
IME_KEY_ocircumflexgrave	0x1ed3
IME_KEY_Ocircumflexhook	0x1ed4
IME_KEY_ocircumflexhook	0x1ed5
IME_KEY_Ocircumflextilde	0x1ed6
IME_KEY_ocircumflextilde	0x1ed7
IME_KEY_Ocircumflexbelowdot	0x1ed8
IME_KEY_ocircumflexbelowdot	0x1ed9
IME_KEY_Ohornacute	0x1eda
IME_KEY_ohornacute	0x1edb

IME_KEY_Ohorngrave	0x1edc
IME_KEY_ohorngrave	0x1edd
IME_KEY_Ohornhook	0x1ede
IME_KEY_ohornhook	0x1edf
IME_KEY_Ohorntilde	0x1ee0
IME_KEY_ohorntilde	0x1ee1
IME_KEY_Ohornbelowdot	0x1ee2
IME_KEY_ohornbelowdot	0x1ee3
IME_KEY_Ubelowdot	0x1ee4
IME_KEY_ubelowdot	0x1ee5
IME_KEY_Uhook	0x1ee6
IME_KEY_uhook	0x1ee7
IME_KEY_Uhornacute	0x1ee8
IME_KEY_uhornacute	0x1ee9
IME_KEY_Uhorngrave	0x1eea
IME_KEY_uhorngrave	0x1eeb
IME_KEY_Uhornhook	0x1eec
IME_KEY_uhornhook	0x1eed
IME_KEY_Uhorntilde	0x1eee
IME_KEY_uhorntilde	0x1eef
IME_KEY_Uhornbelowdot	0x1ef0
IME_KEY_uhornbelowdot	0x1ef1
IME_KEY_Ybelowdot	0x1ef4
IME_KEY_ybelowdot	0x1ef5
IME_KEY_Yhook	0x1ef6
IME_KEY_yhook	0x1ef7
IME_KEY_Ytilde	0x1ef8
IME_KEY_ytilde	0x1ef9
IME_KEY_Ohorn	0x1efa
IME_KEY_ohorn	0x1efb
IME_KEY_Uhorn	0x1efc
IME_KEY_uhorn	0x1efd
IME_KEY_combining_tilde	0x1e9f
IME_KEY_combining_grave	0x1ef2
IME_KEY_combining_acute	0x1ef3
IME_KEY_combining_hook	0x1efe
IME_KEY_combining_belowdot	0x1eff
IME_KEY_EcuSign	0x20a0
IME_KEY_ColonSign	0x20a1
IME_KEY_CruzeiroSign	0x20a2
IME_KEY_FFrancSign	0x20a3
IME_KEY_LiraSign	0x20a4
IME_KEY_MillSign	0x20a5

IME_KEY_NairaSign	0x20a6
IME_KEY_PesetaSign	0x20a7
IME_KEY_RupeeSign	0x20a8
IME_KEY_WonSign	0x20a9
IME_KEY_NewSheqelSign	0x20aa
IME_KEY_DongSign	0x20ab
IME_KEY_EuroSign	0x20ac

ICS 25.040.20
J 56

中华人民共和国国家标准

GB/T 25657.1—2010

数控花键轴铣床 第1部分:精度检验

Numerical control spline hobbing machines—Part 1:Testing of the accuracy

2010-12-23 发布　　2011-07-01 实施

中华人民共和国国家质量监督检验检疫总局
中国国家标准化管理委员会　发布

前　　言

GB/T 25657《数控花键轴铣床》分为两个部分：

——第1部分：精度检验；

——第2部分：技术条件。

本部分为GB/T 25657的第1部分。

本部分由中国机械工业联合会提出。

本部分由全国金属切削机床标准化技术委员会(SAC/TC 22)归口。

本部分起草单位：青海第二机床制造有限责任公司、重庆机床(集团)有限责任公司。

本部分主要起草人：郭林、颜芳、阎发治。

数控花键轴铣床 第1部分:精度检验

1 范围

GB/T 25657 的本部分规定了数控花键轴铣床的几何精度、工作精度的要求及检验方法。

本部分适用于最大铣削直径至 400 mm,最大工件长度至 4 000 mm 的数控花键轴铣床(以下简称"机床")。

2 规范性引用文件

下列文件中的条款通过 GB/T 25657 的本部分的引用而成为本部分的条款。凡是注日期的引用文件,其随后所有的修改单(不包括勘误的内容)或修订版均不适用于本部分,然而,鼓励根据本部分达成协议的各方研究是否可使用这些文件的最新版本。凡是不注日期的引用文件,其最新版本适用于本部分。

GB/T 3478.1—2008 圆柱直齿渐开线花键(米制模数 齿侧配合) 第1部分:总论(ISO 4156-1:2005,MOD)

GB/T 3478.5—2008 圆柱直齿渐开线花键(米制模数 齿侧配合) 第5部分:检验(ISO 4156-5:2005,MOD)

GB/T 10095.1—2008 圆柱齿轮 精度制 第1部分:轮齿同侧齿面偏差的定义和允许值(ISO 1328-1:1995,IDT)

GB/T 13924—2008 渐开线圆柱齿轮精度 检验细则

GB/T 17421.1—1998 机床检验通则 第1部分:在无负荷或精加工条件下机床的几何精度(eqv ISO 230-1:1996)

GB/T 17421.2—2000 机床检验通则 第2部分:数控轴线的定位精度和重复定位精度的确定(eqv ISO 230-2:1997)

3 一般要求

3.1 使用本部分时应参照 GB/T 17421.1 和 GB/T 17421.2。

3.2 按 GB/T 17421.1—1998 中 3.1 调整安装水平,将溜板置于导轨的中间位置,在溜板(或桥板)中央放置水平仪,水平仪在平行和垂直于床身导轨两个方向的读数均不大于 0.04/1 000。

3.3 几何精度检验时一般可按装拆检验工具、检验方便及热检项目的要求,安排实际的检验顺序。

3.4 工作精度检验应在精铣后进行。

3.5 当实测长度与本部分规定的长度不同时,允差按 GB/T 17421. 1—1998 中 2.3.1.1 的规定按能够测量的长度折算,折算结果小于 0.005 mm 时,仍按 0.005 mm 计。

4 几何精度检验

<table>
<tr><th>序号</th><th>简 图</th><th>检验项目</th><th>允差
mm</th><th>检验工具</th><th>检验方法参照
GB/T 17421.1—1998 的有关条款</th></tr>
<tr><td>G1</td><td>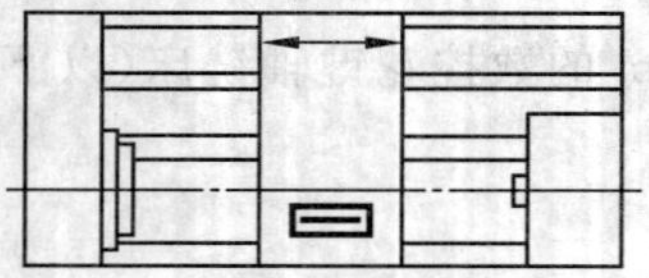</td><td>床身导轨在垂直平面内的直线度</td><td><table><tr><td rowspan="4">最大工件长度</td><td>≤1 000</td><td>0.016</td></tr><tr><td>>1 000～1 500</td><td>0.020</td></tr><tr><td>>1 500～2 500</td><td>0.028</td></tr><tr><td>>2 500～4 000</td><td>0.040</td></tr><tr><td colspan="3">局部公差</td></tr><tr><td>最大工件长度</td><td>在任意 250 测量长度上</td><td>在任意 500 测量长度上</td></tr><tr><td>≤1 000</td><td>0.007</td><td>—</td></tr><tr><td>>1 000</td><td>—</td><td>0.012</td></tr></table></td><td>水平仪</td><td>5.2.1.2.2.1
在溜板上与床身导轨平行放置水平仪，等距离（约为 250～500）移动溜板检验。在全行程上至少记录三个读数。将水平仪读数依次排列，画出误差曲线。
误差以曲线对其两端点连线间坐标值的最大代数差值计；局部误差以任意局部测量长度上两点对曲线两端点连线间坐标值的最大代数差值计</td></tr>
<tr><td>G2</td><td>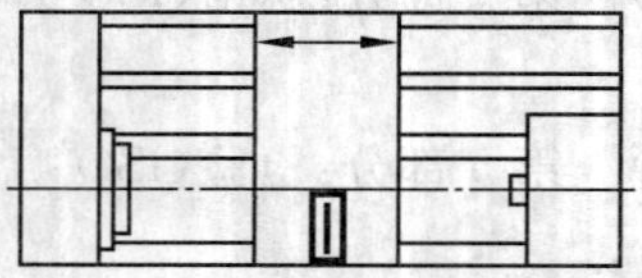</td><td>床身导轨的平行度</td><td><table><tr><td rowspan="3">最大工件长度</td><td>≤1 000</td><td>0.020/1 000</td></tr><tr><td>>1 000～2 500</td><td>0.030/1 000</td></tr><tr><td>>2 500～4 000</td><td>0.040/1 000</td></tr><tr><td colspan="3">局部公差</td></tr><tr><td colspan="2">在任意 1 000 测量长度上</td><td>0.020/1 000</td></tr></table></td><td>水平仪</td><td>5.4.1.2.7
在溜板上与床身导轨垂直放置水平仪，等距离移动溜板检验（移动距离同 G1），在全行程上至少记录三个读数。
误差以水平仪读数的最大代数差值计</td></tr>
<tr><td>G3</td><td>1)
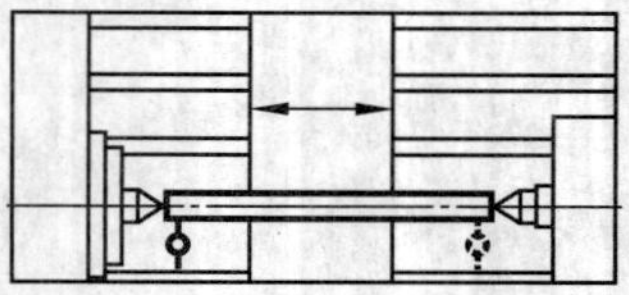
2)
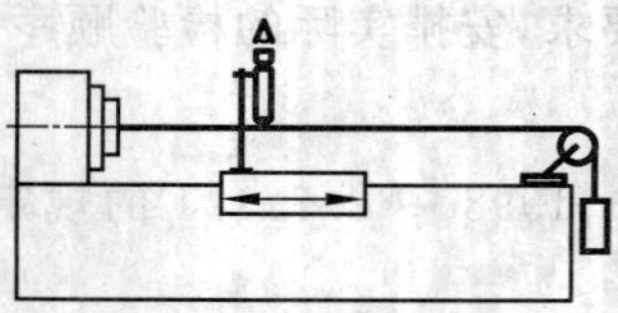</td><td>溜板移动在水平面内的直线度</td><td><table><tr><td rowspan="4">最大工件长度</td><td>≤1 000</td><td>0.015</td></tr><tr><td>>1 000～1 500</td><td>0.025</td></tr><tr><td>>1 500～2 500</td><td>0.030</td></tr><tr><td>>2 500～4 000</td><td>0.040</td></tr><tr><td colspan="3">局部公差</td></tr><tr><td>最大工件长度</td><td>在任意 250 测量长度上</td><td>在任意 500 测量长度上</td></tr><tr><td>≤1 000</td><td>0.006</td><td>—</td></tr><tr><td>>1 000</td><td>—</td><td>0.010</td></tr></table></td><td>检验棒
指示器
或钢丝
显微镜</td><td>5.2.3.2.1.1
5.2.3.2.1.2
1) 当溜板行程小于或等于 1 600 时，在工件主轴顶尖和尾座顶尖间顶一检验棒。在溜板上固定指示器，使其测头垂直触及检验棒表面。调整机床，使指示器读数在检验棒两端相等，锁紧尾座。移动溜板在全行程上检验。
2) 当溜板行程大于 1 600 时，在相当于机床中心高的位置上绷紧一根钢丝，在溜板上固定显微镜。调整钢丝，使显微镜读数在钢丝两端相等，等距离移动溜板，在全行程上检验。
误差以指示器（或显微镜）读数的最大代数差值计；局部误差以任意局部测量长度上两点指示器（或显微镜）读数的最大代数差值计</td></tr>
</table>

<table>
<tr><th>序号</th><th>简　　图</th><th>检验项目</th><th>允差
mm</th><th>检验工具</th><th>检验方法参照
GB/T 17421.1—1998 的
有关条款</th></tr>
<tr><td>G4</td><td>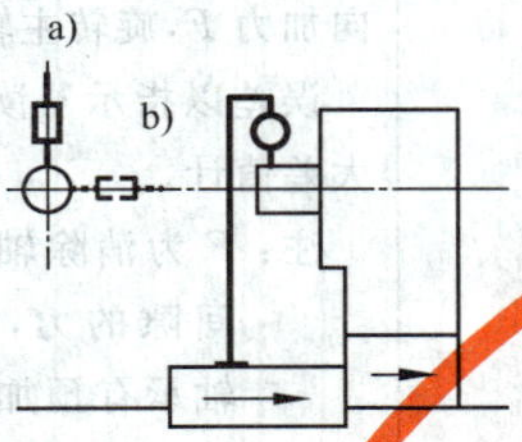</td><td>尾座移动对溜板移动的平行度：
a) 在垂直平面内；
b) 在水平面内</td><td>最大工件长度
≤1 000　a)及 b) 0.020
>1 000～2 000　a)及 b) 0.030
>2 000～4 000　a)及 b) 0.040
局部公差
a)及 b)
在任意 500 测量长度上为 0.010</td><td>指示器</td><td>5.4.2.2.5
尾座套筒缩回并锁紧。在溜板上固定指示器，使其测头垂直触及近尾座体端面的尾座套筒表面：a)在垂直平面内；b)在水平面内。移动溜板（带动尾座一起），在全行程上检验。
a)、b)误差分别计算，误差以指示器读数的最大差值计；局部误差以任意局部测量长度上两点指示器读数的最大差值计</td></tr>
<tr><td>G5</td><td>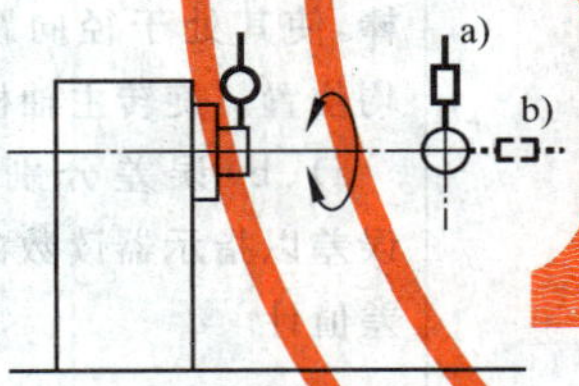</td><td>工件主轴定心轴颈的径向跳动：
a) 在垂直平面内；
b) 在水平面内</td><td>最大铣削直径
≤125　a)及 b) 0.008
>125～200　a)及 b) 0.010
>200～400　a)及 b) 0.012</td><td>指示器</td><td>5.6.1.2.2
固定指示器，使其测头垂直触及主轴定心轴颈表面：a)在垂直平面内；b)在水平面内。旋转主轴检验。
a)、b)误差分别计算，误差以指示器读数的最大差值计</td></tr>
<tr><td>G6</td><td>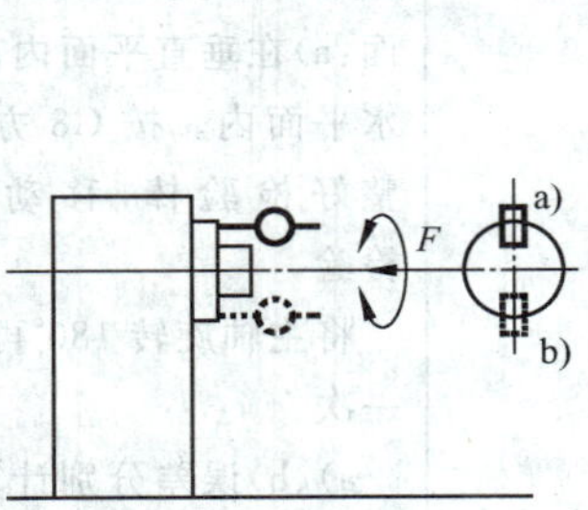</td><td>工件主轴轴肩支承面的端面跳动</td><td>最大铣削直径
≤125　0.010
>125～200　0.015
>200～400　0.020</td><td>指示器</td><td>5.6.3.2
固定指示器，使其测头垂直触及轴肩支承面近最大直径处。在轴向施加力 F，旋转主轴分别在相隔 180°的 a)、b)位置上检验。
误差以指示器读数的最大差值计。
注：F 为消除轴承轴向间隙的力，若主轴轴承有预加载荷可不加力</td></tr>
</table>

序号	简图	检验项目	允差 mm	检验工具	检验方法参照 GB/T 17421.1—1998 的 有关条款
G7	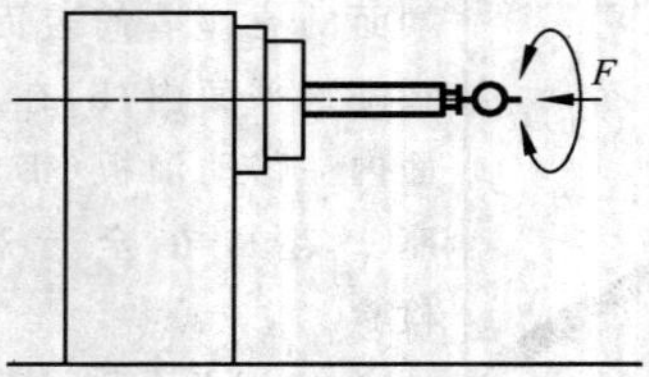	工件主轴的轴向窜动	最大铣削直径： ≤125　0.006 >125～200　0.009 >200～400　0.010	检验棒 指示器 钢球	5.6.2.2 在工件主轴定心孔内安置检验棒，固定指示器，使其测头垂直触及检验棒中心孔内的钢球表面。在轴向加力 F，旋转主轴检验。 误差以指示器读数的最大差值计。 注：F 为消除轴承轴向间隙的力，若主轴轴承有预加载荷可不加力
G8	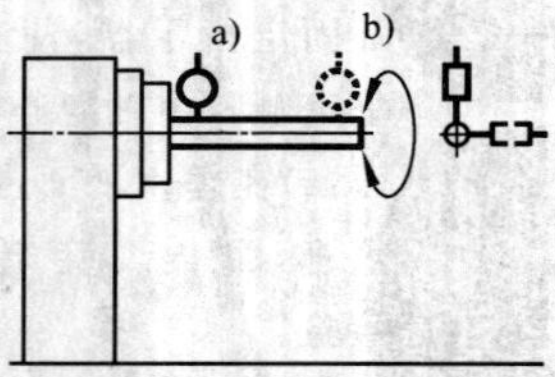	工件主轴轴线的径向跳动： a) 近主轴端部； b) 距主轴端部300处	a) 0.010 b) 0.020	检验棒 指示器	5.6.1.2.3 在工件主轴定心孔内安置检验棒，固定指示器，使其测头触及检验棒表面：a)近主轴端部；b)距主轴端部 300 处。调整检验棒，使其处于径向跳动平均位置。旋转主轴检验。 a)、b)误差分别计算。误差以指示器读数的最大差值计
G9	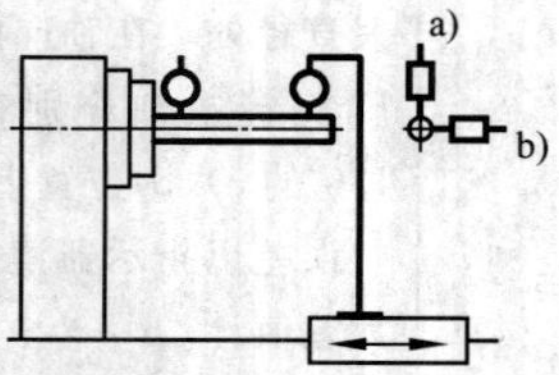	溜板移动对工件主轴轴线的平行度： a) 在垂直平面内； b) 在水平面内	在 300 测量长度上 a)及 b)： 最大铣削直径： ≤125、>125～200　0.014 >200～400　0.016 a) 只许向上偏； b) 只许向刀具方向偏	检验棒 指示器	5.4.1.2.1 5.4.2.2.3 在工件主轴定心孔内安置检验棒，固定指示器，使其测头垂直触及检验棒表面：a)在垂直平面内；b)在水平面内。按 G8 方法调整好检验棒，移动溜板检验。 将主轴旋转 180°再检验一次。 a)、b)误差分别计算，误差以两次测量结果的代数和之半计

序号	简　　图	检验项目	允差 mm	检验工具	检验方法参照 GB/T 17421.1—1998 的有关条款
G10	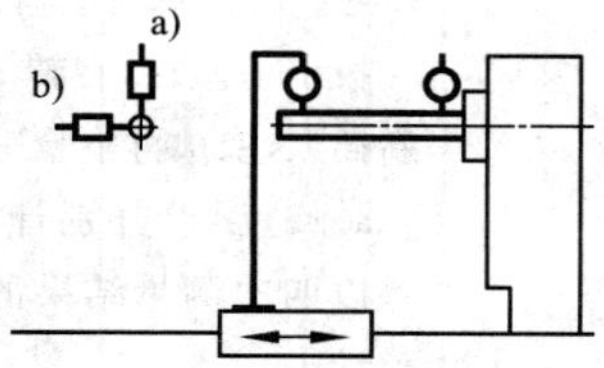 	溜板移动对尾座套筒锥孔轴线的平行度： a) 在垂直平面内； b) 在水平面内	在 200 测量长度上： a) 0.020 (只许向上偏) b) 0.020 (只许向刀具方向偏)	指示器 检验棒	5.4.2.2.3 当溜板行程小于或等于 1 600 时，将尾座固定于床身导轨末端；当溜板行程大于 1 600 时，将尾座固定于床身导轨中部。尾座套筒缩回，并锁紧。在尾座套筒锥孔内插入检验棒，在溜板上固定指示器，使其测头垂直触及检验棒表面：a)在垂直平面内；b)在水平面内。移动溜板检验。 拔出检验棒，旋转 180°，再检验一次。 a)、b)误差分别计算，误差以两次测量结果的代数和之半计
G11	1) 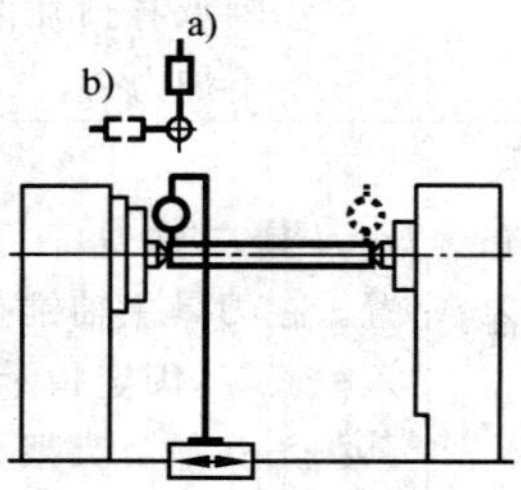 2) 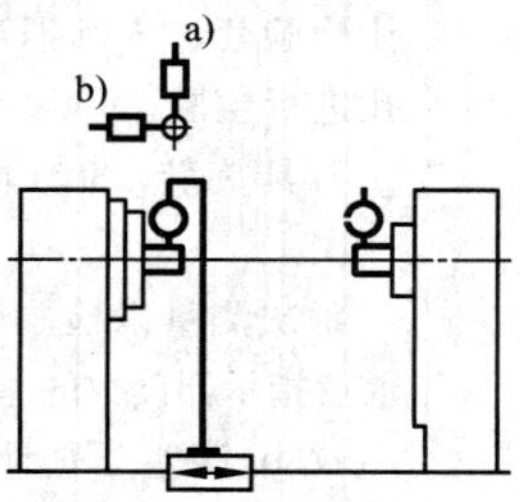 	工件主轴轴线和尾座套筒锥孔轴线对床身导轨的等距度： a) 在垂直平面内； b) 在水平面内。 [尾座水平方向可调的机床不检 b)项]	最大工件长度： ≤1 000　a)及 b) 0.016 >1 000～1 500　a)及 b) 0.020 >1 500～2 500　a)及 b) 0.025 >2 500～4 000　a)及 b) 0.030 a) 只许尾座高； b) 只许尾座向刀具方向偏	检验棒 指示器	5.4.3.2.1 1) 当溜板行程小于或等于 1 600 时，将尾座固定于床身导轨末端。在工件主轴顶尖和尾座顶尖间顶一检验棒。在溜板上固定指示器，使其测头垂直触及检验棒表面：a)在垂直平面内；b)在水平面内。移动溜板，在检验棒两端检验。 2) 当溜板行程大于 1 600 时，将尾座固定于床身导轨中部。在工件主轴定心孔和尾座套筒锥孔内分别放置等径的短检验棒，移动溜板，在两短检验棒中部检验。 a)、b)误差分别计算，误差以指示器读数的最大差值计

序号	简图	检验项目	允差 mm			检验工具	检验方法参照 GB/T 17421.1—1998 的 有关条款
G12	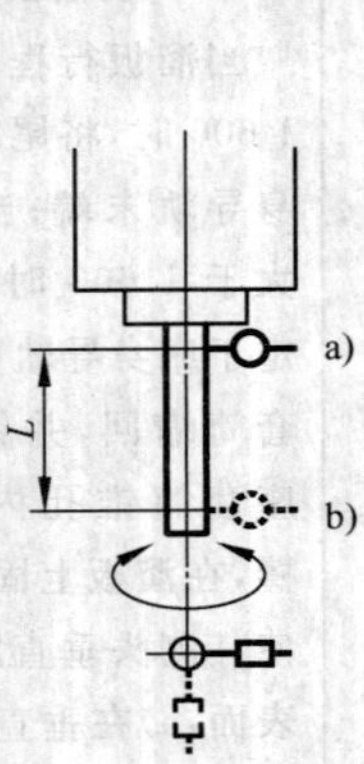	刀具主轴锥孔轴线的径向跳动： a) 近主轴端部； b) 距主轴端部 *L* 处	最大铣削直径	≤125	a) 0.005 b) $L=200$ 0.012	检验棒 指示器	5.6.1.2.3 刀具主轴置于垂直位置，在刀具主轴锥孔内插入检验棒，固定指示器，使其测头垂直触及检验棒表面：a)近主轴端部；b)距主轴端部 *L* 处。旋转主轴检验。 拔出检验棒，旋转 90°，重新插入，依次再检验三次。 a)、b)误差分别计算，误差以四次测量结果的平均值计
				>125～200	a) 0.008 b) $L=300$ 0.016		
				>200～400	a) 0.010 b) $L=300$ 0.020		
G13	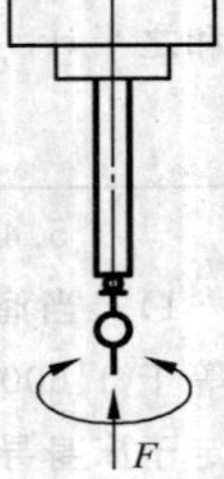	刀具主轴的轴向窜动	最大铣削直径	≤125	0.005	检验棒 指示器 钢球	5.6.2.2 刀具主轴置于垂直位置。在刀具主轴锥孔内插入检验棒，固定指示器，使其测头垂直触及检验棒中心孔内的钢球表面。在轴向加力 *F*，旋转主轴在正反两个回转方向上检验。 误差以指示器读数的最大差值计。 注：*F* 为消除轴承轴向间隙的力，若主轴轴承有预加载荷可不加力
				>125～200	0.006		
				>200～400	0.008		
G14	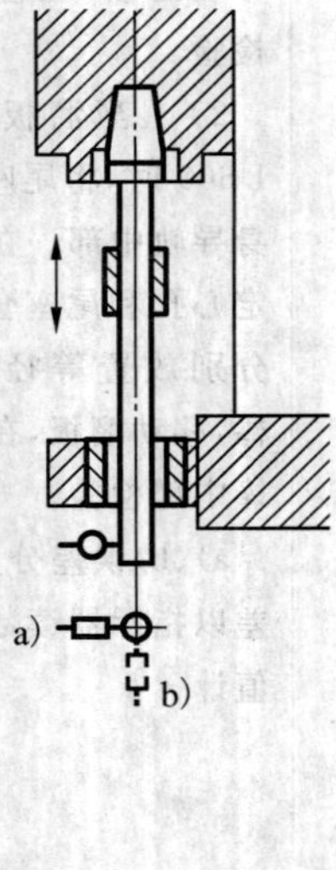	刀具主轴锥孔轴线与刀具托架轴承孔轴线的重合度	a)及 b)			检验棒 检验套 指示器	5.4.4.2 刀具主轴置于垂直位置。在刀具主轴锥孔内插入检验棒，固定指示器，使其测头在靠近支架孔处的 a)、b)两互相垂直的平面内垂直触及检验棒表面。让检验套进入和退出轴承孔进行检验。 刀具旋转 180°，再检验一次。 每次测量以检验套进入前后指示器读数的差值计。 a)、b)误差分别计算，误差以两次测量结果的代数和之半，加上检验套和检验棒间隙的一半计
			最大铣削直径	≤125	0.015		
				>125～200			
				>200～400	0.020		

序号	简　图	检验项目	允差 mm	检验工具	检验方法参照 GB/T 17421.1—1998 的 有关条款
G15	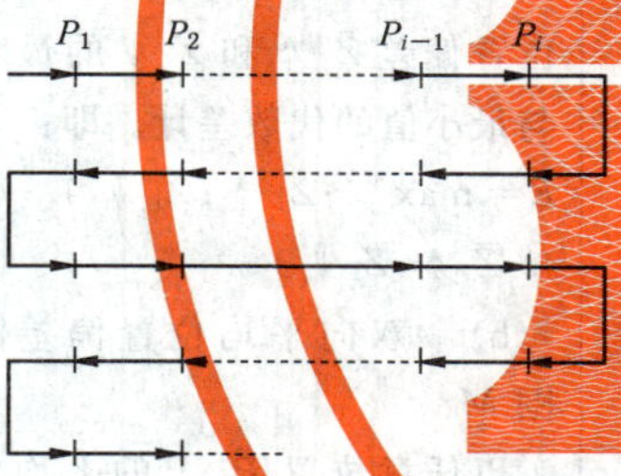	溜板纵向移动轴线的位置精度： a) 单向定位精度 $A\uparrow$ 或 $A\downarrow$； b) 单向重复定位精度 $R\uparrow$ 或 $R\downarrow$ c) 反向差值 B。 (仅适用于 $L\leqslant$ 2 000 的数控花键轴铣床)	a) L | $A\uparrow$ 或 $A\downarrow$ ≤1 000 | 0.030 >1 000～2 000 | 0.040 b) L | $R\uparrow$ 或 $R\downarrow$ ≤1 000 | 0.015 >1 000～2 000 | 0.020 c) L | B ≤1 000 | 0.010 >1 000～2 000 | 0.012 L——溜板的最大行程长度	激光干涉仪或具有类似精度的其他测量系统(见 GB/T 17421.1)	4.2 4.3.2 在溜板纵向移动轴线行程上，按每 1 000 至少 5 个，全测量行程不少于 5 个目标位置测量。溜板从一个基准点，快速趋近各目标位置，而后快速返回，经各目标位置回到基准点。如此重复 5 次，测量任意目标位置 P_i 处的位置偏差： $Z_{i1}\uparrow, Z_{i2}\uparrow, \cdots\cdots, Z_{i5}\uparrow$ $Z_{i1}\downarrow, Z_{i2}\downarrow, \cdots\cdots, Z_{i5}\downarrow$ 平均位置偏差： $\bar{Z}_i\uparrow=(Z_{i1}\uparrow+Z_{i2}\uparrow+\cdots\cdots+Z_{i5}\uparrow)/5$ $\bar{Z}_i\downarrow=(Z_{i1}\downarrow+Z_{i2}\downarrow+\cdots\cdots+Z_{i5}\downarrow)/5$ 单向标准不确定度的估算值： $S_i\uparrow=\sqrt{\frac{1}{4}\sum_{j=1}^{5}(Z_{ij}\uparrow-\bar{Z}_i\uparrow)^2}$ $S_i\downarrow=\sqrt{\frac{1}{4}\sum_{j=1}^{5}(Z_{ij}\downarrow-\bar{Z}_i\downarrow)^2}$ a) 单向定位精度 $A\uparrow$ 或 $A\downarrow$： 以 $A\uparrow=\max[\bar{Z}_i\uparrow+2S_i\uparrow]-\min[\bar{Z}_i\uparrow-2S_i\uparrow]$ 和 $A\downarrow=\max[\bar{Z}_i\downarrow+2S_i\downarrow]-\min[\bar{Z}_i\downarrow-2S_i\downarrow]$ 中的较大值计。 b) 单向重复定位精度 $R\uparrow$ 或 $R\downarrow$： $R\uparrow=\max[R_i\uparrow]$ $R\downarrow=\max[R_i\downarrow]$ 以两者中的最大值计 c) 反向差值 B： 以各目标位置反向差值的绝对值 $\|B_i\|$ 中的最大值计，即： $B=\max[\|B_i\|]$ $B_i=\bar{Z}_i\uparrow-\bar{Z}_i\downarrow$

序号	简图	检验项目	允差 mm	检验工具	检验方法参照 GB/T 17421.2—2000 的 有关条款
G16	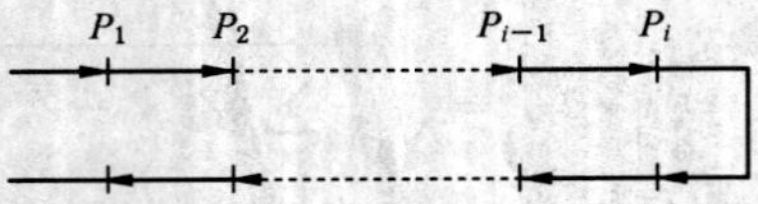 	溜板纵向移动轴线的位置精度： a) 双向定位系统偏差 E； b) 双向平均位置偏差的范围 M； c) 反向差值 B。 （本项检验仅适用于 $L>2\,000$ 的数控花键轴铣床）	a) 0.035 b) 0.025 c) 0.015	激光干涉仪或具有类似精度的其他测量系统（见GB/T 17421.1）	4.2 4.3.3 在溜板纵向移动轴线的工作行程内，平均间距 P 取 250，按 4.2 的规定选取目标位置测量。溜板从一个基准点，快速趋近各目标位置，而后快速返回，经各目标位置回到基准点，测量任意目标位置 P_i 处的位置偏差： $Z_{i1}\uparrow, Z_{i2}\uparrow, \cdots\cdots, Z_{ij}\uparrow$ $Z_{i1}\downarrow, Z_{i2}\downarrow, \cdots\cdots, Z_{ij}\downarrow$ 平均位置偏差： $\bar{Z}_i\uparrow=(Z_{i1}\uparrow+Z_{i2}\uparrow+\cdots\cdots+Z_{ij}\uparrow)/j$ $\bar{Z}_i\downarrow=(Z_{i1}\downarrow+Z_{i2}\downarrow+\cdots\cdots+Z_{ij}\downarrow)/j$ a) 双向定位系统偏差 E： 以任意位置 P_i 上的单向平均位置偏差 $\bar{Z}_i\uparrow$ 和 $\bar{Z}_i\downarrow$ 的最大值与最小值的代数差计。即： $E=\max[\bar{Z}_i\uparrow;\bar{Z}_i\downarrow]-\min[\bar{Z}_i\uparrow;\bar{Z}_i\downarrow]$ b) 双向平均位置偏差的范围 M： 以任意位置 P_i 上的平均位置偏差 $\bar{Z}_i$ 的最大值与最小值的代数差计。即： $M=\max[\bar{Z}_i]-\min[\bar{Z}_i]$ c) 反向差值 B： 以各目标位置反向差值的绝对值 $\|B_i\|$ 中的最大值计，即： $B=\max[\|B_i\|]$ $B_i=\bar{Z}_i\uparrow-\bar{Z}_i\downarrow$

序号	简　　图	检验项目	允差 mm	检验工具	检验方法参照 GB/T 17421.2—2000 的 有关条款
G17	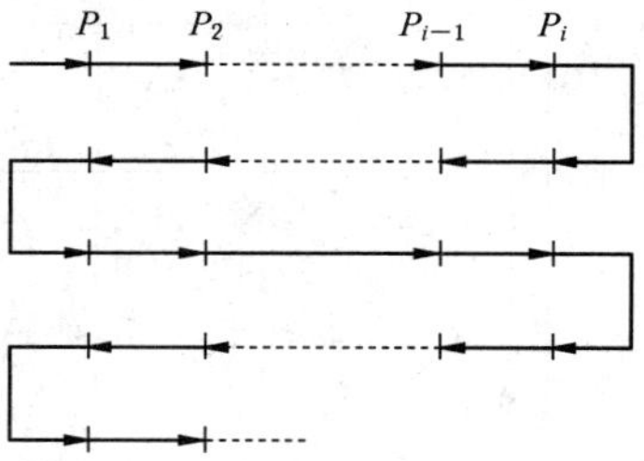 	铣头径向移动轴线的位置精度： a) 单向定位精度 $A\uparrow$ 或 $A\downarrow$； b) 单向重复定位精度 $R\uparrow$ 或 $R\downarrow$； c) 反向差值 B。	a) 0.020 b) 0.010 c) 0.006	激光干涉仪或具有类似精度的其他测量系统（见 GB/T 17421.1）	4.2 4.3.2 在铣头径向移动全程上不少于5个目标位置测量。铣头从一个基准点，快速趋近各目标位置，而后快速返回，经各目标位置回到基准点。如此重复5次，测量任意目标位置 P_i 处的位置偏差： $X_{i1}\uparrow, X_{i2}\uparrow, \cdots\cdots, X_{i5}\uparrow$ $X_{i1}\downarrow, X_{i2}\downarrow, \cdots\cdots, X_{i5}\downarrow$ 平均位置偏差： $\overline{X}_i\uparrow = (X_{i1}\uparrow + X_{i2}\uparrow + \cdots\cdots + X_{i5}\uparrow)/5$ $\overline{X}_i\downarrow = (X_{i1}\downarrow + X_{i2}\downarrow + \cdots\cdots + X_{i5}\downarrow)/5$ 单向标准不确定度的估算值： $S_i\uparrow = \sqrt{\frac{1}{4}\sum_{j=1}^{5}(X_{ij}\uparrow - \overline{X}_i\uparrow)^2}$ $S_i\downarrow = \sqrt{\frac{1}{4}\sum_{j=1}^{5}(X_{ij}\downarrow - \overline{X}_i\downarrow)^2}$ a) 单向定位精度 $A\uparrow$ 或 $A\downarrow$： 以 $A\uparrow = \max[\overline{X}_i\uparrow + 2S_i\uparrow] - \min[\overline{X}_i\uparrow - 2S_i\uparrow]$ 和 $A\downarrow = \max[\overline{X}_i\downarrow + 2S_i\downarrow] - \min[\overline{X}_i\downarrow - 2S_i\downarrow]$ 中的较大值计。 b) 单向重复定位精度 $R\uparrow$ 或 $R\downarrow$： $R\uparrow = \max[R_i\uparrow]$ $R\downarrow = \max[R_i\downarrow]$ 以两者中的最大值计。 c) 反向差值 B： 以各目标位置反向差值的绝对值 $\lvert B_i \rvert$ 中的最大值计，即： $B = \max[\lvert B_i \rvert]$ $B_i = \overline{X}_i\uparrow - \overline{X}_i\downarrow$

序号	简图	检验项目	允差 角秒(″)	检验工具	检验方法参照 GB/T 17421.2—2000 的 有关条款
G18	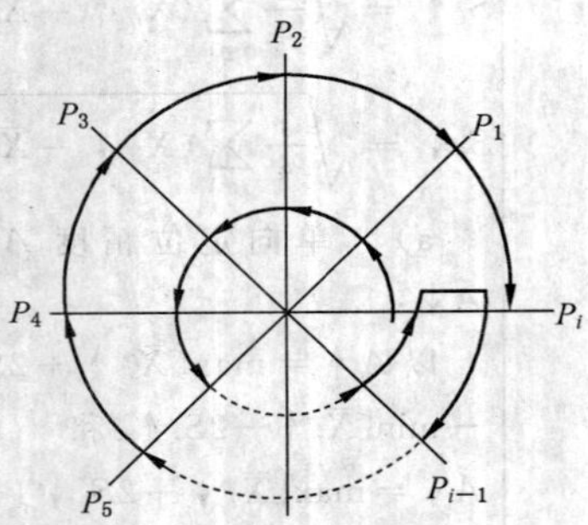	工件主轴回转运动轴线的位置精度： a) 单向定位精度 $A\uparrow$ 或 $A\downarrow$； b) 单向重复定位精度 $R\uparrow$ 或 $R\downarrow$； c) 反向差值 B。 （仅适用于工件主轴回转运动轴线为数控轴线的机床）	a) 72 b) 36 c) 18	激光干涉仪或具有类似精度的其他测量系统（见 GB/T 17421.1）	4.2 4.3.2 在工件主轴回转运动轴线的圆周上，在每个方向按间隔不超过45°选取目标位置测量。回转运动从一个基准点，快速趋近各目标位置，而后快速返回，经各目标位置回到基准点。如此重复 5 次，测量任意目标位置 P_i 处的位置偏差： $C_{i1}\uparrow, C_{i2}\uparrow, \cdots\cdots, C_{i5}\uparrow$ $C_{i1}\downarrow, C_{i2}\downarrow, \cdots\cdots, C_{i5}\downarrow$ 平均位置偏差： $\bar{C}_i\uparrow=(C_{i1}\uparrow+C_{i2}\uparrow+\cdots\cdots+C_{i5}\uparrow)/5$ $\bar{C}_i\downarrow=(C_{i1}\downarrow+C_{i2}\downarrow+\cdots\cdots+C_{i5}\downarrow)/5$ 单向标准不确定度的估算值： $S_i\uparrow=\sqrt{\frac{1}{4}\sum_{j=1}^{5}(C_{ij}\uparrow-\bar{C}_i\uparrow)^2}$ $S_i\downarrow=\sqrt{\frac{1}{4}\sum_{j=1}^{5}(C_{ij}\downarrow-\bar{C}_i\downarrow)^2}$ a) 单向定位精度 $A\uparrow$ 或 $A\downarrow$： 以 $A\uparrow=\max[\bar{C}_i\uparrow+2S_i\uparrow]-\min[\bar{C}_i\uparrow-2S_i\uparrow]$ 和 $A\downarrow=\max[\bar{C}_i\downarrow+2S_i\downarrow]-\min[\bar{C}_i\downarrow-2S_i\downarrow]$ 中的较大值计。 b) 单向重复定位精度 $R\uparrow$ 或 $R\downarrow$： $R\uparrow=\max[R_i\uparrow]$ $R\downarrow=\max[R_i\downarrow]$ 其中：$R_i\uparrow=4S_i\uparrow$ $R_i\downarrow=4S_i\downarrow$ 以两者中的最大值计 c) 反向差值 B： 以各目标位置反向差值的绝对值 $\|B_i\|$ 中的最大值计，即： $B=\max[\|B_i\|]$ $B_i=\bar{C}_i\uparrow-\bar{C}_i\downarrow$

5 传动精度检验

可用工作精度检验(见第6章)代替下列传动精度检验。

<table>
<tr><th>序号</th><th>简　图</th><th>检验项目</th><th colspan="3">允差
mm</th><th>检验工具</th><th>检验方法参照
GB/T 17421.1—1998 的有关条款</th></tr>
<tr><td rowspan="3">K1</td><td rowspan="3">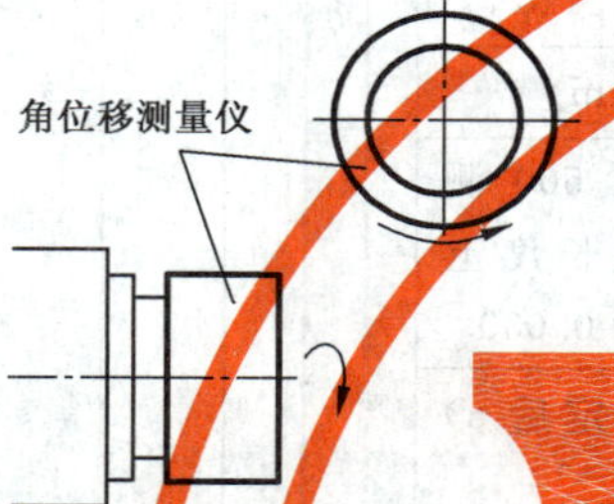
</td><td rowspan="3">刀具主轴回转轴线相对于工件主轴回转轴线的传动精度:
a) 角度传动误差的高频部分 f_{dk};
b) 角度传动误差的低频部分 f_{dL}</td><td rowspan="3">最大铣削直径
mm</td><td>≤125</td><td>a) 40″
b) 125″</td><td rowspan="3">角位移测量仪</td><td rowspan="3">在工件主轴和刀具主轴上固定角位移测量仪。按工作精度检验项目 P2 的试件参数调整分度挂轮。在无载荷条件下,按工作旋向旋转刀具主轴检验。
在工件主轴回转一转时:a)角度传动误差的高频 f_{dk},滤去低频误差部分。误差以周期性重复出现的局部转角误差的最大值计;b)角度传动误差的低频 f_{dL},滤去高频误差部分。误差以实际转角与理论转角之差的最大值计</td></tr>
<tr><td>>125~200</td><td>a) 32″
b) 100″</td></tr>
<tr><td>>200~400</td><td>a) 26″
b) 80″</td></tr>
<tr><td rowspan="10">K2</td><td rowspan="10">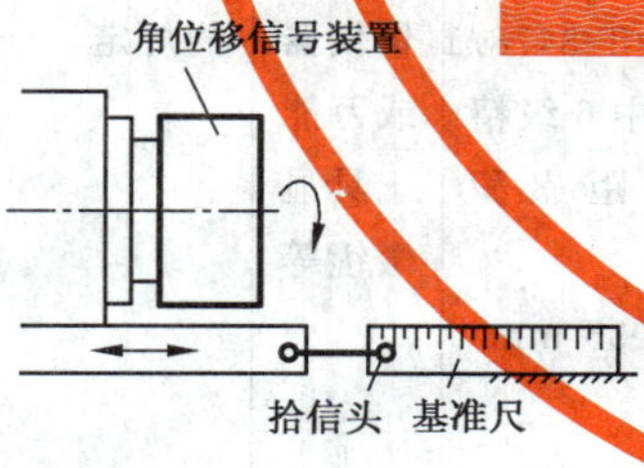

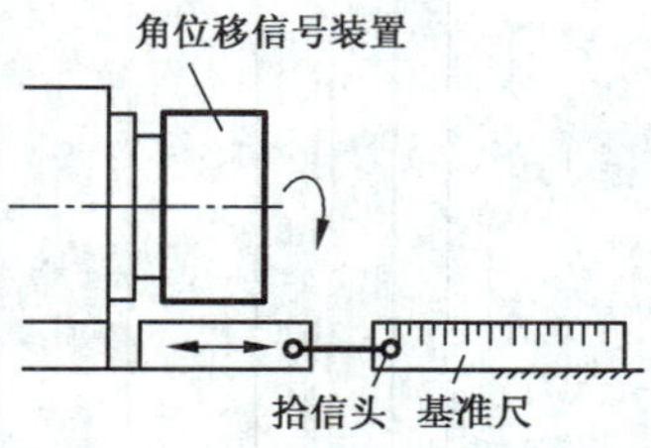
</td><td rowspan="10">溜板移动相对于工件主轴回转的传动精度:
a) 轴向线性传动误差的高频部分 f_{xk};
b) 轴向线性传动误差的低频部分 f_{xL}。
(适用于具有加工斜齿轮功能的机床)</td><td colspan="3">a)</td><td rowspan="10">线位移传动精度测量仪</td><td rowspan="10">在溜板上安装基准尺、拾信头。在工件主轴上安装角位移信号装置。调整差动挂轮(丝杠转数与工件一转之比不应是整数倍)。在无载荷条件下移动溜板在全行程内检验。
a) 轴向线性传动误差的高频 f_{xk},滤去低频误差部分。误差以线位移误差曲线中周期性重复出现的误差的最大值计。
b) 轴向线性传动误差的低频 f_{xL},滤去高频误差部分。误差以任意规定长度上线位移的最大值计</td></tr>
<tr><td rowspan="3">最大铣削直径
mm</td><td>≤125</td><td rowspan="2">0.008</td></tr>
<tr><td>>125~200</td></tr>
<tr><td>>200~400</td><td>0.010</td></tr>
<tr><td colspan="3">b)</td></tr>
<tr><td rowspan="5">溜板移动长度
mm</td><td>25</td><td>0.012</td></tr>
<tr><td>100</td><td>0.020</td></tr>
<tr><td>300</td><td>0.030</td></tr>
<tr><td>500</td><td>0.040</td></tr>
<tr><td>1 000</td><td>0.050</td></tr>
</table>

6 工作精度检验

工作精度检验一般应按下表的规定进行，当有不同要求时，用户应与制造厂在定货协议中确定。

序号	简图和试件参数	检验性质	切削条件	检验项目	允差	检验工具	检验方法参照 GB/T 17421.1—1998 的有关条款
P1.1	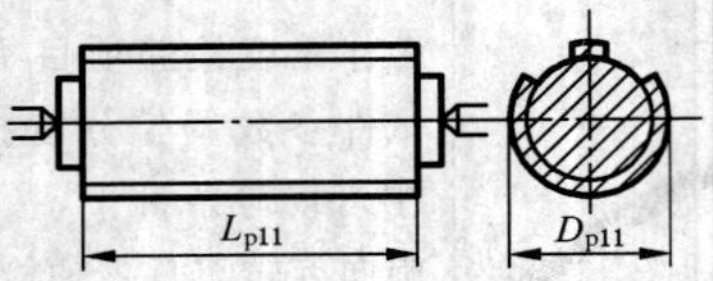 最大铣削直径/mm ≤125：$L_{p11}=320$ >125～200：$L_{p11}=530$ $D_{p11}=(0.5\sim1)$最大铣削直径 材料：45 钢　正火 L_{p11}——矩形花键长度，mm； D_{p11}——矩形花键直径，mm	精铣矩形花键（仅适用于最大铣削直径≤200 mm 的机床）	A 级矩形花键滚刀	a) 等分累积误差 Δ_1； b) 键侧对轴线的平行度和键侧本身的平行度	最大铣削直径/mm：≤125 ｜ >125～200 a) ″(角秒)：160 ｜ 125 b) (mm)：在 300 测量长度上为 0.025 ｜ 在 500 测量长度上为 0.030 当 D_{p11} 确定后 a) 的线性值为： $\Delta=\frac{D_{p11}\times\Delta_1}{412.5}\ \mu m$	万能工具显微镜	
P1.2	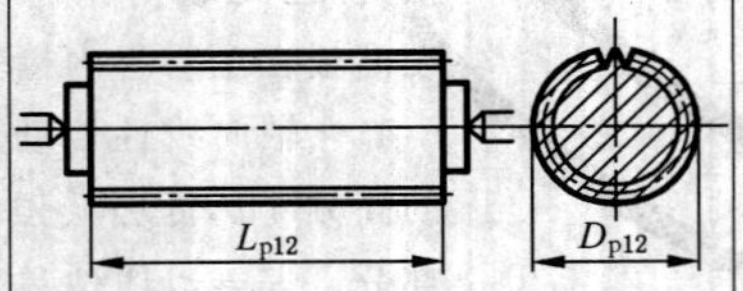 $L_{p12}=650$ $D_{p12}=(0.5\sim1)$最大铣削直径 $m_{p12}\approx0.75$ 机床最大模数 $\alpha_{p12}=30°$ 材料：45 钢　正火 L_{p12}——渐开线花键长度，mm； D_{p12}——渐开线花键大径，mm； m_{p12}——渐开线花键模数，mm； α_{p12}——渐开线花键压力角	精铣渐开线花键（仅适用于最大铣削直径>200 mm～400 mm 的机床）	A 级渐开线花键滚刀	a) 齿距累积误差 ΔF_p b) 齿向误差 ΔF_β	a) $F_p\leqslant\delta$ 注：δ 为 GB/T 3478.1—2008 中 6 级精度的齿距累积公差。 b) $F_\beta=0.035$ mm	齿轮测量仪器或万能工具显微镜等	按 GB/T 3478.5 的规定

序号	简图和试件参数	检验性质	切削条件	检验项目	允差	检验工具	检验方法参照 GB/T 13924—2008 的有关条款
P2	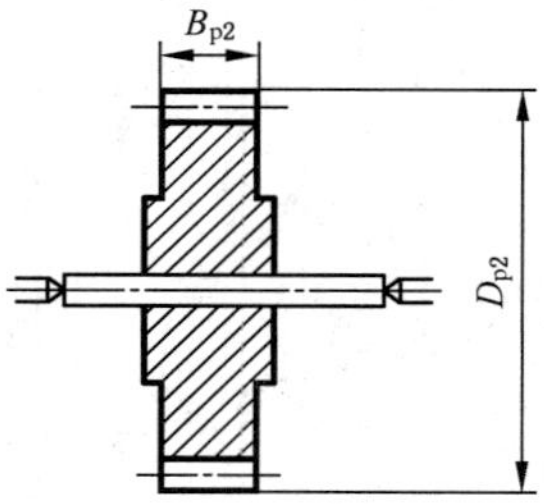 D_{p2}=(0.5～1)最大铣削直径 m_{p2}≈0.75 机床最大模数 B_{p2}≥6 机床最大模数 材料:灰铸铁 HT200 D_{p2}——齿顶圆直径,mm; m_{p2}——法向模数,mm; B_{p2}——齿宽,mm	精铣渐开线圆柱直齿轮	AA 级齿轮滚刀	a) 单个齿距偏差 f_{pt} b) 齿距累积总偏差 F_p	a) $f_{pt}≤0.85\delta_1$ b) $F_p≤0.80\delta_2$ 注:δ_1、δ_2 分别为 GB/T 10095.1—2008 中 8 级精度的单个齿距偏差和 7 级精度的齿距累积总偏差	齿轮测量仪器	按 GB/T 10095.1 的规定
P3	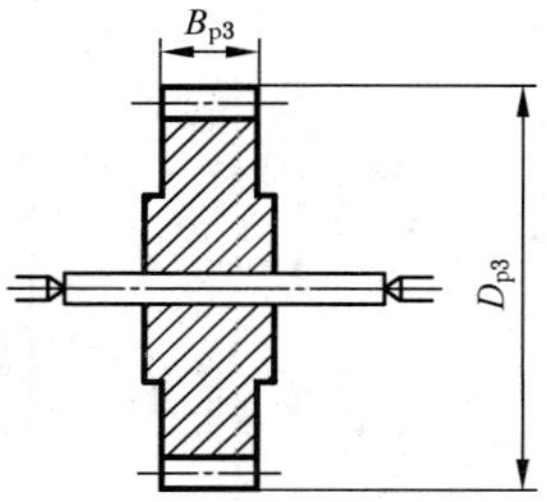 齿轮螺旋角 $\beta≥20°$ 其余试件参数由制造厂确定 材料:灰铸铁 HT200 D_{p3}——齿顶圆直径,mm; B_{p3}——齿宽,mm	精铣渐开线圆柱斜齿轮	AA 级齿轮滚刀	螺旋线总偏差 F_β(适用于具有加工斜齿轮功能的机床)	$F_\beta≤\delta_3$ 注:δ_3 为 GB/T 10095.1—2008 中 8 级精度的螺旋线总公差	齿轮测量仪器	按 GB/T 10095.1 的规定

ICS 25.040.20
J 56

中华人民共和国国家标准

GB/T 25657.2—2010

数控花键轴铣床　第2部分：技术条件

Numerical control spline hobbing machines—Part 2: Specifications

2010-12-23 发布　　2011-07-01 实施

中华人民共和国国家质量监督检验检疫总局
中国国家标准化管理委员会　发布

前　言

GB/T 25657《数控花键轴铣床》分为两个部分：

——第1部分：精度检验；

——第2部分：技术条件。

本部分为GB/T 25657的第2部分。

本部分由中国机械工业联合会提出。

本部分由全国金属切削机床标准化技术委员会(SAC/TC 22)归口。

本部分起草单位：青海第二机床制造有限责任公司、重庆机床(集团)有限责任公司。

本部分主要起草人：郭林、颜芳、阎发治。

数控花键轴铣床　第2部分:技术条件

1　范围

GB/T 25657的本部分规定了数控花键轴铣床设计、制造、检验与验收的要求。

本部分适用于最大铣削直径至400 mm,最大工件长度至4 000 mm的数控花键轴铣床(以下简称“机床”)。

2　规范性引用文件

下列文件中的条款通过GB/T 25657的本部分的引用而成为本部分的条款。凡是注日期的引用文件,其随后所有的修改单(不包括勘误的内容)或修订版均不适用于本部分,然而,鼓励根据本部分达成协议的各方研究是否可使用这些文件的最新版本。凡是不注日期的引用文件,其最新版本适用于本部分。

GB 5226.1　机械安全　机械电气设备　第1部分:通用技术条件(GB 5226.1—2008 IEC 60204-1:2005,IDT)

GB/T 6576—2002　机床润滑系统(eqv ISO 5170:1977)

GB/T 9061—2006　金属切削机床　通用技术条件

GB/T 10095.1—2008　圆柱齿轮　精度制　第1部分:轮齿同侧齿面偏差的定义和允许值(ISO 1328-1:1995,IDT)

GB 15760　金属切削机床　安全防护通用技术条件

GB/T 17421.1—1998　机床检验通则　第1部分:在无负荷或精加工条件下机床的几何精度(eqv ISO 230-1:1996)

GB/T 23570—2009　金属切削机床　焊接件通用技术条件

GB/T 23572—2009　金属切削机床　液压系统通用技术条件

GB/T 25372—2010　金属切削机床　精度分级

GB/T 25373—2010　金属切削机床　装配通用技术条件

GB/T 25374—2010　金属切削机床　清洁度的测量方法

GB/T 25376—2010　金属切削机床　机械加工件通用技术条件

GB/T 25657.1—2010　数控花键轴铣床　第1部分:精度检验

JB/T 3997—1994　金属切削机床灰铸铁件　技术条件

JB/T 8832—2001　机床数控系统　通用技术条件

3　技术要求

3.1　一般要求

本章是对GB/T 9061、GB/T 25376、GB/T 23570、GB/T 25373等标准的具体化和补充,机床的设计与制造除应符合本章的规定外,还应符合上述标准中未经本章具体化的其他技术要求。

3.2　布局和造型

3.2.1　机床造型设计美观大方,外部结构与色彩匀称、和谐,外露的附件、配套件应与整机协调。

3.2.2　机床各部件及装置应布局合理、高度适中,便于操作者观察加工区域。机床应排屑方便。

3.2.3　机床的操作按钮应布置合理、操作方便,并应符合人类工效学原则。

3.2.4　机床应装、拆、调整和维修方便,并应符合运输和装载的要求。

3.3　附件和工具

3.3.1　机床应随机供应表1所列的附件和工具。

表1

名　称	用　途	数　量	备　注
刀具心轴	安装刀具	全套	包括套、垫圈、平键、螺母
拉杆		1件	
拨盘	带动工件	1套	
顶尖	支承工件	1套	
中心架		1套	
跟刀架		1套	
分度挂轮	调整机床	1套	
水平座		1件	
专用扳手		1套	
地脚螺钉	安装机床	1套	包括螺母、垫圈
机床垫铁		1套	

3.3.2　扩大机床性能的特殊附件，可根据用户要求按协议供应。

3.3.3　机床的标准附件和工具，均应保证连接部位的互换性和使用性能。

3.4　电气系统

机床的电气系统应符合GB 5226.1的规定。

3.5　数控系统

机床的数控系统应符合JB/T 8832的有关规定。

3.6　液压、润滑和冷却系统

3.6.1　机床的液压系统应符合GB/T 23572的规定。

3.6.2　机床的润滑系统应符合GB/T 6576的规定。

3.6.3　机床的冷却系统应保证冷却充分、可靠。

3.6.4　机床的液压、润滑、冷却系统及其他部位均不应漏(渗)油、漏(渗)水。切削冷却液不应混入液压系统和润滑系统。

3.7　安全卫生

机床上有可能对人身健康或对设备易造成损伤的部位，应采取安全措施，机床的安全防护应符合GB 15760的规定。

3.8　寿命

3.8.1　机床的轴向进给导轨副、径向进给导轨副、尾座导轨副等重要导轨副应采取耐磨措施，并符合有关材质及热处理的规定。

3.8.2　主轴、刀具主轴、尾座套筒、轴向进给丝杠及螺母、分度蜗杆副、刀具末端传动副、高速齿轮副等主要零件应采取与寿命相适应的耐磨措施，并符合材质及热处理的规定。

3.8.3　机床导轨、丝杠等易被尘屑磨损的部位宜采取防护装置。

3.9　加工质量

3.9.1　机械加工件、焊接件应符合图样、工艺文件及GB/T 25376、GB/T 23570等的有关规定。

3.9.2　灰铸件质量应符合JB/T 3997的规定。

3.9.3　机床的床身、溜板、铣头体、铣头箱体、床头箱体、尾座体等重要铸件应在粗加工后进行时效处理。

3.9.4 热处理件质量应符合有关标准的规定。

3.10 装配质量

3.10.1 机床的装配质量应符合 GB/T 25373 的规定。

3.10.2 下列结合面按 GB/T 25376 和 GB/T 25373 中“重要固定结合面”的要求检验：

a) 轴向（Z 轴）进给滚珠丝杠支承箱与其相配件的结合面；

b) 径向（X 轴）进给滚珠丝杠支承箱与其相配件的结合面；

c) 轴向（Z 轴）进给滚珠丝杠螺母座与其配件的结合面；

d) 径向（X 轴）进给滚珠丝杠螺母座与其配件的结合面；

e) 花键座与其配件的结合面。

3.10.3 床头箱与其相配件的结合面按 GB/T 25376 和 GB/T 25373 中“特别重要固定结合面”的要求检验。

3.10.4 下列导轨按 GB/T 25376 和 GB/T 25373 中“滑动导轨”的要求检验：

a) 轴向进给导轨副；

b) 径向进给导轨副。

3.10.5 下列导轨按 GB/T 25376 和 GB/T 25373 中“移置导轨”的要求检验：

a) 尾座导轨副；

b) 铣头回转导轨副；

c) 铣刀主轴刀杆支撑导轨副；

d) 机动窜刀导轨副。

3.10.6 机床装配过程中清洁度的检测按 GB/T 25374 规定的方法进行，其中床头箱、铣头、铣头箱、润滑系统、液压系统的清洁度按重量法检验（抽查），其他部位按目测、手感法检验，不应有脏物。

3.10.7 床头箱、铣头、铣头箱内部的杂质、污物不应超过表 2 的规定。

表 2

检验部位	最大铣削直径/mm		
	125	＞125～200	＞200～400
	脏物质量/mg		
床头箱	800	6 500	7 000
铣头	800	800	800
铣头箱	1 200	4 000	4 500

3.10.8 机床液压、润滑系统的清洁度：在机床运行 30 min 后，立即在液压系统（或润滑系统）回油口处取样，一般不少于 200 mL，其杂质、污物不应超过 150 mg/L。

3.11 外观质量

3.11.1 机床外观表面不应有图样未规定的凸起、凹陷、粗糙不平和其他损伤。

3.11.2 机床的防护罩应平整、匀称，不应翘曲、凹陷。

3.11.3 机床零、部件外露结合面的边缘应整齐、匀称，除设计允许外不应有明显的错位。错位量和错位不匀称量宜符合表 3 的规定。

3.11.4 机床的门、盖与机床的结合面应贴合，贴合缝隙值不大于表 3 的规定。

3.11.5 机床的电气柜、电气箱等的门、盖周边与其相关件的缝隙应均匀，缝隙不均匀值不大于表 3 的规定。

表 3

单位为毫米

结合面边缘及门、盖边长尺寸	≤500	>500～1 250	>1 250～3 150
错位量	1.5	2	3
错位不匀称量	1	1	1.5
贴合缝隙值	1	1.5	2
缝隙不均匀值	1	1.5	2

注 1：当配合面边缘及门、盖边长尺寸的长、宽不一致时，按长边尺寸确定允许值。

注 2：错位不匀称量指外露结合面边缘同一边或对应边最大错位量与最小错位量之差值。

注 3：缝隙不均匀值指门、盖间对开缝或其相对机床本体间最大缝隙值与最小缝隙值之差值。

3.11.6 焊接件外露的焊缝宜修正平直、均匀。

3.11.7 装入沉孔的螺钉不应突出于零件表面，其头部与沉孔之间不应有明显的偏心。固定销(轴用固定销两端均露者除外)一般应略突出于零件外表面。螺栓尾端应略突出于螺母端面。外露轴端一般应突出于包容件的端面，突出值约为倒棱值。内孔表面与壳体凸缘间的壁厚应均匀对称，其凸缘壁厚之差不应大于实际最大壁厚的 25%。

3.11.8 机床外露零件表面不应有磕碰、锈蚀。螺钉、铆钉、销子端部不应有扭伤、锤伤等缺陷。

3.11.9 电镀件、发蓝件、发黑件色调应一致，防护层不应有褪色、脱落现象。

3.11.10 电气、液压、润滑和冷却等管道的外露部分应布置紧凑、排列整齐，并不应产生扭曲、折叠等现象。

3.11.11 机床零件未加工的表面应涂以油漆。机床涂漆颜色及光泽应均匀一致，涂漆层应平整，涂漆表面不应有起泡及脱落等缺陷。机床可拆卸的零、部件装配结合面的接缝处，在涂漆以后应切开，切开时不应扯破漆面。

3.11.12 机床上的各种标牌应清晰、耐久。产品铭牌宜固定在机床的明显位置，并应平整牢固、不歪斜。

4 检验与验收

4.1 一般要求

4.1.1 本章是对 GB/T 9061、GB/T 25376、GB/T 23570、GB/T 25373 等标准的具体化和补充。按本章检验与验收机床时，应同时对上述标准中未经本章具体化的其余有关验收项目进行检验。

4.1.2 验收机床时，按 GB/T 25372 规定的 V 级精度机床的要求检验。

4.2 机床的空运转试验

4.2.1 在无负荷状态下，机床刀具轴主运动机构依次作低、中、高速运转，高速运转时间不应少于 1 h，使主轴轴承达到稳定温度。在靠近刀具主轴轴承的外壳处测量轴承的温度和温升，其值不应超过表 4 的规定。

表 4

单位为摄氏度

轴 承 型 式	温 度	温 升
滑动轴承	60	30
滚动轴承	70	40

注：机床经过一定时间运转后，其测量温度值上升幅度不超过每小时 5 ℃时，可认为达到了稳定温度。

4.2.2 液压系统应在额定工作压力下连续运转至油液达到热平衡后，测量油液的温度和温升，其温度值不应超过 60 ℃，温升值不应超过 30 ℃。

注：油液达到热平衡系指温升幅度每小时≤2 ℃时的温度。

4.2.3 检验(抽查)主运动和进给运动各级转速和进给量的数值，有级传动的各级主轴转速和进给量的实际偏差不应超过指令值或标示值的±5%，无级变速传动的各级主轴转速和进给量的实际偏差不应超过指令值或标示值的±10%。

4.2.4 机床动作试验一般包括下述内容：

a) 机床刀具主轴、工件主轴在中等转速下连续进行正转、反转、停止试验，各不少于 10 次，动作应灵活、可靠；

b) 机床各直线运动部件在全行程上分别做低、中、高进给量变换试验，其运动应平稳、灵活，无明显的爬行和振动现象；

c) 反复变换主运动和进给运动的速度，检查变速机构是否平稳、可靠和指示的准确性；

d) 用数控指令操作机床，在中等速度下分别对各坐标轴进行正、反向启动、停止(或制动)、工作进给、快速进给及定向试验，各进行 10 次，动作应灵活、准确、可靠；

e) 按设计要求，对机床的各坐标轴联动、定位、直线插补、圆弧插补、进给坐标超程保护、坐标位置显示、回基准点、手动数据输入、程序、序号指示和检索、程序暂停、程序消除等功能分别进行试验，其功能应可靠、动作应灵活、准确；

f) 有锁紧机构的运动部件，在其行程的两端和中间位置做锁紧试验，每个位置各锁紧两次，锁紧机构应可靠；

g) 检验装卸工件、刀具和附件等装置是否灵活、可靠；

h) 机床排屑装置进行运转试验，应可靠；

i) 模拟机床工作状态，操纵机床“急停”按钮(或开关)，连续 10 次，应可靠。

4.2.5 机床刀具轴主运动机构在各级速度下空运转至功率稳定后，测量机床主传动系统的空运转功率，其值不应超过设计规定(抽查)。

4.2.6 机床模拟工作状态进行连续空运转试验，循环过程中应包括各种程序功能，其时间不少于36 h。在空运转过程中，各部分工作应正常，运行应平稳。各项功能、性能应可靠，不出现故障。各次循环程序之间的休止时间不应超过 1 min。

当出现异常或故障时应查明原因并加以排除，然后重新进行试验。

4.3 机床的负荷试验

4.3.1 最大铣削直径>200 mm～400 mm 的数控花键轴铣床应作承载工件最大重量的运转试验(抽查)。用低速及设计规定的高速运转机床，检验机床是否平稳、可靠。

4.3.2 机床采用切削方法进行负荷试验，其切削条件及规范由设计规定，使机床达到最大功率(设计功率)。试验时，各机构工作应正常，无异常尖叫声，试件齿面无明显振纹。

切削时宜按以下公式检查机床在单位时间内的切除量，以评定机床的生产率(抽查)：

$$P=(W_1-W_2)/t \qquad (1)$$

式中：

P——单位时间内的金属切除量，单位为千克每小时(kg/h)；

W_1——试件坯料的质量，单位为千克(kg)；

W_2——切削试验后试件的质量，单位为千克(kg)；

t——切削时间，单位为小时(h)。

4.3.3 定型产品出厂验收时，按设计规定的切削条件及规范进行负荷切削试验。

4.4 机床的精度检验

机床的几何精度及工作精度检验应符合 GB/T 25657.1 的规定。

4.4.1 几何精度“刀具主轴锥孔轴线与刀具托架轴承孔轴线的重合度”应在机床中速稳定温度时检验。

4.4.2 工作精度检验按设计文件规定的切削规范进行。

4.4.3 工作精度检验时，矩形花键试件键侧表面（或渐开线花键试件齿面）和齿轮试件齿面的表面粗糙度 Ra 最大允许值为 3.2 μm。

4.4.4 按表 5 的规定进行工作精度检验（抽查）。

表 5

单位为毫米

序号	简图和试件参数	检验性质	切削条件	检验项目	允差	检验工具	检验方法参照 GB/T 17421.1—1998 的有关条款
P4	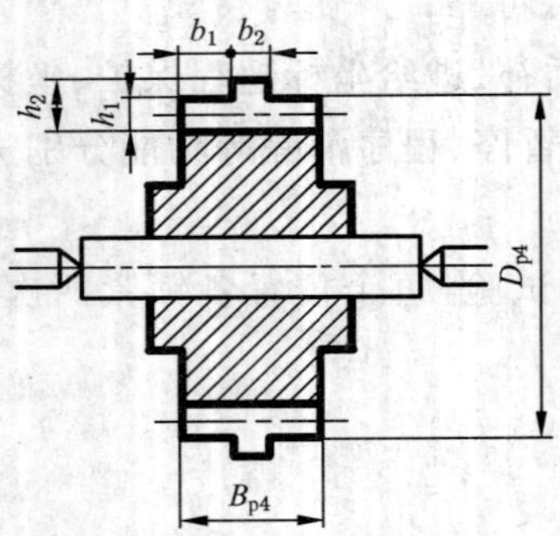 D_{p4}=(0.5～1)最大铣削直径 m_{p4}≈0.75 机床最大模数 B_{p4}≥6 机床最大模数 其余试件参数由制造厂确定 材料：45 钢　正火 D_{p4}——齿顶圆直径； m_{p4}——法向模数； B_{p4}——齿宽； h_1——齿圈 1 齿高； h_2——齿圈 2 齿高； b_1——齿圈 1 部分齿宽； b_2——齿圈 2 齿宽	精铣渐开线圆柱台阶齿轮，按数控程序连续切削七个试件	AA 级齿轮滚刀	公法线长度的一致性	0.03	齿轮测量仪器	按 GB/T 10095.1 的规定分别测量七个齿轮的公法线长度，其尺寸的最大变化值，即为其公法线长度的一致性误差（齿圈 1 和齿圈 2 均需检验）

4.4.5 按表 6 对直线运动坐标轴进行最小设定单位检验。

表 6

单位为毫米

简　　图	检验项目	允差	检验工具	检　验　方　法
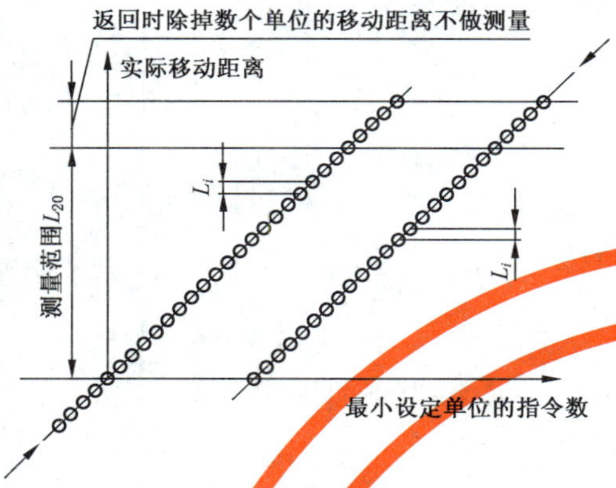	a)　最小设定单位的进给误差； b)　最小设定单位的累积进给误差	a)　由制造厂规定； b)　±25%	激光干涉仪、指示器	先以快速使溜板沿 Z 轴(或 X 轴)正(或负)向移动一段距离，停止后，向同方向给出若干最小设定单位的指令，再停止，以此位置做基准。每次给出一个最小设定单位的指令，向同方向移动，连续移动 20 个单位的距离，测量各个指令的停止位置。从上述的最终测量位置，再继续向同方向给出若干个最小设定单位的指令，停止后，向负(或正)向给出若干个最小设定单位的指令，使其约回到最终测量的位置(这些若干个最小设定单位指令不做测量)。然后从最终测量位置开始，每次给出一个最小设定单位的指令，继续向负(或正)向移动，约返回到基准位置，测量各指令的停止位置。 至少在行程的中间及靠近两端的三个位置分别进行测量。 X、Z 轴均应检验。 a)　最小设定单位进给误差为： $\|L_i-m\|_{max}$ b)　最小设定单位累积进给误差为： $(L_{20}-20m)/20m\times100\%$ L_i——相邻停止位置间的距离； m——最小设定单位量； L_{20}——20 个最小设定单位移动的总距离

ICS 25.080.20
J 54

中华人民共和国国家标准

GB/T 25658.1—2010

数控仿形定梁龙门镗铣床 第1部分:精度检验

Copying type CNC plano-boring and milling machines with a fixed cross rail—Part 1:Testing of the accuracy

2010-12-23 发布

2011-07-01 实施

中华人民共和国国家质量监督检验检疫总局
中国国家标准化管理委员会 发布

前　言

GB/T 25658《数控仿形定梁龙门镗铣床》分为以下两个部分：

——第1部分：精度检验；

——第2部分：技术条件。

本部分为GB/T 25658的第1部分。

本部分由中国机械工业联合会提出。

本部分由全国金属切削机床标准化技术委员会(SAC/TC 22)归口。

本部分起草单位：北京第一机床厂。

本部分主要起草人：胡瑞琳、刘宇凌、刘立婷。

数控仿形定梁龙门镗铣床
第1部分：精度检验

1 范围

GB/T 25658 的本部分规定了数控仿形定梁龙门镗铣床和数控定梁龙门镗铣床的几何精度、定位精度和工作精度的要求及检验方法。

本部分适用于工作台面宽度 1 000 mm～5 000 mm 的数控仿形定梁龙门镗铣床和数控定梁龙门镗铣床。

2 规范性引用文件

下列文件中的条款通过 GB/T 25658 的本部分的引用而成为本部分的条款。凡是注日期的引用文件，其随后所有的修改单(不包括勘误的内容)或修订版均不适用于本部分，然而，鼓励根据本部分达成协议的各方研究是否可使用这些文件的最新版本。凡是不注日期的引用文件，其最新版本适用于本部分。

GB/T 17421.1—1998 机床检验通则 第1部分：在无负荷或精加工条件下机床的几何精度(eqv ISO 230-1:1996)

GB/T 17421.2—2000 机床检验通则 第2部分：数控轴线的定位精度和重复定位精度的确定(eqv ISO 230-2:1997)

GB/T 19660—2005 工业自动化系统与集成 机床数值控制 坐标系和运动命名(ISO 841:2001,IDT)

3 一般要求

3.1 计量单位

本部分中所有线性尺寸及相应的公差均用毫米(mm)表示；角度尺寸用度(°)表示，角度偏差及相应的公差一般用比值表示，但在有些情况下为了清晰，也用微弧度(μrad)或角秒(″)表示。其换算关系见下式：

$$0.010/1\,000 = 10\ \mu\text{rad} \approx 2''$$

3.2 执行标准

使用本部分时应参照 GB/T 17421.1，尤其是机床检验前的安装、主轴和其他运动部件的空运转升温、检验方法和检验工具的推荐精度。

后面检验项目的“检验方法”栏中，所述检验方法均参照 GB/T 17421.1 的相应条款，有关的检验与 GB/T 17421.1 的规定相一致。

3.3 安装水平

参照 GB/T 17421.1—1998 的 3.1 调整安装水平。在床身导轨全长上检验安装水平。在每个平导轨上各放一个桥板，在两桥板上与导轨垂直放一个平尺。在桥板和平尺上沿纵向和横向各放一个水平仪(见图1)，水平仪在纵向和横向的读数均不超过 0.03/1 000。

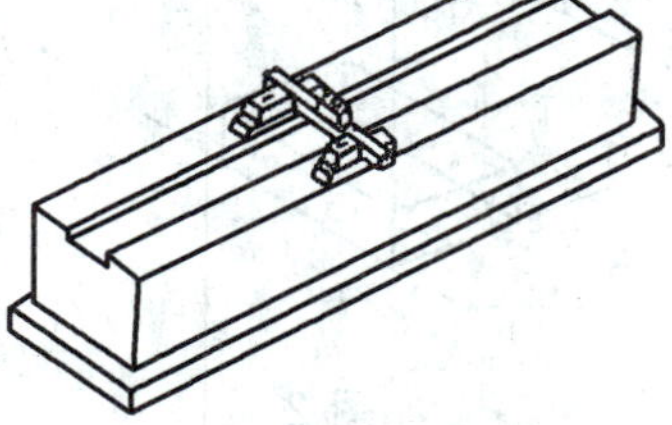

图1

3.4 温度条件

检验过程的温度条件应由供应商/制造商和用户协商规定。

3.5 检验顺序

本部分规定的检验顺序并不表示实际检验顺序。为了使装拆检验工具和检验方便起见,可按任意次序进行检验。

3.6 检验项目

检验机床时,根据结构特点并不是必须检验本部分中的所有项目。为了验收目的而要求检验时,可由用户取得制造厂同意选择一些感兴趣的检验项目,但这些检验项目必须在机床订货时明确提出。

3.7 检验工具

本部分所规定的检验工具仅为例子,可以使用相同指示量或具有至少相同精度的其他检验工具。指示器应具有 0.001 mm 或更高的分辨率。

3.8 最小公差

当实测长度与本部分规定的长度不同时,公差应根据 GB/T 17421.1—1998 中 2.3.1.1 的规定,按能够测量的长度折算。折算结果小于 0.005 mm 时,仍按 0.005 mm 计。

3.9 工作精度检验

工作精度检验应在精加工后进行。

3.10 定位精度

数控机床的定位精度检验应参照 GB/T 17421.2。本部分仅给出一些公差数值,检验结果的表达应符合 GB/T 17421.2 的规定。

3.11 轴线及运动方向命名

机床的轴线及运动方向命名应符合 GB/T 19660 的规定。

机床轴线及运动方向见图 2。

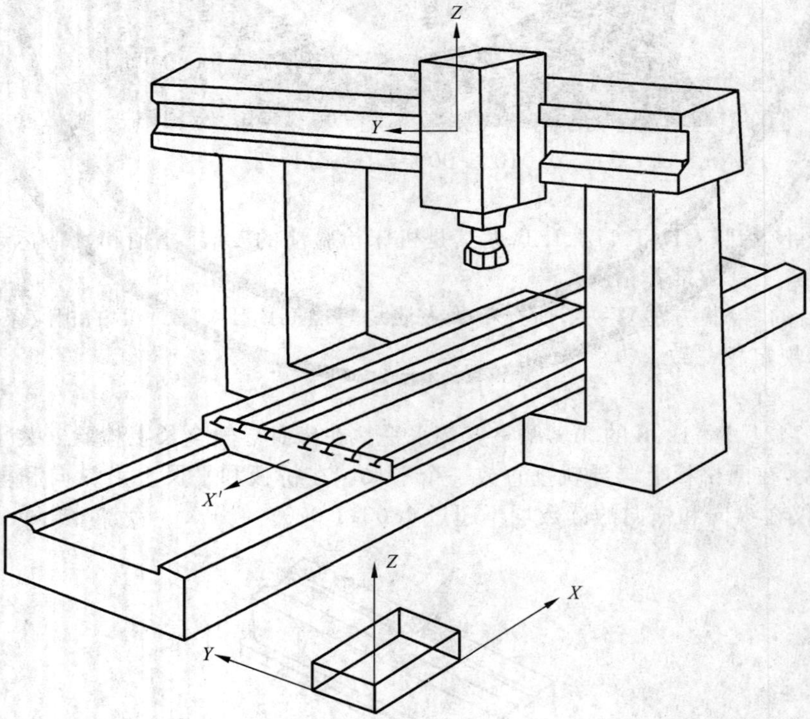

图 2

4 几何精度检验

4.1 运动轴线

检验项目 G1

工作台移动(*X* 轴线)在 *XY* 水平面内的直线度

简图

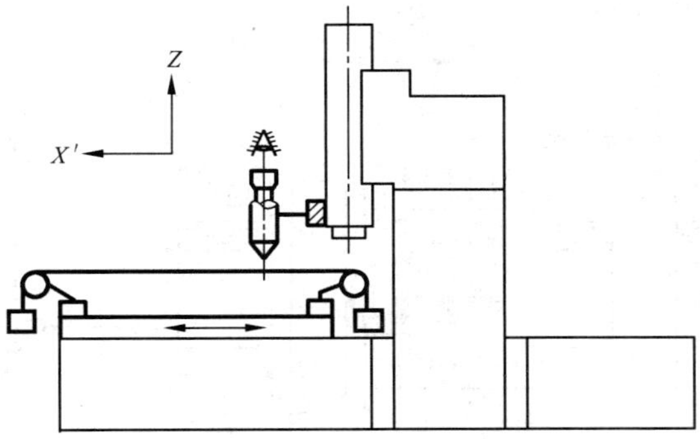

公差

2 000 测量长度内为 0.02

测量长度每增加 1 000,公差增加 0.01

最大公差:0.10

局部公差:在任意 1 000 测量长度上为 0.01

检验工具

显微镜和钢丝、自准直仪、或其他光学仪器

检验方法(参照 GB/T 17421.1—1998 的有关条文:5.2.3.2.1.2、5.2.3.2.1.3 和 5.2.3.2.1.4)

在工作台两端张紧钢丝。显微镜固定在垂直镗铣头上,调整钢丝使显微镜在钢丝两端的读数相等,沿 *X* 轴线等距离移动工作台,在全行程上测取读数。

误差以显微镜读数的最大差值计。

局部误差以任意局部测量长度上显微镜读数的最大差值计

检验项目 G2

工作台移动(*X* 轴线)的角度偏差:

a) 在 *ZX* 垂直平面内(*EBX*:俯仰);

b) 在 *YZ* 垂直平面内(*EAX*:倾斜);

c) 在 *XY* 水平面内(*ECX*:偏摆)

简图

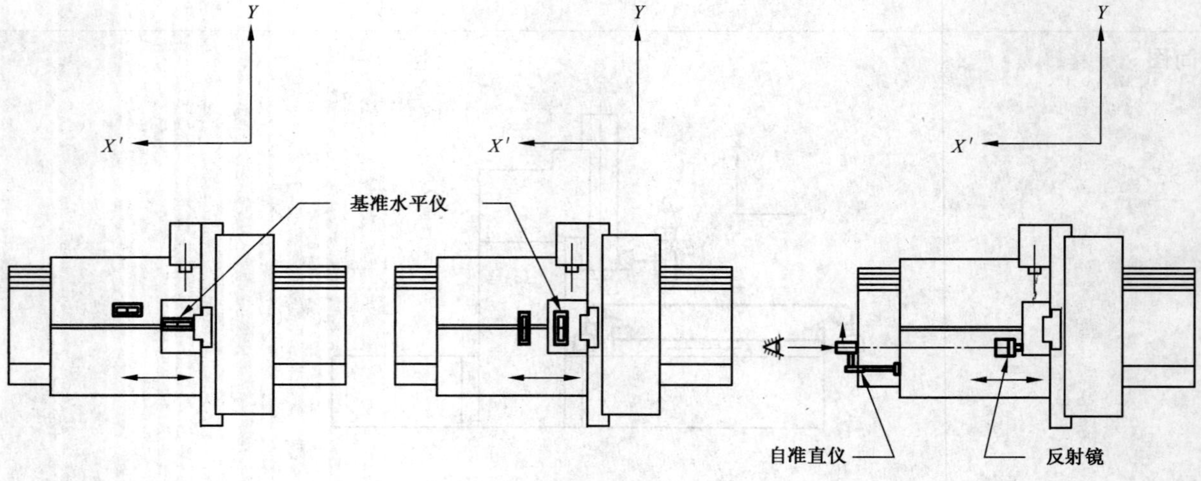

公差

	a)和 c)	b)
$X \leqslant 4\ 000$	0.04/1 000	0.02/1 000
$X > 4\ 000$	0.06/1 000	0.02/1 000

局部公差:在任意 1 000 测量长度上为 0.02/1 000

检验工具

a) 精密水平仪或光学角度偏差测量装置

b) 精密水平仪

c) 自准直仪和反射镜

检验方法(参照 GB/T 17421.1—1998 的有关条文:5.2.3.1.3 和 5.2.3.2.2)

水平仪或光学测量装置应放在运动部件上。

a) (*EBX*:俯仰)沿 *X* 轴线方向垂直放置;

b) (*EAX*:倾斜)沿 *Y* 轴线方向垂直放置;

c) (*ECX*:偏摆)沿 *Z* 轴线方向,自准直仪水平放置。

当 *X* 轴线运动引起主轴箱和工作台同时产生角度偏差时,这两种角度偏差应分别测量并给予标明。

当分别测量时,基准水平仪应放置在主轴箱上,且主轴箱应位于行程的中间位置。

应沿行程至少在五个等距离的位置上进行测量,在每个位置的两个运动方向测取读数。

最大读数与最小读数的差值应不超过公差。

对于 a)和 b)项:检验工具应放在工作台面长度的中间及两端位置,并尽可能放在工作台面宽度的中间位置,移动工作台进行检验

G3

检验项目

铣头水平移动(*Y* 轴线)的直线度：

a) 在 *XY* 水平面内(*EXY*)；

b) 在 *YZ* 垂直平面内(*EZY*)

简图

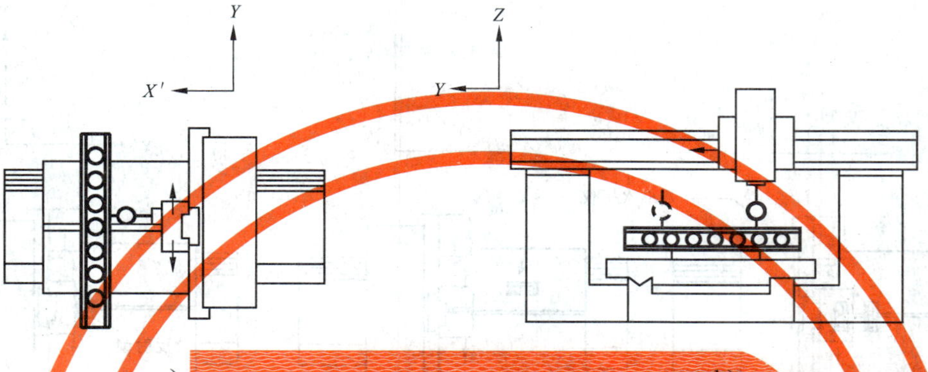

a) b)

公差

a)和 b)

1 000 测量长度内为 0.015

测量长度每增加 1 000，公差增加 0.01

最大公差：0.04

局部公差：在任意 500 测量长度上为 0.01

检验工具

平尺、指示器/支架和量块或光学方法或显微镜和钢丝(仅用于在水平面测量)

检验方法(参照 GB/T 17421.1—1998 的有关条文：5.2.3.2.1.1、5.2.3.2.1.2 和 5.2.3.2.1.3)

工作台位于行程的中间位置。

将平尺平行于 *Y* 轴线移动方向放置在工作台面上：a)在 *XY* 水平面内；b)在 *YZ* 垂直面内。

在铣头上固定指示器，使其测头垂直触及平尺的检验面。调整平尺，使指示器在平尺的两端读数相等。在测量长度范围内沿 *Y* 轴线方向移动铣头，测取读数。

a)、b)误差分别计算。误差以指示器读数的最大差值计。

局部误差以任意局部测量长度上指示器读数的最大差值计

检验项目 G4

铣头水平移动(Y 轴线)的角度偏差：

a) 在 YZ 垂直平面内(EAY:俯仰)；

b) 在 ZX 垂直平面内(EBY:倾斜)；

c) 在 XY 水平面内(ECY:偏摆)

简图

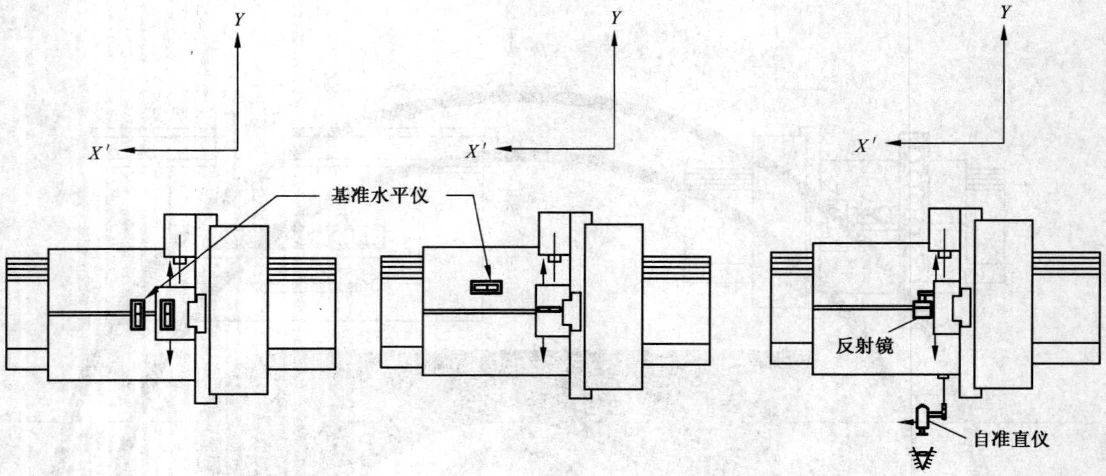

a) b) c)

公差

a)、b)和 c)

0.04/1 000

局部公差:在任意 300 测量长度上为 0.02/1 000

检验工具

a) 精密水平仪或光学角度偏差测量装置

b) 精密水平仪

c) 自准直仪和反射镜

检验方法(参照 GB/T 17421.1—1998 的有关条文:5.2.3.1.3 和 5.2.3.2.2)

水平仪或光学测量装置应放在运动部件上。

a) (EAY:俯仰)沿 Y 轴线方向垂直放置；

b) (EBY:倾斜)沿 X 轴线方向垂直放置；

c) (ECY:偏摆)沿 Y 轴线方向,自准直仪水平放置。

当 Y 轴线运动引起主轴箱和工作台同时产生角度偏差时,这两种角度偏差应分别测量并给予标明。

当分别测量时,基准水平仪应放置在工作台上,且工作台应位于行程的中间位置。

应沿行程至少在行程的五个等距离的位置上进行测量,在每个位置的两个运动方向测取读数。

最大读数与最小读数的差值应不超过公差

检验项目 G5

铣头水平移动(*Y* 轴线)对工作台移动(*X* 轴线)的垂直度

简图

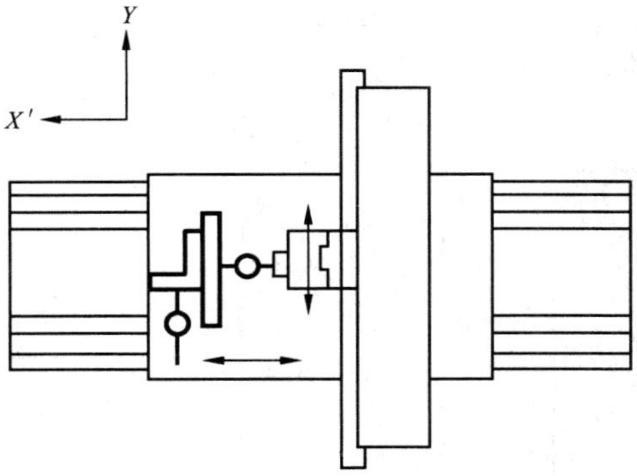

公差

0.03/1 000

检验工具

平尺、角尺和指示器

检验方法(参照 GB/T 17421.1—1998 的有关条文:5.5.2.2.4)

工作台置于行程的中间位置。

在工作台面中央位置上放一角尺,在垂直镗铣头上固定指示器,使其测头触及角尺的检验面,调整角尺,使其检验面与工作台移动方向平行,变换指示器位置,使其测头触及平尺的检验面,横向移动垂直镗铣头检验,记录指示器读数的最大差值。将角尺转 180°,再检验一次。

误差以两次测量结果的代数和之半计。

当工作台面宽度大于 2 000 mm 时,分别在工作台面中央和两侧位置上检验

G6

检验项目

铣头垂向移动（Z轴线）对：

a） 工作台移动（X轴线）的垂直度；

b） 铣头水平移动（Y轴线）的垂直度

简图

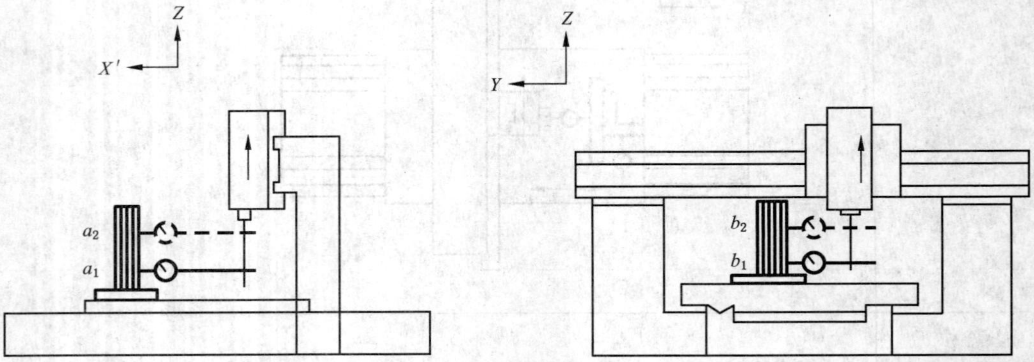

a）　　　　　　b）

公差

a）和 b）

0.020/500

检验工具

圆柱形角尺、平板、可调量块和指示器

检验方法（参照 GB/T 17421.1—1998 的有关条文：5.5.2.2.4）

将平板放置在工作台面上，并使其顶面平行于 X 轴线和 Y 轴线方向。圆柱形角尺放置在平板上。

如果主轴能够锁紧，指示器放置在主轴上，否则应放置在铣头上且靠近主轴处。

指示器测头在 X 方向触及圆柱形角尺，沿测量长度 a_1a_2 移动铣头，并记录指示器读数的最大差值。

为使测量更精确，将圆柱形角尺回转 180°，重复上述检验。

同样在 Y 方向，沿测量长度 b_1b_2 进行检验。

a）、b）误差分别计算。误差以两次测量结果的代数和之半计。

当工作台面宽度大于 2 000 mm 时，铣头在 Y 向行程的中间位置和两极限位置处进行检验

4.2 工作台

检验项目 G7

工作台面的平面度

简图

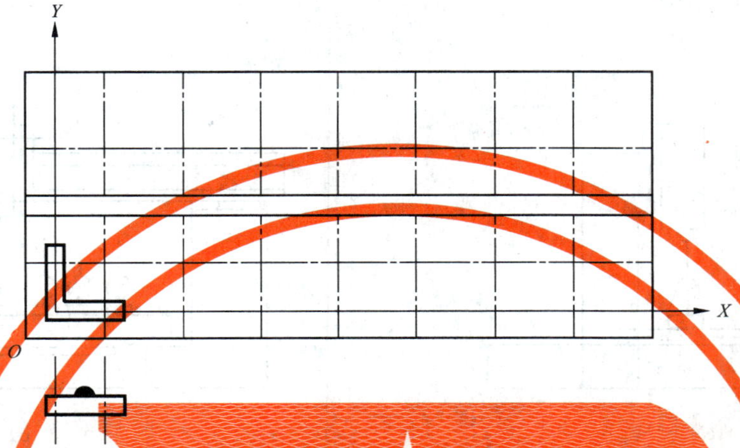

公差

1 000 测量长度内为 0.02

测量长度每增加 1 000，公差增加 0.01

最大公差：0.10

局部公差：任意 1 000 测量长度上为：0.02

检验工具

精密水平仪和 500 mm 的桥板或光学方法或其他装置

检验方法（参照 GB/T 17421.1—1998 的有关条文：5.3.2.2、5.3.2.3 和 5.3.2.4）

工作台位于行程的中间位置。

将精密水平仪和桥板放置在工作台上，沿 *O-X* 和 *O-Y* 方向，在间距为 500 mm 的不同位置处进行测量，并测取读数。

也可用 G8 的检验方法进行平面度检验

G8

检验项目

工作台面对：

a) 工作台移动（X 轴线）的平行度；

b) 铣头移动（Y 轴线）的平行度

简图

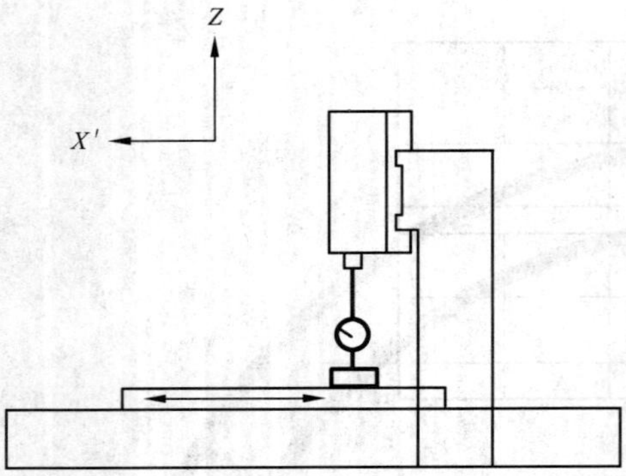

a)

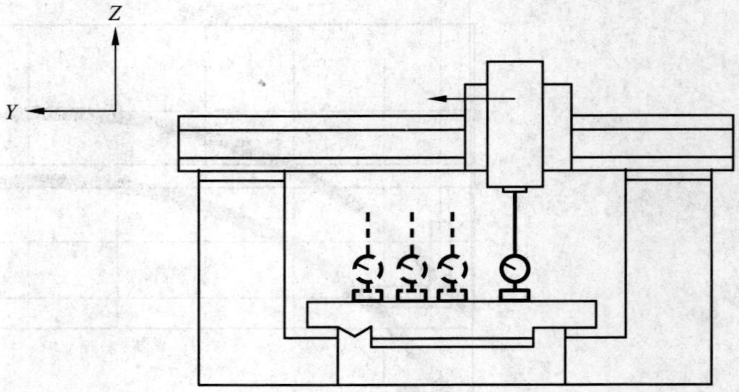

b)

公差

a）和 b）

2 000 测量长度内为 0.02

测量长度每增加 1 000，公差增加 0.005

最大公差：0.05

局部公差：在任意 1 000 测量长度上为 0.010

检验工具

指示器和量块

检验方法（参照 GB/T 17421.1—1998 的有关条文：5.4.2.2.2.1 和 5.4.2.2.2.2）

在主轴上或铣头上且靠近主轴处固定指示器，指示器测头应垂直触及工作台面或量块表面。

a) 铣头位于 Y 向行程的中间位置。沿 X 方向移动工作台，并记录指示器读数的最大差值。

将铣头置于与中间位置对称的其他两个位置（即靠近工作台两侧边缘处）重复上述检验。同样记录指示器读数的最大差值。

以三个最大差值中的最大值作为平行度偏差。

b) 工作台位于行程的中间位置。沿 Y 方向移动铣头，并记录指示器读数的最大差值。

将工作台置于与中间位置对称的其他两个位置重复上述检验。同样记录指示器读数的最大差值。

以三个最大差值中的最大值作为平行度偏差。

局部误差以任意局部测量长度上指示器读数的最大差值计。

注：上述规定的公差适用于装配后精加工的工作台。否则公差应由供应商/制造商和用户协商规定

检验项目	G9
中央或基准 T 形槽对工作台移动(*X* 轴线)的平行度	

简图

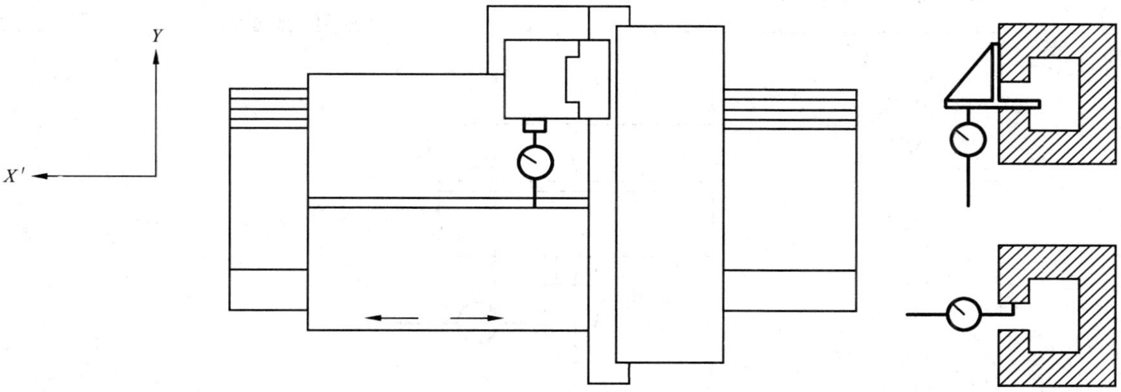

公差

2 000 测量长度内为 0.03

测量长度每增加 1 000,公差增加 0.01

最大公差:0.10

局部公差:在任意 1 000 测量长度上为 0.02

检验工具

指示器、专用角尺

检验方法(按照 GB/T 17421.1—1998 的有关条文:5.4.2.2.2.1.)

在垂直镗铣头上固定指示器,在基准 T 形槽上放一专用角尺,使指示器测头触及专用角尺的检验面或基准 T 形槽测量面。移动工作台,在全行程上检验。

基准 T 形槽的两个侧面均需检验。

误差以指示器读数的最大差值计。

局部误差以任意局部测量长度上指示器读数的最大差值计

4.3 主轴

G10

检验项目

主轴锥孔的径向跳动：

a) 靠近主轴端部；

b) 距主轴端部 300 mm 处

简图

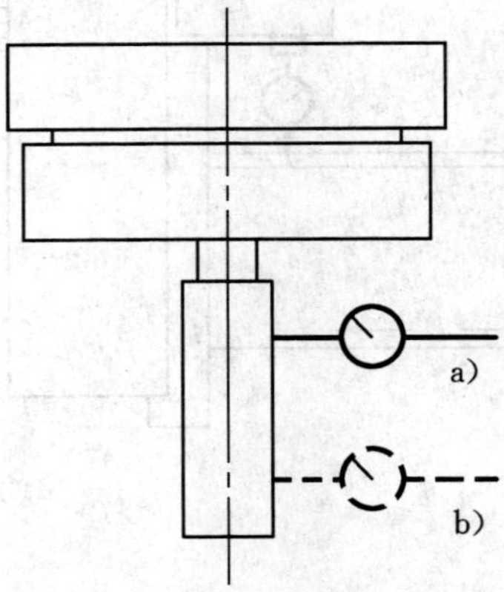

公差

$D\leqslant 200$ a) 0.010 b) 0.020

$D>200$ a) 0.015 b) 0.030

D 为定心轴径的直径

检验工具

指示器和检验棒

检验方法（参照 GB/T 17421.1—1998 的有关条文：5.6.1.2.3）

在主轴锥孔内插入检验棒，在镗铣头上固定指示器，使其测头触及检验棒表面：

a) 靠近主轴端部；

b) 距主轴端部 300 mm 处。

旋转主轴检验。拔出检验棒旋转 90°，重新插入，再依次检验三次。

a)、b)误差分别计算。误差以四次测量结果的算术平均值计

检验项目	G11

检验项目

a) 定心轴颈的径向跳动；

b) 端面跳动(包括周期性轴向窜动)；

c) 周期性轴向窜动

简图

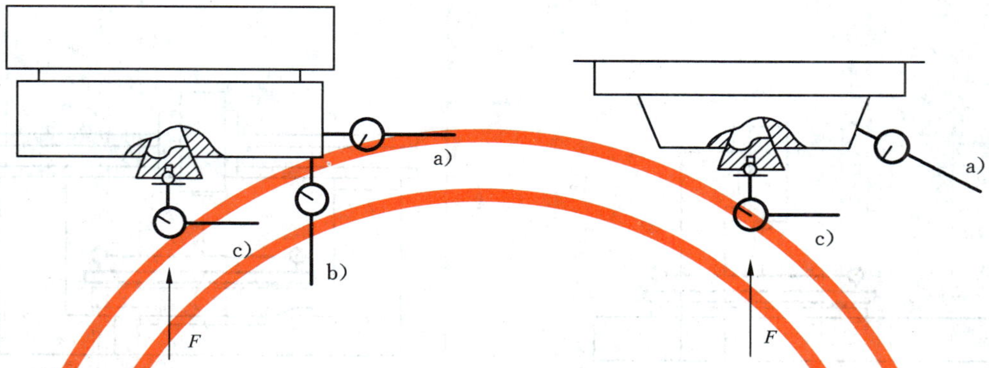

公差

$D\leqslant 200$	a)0.010	b)0.015	c)0.010
$D>200$	a)0.015	b)0.020	c)0.015

D 为定心轴颈的直径

检验工具

指示器、专用检验棒、钢球

检验方法(参照 GB/T 17421.1—1998 的有关条文:5.6.1.2.2、5.6.3.2、5.6.2.2.1 和 5.6.2.2.2)

在铣头上或机床的固定部件上固定指示器,使其测头分别触及:a) 主轴定心轴颈表面;b)主轴端面靠近边缘处;c)插入主轴锥孔的专用检验棒的钢球表面。旋转主轴检验。

a)、b)、c)误差分别计算。误差以指示器读数的最大差值计。

b)、c)项检验时,应通过主轴轴线加一个由制造厂规定的轴向力 F(对已消除轴向游隙的主轴,可不加力)

G12

检验项目

垂直铣头主轴旋转轴线对：

a）工作台沿 X 轴线移动的垂直度；

b）铣头沿 Y 轴线移动的垂直度

简图

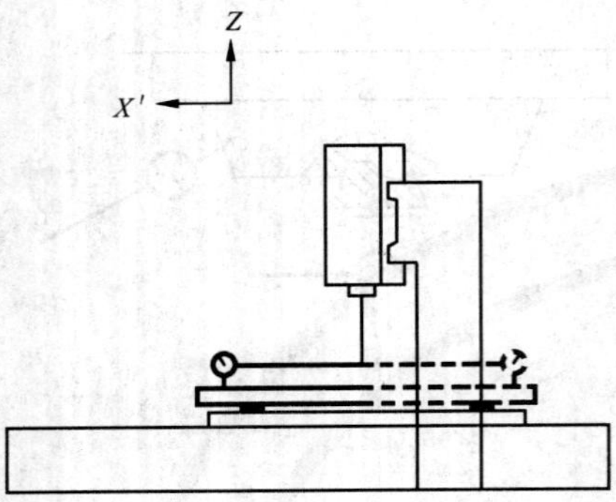

a）

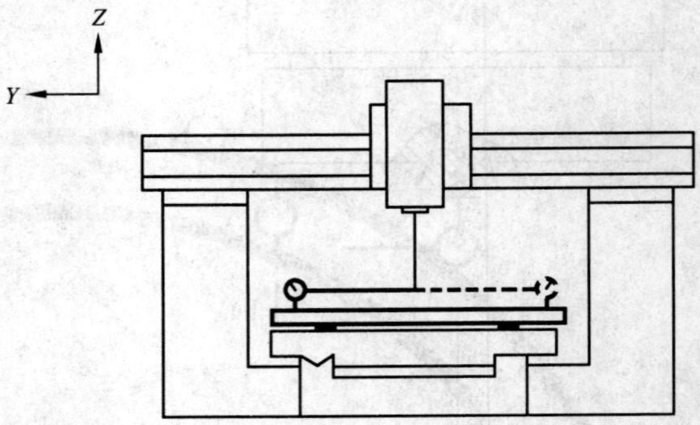

b）

公差

0.04/1 000

检验工具

指示器、半径为 500 mm 的角形表杆、可调量块、平尺或平板

检验方法（参照 GB/T 17421.1—1998 的有关条文：5.5.1.2.3.2）

a）在工作台中间位置且在垂直面内平行于 X 轴线移动方向放置一平尺。

工作台位于行程的中间位置，铣头位于横梁的中间位置，套筒或滑枕从铣头伸出 1/3 行程。

在铣头上固定指示器，使其测头触及平尺检验面，测取读数。然后将主轴回转 180°，再测取读数。

b）将平尺平行于 Y 轴线移动方向放置，重复上述检验。

a）、b）误差分别计算。误差以指示器读数的最大差值计

4.4 仿形头

检验项目 G13

仿形头水平移动对工作台面的平行度：

a） 在 *YZ* 垂直平面内；

b） 在 *ZX* 垂直平面内

简图

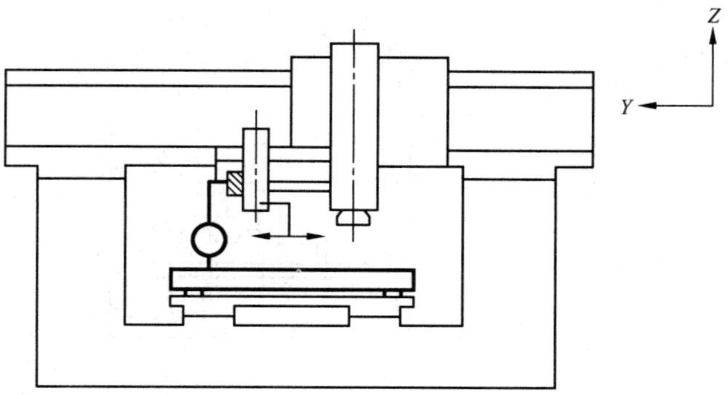

a）

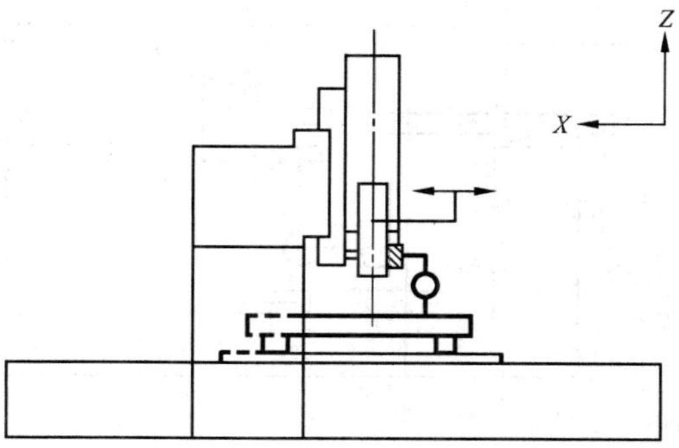

b）

公差

a）及 b）

在任意 100 测量长度上为 0.050

最大公差值为 0.080

检验工具

指示器、平尺及等高量块

检验方法（参照 GB/T 17421.1—1998 的有关条文：5.4.2.2.2.2）

工作台置于行程的中间位置。

在工作台面上放两个等高量块，其上放一平尺。在仿形头上固定指示器，使其测头触及平尺检验面。在全行程按测量长度移动仿形头锁紧检验。

a）、b）误差分别计算。误差以指示器读数的最大差值计

G14

检验项目

仿形头垂向移动对工作台面的垂直度：

a) 在 YZ 垂直平面内；

b) 在 ZX 垂直平面内

简图

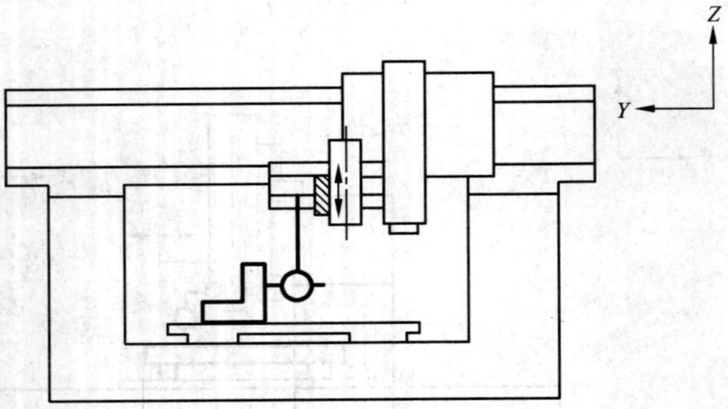

a)

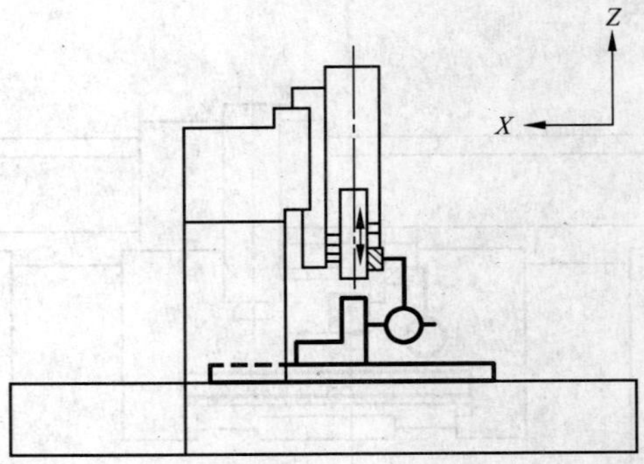

b)

公差

a)及 b)

0.050/100

检验工具

指示器和角尺

检验方法（参照 GB/T 17421.1—1998 的有关条文：5.5.2.2.2）

工作台置于行程的中间位置，仿形头位于其纵、横向行程的中间位置并锁紧。

在工作台面上放一角尺：

a) 在横向平面内；

b) 在纵向平面内。

在仿形头上固定指示器，使其测头触及角尺检验面，在全行程按测量长度垂向移动仿形头锁紧检验。

a)、b)误差分别计算。误差以指示器读数的最大差值计

检验项目 G15

仿形头水平移动对工作台移动在 *XY* 水平面内的平行度

简图

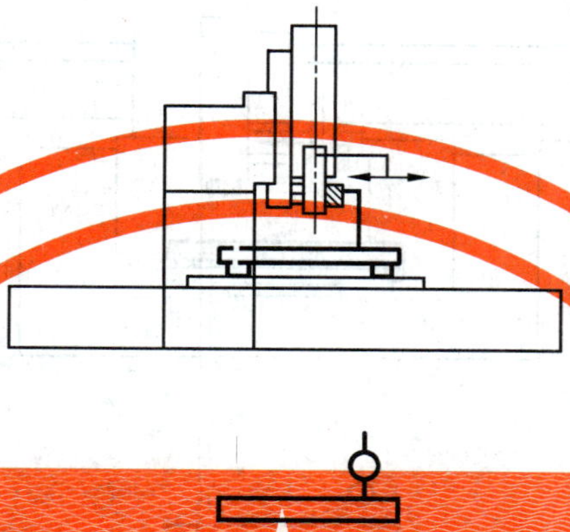

公差

在任意 100 测量长度上为 0.050

最大公差值为 0.080

检验工具

指示器、平尺及等高量块

检验方法（参照 GB/T 17421.1—1998 的有关条文：5.4.2.2.2.2）

工作台置于行程的中间位置。

在工作台面上放两个等高量块，其上放一平尺。在仿形头上固定指示器，使其测头水平触及平尺检验面。按仿形头全行程长度移动工作台，调整平尺，使指示器在平尺两端读数相等后，按测量长度移动仿形头锁紧检验。

误差以指示器读数的最大差值计

G16

检验项目

仿形头水平移动对溜板移动在 XY 水平面内的平行度

简图

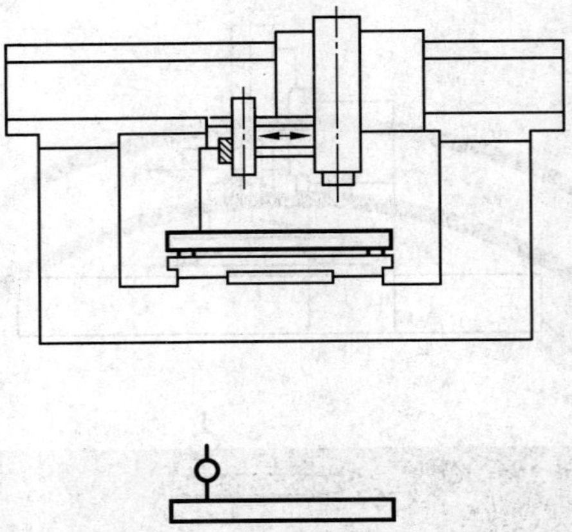

公差

在任意 100 测量长度上为 0.050

最大公差值为 0.080

检验工具

指示器、平尺及等高量块

检验方法（参照 GB/T 17421.1—1998 的有关条文：5.4.2.2.2.2）

工作台置于行程的中间位置。

在工作台面上放两个等高量块，其上放一平尺。在仿形头上固定指示器，使其测头水平触及平尺检验面。按仿形头全行程长度移动溜板，调整平尺，使指示器在平尺两端读数相等后，按测量长度移动仿形头锁紧检验。

误差以指示器读数的最大差值计

5 定位精度检验

检验项目

P1

线性轴线的定位精度

简图

行程≤6 000 时的测量循环方式

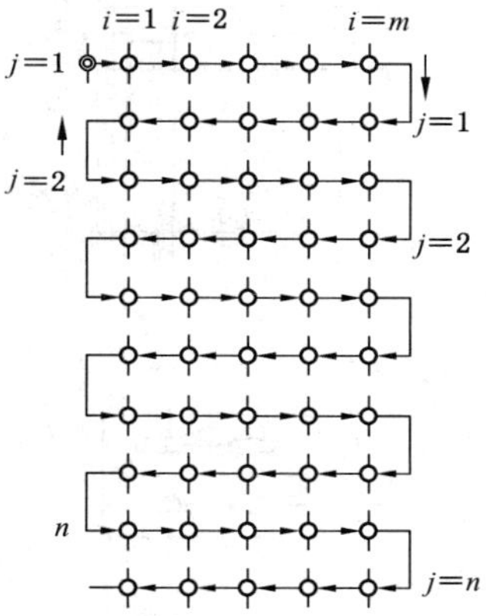

行程>6 000 时的测量循环方式

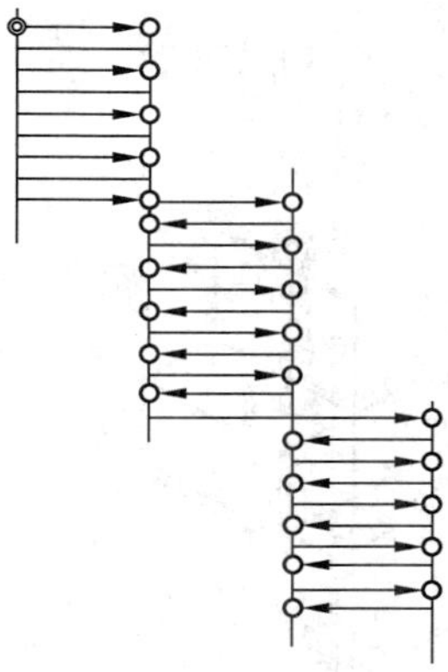

公差	测量长度		
	≤500	≤1 000	≤2 000
轴线行程至 2 000 mm			
轴线双向定位精度 A	0.020	0.025	0.032
轴线单向重复定位精度 $R\uparrow$ 和 $R\downarrow$	0.008	0.010	0.013
轴线反向差值 B	0.010	0.013	0.016
轴线双向定位系统偏差 E	0.016	0.020	0.025
轴线双向平均位置偏差 M	0.010	0.013	0.016
轴线行程大于 2 000 mm			
轴线双向定位系统偏差 E	0.025+(测量长度每增加 1 000,公差增加 0.005)		
轴线双向平均位置偏差 M	0.016+(测量长度每增加 1 000,公差增加 0.003)		
轴线反向差值 B	0.016+(测量长度每增加 1 000,公差增加 0.003)		

检验工具

线性标尺或激光测量装置

检验方法(参照 GB/T 17421.2—2000 的有关条文:第 3 章、第 4 章和第 7 章)

非检测轴线上的运动部件置于其行程的中间位置。

每个线性轴线均应检验

6 工作精度检验

检验性质 M1

沿 X 轴方向，对 B 面进行精铣，接刀处重叠 5 mm～10 mm

简图

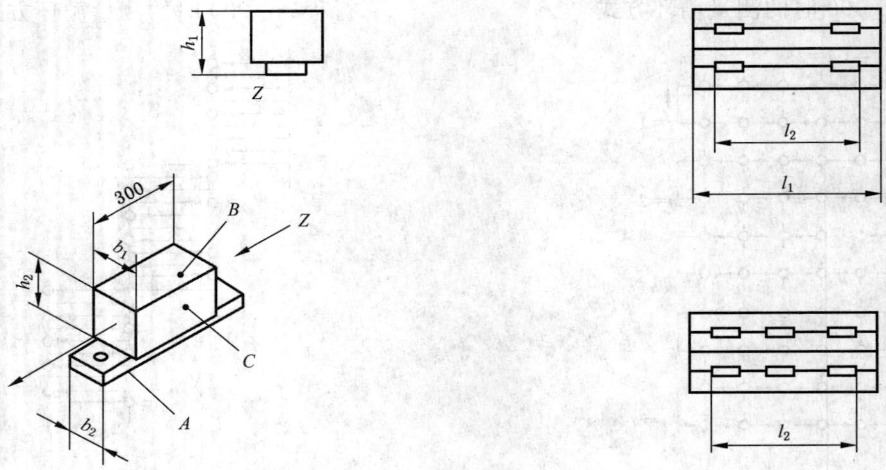

$b_1 = h_1 = 150$ mm

$b_2 = h_2 = 110$ mm

l_1——工作台面长度；

l_2——试件安装总长度；

$l_1 - l_2 = 600$ mm

工作台长度小于等于 2 000 mm 时，铣削 4 个试件。

当工作台长度大于 2 000 mm 时，可如简图所示放置 6 个(或 8 个)试件。

试件材料：铸铁

检验项目	公　差	检验工具	说　明 (参照 GB/T 17421.1—1998 的有关条文：3.1、3.2.2、4.1、4.2、5.3.2.1 和 5.4.1.2.2)
a) 每个试件 B 面的平面度 b) 试件高度 h_1 应等高	0.02 $l_2 \leqslant 2\,000$　0.03 $2\,000 < l_2 \leqslant 5\,000$　0.05 $5\,000 < l_2 \leqslant 10\,000$　0.08	平尺和量块或指示器 平板和测微计	试切前： ——确保 A 面平直； ——试件平行于工作台移动方向(X 轴线)放置； ——铣刀安装推荐采用下列要求： 1) 径向跳动 $\leqslant 0.02$； 2) 端面跳动 $\leqslant 0.03$

切削条件

应使用装在垂直铣头主轴上的端铣刀或镶齿铣刀进行加工。

其他切削条件(刀具材质和规格、切削速度和进给率)应由供应商/制造商规定。

所有试件应具有相同的硬度

检验性质	M2

a) 通镗位于试件中心直径为 50 mm 的孔；

b) 加工边长为 500 mm 的外正方形；

c) 加工位于正四方形之上边长为 300 mm 的菱形(倾斜 60°的正方形)；

d) 加工位于菱形之上直径为 280 mm 的圆，对具有仿形功能的机床，还应采用仿形随动或录返程序对圆周面进行加工；

e) 镗削直径为 43 mm 的四个孔和直径为 45 mm 的四个孔；加工时，直径为 43 mm 的孔沿轴线正向趋进，直径为 45 mm 的孔沿轴线负向趋进

简图(轮廓加工试件)

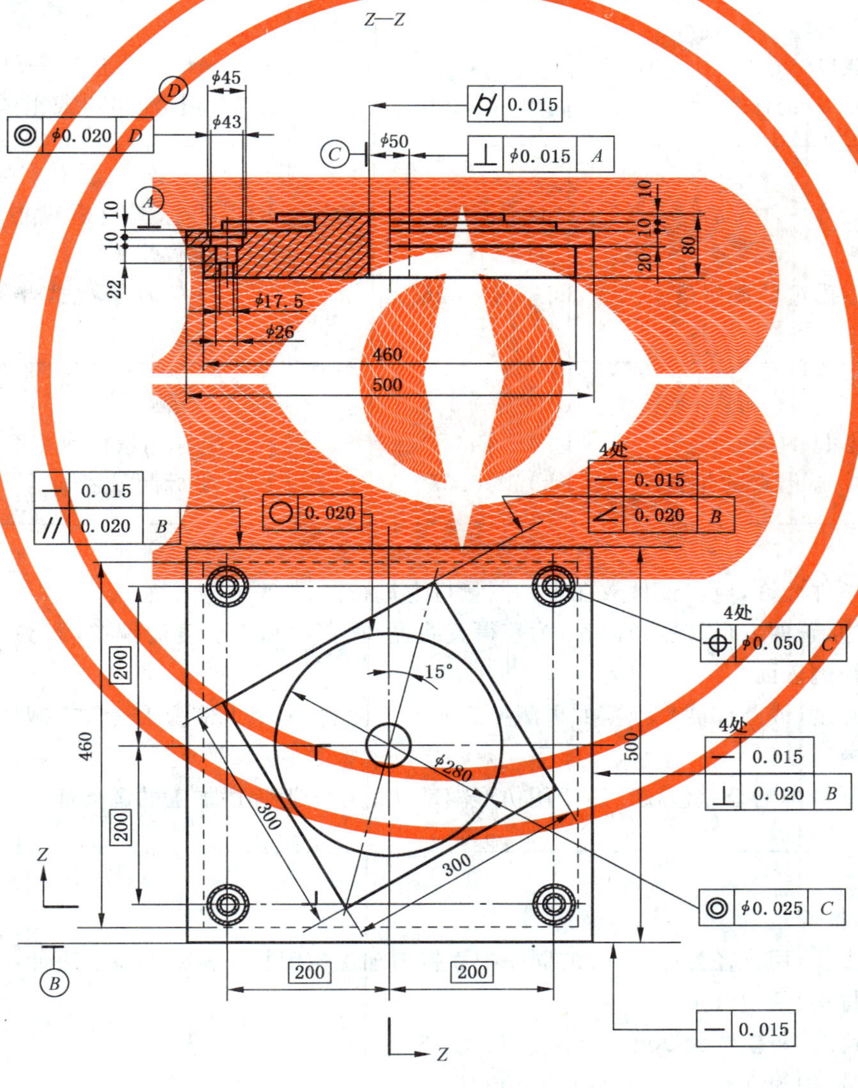

试件材料：铸铁或铸铝

注：试件被重新使用时，其特征尺寸应保持在图中所给出的特征尺寸的±10%以内

检验项目	公　差	检验工具
中心孔 a）　圆柱度 b）　孔中心轴线与基面 A 的垂直度	 a）　0.015 b）　ϕ0.015	 a）　坐标测量机 b）　坐标测量机
正四方形 c）　侧面的直线度 d）　相邻面与基面 B 的垂直度 e）　相对面对基面 B 的平行度	 c）　0.025 d）　0.030/300 e）　0.030	 c）　坐标测量机或平尺和指示器 d）　坐标测量机或角尺和指示器 e）　坐标测量机或高度规或指示器
菱形 f）　侧面的直线度 g）　侧面对基面 B 的倾斜度	 f）　0.020 g）　0.025	 f）　坐标测量机或平尺和指示器 g）　坐标测量机或正弦规和指示器
圆 h）　圆度 i）　外圆和中心孔 C 的同轴度	 h）　0.030（0.040） i）　ϕ0.025	 h）　坐标测量机或指示器或圆度测量仪 i）　坐标测量机或指示器或圆度测量仪
镗孔 j）　内孔对外孔 D 的同心度 k）　孔相对于中心孔 C 的位置度	 j）　ϕ0.020 k）　ϕ0.050	 j）　坐标测量机或圆度测量仪 k）　坐标测量机

说明

1）　如果条件允许，应将试件放在坐标测量机上进行测量。

2）　对直边（正四方形、菱形）而言，为获得直线度，垂直度和平行度的偏差，测头至少在 10 点处触及被测表面。

3）　对于圆度（或圆柱度）检验，如果测量为非连续性的，则至少检验 15 个点（圆柱度在每个测量平面内）。

4）　h）项括号中的公差值仅适用于用仿形随动功能或录返程序加工的圆周面

切削条件

切削参数（推荐）

1）　刀具直径：用直径为 32 mm 的同一把立铣刀加工轮廓加工试件的所有表面；

2）　刀具材料：硬质合金；

3）　切削速度：铸铁约为 90m/min，铝件约为 300 m/min；

4）　进给量：约为 0.05mm/齿～0.10mm/齿；

5）　切削深度：铣削径向切削深度为 0.2 mm

检验性质 M3

镗孔精度：

沿 X、Y 轴方向进行定位精镗孔 D

简图

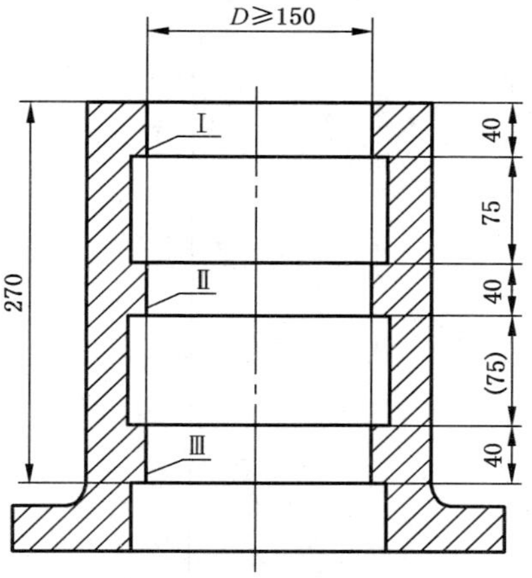

试件材料：铸铁

检验项目	公　差	检验方法(参照 GB/T 17421.1—1998 的有关条文：4.1，4.2)
a) 圆度 b) 直径尺寸一致性	a) 0.010 b) 0.024	a) 分别在Ⅰ、Ⅱ、Ⅲ三处同一深度的横截面上，测出相互夹角约为45°的四个直径值。 圆度误差以每个横截面上最大直径差值之半中的最大值计。 b) 分别在相互夹角约为45°的同一轴向截面上，测出Ⅰ、Ⅱ、Ⅲ三处直径值。 直径一致性误差以每个轴向截面上最大直径差值中的最大值计

检验工具

内径千分尺或其他检验仪器

切削条件

切削刀具：硬质合金镗刀。

切削深度：$t<0.2$ mm。

试件应安装在工作台的中间位置

ICS 25.080.20
J 54

中华人民共和国国家标准

GB/T 25658.2—2010

数控仿形定梁龙门镗铣床 第2部分:技术条件

Copying type CNC plano-boring and milling machines with a fixed cross rail—Part 2:Specifications

2010-12-23 发布

2011-07-01 实施

中华人民共和国国家质量监督检验检疫总局
中国国家标准化管理委员会 发布

前　言

GB/T 25658《数控仿形定梁龙门镗铣床》分为以下两部分：

——第1部分：精度检验；

——第2部分：技术条件。

本部分为 GB/T 25658 的第2部分。

本部分由中国机械工业联合会提出。

本部分由全国金属切削机床标准化技术委员会(SAC/TC 22)归口。

本部分起草单位：北京第一机床厂。

本部分主要起草人：胡瑞琳。

数控仿形定梁龙门镗铣床 第2部分:技术条件

1 范围

GB/T 25658的本部分规定了数控定梁龙门镗铣床和数控仿形定梁龙门镗铣床设计、制造和验收的要求。

本部分适用于工作台面宽度1 000 mm~5 000 mm一般用途的数控定梁龙门镗铣床和数控仿形定梁龙门镗铣床。

2 规范性引用文件

下列文件中的条款通过GB/T 25658的本部分的引用而成为本部分的条款。凡是注日期的引用文件,其随后所有的修改单(不包括勘误的内容)或修订版均不适用于本部分,然而,鼓励根据本部分达成协议的各方研究是否可使用这些文件的最新版本。凡是不注日期的引用文件,其最新版本适用于本部分。

GB 5226.1 机械电气安全 机械电气设备 第1部分:通用技术条件(GB 5226.1—2008,IEC 60204-1:2005,IDT)

GB/T 6576—2002 机床润滑系统(ISO 5170:1997,EQV)

GB/T 7932—2003 气动系统 通用技术条件(ISO 4414:1998,IDT)

GB/T 9061—2006 金属切削机床 通用技术条件

GB 15760 金属切削机床 安全防护通用技术条件

GB/T 16769—2008 金属切削机床 噪声声压级测量方法

GB/T 23570—2009 金属切削机床 焊接件通用技术条件

GB/T 23572—2009 金属切削机床 液压系统通用技术条件

GB/T 25373—2010 金属切削机床 装配通用技术条件

GB/T 25374—2010 金属切削机床 清洁度的测量方法

GB/T 25376—2010 金属切削机床 机械加工件通用技术条件

GB/T 25658.1—2010 数控仿形定梁龙门镗铣床 第1部分:精度检验

3 一般要求

本部分是对GB/T 9061、GB/T 25376、GB/T 25373等标准的具体化和补充。按本部分验收机床时,应同时对上述标准中未经本部分具体化的其余有关验收项目进行检验。

4 附件和工具

4.1 为保证机床的基本性能,应随机供应的附件和工具见表1。

表1

名　　称	数　　量
专用调整工具	1套
拉钉	1套
机床调整垫铁	全套
拉杆、仿形指	各1件(仅适用于带仿形功能的机床)

4.2　扩大机床使用性能的特殊附件，根据用户要求按协议提供。

5　安全卫生

5.1　机床电气系统的安全应符合 GB 5226.1 的规定。

机床液压系统的安全应符合 GB/T 23572 的规定。

5.2　机床的安全防护除应符合 GB 15760 的有关规定外，还应符合下列要求：

a）机床的自动拉刀机构，其功能应安全可靠；

b）机床床身、横梁导轨面应有防护装置；

c）机床的变速、换向、停止和锁紧机构应安全可靠；

d）直线运动轴线上的运动部件应有限位和防止碰撞的保险装置。

5.3　按 GB/T 16769 的规定测量整机的噪声，机床在空运转条件下噪声声压级不应超过 85dB(A)。

6　加工和装配质量

6.1　床身、工作台、立柱、横梁、滑枕、溜板为重要铸件（或焊接件），在粗加工后应进行时效处理或采取其他消除内应力的措施。

6.2　主轴、主轴套筒、丝杠副、蜗轮副及高速、重载齿轮等零件应采取与寿命相适应的耐磨措施。

6.3　床身与工作台导轨副、横梁与溜板导轨副、滑板与滑枕导轨副为重要导轨副，应采用直线导轨、耐磨铸铁、镶钢、贴塑或高（中）频感应淬火等耐磨措施。

6.4　重要固定结合面应紧密贴合，紧固后用 0.04mm 塞尺检验时不应插入。下列结合面应按“重要固定结合面”的要求考核：

a）床身与床身的结合面；

b）立柱与横梁的结合面；

c）立柱与床身的结合面；

d）主传动箱与滑枕的结合面；

e）镗铣头进给箱与横梁的结合面；

f）工作台进给箱与床身的结合面；

g）仿形支架与镗铣头的结合面；

h）仿形头与仿形支架的结合面；

i）镗铣头端面与附件铣头的结合面；

j）蜗杆箱与床身的结合面。

6.5　特别重要固定结合面应紧密贴合，除用涂色法检验外，在紧固前、后用 0.03 mm 塞尺检验时均不应插入（与水平面垂直的特别重要固定结合面只在紧固后检验）。下列结合面应按“特别重要固定结合面”的要求考核：

a）齿条与工作台的结合面；

b）滚珠丝杠支座、螺母座与其相配件的结合面。

6.6　重要固定结合面和特别重要固定结合面，用塞尺检验时，允许局部（1 处～2 处）插入深度小于结合面宽度的 1/5，但不大于 5 mm；插入部位的长度小于或等于结合面长度的 1/5，但不大于 100 mm 则按 1 处计。

6.7　下列导轨副应按“静压、滑（滚）动导轨”要求考核：

a）床身与工作台导轨副；

b）滑板与横梁导轨副；

c）滑枕与滑板导轨副。

6.8　滑动导轨表面除用涂色法检验外，还应用 0.04 mm 塞尺检验，塞尺在导轨、镶条、压板端部的滑动面间插入深度不应大于 25 mm。

6.9　仿形支架导轨应按“移置导轨”的要求考核。

6.10　两配合件的结合面均是刮研面，用配合件的结合面(研具)做涂色法检验时，刮研点应均匀。按规定的计算面积平均计算，在每 25 mm×25 mm 的面积内，接触点数不应少于表 2 的规定。

表 2

静压、滑(滚)动导轨		移置导轨		镶条、压板滑动面	特别重要固定结合面
每条导轨宽度/mm					
≤250	>250	≤100	>100		
接触点数					
10	8	8	6	6	6

6.11　两配合件的结合面一个是刮研面，另一个是机械加工面，用配合件的机械加工面检验刮研面的接触点数时，不应少于表 2 中规定点数的 75%。

6.12　采用机械加工方法加工的两配合件的结合面涂色法检验时，接触应均匀，接触指标不应低于表 3 的规定。

表 3

静压、滑(滚)动导轨		移置导轨		特别重要固定结合面	
接触指标/%					
全长上	全宽上	全长上	全宽上	全长上	全宽上
75	60	65	45	65	40

6.13　多段拼接镶钢导轨的接合处宜留有 0.02 mm～0.04 mm 的缝隙。接合处导轨导向面的错位量应小于 0.005 mm。

6.14　镶钢导轨淬火后应进行探伤检查，不应有裂纹。

6.15　贴塑和涂层导轨与基体应贴合紧密，粘接牢固可靠，不应有缝隙和气泡；与相配导轨的接触应均匀，并应符合技术文件规定。导轨边缘应倒角、修圆。

6.16　滚动导轨的安装基面应符合设计文件的规定。组装后运动应轻便、灵活，无阻滞现象。

6.17　各运动轴线安装的滚珠丝杠副，组装后按设计文件的规定进行运转，其未补偿的反向间隙不宜大于 0.03 mm。

6.18　焊接件和焊接部件应符合 GB/T 23570 的有关规定。重要焊接件应进行探伤检查，不应有裂纹。

6.19　拉刀机构及其他重要机构所用碟形弹簧，组装后进行工作压力试验，应符合图样和技术文件规定的要求。

6.20　重要的压力油缸，组装后应按系统设计压力的 150%进行不少于 0.5 h 的保压试验，不应有渗漏现象。

6.21　高速旋转的主轴组件，装配后应做动平衡试验并符合设计要求。

6.22　按 GB/T 25374 的规定检验机床的清洁度。一般采用目测法、手感法检验，不应有脏物。必要时采用重量法抽查检验。其杂质污物限值：主轴箱、进给箱不应超过 400 mg/L；液压系统不应超过 100 mg/L。

6.23　机床电气系统的装配应符合 GB 5226.1 的规定。

6.24　机床液压系统的装配应符合 GB/T 23572 的规定。

6.25　机床气动系统的装配应符合 GB/T 7932 的规定。

6.26　机床润滑系统应符合 GB/T 6576 的规定。

7 机床的空运转试验

7.1 温升试验及主运动和进给运动空运转试验

7.1.1 机床主运动机构应从最低转速起，依次运转，每级速度的运转时间不应少于 2 min；无级变速的机床，可做包括低、中、高速在内的不少于 10 种速度的运转。在最高转速下运转时间不少于 1 h，使主轴轴承达到稳定温度，并在靠近主轴定心轴承处测量温度和温升，温度不应超过 70 ℃，温升不应超过 40 ℃。在各级速度运转时，运转应平稳，工作机构应正常、可靠。

7.1.2 分别用低、中、高进给速度及快速对直线运动轴线上的运动部件进行空运转试验，其运动应平稳，工作机构应正常，可靠，无明显爬行和振动现象。

7.1.3 在空运转条件下，有级传动的各级主轴转速和进给速度的实际偏差不应超过设定值的－2％～＋6％（仅在型式试验时进行）；无级变速传动的主轴转速和进给速度的实际偏差不应超过设定值的±10％（抽查）。

7.1.4 主传动系统的空运转功率（不包括主电动机的空载功率）不应超过设计文件的规定（抽查）。

7.2 机床功能试验

7.2.1 手动功能试验

用手动或数控手动方式操作机床各部件进行试验。

a） 用中速对主运动机构进行正、反向启动、停止 10 次的操作试验，动作应灵活、可靠。

b） 对主运动机构（无级变速的主轴至少在低、中、高转速范围内，有级变速的主轴在各级转速下）进行变速操作试验，动作应灵活、可靠。

c） 用中等进给速度分别对直线轴线上的运动部件进行正、负向启动、增量进给和停止 10 次的操作试验，动作应灵活、可靠、准确。

d） 用包括低、中、高在内的 10 种进给速度，对进给运动机构进行变速操作试验，动作应灵活、可靠。

e） 对机床的自动拉刀机构进行不少于 5 次的拉刀、松刀的动作试验，动作应灵活、可靠。

f） 对机床数字控制的各种指示灯、控制按钮、数据输入输出设备和温度调节装置等进行功能试验，操作应灵活、可靠。

g） 对机床的液压、润滑、冷却和气动系统进行运转试验，工作应正常、操作调整应方便、灵活，各系统不应渗漏。

h） 对机床的安全、防护装置等进行试验，功能应可靠，动作应灵活、准确。

i） 对机床的其他附属装置进行试验，工作应可靠。

7.2.2 数控功能试验

用数控程序操作机床各部件进行试验。

a） 用中速对主运动机构进行正、反向连续起动、停止（包括制动）各 10 次的操作试验，动作应灵活、可靠。

b） 对主运动机构（无级变速的主轴至少在低、中、高转速范围内，有级变速的主轴在各级转速下）进行变速试验，动作应灵活、可靠。

c） 用中等进给速度分别对直线轴线上的运动部件进行正、负向连续启动、增量进给和停止的运行试验，动作应灵活、可靠、准确。

d） 用包括低、中、高在内的进给速度和快速，对进给和快速运动机构进行变速试验，动作应灵活、可靠。

e） 对机床具有的数控功能，如轴线联动、轴线选择、定位、直线插补、圆弧插补、螺距及刀具补偿等逐一进行试验，其功能应可靠，动作应灵活、准确。

f） 在低、中、高仿形进给速度下逐项进行各种仿形功能空运转试验，其功能应可靠、运行应平稳，仿形指不应离模，无明显爬行、卡滞、抖动等现象。仿形速度的实际偏差不应超过设计的规定（仅适用于数控仿形定梁龙门镗铣床）。

7.3 机床连续空运转试验

7.3.1 连续空运转试验应在 7.2.1 和 7.2.2 试验之后，精度检验之前进行。

7.3.2 连续空运转试验程序应符合下列条件：

a) 主轴应进行包括低、中、高转速在内的正、反向的运转和速度的变换，其中高速运转时间应不少于一个循环程序所用时间的 10%；

b) 直线运动轴线上的运动部件应进行包括低、中、高进给速度和快速在内的正、负向移动试验，其行程应接近于全行程，并可选任意点进行定位；运行中不允许使用倍率开关，高速进给和快速移动的时间应不少于一个循环程序所用时间的 10%；

c) 各联动轴线的联动；

d) 特殊附件的联机运转；

e) 各循环程序间的暂停时间不应超过 1 min。

注：一个循环，即包括上述各条件下的空运转全过程。

7.3.3 在全部功能下进行整机连续空运转试验，连续空运转时间为 36 h，至少应进行两个循环的空运转。仿形功能可单独编制程序运行，运行时间不少于 4 h。运转应正常，平稳、可靠，不应发生故障，否则应重新进行试验。

8 机床的负荷试验

8.1 机床应进行下列负荷试验

a) 机床承载工件最大重量的运转试验(抽查)；

b) 机床主传动系统最大扭矩的试验；

c) 机床最大切削抗力的试验；

d) 机床主传动系统达到最大功率的试验(抽查)。

8.2 机床承载工件最大重量的运转试验

8.2.1 可与设计规定的承载工件最大重量相当的重物做工件，置于工作台面上，使载荷均匀。

8.2.2 分别以最低、最高的进给速度和快速进行试验。运动应平稳，无明显爬行现象。

8.3 机床主传动系统最大扭矩的试验

8.3.1 在主轴恒扭矩范围内，选用一适当的主轴转速，采用铣削方式进行试验，调整切削用量，使主传动系统达到设计所规定的最大扭矩。

8.3.2 切削试验时，机床工作应正常，运动应平稳。

8.3.3 试件材料为 HT200 或 45 钢，试验用切削刀具采用端铣刀，切削用量按设计文件的规定。

8.4 机床最大切削抗力的试验

8.4.1 在主轴恒扭矩范围内，选一适当的主轴转速，采用铣削方式进行试验。调整切削用量，使机床达到设计规定的最大切削抗力。

8.4.2 切削试验时，机床工作应正常，运动应平稳。过载保险装置应可靠。

8.4.3 试件材料为 HT200，试验用切削刀具采用端铣刀，切削用量按设计文件的规定。

8.5 机床主传动系统达到最大功率的试验

8.5.1 在主轴恒功率范围内，选一适当的主轴转速，采用铣削方式进行试验。调整切削用量，使机床达到最大设计功率。

8.5.2 试验时机床各部位工作应正常，无明显的颤振现象，并记录金属切削率。

8.5.3 试件材料为 45 钢，试验用切削刀具采用端铣刀，切削用量按设计文件的规定。

9 最小设定单位试验

9.1 一般要求

试验某一轴线时，其他运动部件原则上置于行程的中间位置。试验可在使用螺距误差补偿和反向间隙补偿的条件下进行。

9.2 试验方法

先以快速使直线运动轴线上的运动部件向正(或负)向移动一定距离后停止，再向同方向给出数个最小设定单位的指令，使运动部件停止在某一位置，以此位置作为基准位置。然后仍向同方向每次给出1个，共给出20个最小设定单位的指令，使运动部件连续移动、停止，并测量其在每个指令下的停止位置。从上述的最终测量位置，继续向同方向给出数个最小设定单位的指令，使运动部件移动并停止。从而再向负(或正)向给出数个最小设定单位的指令，使运动部件大约返回到上述最终的测量位置，在这些正向和负向的数个最小设定单位指令下运动部件的停止位置均不作测量。然后从上述的最终测量位置开始，仍向负(或正)向每次给出1个，共给出20个最小设定单位的指令，继续使运动部件连续移动、停止，大约返回到基准位置，测量其在每个指令下的停止位置，见图1。

注：要注意实际移动的方向。

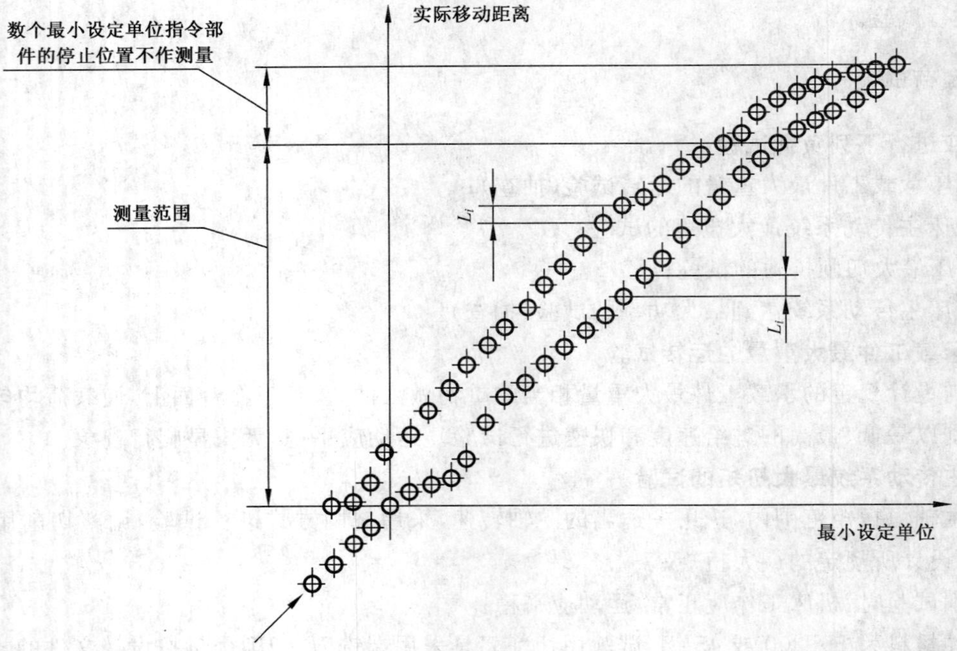

图1

至少在行程的中间及靠近两端的3个位置上分别进行试验。各直线运动轴线均应进行试验。按9.3的规定计算误差，以3个位置上的最大误差值计。

9.3 误差计算

误差分为最小设定单位误差和最小设定单位相对误差。

9.3.1 最小设定单位误差 S_a

见式(1)。

$$S_a = |L_i - m|_{max} \quad \cdots\cdots(1)$$

式中：

S_a——最小设定单位误差，单位为毫米(mm)；

L_i——某个最小设定单位指令的实际位移值,单位为毫米(mm);

m——一个最小设定单位指令的理论值,单位为毫米(mm)。

注:实际位移的方向如与指令的方向相反,其位移量应为负值。

9.3.2 最小设定单位相对误差 S_b

见式(2)。

$$S_b = \frac{\left| \sum_{i=1}^{20} L_i - 20m \right|_{\max}}{20m} \times 100\% \quad \cdots\cdots(2)$$

式中:

S_b——最小设定单位相对误差;

$\sum_{i=1}^{20} L_i$——连续 20 个最小设定单位指令的实际位移值之和,单位为毫米(mm)。

9.4 允差

S_a:根据机床的具体情况由设计规定(推荐不大于 5 个最小设定单位)。

S_b:不应大于 25%。

9.5 检验工具

激光干涉仪。

10 原点返回试验

10.1 一般要求

试验某一轴线时,其他运动部件原则上置于行程的中间位置。试验可在使用螺距误差补偿和反向间隙补偿的条件下进行。

10.2 试验方法

分别使各直线运动轴线上的运动部件,从行程上的任意点按相同的移动方向,以快速进行 5 次返回某一设定原点 P_0 的试验。测量运动部件每次实际位置 P_{j0} 与原点理论位置 P_0 之差值,即原点返回偏差 X_{j0}(j=1、2、3、4、5),见图 2。

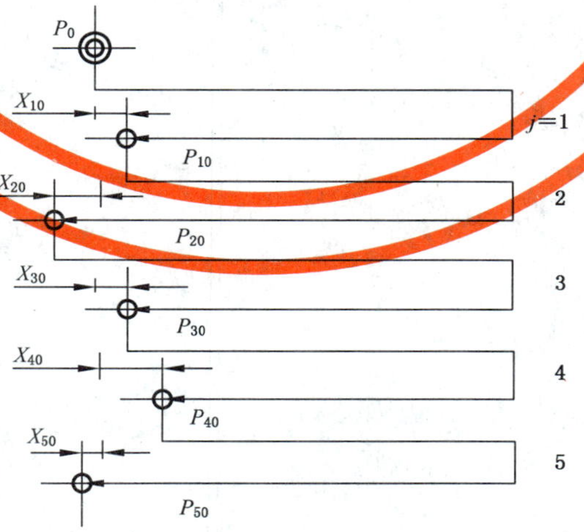

图 2

各直线运动轴线均应至少在行程的中间及靠近两端的 3 个位置上分别进行试验。按 10.3 的规定计算误差,以 3 个位置上的最大误差值计。

10.3 误差计算

原点返回误差,以在各直线运动轴线上至少 3 个位置试验中通过计算得到的原点返回偏差的最大标准不确定度的估算值的 4 倍计，见式(3)。

$$R_0 = 4S_0 \quad \cdots\cdots(3)$$

式中：

R_0——原点返回误差，单位为毫米(mm)；

S_0——原点返回偏差标准不确定度的估算值，单位为毫米(mm)。

注：S_0 根据 GB/T 17421.2 的有关公式进行计算。

10.4 允差

根据机床的具体情况由设计规定(推荐 R_0 不大于重复定位精度的 1/2)。

10.5 检验工具

激光干涉仪。

11 机床精度检验

机床的几何精度检验按 GB/T 25658.1 进行，其中的 G6、G10、G12 项应在机床主轴达到中速稳定温度时进行。

11.1 定位精度和重复定位精度检验应在负荷试验后，工作精度检验前进行。

11.2 工作精度的切削规范按设计文件的规定，精加工试件精度应一次交验合格。试件精铣后表面粗糙度：铣平面 Ra 的最大允许值为 3.2 μm；镗孔 Ra 的最大允许值为 2.5 μm；轮廓仿形 Ra 的最大允许值为 6.3 μm。

12 随机技术文件

12.1 机床使用说明书应随机供应 2 份。

12.2 当用户需要时，机床合格证明书中应附上有关定位精度检验的数据和图表。

参 考 文 献

[1] GB/T 17421.2—2000 机床检验通则 第2部分：数控轴线的定位精度和重复定位精度的确定(eqv ISO 230-2:1997).

参 考 文 献

[illegible]

ICS 25.040.20
J 53

中华人民共和国国家标准

GB/T 25659.1—2010

简式数控卧式车床
第1部分：精度检验

**Simplified numerically controlled horizontal turning machines—
Part 1: Testing of the accuracy**

2010-12-23 发布　　2011-07-01 实施

中华人民共和国国家质量监督检验检疫总局
中国国家标准化管理委员会　发布

前　言

GB/T 25659《简式数控卧式车床》分为以下两部分：

——第1部分：精度检验；

——第2部分：技术条件。

本部分为GB/T 25659的第1部分。

本部分由中国机械工业联合会提出。

本部分由全国金属切削机床标准化技术委员会(SAC/TC 22)归口。

本部分起草单位：沈阳机床(集团)有限责任公司、宁夏新瑞长城机床有限公司、天水星火机床有限责任公司、济南一机床集团有限公司、浙江凯达机床股份有限公司等。

本部分主要起草人：王兴海、凌泽润、刘强、王惠芳、胡安镇、黄丰枚等。

简式数控卧式车床
第1部分：精度检验

1 范围

GB/T 25659的本部分规定了简式数控卧式车床几何精度、位置精度和工作精度的要求及检验方法。

本部分适用于床身上最大回转直径为250 mm～1 250 mm，最大工件长度至8 000 mm的简式数控卧式车床。

2 规范性引用文件

下列文件中的条款通过GB/T 25659的本部分的引用而成为本部分的条款。凡是注日期的引用文件，其随后所有的修改单(不包括勘误的内容)或修订版均不适用于本部分，然而，鼓励根据本部分达成协议的各方研究是否可使用这些文件的最新版本。凡是不注日期的引用文件，其最新版本适用于本部分。

GB/T 17421.1—1998 机床检验通则 第1部分：在无负荷或精加工条件下机床的几何精度(eqv ISO 230-1：1996)

GB/T 17421.2—2000 机床检验通则 第2部分：数控轴线的定位精度和重复定位精度的确定(eqv ISO 230-2：1997)

3 一般要求

3.1 按GB/T 17421.1—1998中3.1调整安装水平。将溜板置于导轨行程中间位置，在机床导轨两端(或通过专用桥板)放置水平仪，水平仪在纵向和横向的读数均不超过0.06/1 000。

3.2 本部分所列的几何精度检验项目序号，并不表示实际检验次序，为了装拆检验工具和检验方便，可按任意次序进行检验。

3.3 工作精度检验时，试件的检验应在精车后进行。

3.4 当实测长度与本部分规定的长度不同时，公差应根据GB/T 17421.1—1998中2.3.1.1的规定按能够测量的长度折算。折算结果小于0.005 mm时，仍按0.005 mm计。

3.5 *ZX*平面是指通过刀尖与主轴轴线所确定的平面，该平面对工件直径尺寸产生主要影响。

3.6 *YZ*平面是指通过主轴轴线且与*ZX*平面垂直的平面，该平面对工件直径尺寸产生次要影响。

4 几何精度检验

<table>
<tr><th rowspan="2">序号</th><th rowspan="2">简　　图</th><th rowspan="2">检验项目</th><th colspan="2">公差/mm</th><th rowspan="2">检验工具</th><th rowspan="2">检验方法
按 GB/T 17421.1—1998 的有关条文</th></tr>
<tr><th>$D_a \leqslant 800$</th><th>$D_a > 800$</th></tr>
<tr><td rowspan="12">G1</td><td rowspan="11">a)
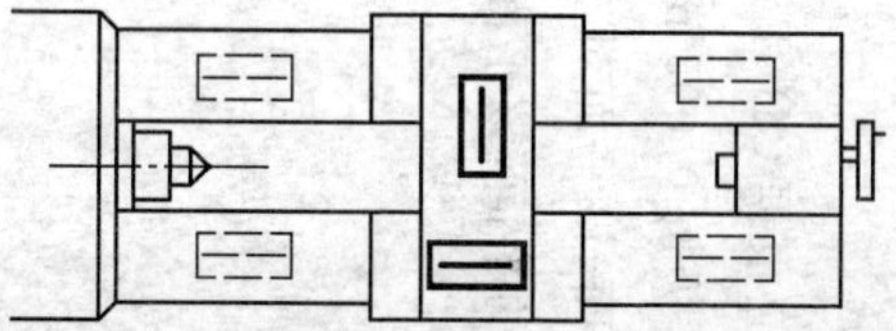</td><td rowspan="11">导轨精度
a) 纵向
导轨在垂直平面内的直线度</td><td colspan="2">$D_c \leqslant 500$</td><td rowspan="11">精密水平仪、自准直仪或其他光学仪器</td><td rowspan="11">3.1.1、5.2.1.2.2.1 和 5.2.1.2.2.2
在溜板(或专用桥板)上靠近前导轨处，纵向放置一水平仪。等距离(近似等于规定的局部公差测量长度)移动溜板(或专用桥板)检验。
将水平仪的读数依次排列。画出导轨偏差曲线，曲线相对其两端点连线的最大坐标值就是导轨全长的直线度偏差，曲线上任意局部测量长度的两端点相对曲线两端点连线的坐标差值就是导轨的局部偏差</td></tr>
<tr><td>0.010(凸)</td><td>0.015(凸)</td></tr>
<tr><td colspan="2">$500 < D_c \leqslant 1\,000$</td></tr>
<tr><td>0.020(凸)</td><td>0.025(凸)</td></tr>
<tr><td colspan="2">局部公差
在任意 250 测量长度上为：</td></tr>
<tr><td>0.007 5</td><td>0.010</td></tr>
<tr><td colspan="2">$D_c > 1\,000$
最大工件长度每增加
1 000 公差增加：</td></tr>
<tr><td>0.010</td><td>0.015</td></tr>
<tr><td colspan="2">局部公差
在任意 500 测量长度上为：</td></tr>
<tr><td>0.015</td><td>0.020</td></tr>
<tr><td colspan="2"></td></tr>
<tr><td>b)
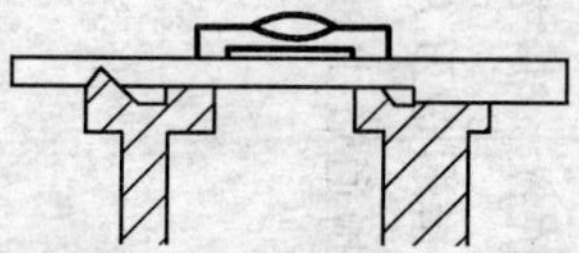</td><td>b) 横向
导轨在垂直平面内的平行度</td><td colspan="2">0.04/1 000</td><td>精密水平仪</td><td>5.4.1.2.7
在溜板(或专用桥板)上横向放置一水平仪，等距离(移动距离同 a)移动溜板(或专用桥板)检验。
水平仪在全部测量长度上读数的最大代数差就是导轨在垂直平面内平行度偏差</td></tr>
<tr><td colspan="7">注 1：对于斜床身机床，直线度偏差方向不要求凸。
注 2：D_a 表示床身上最大回转直径；D_c 表示最大工件长度。
注 3：在导轨两端 $D_c/4$ 测量长度上局部公差可以加倍。</td></tr>
</table>

<table>
<tr><th rowspan="2">序号</th><th rowspan="2">简　　图</th><th rowspan="2">检验项目</th><th colspan="2">公差/mm</th><th rowspan="2">检验工具</th><th rowspan="2">检验方法
按 GB/T 17421.1—1998 的有关条文</th></tr>
<tr><th>$D_a \leqslant 800$</th><th>$D_a > 800$</th></tr>
<tr><td>G2</td><td>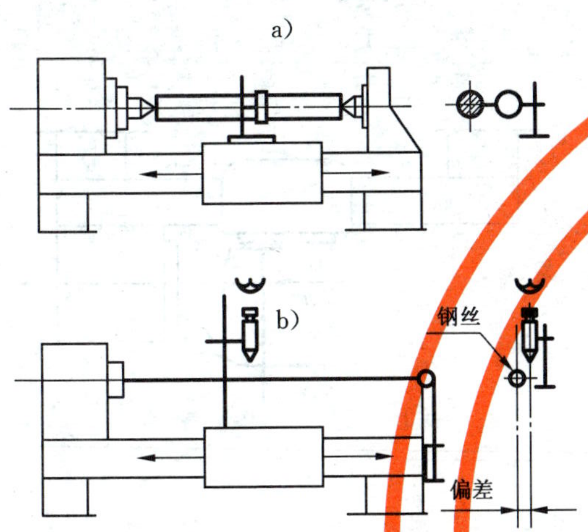</td><td>溜板移动在 ZX 平面内的直线度（尽可能在两顶尖轴线和刀尖所确定的平面内检验）</td><td colspan="2">$D_c \leqslant 500$
0.015 | 0.020
$500 < D_c \leqslant 1\ 000$
0.020 | 0.025
$D_c > 1\ 000$
最大工件长度每增加 1 000，公差增加：
0.005
最大公差
0.030 | 0.050</td><td>a) 指示器和检验棒或指示器和平尺（仅适用于 $D_c \leqslant 1\ 500$ mm）；
b) 钢丝和显微镜或光学仪器</td><td>a) 5.2.1.2.1.1.2
b) 5.2.1.2.1.2
a) 用指示器和检验棒检验，将指示器固定在溜板上，使其测头触及主轴和尾座顶尖间的检验棒表面上，调整尾座，使指示器在检验棒两端的读数相等。移动溜板在全部行程上检验。指示器读数的最大代数差就是直线度偏差。
b) 用钢丝和显微镜检验。在机床中心高的位置上绷紧一根钢丝，显微镜固定在溜板上，调整钢丝，使显微镜在钢丝两端的读数相等。等距离（移动距离同 G1）移动溜板，在全部行程上检验。
显微镜读数的最大代数差值就是直线度偏差</td></tr>
<tr><td>G3</td><td>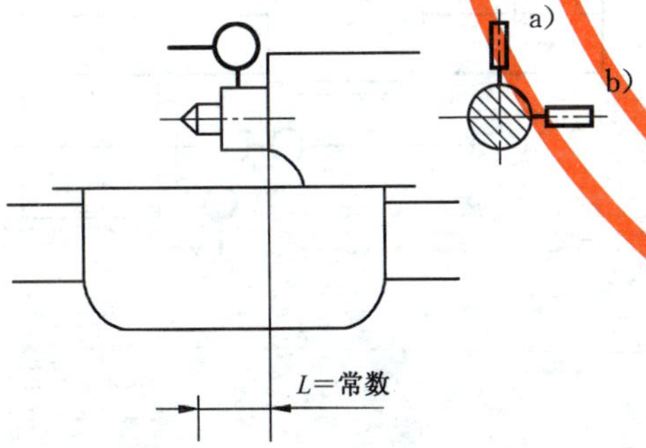</td><td>尾座移动对溜板移动的平行度：
a) 在 YZ 平面内；
b) 在 ZX 平面内</td><td colspan="2">$D_c \leqslant 1\ 500$
a)和 b) 0.030 | a)和 b) 0.040
局部公差
在任意 500 测量长度上为：
0.020
$D_c > 1\ 500$
a)和 b)　0.040
局部公差
在任意 500 测量长度上为：
0.030</td><td>指示器</td><td>5.4.2.2.5
将指示器固定在溜板上，使其测头触及近尾座体端面的顶尖套上：
a) 在 YZ 平面内；
b) 在 ZX 平面内。
锁紧顶尖套，使尾座与溜板一起移动，在溜板全部行程上检验。
a)、b)偏差分别计算。指示器在任意 500 mm 行程上和全部行程上的最大差值就是局部长度和全长上的平行度偏差</td></tr>
</table>

序号	简图	检验项目	公差/mm		检验工具	检验方法 按 GB/T 17421.1—1998 的有关条文
			$D_a \leqslant 800$	$D_a > 800$		
G4	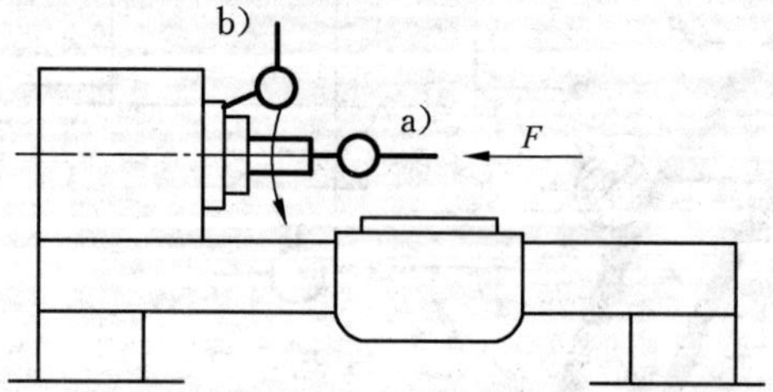	主轴端部的跳动： a) 主轴的轴向窜动； b) 主轴轴肩支承面的跳动	a) 0.010 b) 0.020 (包括轴向窜动)	a) 0.015 b) 0.020 (包括轴向窜动)	指示器和专用检具	5.6.2,5.6.2.1.2,5.6.2.2,5.6.2.2.2 和 5.6.3.2 固定指示器,使其测头触及： a) 插入主轴锥孔的检验棒端部的钢球上； b) 主轴轴肩支承面上。 沿主轴轴线加一力 F,旋转主轴检验。 a)、b)偏差分别计算。指示器读数的最大差值就是轴向窜动偏差和轴肩支承面的跳动偏差
G5	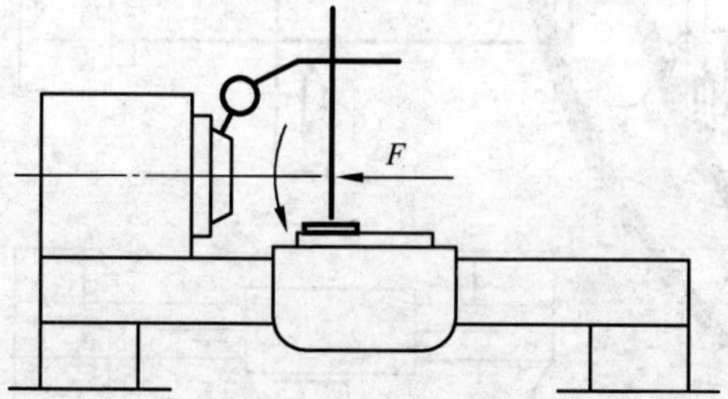	主轴定心轴颈的径向跳动	0.010	0.015	指示器	5.6.1.2.2 和 5.6.2.1.2 固定指示器使其测头垂直触及定心轴颈(包括圆锥轴颈)的表面。沿主轴轴线加一力 F,旋转主轴检验。指示器读数的最大差就是径向跳动偏差。

注：F 表示为消除主轴的轴向游隙而加的横向力,其大小由制造商规定。

序号	简图	检验项目	公差/mm		检验工具	检验方法 按 GB/T 17421.1—1998 的有关条文
			$D_a \leqslant 800$	$D_a > 800$		
G6	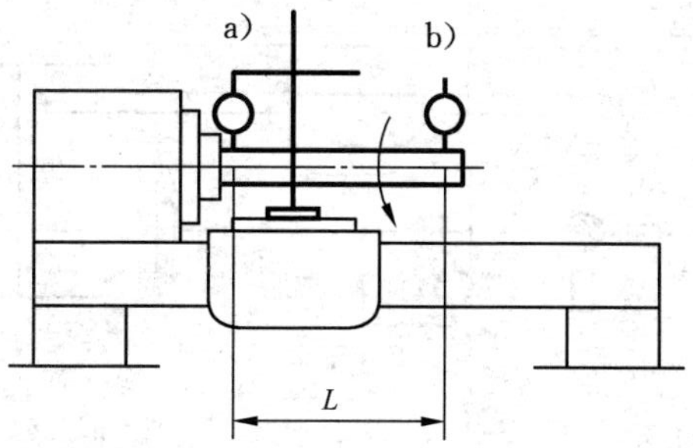	主轴锥孔轴线的径向跳动： a) 靠近主轴端部； b) 距主轴端面 L 处	a) 0.010 b) 在 L=300 处： 0.020	a) 0.015 b) 在 L=500 处： 0.050	指示器和检验棒	5.6.1.2.3 将检验棒插入主轴锥孔内，固定指示器，使其测头触及检验棒表面： a) 靠近主轴端面； b) 距主轴端面 L 处。 旋转主轴检验。 拔出检验棒，相对主轴旋转 90°，重新插入主轴锥孔中依次重复检验三次。 a)、b)偏差分别计算，四次测量结果的平均值就是径向跳动偏差
G7	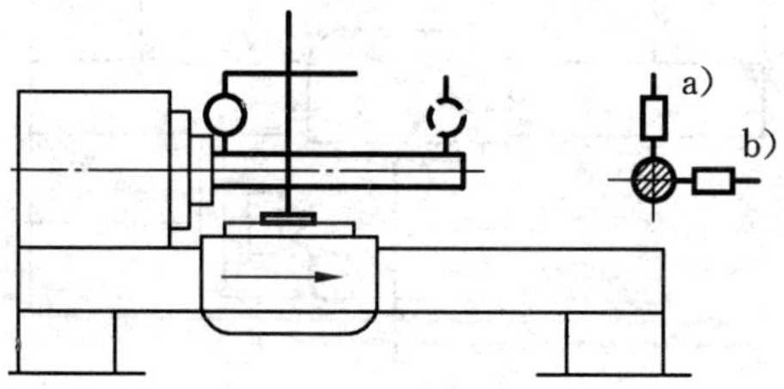	主轴轴线对溜板移动的平行度： a) 在 YZ 平面内； b) 在 ZX 平面内	a) 在 300 测量长度上为： 0.020 (只许向上偏) b) 在 300 测量长度上为： 0.015 (只许偏向刀具)	a) 在 500 测量长度上为： 0.040 (只许向上偏) b) 在 500 测量长度上为： 0.030 (只许偏向刀具)	指示器和检验棒	5.4.1.2.1,5.4.2.2.3 和 3.2.2 指示器固定在溜板上，使其测头触及检验棒的表面： a) 在 YZ 平面内； b) 在 ZX 平面内。 移动溜板检验。 将主轴旋转 180°，再同样检验一次。 a)、b)偏差分别计算，两次测量结果的代数和之半，就是平行度偏差

<table>
<tr><th rowspan="2">序号</th><th rowspan="2">简　图</th><th rowspan="2">检验项目</th><th colspan="2">公差/mm</th><th rowspan="2">检验工具</th><th rowspan="2">检验方法
按 GB/T 17421.1—1998 的有关条文</th></tr>
<tr><th>$D_a \leqslant 800$</th><th>$D_a > 800$</th></tr>
<tr><td>G8</td><td>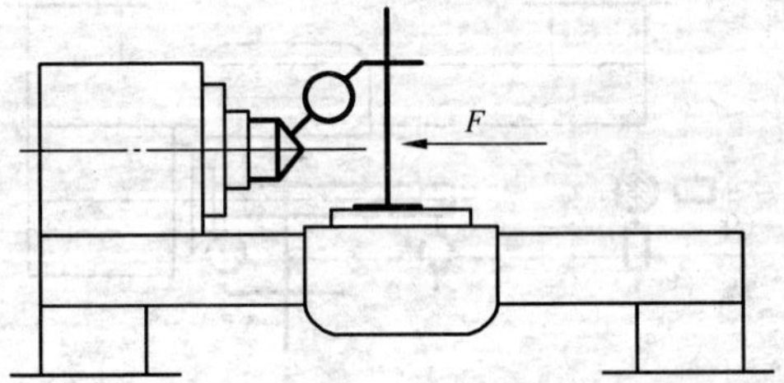</td><td>顶尖的跳动</td><td>0.015</td><td>0.020</td><td>指示器和专用顶尖</td><td>5.6.1.2.2 和 5.6.2.1.2
顶尖插入主轴孔内，固定指示器，使其测头垂直触及顶尖锥面上。沿主轴轴线加一力 F，旋转主轴检验。
指示器读数除以 $\cos\alpha$（α 为锥体半角）后，就是顶尖跳动偏差</td></tr>
<tr><td>G9</td><td>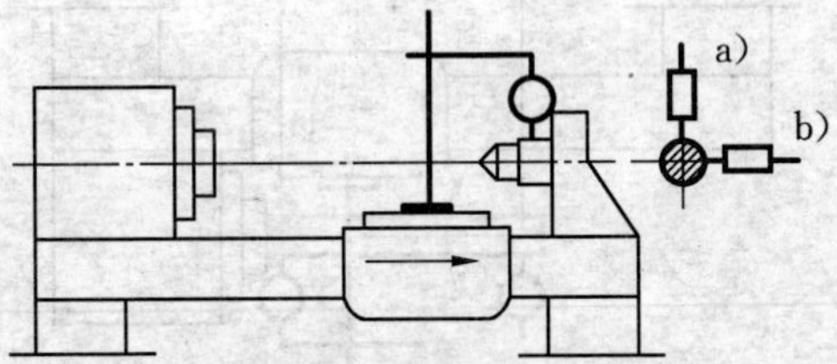</td><td>尾座套筒轴线对溜板移动的平行度：
a) 在 YZ 平面内；
b) 在 ZX 平面内</td><td>a) 在 100 测量长度上为：
0.015
（只许向上偏）
b) 在 100 测量长度上为：
0.010
（只许偏向刀具）</td><td>a) 在 100 测量长度上为：
0.020
（只许向上偏）
b) 在 100 测量长度上为：
0.015
（只许偏向刀具）</td><td>指示器</td><td>5.4.2.2.3
尾座的位置同 G11。尾座顶尖套伸出量约为最大伸出长度的一半，并锁紧。
将指示器固定在溜板上，使其测头触及尾座套筒的表面：
a) 在 YZ 平面内；
b) 在 ZX 平面内。
移动溜板检验。
a)、b)偏差分别计算。指示器读数的最大差值就是平行度偏差</td></tr>
</table>

序号	简图	检验项目	公差/mm		检验工具	检验方法 按 GB/T 17421.1—1998 的有关条文
			$D_a \leqslant 800$	$D_a > 800$		
G10	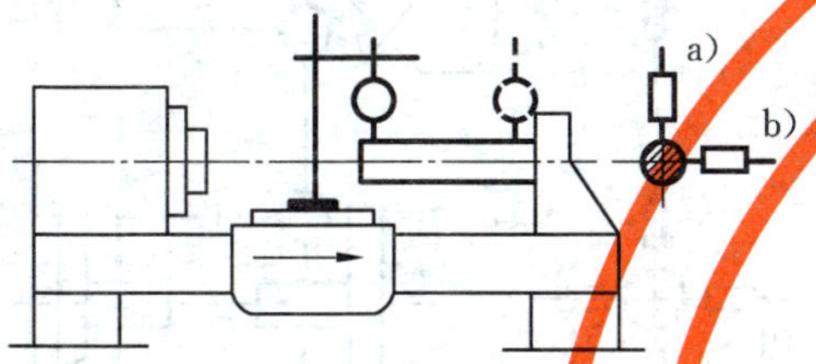	尾座套筒锥孔轴线对溜板移动的平行度： a) 在 *YZ* 平面内； b) 在 *ZX* 平面内	a) 在 300 测量长度上为： 0.030 (只许向上偏) b) 在 300 测量长度上为： 0.030 (只许偏向刀具)		指示器和检验棒	5.4.2.2.3 和 5.4.1.2.1 尾座的位置同 G11。顶尖套筒退入尾座孔内，并锁紧。在尾座套筒锥孔中，插入检验棒。将指示器固定在溜板上，使其测头触及检验棒表面： a) 在 *YZ* 平面内； b) 在 *ZX* 平面内。 移动溜板检验。 拔出检验棒，旋转 180°，重新插入尾座顶尖套锥孔中，重复检验一次。 a)、b)偏差分别计算，两次测量结果的代数和之半，就是平行度偏差
G11	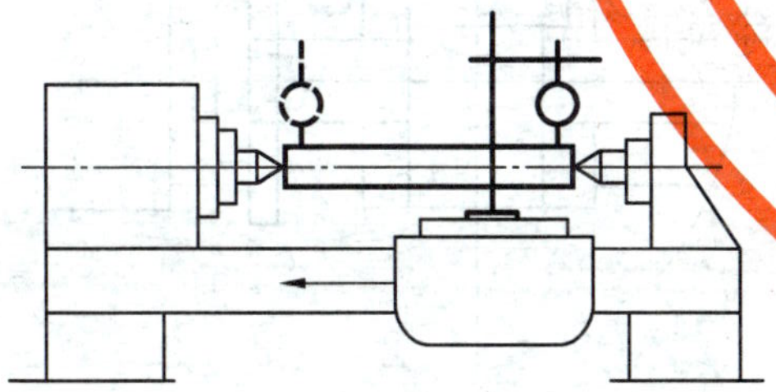	主轴和尾座两顶尖的等高度	0.040 (只许尾座高)	0.060 (只许尾座高)	指示器和检验棒	5.4.3.2.2 和 3.2.2 在主轴与尾座顶尖间装入检验棒，将指示器固定在溜板上，使其测头在垂直平面内触及检验棒。移动溜板在检验棒的两极限位置上检验。将检验棒旋转 180°再检验一次。两次测量结果的代数和之半，就是等高度偏差。 当 $D_c \leqslant 500$ mm 时，尾座应紧固在床身导轨的末端。当 $D_c > 500$ mm 时，尾座紧固在 $D_c/2$处，但最大不大于 2 000 mm。检验时，尾座顶尖套应退入尾座孔内，并锁紧

序号	简图	检验项目	公差/mm		检验工具	检验方法 按 GB/T 17421.1—1998 的有关条文
			$D_a \leqslant 800$	$D_a > 800$		
G12	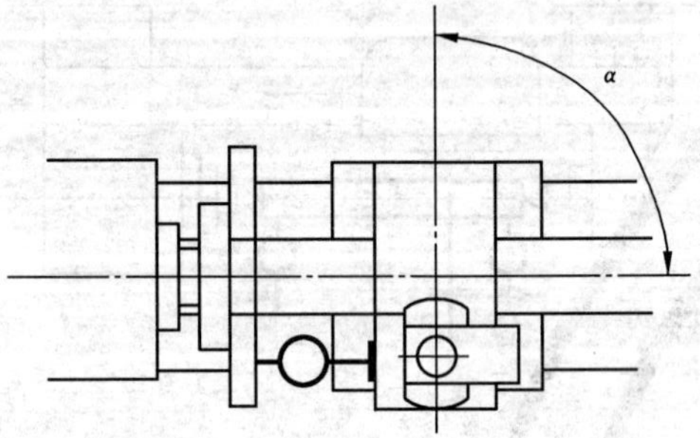	横刀架横向移动对主轴轴线的垂直度	0.020/300 $\alpha \geqslant 90°$		指示器和平盘或平尺	5.5.2.2.3 和 3.2.2 将平盘固定在主轴上，指示器固定在横刀架上，使其测头触及平盘。移动横刀架进行检验。 将主轴旋转 180°再同样检验一次。两次测量结果的代数和之半，就是垂直度偏差
G13	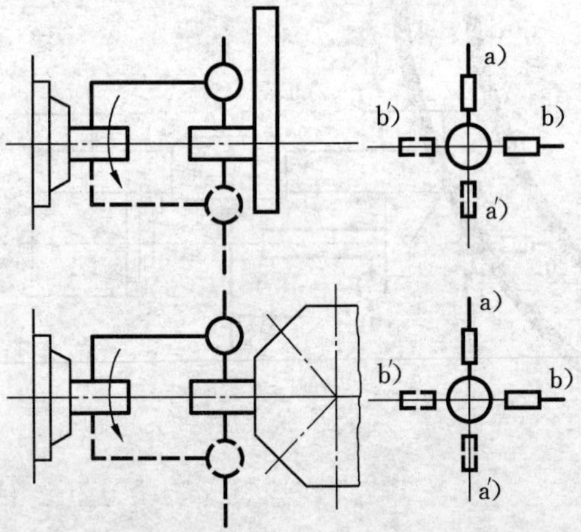	回转刀架工具孔轴线与主轴轴线的重合度： a) 在 YZ 平面内； b) 在 ZX 平面内（只适用于刀架有工具孔的车床）。	a)和 b) 0.030	a)和 b) 0.040	指示器和检验棒	5.4.4.2 和 3.2.2 指示器装在主轴端部的专用检具上，使其测头触及检验棒表面。旋转主轴，分别在： a) YZ 平面内及 b) ZX 面内检验（刀架依次转位）。 a)、b)偏差分别计算。偏差以指示器读数最大差值之半计

序号	简图	检验项目	公差/mm		检验工具	检验方法 按 GB/T 17421.1—1998 的有关条文
			$D_a \leqslant 800$	$D_a > 800$		
G14	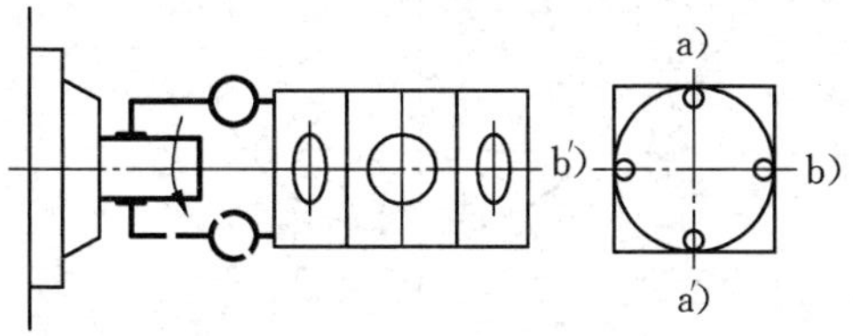	回转刀架附具安装基准面对主轴轴线的垂直度： a) 在 *YZ* 平面内； b) 在 *ZX* 平面内。 （只适用于刀架有工具孔的车床）	a)和 b) 0.025/100		指示器	5.5.1.2.1 和 3.2.2 将指示器固定在主轴端部的专用检具上，使其测头触及刀架附具安装基准面上： a) 在 *YZ* 平面内； b) 在 *ZX* 平面内。 旋转主轴检验。 a)、b)偏差分别计算。偏差以指示器读数差值计。 检验时刀架尽量接近主轴端部。 每个工位均需检验
G15	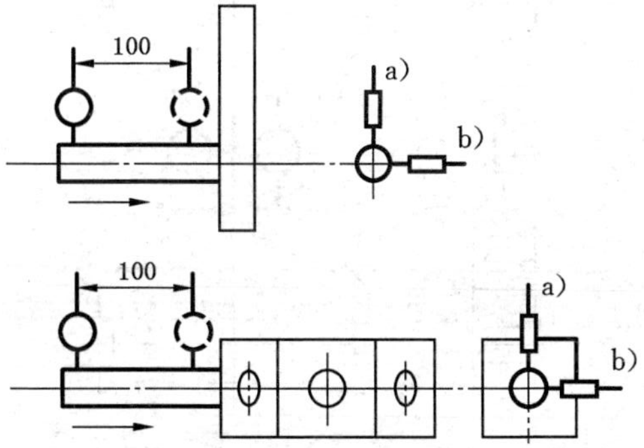	回转刀架工具孔轴线对溜板移动的平行度： a) 在 *YZ* 平面内； b) 在 *ZX* 平面内。 （只适用于刀架有工具孔的车床）	a)和 b) 0.030	a)和 b) 0.040	指示器和检验棒	5.4.2.2.3 检验棒紧密插在工具孔中，固定指示器，使其测头触及检验棒表面。 a) 在 *YZ* 平面内； b) 在 *ZX* 平面内。 移动溜板检验。 a)、b)偏差分别计算。偏差以指示器读数差值计。 检验时刀架尽量接近主轴端部。 每个工位均需检验

序号	简　图	检验项目	公差/mm		检验工具	检验方法 按 GB/T 17421.1—1998 的有关条文
			$D_a \leqslant 800$	$D_a > 800$		
G16	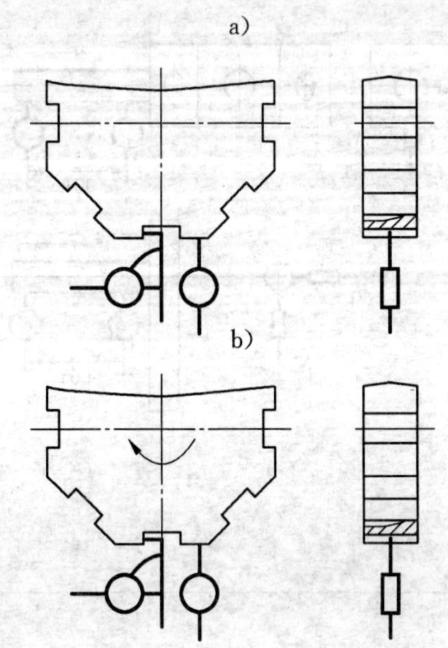	安装附具定位面的精度： a) 安装基面和定位面对溜板移动的平行度； b) 安装基面和定位面的位置同一度	a) 在 100 测量长度上为： 0.020 b) 0.025		指示器	5.4.2.2.3 固定指示器，使其测头分别触及安装基面和定位槽的定位面上： a) 移动溜板检验。安装基面和定位面的偏差分别计算，偏差以指示器读数的最大差值计。 b) 刀架转位检验。安装基面和定位面的偏差分别计算，偏差以指示器在各面的同一位置上读数的最大差值计。 每个工位均需检验
G17	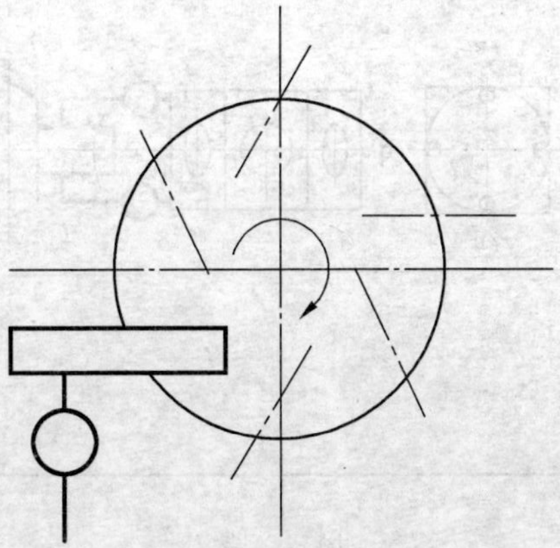	回转刀架转位的定位精度（只适用于有刀槽的车床）	0.050		指示器和专用检具	6.1.2 将专用检具固定在每个刀位上。指示器测头触及一个专用检具的定位面上（尽量靠近刀尖的位置），刀架依次转位检验。 偏差以指示器在各刀位读数的最大差值计

序号	简图	检验项目	公差/mm		检验工具	检验方法 按 GB/T 17421.1—1998 的有关条文
			$D_a \leqslant 800$	$D_a > 800$		
G18	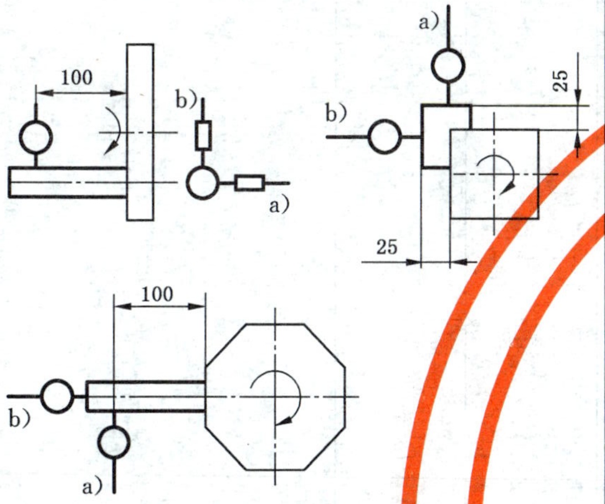	回转刀架转位的重复定位精度	a)和 b) 0.010		指示器和检验棒或专用检具	6.4.2 检验棒紧密插在工具孔中，指示器测头触及检验棒上，刀架回转 360°检验。 a)、b)位置分别进行，每个位置重复检验 7 次。 a)、b)偏差分别计算。偏差以每个位置 7 次测量的最大差值计。 每个工位均需检验
G19	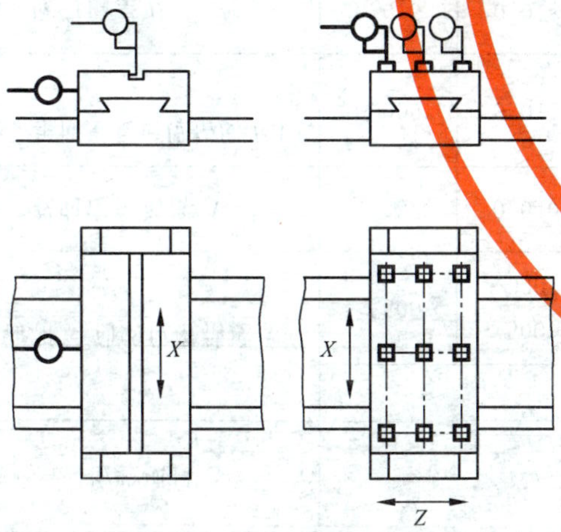	直排刀架： 1) 横向滑板的基准槽或基准侧面对其 X 轴运动的平行度； 2) 横向滑板的工具安装面对 a) 床鞍 Z 轴运动的平行度； b) 横滑板 X 轴运动的平行度	在任意 300 测量长度上或全行程上(全行程≤300 时)： 1) 0.030 2) a)和 b) 0.025		指示器和量块	5.4.2.2.2.1 1) 沿测量长度在若干位置上进行检测，测取读数之间的最大差即为平行度偏差。 2) 在 X 轴和 Z 轴两个方向上，放置 3×3 个滑块，滑块应跨过槽中心。测量位置应位于横滑板安装面的两端和中间。 分别沿 X 轴和 Z 轴滑块表面上进行测量，测取读数之间的最大差即为平行度偏差

5 位置精度检验

<table>
<tr><th>序号</th><th>检验项目</th><th colspan="5">公差/mm</th><th>检验工具</th><th>检验方法
按 GB/T 17421.2—2000 的有关条文</th></tr>
<tr><td rowspan="6">P1</td><td rowspan="2">Z 轴和 X 轴的位置精度</td><td colspan="5">测量行程</td><td rowspan="6">激光干涉仪或其他检验工具</td><td rowspan="6">用激光干涉仪测量，采用线性循环方法。用指示器和量块测量，采用阶梯循环方法。
对于测量行程小于等于 2 000 mm 的轴线，应按 GB/T 14721.2—2000 中 4.2 的规定，每米选择 5 个目标位置，并且在全行程上也应至少选择 5 个目标位置进行检验，每个目标位置在每个方向上测量 5 次。
对于测量行程大于 2 000 mm 的轴线，除应按上述方法在正常 2 000 mm 工作范围检验外，还应在全行程上对每个目标位置在每个方向上进行一次单向趋近，检验轴线的反向差值 B 和单向定位系统偏差 $E\uparrow$ 或 $E\downarrow$。

注 1：正常 2 000 mm 工作范围可由制造商自定或按协议规定。
注 2：对用其他检验工具检测的结果产生争议时，应用激光干涉仪进行复核检验，并以此检验结果为准</td></tr>
<tr><td>≤500</td><td>>500～800</td><td>>800～1 250</td><td>>1 250～2 000</td><td>>2 000</td></tr>
<tr><td>a) 双向定位精度 A</td><td>0.032</td><td>0.040</td><td>0.045</td><td>0.050</td><td>—</td></tr>
<tr><td>b) 单向重复定位精度 $R\uparrow$、$R\downarrow$</td><td>0.009</td><td>0.011</td><td>0.014</td><td>0.018</td><td>—</td></tr>
<tr><td>c) 反向偏差 B</td><td>0.015</td><td>0.018</td><td colspan="3">0.020</td></tr>
<tr><td>d) 单向定位系统偏差 $E\uparrow$、$E\downarrow$</td><td>0.016</td><td>0.019</td><td>0.023</td><td>0.028</td><td>0.028＋(测量长度每增加 1 000，公差增加 0.005)</td></tr>
</table>

6 工作精度检验

序号	简图和试件尺寸	检验性质	切削条件	检验项目	公差/mm $D_a \leqslant 800$	公差/mm $D_a > 800$	检验工具	检验方法 按 GB/T 17421.1—1998 的有关条文
M1	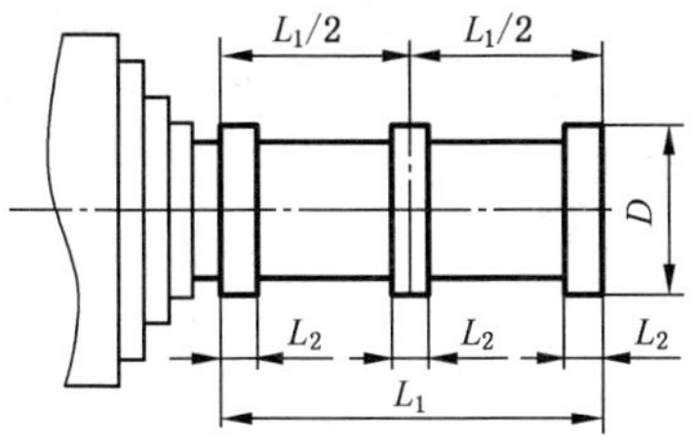 $D \geqslant D_a/8$　$L_1 \approx D_a/2$ $L_{1max}=500$ mm　$L_{2max}=20$ mm 材料:钢件	精车夹在卡盘中的圆柱试件(试件也可插在主轴锥孔中)	在圆柱面上车削三段直径	精车外圆的精度: a) 圆度; b) 在纵截面内直径的一致性	a) 0.005 b) 在 300 测量长度上为: 0.030 (两个相邻台的直径差,不应大于最外两个台直径差的 75%)	 0.010 0.040	千分尺或精密检验工具	3.1.3.2.2,4.1 和 4.2 精车后在三段直径上检验圆度和圆柱度: a) 圆度偏差以试件同一横剖面内的最大与最小半径之差计。 b) 在纵截面内最大与最小直径差计
M2	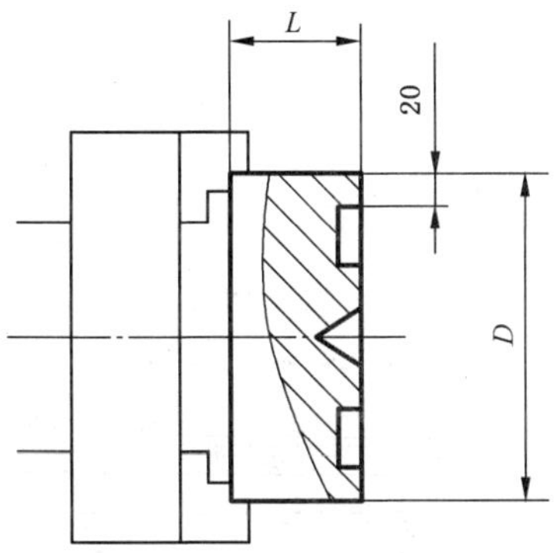 $L_{max}=D_a/8$　$D \geqslant D_a/2$ 材料:铸铁件	精车夹在卡盘中的盘形试件	精车垂直于主轴的端面(和车削两个或三个 20 mm 宽的平面,其中之一为中心平面)	精车端面的平面度	300 直径上为 0.025 (只许凹)		平尺和块规或指示器	3.1.3.2.2,4.1 和 4.2 a) 用平尺和块规检验; b) 用指示器检验,指示器固定在横刀架上使其测头触及端面的后部半径上,移动刀架检验。 指示器读数的最大差值之半就是平面度偏差

序号	简图和试件尺寸	检验性质	切削条件	检验项目	公差/mm		检验工具	检验方法 按 GB/T 17421.1—1998 的有关条文
					$D_a \leqslant 800$	$D_a > 800$		
M3	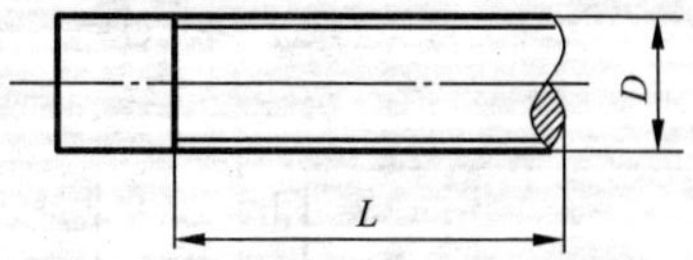 $L_{min}=75$ mm;D=近似于滚珠丝杠直径	精车圆柱试件的60°普通螺纹	试件螺距不超过滚珠丝杠螺距之半,应尽可能接近滚珠丝杠直径	精车螺纹的螺距误差	在任意 50 测量长度上为:0.025		专用精密检验工具	3.1,3.2.2,4.1,4.2,6.1 和 6.2 精车后在任意 50 mm 长度内进行检验,螺纹表面应清洁,无凹陷与波纹
M4	见图 1 试件尺寸可按机床规格大小做适当放大或缩小 材料:钢材	精车两顶尖间圆柱形试件(适用于有尾座的机床) 精车卡盘夹持的盘形试件(适用于无尾座的机床)	按数控程序并用补偿功能进行车削	a) 精车轴类综合试件直径尺寸精度	D_1、D_2、D_5 为:±0.020 D_3、D_4、D_6 为:±0.025		杠杆卡规和测高仪或其他量仪	3.1,3.2.2 和 4.1 尺寸精度为实测尺寸与指令值的差值
				直径尺寸差	$D_2-D_1=10$,±0.015 $D_1-D_4=0$,±0.020			
				长度尺寸精度	$L_1=20$,±0.025 $L_2=170$,±0.035			
	见图 2 试件尺寸可按机床规格大小做适当放大或缩小。 材料:钢材		按数控程序并用补偿功能进行车削	b) 精车盘类综合试件直径尺寸精度	D_1、D_2、D_3、D_5 为:±0.020 D_4 为:±0.020			
				直径尺寸差	$D_2-D_1=10$,±0.015 $D_3-D_2=10$,±0.015 $D_3-D_4=10$,±0.020			
				长度尺寸精度	$L_1=10$,±0.025 $L_2=20$,±0.025 $L_3=65$,±0.025			

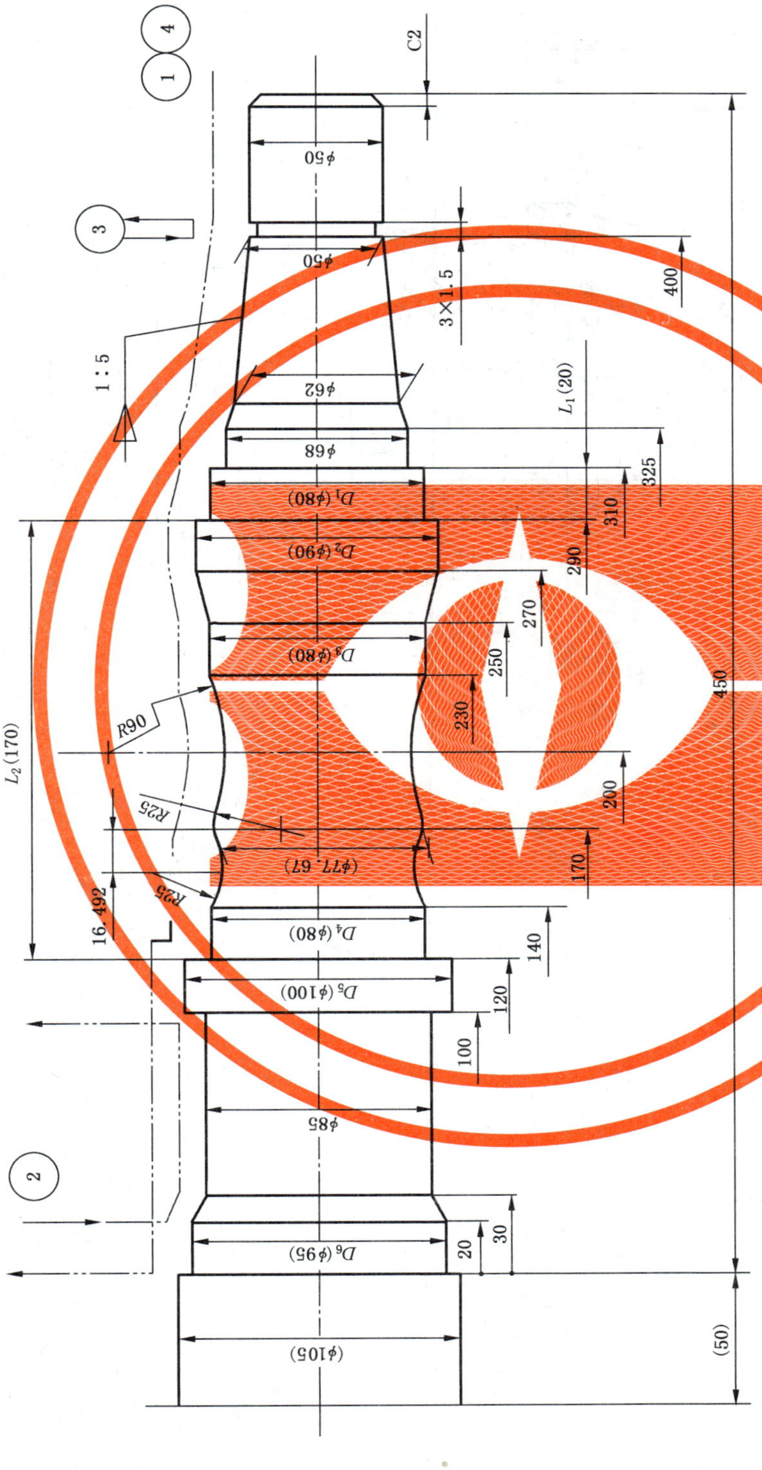
C2
ϕ50
3×1.5
400
1 : 5
ϕ62
L1(20)
ϕ68
325
D1(ϕ80)
310
D2(ϕ90)
290
270
D3(ϕ80)
250
230
R90
450
L2(170)
200
R25
(ϕ77.67)
170
R25
16.492
D4(ϕ80)
140
D5(ϕ100)
120
100
ϕ85
D6(ϕ95)
20
30
(ϕ105)
(50)
1
2
3
4

图 1

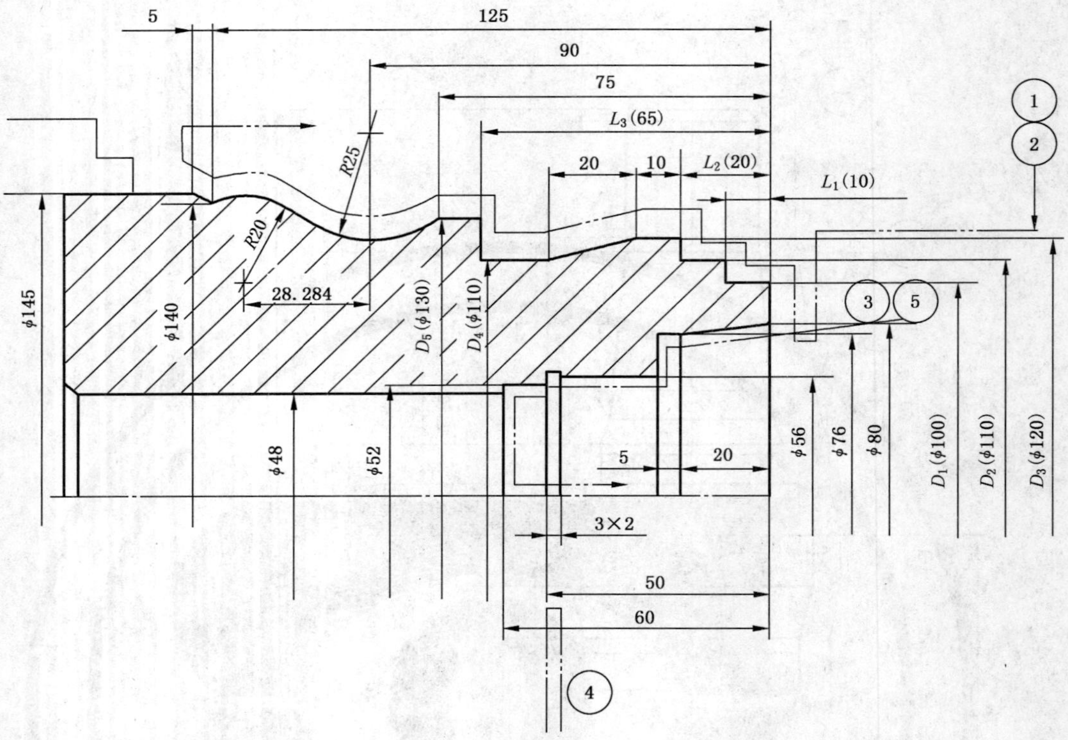
5
125
90
75
L_3(65)
20
10
L_2(20)
L_1(10)
R25
R20
28.284
ϕ145
ϕ140
D_5(ϕ130)
D_4(ϕ110)
ϕ48
ϕ52
5
20
3×2
50
60
ϕ56
ϕ76
ϕ80
D_1(ϕ100)
D_2(ϕ110)
D_3(ϕ120)
1
2
3
5
4

图 2

ICS 25.040.20
J 53

中华人民共和国国家标准

GB/T 25659.2—2010

简式数控卧式车床　第2部分：技术条件

Simplified numerically controlled horizontal turning machines—
Part 2:Specifications

2010-12-23 发布　　2011-07-01 实施

中华人民共和国国家质量监督检验检疫总局
中国国家标准化管理委员会　发布

前言

GB/T 25659《简式数控卧式车床》分为以下两部分：

——第1部分：精度检验；

——第2部分：技术条件。

本部分为GB/T 25659的第2部分。

本部分由中国机械工业联合会提出。

本部分由全国金属切削机床标准化技术委员会(SAC/TC 22)归口。

本部分起草单位：沈阳机床(集团)有限责任公司、宁夏新瑞长城机床有限公司、天水星火机床有限责任公司、济南一机床集团有限公司、浙江凯达机床股份有限公司等。

本部分主要起草人：王兴海、凌泽润、刘强、王惠芳、胡安镇、黄丰枚等。

简式数控卧式车床　第2部分：技术条件

1　范围

GB/T 25659的本部分规定了简式数控卧式车床制造验收的要求。

本部分适用于床身上最大回转直径为250 mm～1 250 mm，最大工件长度至8 000 mm的简式数控卧式车床。

2　规范性引用文件

下列文件中的条款通过GB/T 25659的本部分的引用而成为本部分的条款。凡是注日期的引用文件，其随后所有的修改单(不包括勘误的内容)或修订版均不适用于本部分，然而，鼓励根据本部分达成协议的各方研究是否可使用这些文件的最新版本。凡是不注日期的引用文件，其最新版本适用于本部分。

GB 5226.1—2008　机械电气安全　机械电气设备第1部分：通用技术条件(IEC 60204-1:2005,IDT)

GB/T 6576—2002　机床润滑系统(ISO 5170:1977,MOD)

GB/T 9061—2006　金属切削机床通用技术条件

GB 15760—2004　金属切削机床　安全防护通用技术条件

GB/T 16769—2008　金属切削机床　噪声声压级测量方法

GB/T 23572—2009　金属切削机床　液压系统通用技术条件

GB/T 25373—2010　金属切削机床　装配通用技术条件

GB/T 25374—2010　金属切削机床　清洁度的测量方法

GB/T 25376—2010　金属切削机床　机械加工件通用技术条件

GB/T 25659.1—2010　简式数控卧式车床　第1部分：精度检验

3　技术要求

3.1　本部分是对GB/T 9061、GB/T 25376、GB/T 25373等标准的具体化和补充。按本部分验收机床时，必须同时对上述标准中未经本部分具体化的其余验收项目进行检验。

4　附件和工具

4.1　应随机供应表1所列附件和工具。

表1

名　称	床身上最大回转直径 D_a/mm		数量	备　注
	≤800	>800		
三爪卡盘	△	—	1	
四爪卡盘	—	△	1	
顶尖	△	△	2	主轴、尾座各一种
顶尖套	△	△	1	
专用刀夹				种类和数量由制造厂规定
装拆调整工具	△	△	1套	
垫铁	△	△	1套	

4.2 扩大机床使用性能的特殊附件,根据用户要求按协议供应。

5 安全卫生

5.1 机床电气系统的安全应符合 GB 5226.1 的规定。

5.2 机床液压系统应符合 GB/T 23572(金属切削机床 系统通用技术条件)的规定。

5.3 机床润滑系统应符合 GB/T 6576 的规定。

5.4 床鞍移动和横滑板移动应设有固定撞块或限位开关等限位保护装置,并应在允许的最高进给速度(按设计规定)及快速移动时仍能可靠地限位。

5.5 为防止卡盘、零件飞出,切屑的伤害和冷却液飞溅,在机床前、后部应设置安全防护装置,且要求前防护装置与主轴运转互锁。

5.6 机床运转时,不允许使用的变速手柄,应在相应的手柄附近设置警告标牌;当对卡盘需要限制其最高转速时,应在相应的变速手柄处设置限速标牌。

5.7 导轨等容易被尘屑磨损的部位应有安全防护装置。

5.8 防护拉门及手柄操纵力不应超过表 2 的规定。

表 2

床身上最大回转直径 D_a/mm	防护拉门/N	尾座套筒手柄/N	主轴箱变速手柄/N
≤320	60	30	60
>320~400	80	30	80
>400~800	100	40	100
>800~1 250	160	50	160

5.9 按 GB/T 16769 的规定检验机床的噪声,机床运转时不应有不正常的尖叫声和不规则的冲击声,在空运转的各级转速条件下进行噪声测量,整机噪声声压级不超过表 3 的规定。

表 3

机床质量/t	≤10	>10
噪声声压级/dB(A)	83	85

5.10 按本部分验收时,必须同时对 GB 15760、GB 5226.1 等标准中未经本部分具体化的其余验收项目进行检验。

6 加工和装配质量

6.1 床身、床鞍、主轴箱等为重要铸件,在粗加工后应进行时效处理。

6.2 床身与床鞍导轨副,床鞍与横滑板导轨副为重要导轨副,应采取耐磨措施。

6.3 下列结合面按"重要固定结合面"的要求考核:

a) 床腿和床身结合面;

b) 床身与床身(拼接床身)的结合面。

6.4 下列结合面按"特别重要固定结合面"的要求考核:

a) 主轴箱与床身的结合面;

b) 刀盘(刀架)与定位盘,定位盘与刀架体,刀架体与横滑板的结合面;

c) 滚珠丝杠托架与床身,滚珠丝杠副托架与床鞍的结合面;

d) 尾座体与尾座底板的结合面。

6.5 下列导轨副按"滑动导轨"的要求考核:

a) 床身与床鞍导轨副;

b） 床鞍与横滑板导轨副。

6.6 尾座与床身导轨副按移置导轨的要求考核。

6.7 定位盘定位销、主轴箱定位销、滚珠丝杠托架定位销锥面的接触长度不少于60％，两件连接处均匀接触。

6.8 主轴组件、皮带轮应进行动平衡试验和校正，平衡品质等级由制造商规定。

6.9 按GB/T 25374的规定检验机床的清洁度，主轴箱、液压油箱、分离变速箱部件内部清洁度按重量法检验（抽查），其杂质、污物不应超过表4的规定。其他部位按目测、手感法检验，不应有明显脏物。

表 4

部 件	床身上最大回转直径 D_a/mm			
	≤360	＞360～500	＞500～800	＞800～1 250
	杂质，污物质量/mg			
主轴箱	12 000	16 000	21 000	28 000
液压油箱	2 000	3 000	4 500	7 000
分离变速箱	4 000	5 000	7 500	10 000

7 机床空运转试验

在不切削状态下运转机床，检验主运动进给运动的平稳性、机床温度的变化、空载功率。

7.1 温升试验

机床的主运动机构应从最低速起依次运转（无级变速机构作低、中、高速运转），每级速度的运转时间不得少于2 min。在最高转速运转足够的时间（不得少于1 h），使主轴轴承达到稳定温度。在主轴轴承达到稳定温度时检验主轴轴承的温度和温升，均不应超过表5规定。

表 5

单位为摄氏度

轴承型式	温 度	温 升
滚动轴承	70	40
滑动轴承	60	30

7.2 主运动和进给运动的检验（抽查）

主运动机构做各级转速（无级变换机构做低、中、高速）的变换试验，转速的实测值不应超过指令值或标牌指示值的10％。

在X、Z轴的全部行程上，做低、中、高速的变换试验，进给速度的实测值不应超过指令值或标牌指示值的5％。

7.3 动作试验

7.3.1 用按键、开关或人工操纵对机床进行功能试验。试验其动作的灵活性和功能的可靠性。

a） 任选一种主轴转速，做主轴起动、正转、反转、停止（包括制动）的连续操纵试验，连续操纵不少于10次；

b） 任选一种进给速度（或进给量），将起动、进给和停止动作连续操纵，在Z、X坐标轴的全部行程上，做工作进给和快速进给试验，正、反向连续操纵不少于10次；

c） 用手摇脉冲发生器或单步移动溜板、滑板试验；

d） 用手动使尾座和尾座套筒，在其全部行程上移动试验；

e） 尾座在其全部行程的任意位置上，做锁紧试验；

f） 刀盘（刀架）进行各种转位试验；

g） 液压、润滑、冷却系统做密封、润滑、冷却性能试验，要求调整方便，动作灵活，润滑良好，冷却充分，不渗漏；

h） 数字控制装置的各种指示灯、通风系统等功能试验；

i） 机床的安全、保险、防护装置功能试验。

7.3.2 用数控装置控制指令或控制带进行机床的功能试验，试验其动作的灵活性和功能的可靠性。

a） 主轴进行正转、反转、停止及变换主轴转速试验（有级变速机构做各级转速，无级变速机构做低、中、高速）；

b） 进给机构做低、中、高进给速度（进给量）及快速进给变换试验；

c） 刀盘（刀架）进行各种转位试验；

d） 试验进给坐标的超程、手动数据输入、位置显示、回基准点、程序序号指示和检索、程序暂停、程序消除、单独部件进给；直线差补、圆弧差补、直线切削循环、锥度切削循环、螺纹切削循环、圆弧切削循环；刀具位置补偿、螺距补偿、间隙补偿等功能的可靠性和动作的灵活性。

7.4 空运转功率试验（抽查）

主传动系统空运转功率应符合设计文件的规定。

7.5 整机连续空运转试验

用数控程序在全部功能下模拟工作状态做不切削连续空运转试验，整个运转过程中不应发生故障。连续空运转时间为 36 h，每个循环时间不多于 15 min，每个循环之间休止时间不应超过 1 min。

7.5.1 用数控装置指令控制主轴转速，进行低、中、高三档转速变换正转、反转及起动、停止试验。

7.5.2 用数控装置指令控制 Z、X 坐标进给，进给量按低、中、高三档及快速变换，其行程为全行程，快速进给的行程大于全行程之半。

7.5.3 用数控装置指令控制刀盘（刀架）进行各工位逐位转换、越位转换试验。

8 负荷试验

机床应做下列负荷试验

a） 主传动系统最大扭矩试验；

b） 最大切削抗力试验；

c） 主传动系统达到最大功率试验（抽查）；

d） 抗振性切槽试验。

8.1 主传动系统最大扭矩试验和最大切削抗力试验

用强力车削外圆进行试验。用切削测力计进行测量时，扭矩按式（1）计算；用功率表（或电流表和电压表）、转速表测量时，扭矩按式（2）计算，切削抗力的主分力按式（3）计算。按主分力和刀具角度确定机床的切削抗力。

$$T=F\times r \qquad \cdots\cdots(1)$$

$$T\approx\frac{9\ 550(P-P_0)}{n} \qquad \cdots\cdots(2)$$

$$F\approx\frac{9\ 550(P-P_0)}{rn} \qquad \cdots\cdots(3)$$

式中：

T——扭矩，单位为牛米（Nm）；

F——切削抗力的主分力[式（1）中的 F 为用切削测力计测量的切削抗力，单位为牛（N）]；

P——切削时电动机的输入功率[指电网输给电动机的功率，单位为千瓦（kW）]；

P_0——机床装有工件时的空运转功率[指电网输给电动机的功率，单位为千瓦（kW）]；

r——工件的切削半径，单位为米（m）；

n——主轴转速，单位为转每分钟（r/min）。

8.1.1 刀具材料、型式、切削用量等按制造商规定。

8.1.2 试件材料和尺寸

试件材料：45 钢

试件尺寸：试件直径 $D \leqslant D_a/2$

试件长度 $L \leqslant D_a$

8.2 主传动系统最大功率试验

用高速切削外圆，试验机床承受电机额定功率的能力。

8.2.1 刀具材料、型式按制造商规定。

8.2.2 试件材料和尺寸

材料：45 钢

试件尺寸：试件直径 $D = D_a/5 \sim D_a/4$

试件长度 $L = 500$ mm

8.2.3 切削参数

切削速度：$v \approx 100$ m/min～120 m/min

进给量：$S \approx D_a/1\ 000$

切削深度：t

用改变切削深度使电机达到额定功率。

8.3 抗振性切槽试验

切槽试验时，不应有明显的振动。

8.3.1 试件材料及尺寸

试件材料：45 钢

试件直径：$D_a < 800$ mm，$D = D_a/5$

$D_a \geqslant 800$ mm，$D = D_a/7$（但 D 不小于 130 mm）

切削位置至卡盘端面距离：$L = 1.5D$

8.3.2 切削参数

切削速度和进给量按制造商规定。

8.3.3 刀具

刀具材料、型式按制造商规定。

刀具安装高度：不应高于主轴轴线 0.5 mm。

切刀宽度 b 按表 6 选取。

表 6

单位为毫米

D_a	b
≤320	3.5
>320～500	5
>500～800	6
>800～1 250	8

注：在切削中，如果切削宽度未达到表 6 的规定，但切削功率已达到了电机的额定功率，机床没有发生颤振，则按此时的极限切宽考核。

9 机床精度检验

9.1 机床精度检验按 GB/T 25659.1 进行。

9.2 精度标准中 G7、G11、G13、M1、M2、M3、M4 等七项应在机床中速达到稳定温度时检验。

9.3 工作精度检验按设计文件规定的切削规范进行。

9.4 工作精度检验，P4 项切削综合试件，其表面粗糙度 Ra 不得大于 1.6 μm。

9.5 滚珠丝杠的轴向窜动不应大于 0.007 mm。

9.6 反向偏差试验

在间隙补偿前检验机床的反向偏差，检验方法和检验工具按 GB/T 25659.1—2010 中 P1 位置精度的检验，公差按表 7 考核。

表 7

单位为毫米

最大工件长度	公差
	Z 轴和 X 轴
≤1 000	0.04
>1 000	0.05

9.7 返回基准点试验

返回基准点试验按表 8 进行。

表 8

试验简图	试验方法	检验工具	公差/mm
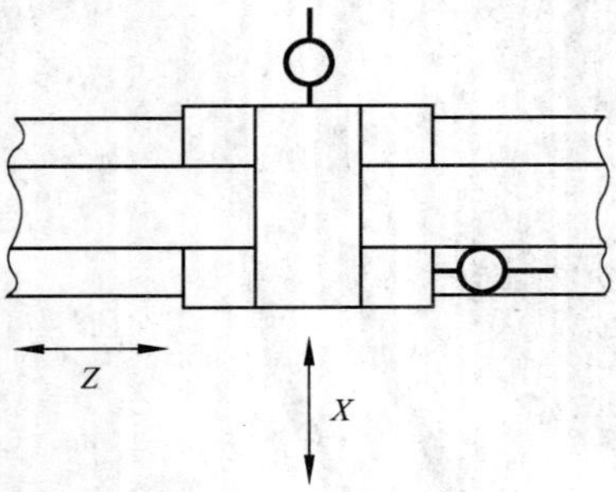	使溜板（或滑板）在 Z 轴（或 X 轴）全行程上，从任意点快速进给回到基准点。测量其实际位置，至少进行 7 次返回基准点试验。 Z、X 轴基准点误差分别计算。误差以测量的最大差值计	激光干涉仪或指示器	Z 轴和 X 轴 0.007

9.7.1 具备补偿机构的机床，可在使用补偿机构的情况下进行试验。

9.7.2 在测量一坐标时，其他运动部件应放置在其行程的中间位置或稳定位置。

9.8 最小设定单位进给试验

9.8.1 试验方法

先以快速使直线运动轴线上的运动部件向正方向（或负方向）移动一定距离后停止，再向同一方向给出数个设定单位的指令，以此位置作为基准，然后仍向同一方向每次给出 1 个设定指令，共给出 20 个最小设定单位的指令，使运动部件连续移动、停止，并测量其在每个指令下的停止位置，然后从上述的最终位置，继续向同一方向给出数个最小设定单位指令，使运动部件移动并停止。从而再向负（或正）向给出数个最小设定单位的指令，使运动部件大约返回到上述最终的测量位置，在这些正向和负向的数个最小设定单位指令下运动部件的停止位置均不作测量。然后从上述的最终测量位置开始，仍向负方向（或正方向）每次给出 1 个，共给出 20 个最小设定单位的指令，继续使运动部件连续移动、停止，大约返回到基准位置，测量其在每个指令下的停止位置，如图 1。

X、Z 轴均需检验。

9.8.2 误差计算

误差分为最小单位误差和最小设定单位相对误差。分别按式(4)和式(5)进行计算，以三个位置上的最大误差值作为该项的误差。

9.8.2.1　最小设定单位误差 S_a

$$S_a = |L_i - m|_{max} \qquad (4)$$

式中：

L_i——一个最小设定单位指令的实际位移，单位为毫米(mm)；

m——一个最小设定单位的理论位移，单位为毫米(mm)。

注：实际位移的方向如与指令的方向相反，其位移量应为负值。

9.8.2.2　最小设定单位相对误差 S_b

$$S_b = \frac{\left|\sum_{i=1}^{20} L_i - 20m\right|_{max}}{20m} \times 100\% \qquad (5)$$

式中：

$\sum_{i=1}^{20} L_i$——20 个最小设定单位的实际位移的总和，单位为毫米(mm)。

9.8.2.3　公差

S_a：按制造商设计规定；S_b：不应大于 25%。

9.8.2.4　检验工具

激光干涉仪或读数显微镜和金属线纹尺。

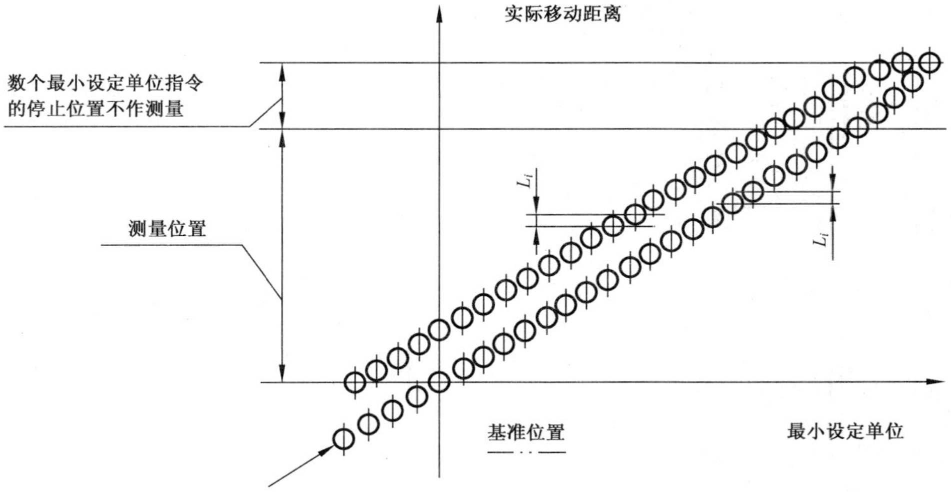

图 1

9.8.3　具备补偿机构的机床，可在使用补偿机构的情况下进行试验。

9.8.4　在测量一坐标时，其他运动部件应放置在其行程的中间位置或稳定位置。

9.9　精车试件直径尺寸的分散度 A_s

9.9.1　试验条件

机床主轴中速运转至稳定温度后，开始车削试件，车刀在一次安装情况下完成 5 个试件的外圆车削，每车完一个试件，刀架要转位 360°。

9.9.2　试件及切削条件

试件及切削条件按表 9 要求。

表 9

<table>
<tr><th>简图和试件尺寸</th><th>切削条件</th><th colspan="3">允许/mm</th></tr>
<tr><td rowspan="3">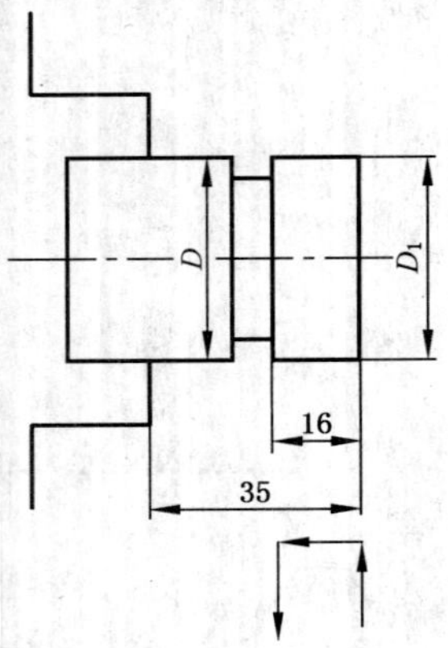
$D=0.1D_a$
$D_1=(0.08\sim0.1)D_a$
试件材料为钢件</td><td rowspan="3">切削深度
$t=0.5$ mm
进给量
$S=0.1$ mm</td><td>D_a</td><td>≤800</td><td>>800</td></tr>
<tr><td>A_s</td><td>0.03</td><td>0.04</td></tr>
<tr><td></td><td></td><td></td></tr>
</table>

9.9.3　分散度误差(A_s)计算

测量 5 个试件直径尺寸的最大变化量 W(即 5 个试件的极差),直径尺寸的分散度 A_s 为:

$$A_s=2.58W$$

ICS 25.040.20
J 56

中华人民共和国国家标准

GB/T 25660.1—2010

数控小型蜗杆铣床 第1部分:精度检验

CNC small size worm milling machines—Part 1: Testing of the accuracy

2010-12-23 发布 2011-07-01 实施

中华人民共和国国家质量监督检验检疫总局
中国国家标准化管理委员会 发布

前　言

GB/T 25660《数控小型蜗杆铣床》分为两个部分：

——第1部分：精度检验；

——第2部分：技术条件。

本部分为GB/T 25660的第1部分。

本部分由中国机械工业联合会提出。

本部分由全国金属切削机床标准化技术委员会(SAC/TC 22)归口。

本部分起草单位：四川普什宁江机床有限公司、成都仪表机床研究所。

本部分主要起草人：钱文明、黄伟灵、张勤。

数控小型蜗杆铣床　第1部分：精度检验

1　范围

GB/T 25660的本部分规定了数控小型蜗杆铣床的几何精度、位置精度和工作精度检验的要求及检验方法。

本部分适用于最大工件直径至80 mm、最大加工模数至3.5 mm的数控小型蜗杆铣床（以下简称“机床”）。

2　规范性引用文件

下列文件中的条款通过GB/T 25660的本部分的引用而成为本部分的条款。凡是注日期的引用文件，其随后所有的修改单（不包括勘误的内容）或修改版均不适用于本部分，然而，鼓励根据本部分达成协议的各方研究是否可使用这些文件的最新版本。凡是不注日期的引用文件，其最新版本适用于本部分。

GB/T 10089—1988　圆柱蜗杆、蜗轮精度

GB/T 17421.1—1998　机床检验通则　第1部分：在无负荷或精加工条件下机床的几何精度（eqv ISO 230-1：1996）

GB/T 17421.2—2000　机床检验通则　第2部分：数控轴线的定位精度和重复定位精度的确定（eqv ISO 230-2：1997）

3　一般要求

3.1　本部分中所有线性尺寸均用毫米（mm）为单位表示；角度偏差主要用比值表示。在有些情况下为了清晰，也用微弧度（μrad）或角秒（″）为单位表示。其换算关系见下式：

$$0.010/1\,000 = 10\times10^{-6} = 10\ \mu\text{rad} \approx 2''$$

3.2　使用本部分时应按GB/T 17421.1，尤其是机床检验前的安装，主轴和其他运动部件的升温，检验方法和检验工具的推荐精度。机床的安装水平和环境温度宜符合下列要求：

——按GB/T 17421.1—1998中的3.1调整机床的安装水平。将水平仪置于安装板上，水平仪在纵向和横向的读数均不超过0.04/1 000；

——检验时，环境温度宜保持在20 ℃±2 ℃内。机床和检具在测量环境中放置足够长的时间，以确保检验前达到稳定状态。

3.3　本部分所给出的检验项目的顺序并不表示实际检验次序。为了装拆检验工具和检验方便，可按任意次序进行检验。

3.4　检验机床时，根据机床结构特点并不是必须检验本部分的所有项目。为了验收目的而要求检验时，可由用户取得制造厂同意选择一些感兴趣的检验项目，但这些项目应在机床订货时明确提出。

3.5　本部分所规定的检验工具仅为举例，可以使用相同指示量和精度的其他检验工具。指示器应具有0.001 mm或更高的分辨率。

3.6　工作精度检验时，试件的检验应在精铣后进行。

3.7　当软件可用来补偿某些检验项目偏差时，按用户和制造厂的协议，可在使用或不使用这些补偿的情况下进行相关项目的检验。当使用软件补偿时，宜在检验项目中标明。

3.8　当实测长度与本部分规定的长度不同时，其能够测量长度的允差应按GB/T 17421.1—1998中2.3.1.1的规定折算。折算结果小于0.002时，仍按0.002计。

3.9　平行于主轴轴线的坐标轴为Z轴，垂直于主轴轴线的坐标轴为X轴。

4 几何精度检验

<table>
<tr><td>检验项目
工件主轴的径向跳动：
a) 主轴内孔；
b) 主轴内锥</td><td>G1</td></tr>
<tr><td colspan="2">简图
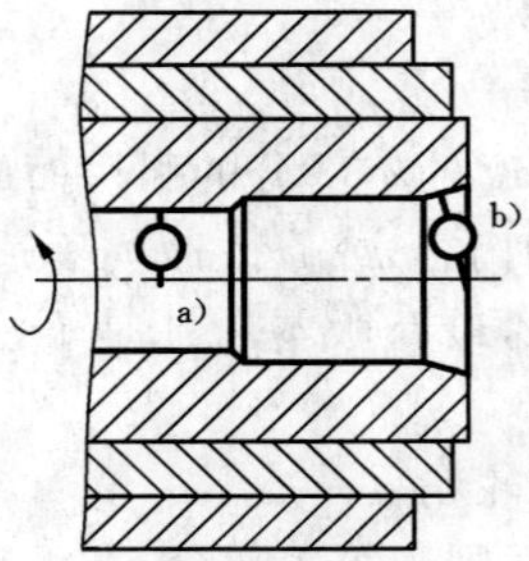</td></tr>
<tr><td colspan="2">公差
$D \leqslant 40$ a) 0.004 b) 0.003
$D > 40 \sim 80$ a) 0.005 b) 0.004</td></tr>
<tr><td colspan="2">检验工具
指示器</td></tr>
<tr><td colspan="2">检验方法(按 GB/T 17421.1—1998 的有关条文:5.6.1.2.2)
固定指示器,使其测头垂直触及:a)主轴内孔;b)主轴内锥。旋转主轴检验。
a)、b)误差分别计算。误差以指示器读数的最大差值计</td></tr>
</table>

检验项目	G2
工件主轴的轴向窜动。	
简图	
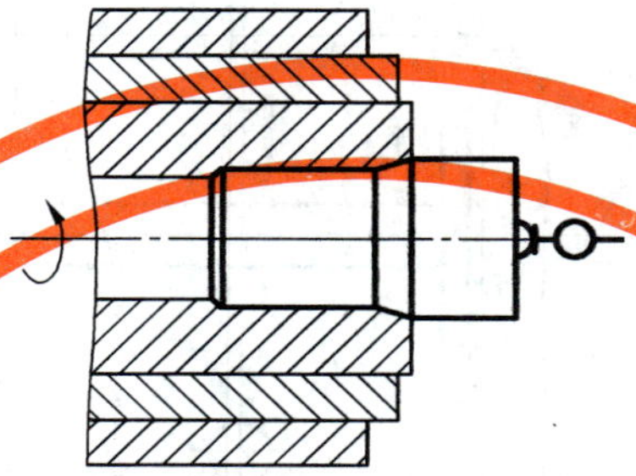	
公差	
$D\leqslant 40$ 0.002	$D>40\sim 80$ 0.003
检验工具	
指示器、检验棒、钢球	
检验方法(按 GB/T 17421.1—1998 的有关条文:5.6.2.2.2) 固定指示器,使其测头触及固定在主轴孔内检验棒中心孔的钢球上。旋转主轴检验。检验时应通过主轴中心,加一由制造厂规定的轴向力(对已消除轴向游隙的主轴可不加力)。 误差以指示器读数的最大差值计	

G3

检验项目

工件主轴轴线的径向跳动：

a） 靠近主轴端部；

b） 距主轴端部 L 处。

简图

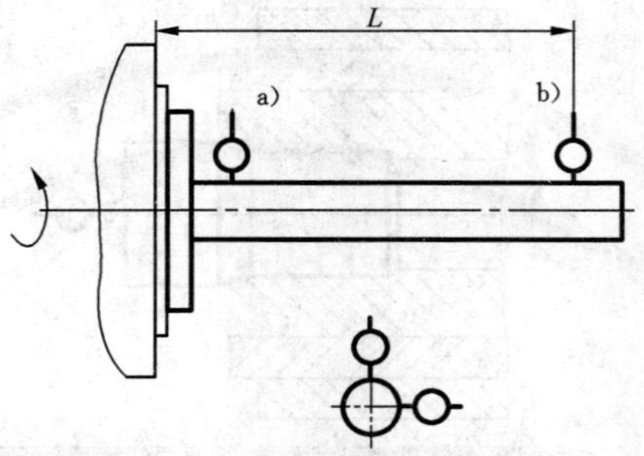

公差

$D\leqslant40$	$D>40\sim80$
a） 0.003	a） 0.004
b） 距主轴端部 150 处 0.020	b） 距主轴端部 200 处 0.040

检验工具

指示器、检验棒

检验方法（按 GB/T 17421.1—1998 的有关条文：5.6.1.2.3）

在主轴孔内插入一检验棒。固定指示器，使其测头触及检验棒表面：a）靠近主轴端部；b）距主轴端部 L 处。旋转主轴检验。

拔出检验棒旋转 90°，重新插入主轴孔内，依次重复检验三次。

a）、b）误差分别计算。误差以四次测量结果的算术平均值计。

在垂直平面和水平面内均需检验

检验项目	G4

检验项目

铣刀主轴外圆的径向跳动：

a） 在垂直平面内；

b） 在水平面内。

简图

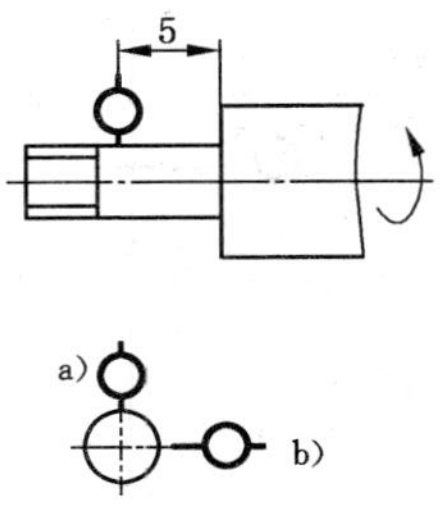

公差

$D\leqslant 40$	$D>40\sim 80$
a） 0.002	a） 0.003
b） 0.002	b） 0.003

检验工具

指示器

检验方法(按 GB/T 17421.1—1998 的有关条文：5.6.1.2.2)

固定指示器，使其测头触及主轴外圆表面：a)在垂直平面内；b)在水平面内。旋转主轴检验。

a)、b)误差分别计算。误差以指示器读数的最大差值计

G5

检验项目

铣刀主轴的端面跳动

简图

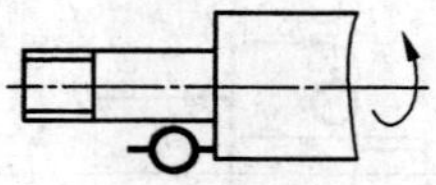

公差

$D\leqslant 40$	$D>40\sim 80$
0.002	0.003

检验工具

指示器

检验方法(按 GB/T 17421.1—1998 的有关条文:5.6.3.2)

固定指示器,使其测头触及主轴端面的边缘处。旋转主轴检验。

误差以指示器读数的最大差值计

G6

检验项目

铣刀主轴的轴向窜动

简图

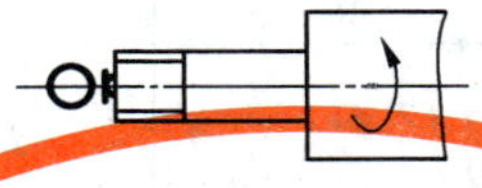

公差

$D \leqslant 40$	$D > 40 \sim 80$
0.002	0.003

检验工具

指示器、钢球

检验方法(按 GB/T 17421.1—1998 的有关条文:5.6.2.2.2)

固定指示器,使其测头触及固定在主轴中心孔内的钢球上。旋转主轴检验。检验时应通过主轴中心,加一由制造厂规定的轴向力(对已消除轴向游隙的主轴可不加力)。

误差以指示器读数的最大差值计

G7

检验项目

尾架下移动导轨尾座移动对工件主轴轴线的平行度：

a) 在垂直平面内；

b) 在水平面内

简图

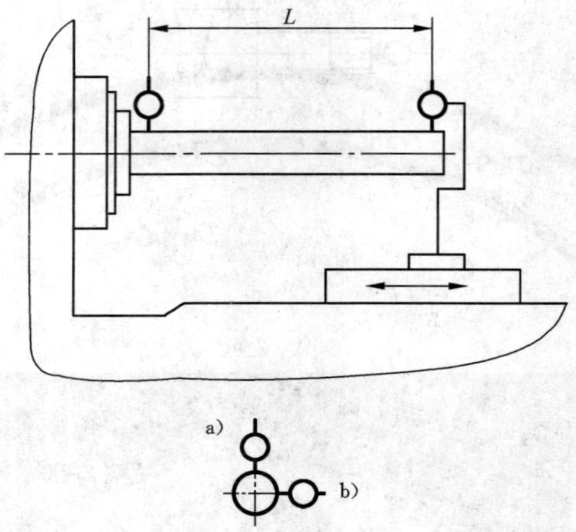

公差

$D \leqslant 40$	$D > 40 \sim 80$
在 150 测量长度上	在 200 测量长度上
a) 0.010	a) 0.012
b) 0.010	b) 0.012

检验工具

指示器、检验棒

检验方法(按 GB/T 17421.1—1998 的有关条文：5.4.1.2.1；5.4.2.2.3)

在主轴孔内插入一检验棒。在尾座上固定指示器，使其测头触及检验棒表面：a)在垂直平面内；b)在水平面内。移动尾座检验。

将主轴旋转 180°，再检验一次。

a)、b)误差分别计算。误差以两次测量结果的代数和之半计

检验项目 G8

尾架上移动导轨滑板移动对工件主轴轴线的平行度：

a） 在垂直平面内；

b） 在水平面内

简图

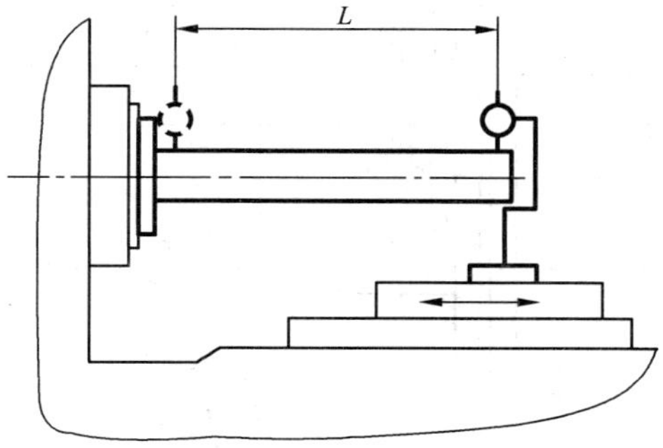

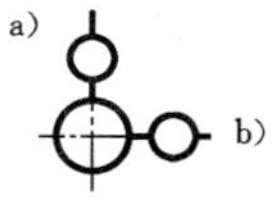

公差

$D\leqslant 40$	$D>40\sim 80$
在 80 测量长度上	在 100 测量长度上
a） 0.010	a） 0.012
b） 0.010	b） 0.012

检验工具

指示器、检验棒

检验方法(按 GB/T 17421.1—1998 的有关条文:5.4.1.2;5.4.2.2.3)

在主轴孔内插入一检验棒。在尾架滑板上固定指示器,使其测头触及检验棒表面:a)在垂直平面内;b)在水平面内。移动滑板检验。

将主轴旋转 180°,再检验一次。

a)、b)误差分别计算。误差以两次测量结果的代数和之半计

G9

检验项目

铣刀架纵向移动对工件主轴轴线的平行度：

a) 在垂直平面内；

b) 在水平面内

简图

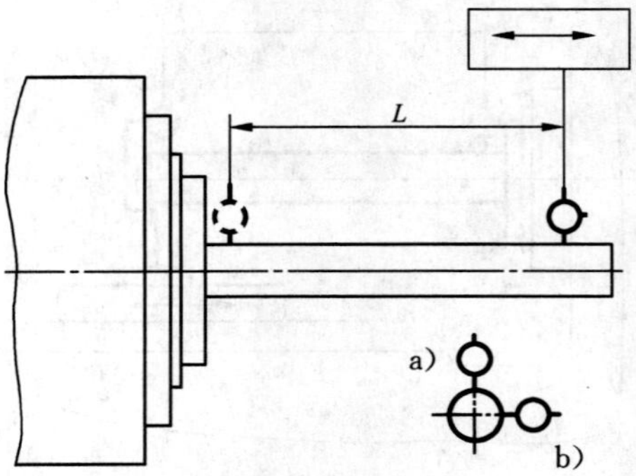

公差

$D\leqslant 40$	$D>40\sim 80$
在150测量长度上	在200测量长度上
a) 0.015	a) 0.025
b) 0.006(只允许偏向铣刀轴)	b) 0.010(只允许偏向铣刀轴)

检验工具

指示器、检验棒

检验方法(按GB/T 17421.1—1998的有关条文：5.4.2.2.3)

在主轴孔内插入一检验棒。将指示器的支架固定在铣刀架上，使其测头触及检验棒表面：a)在垂直平面内；b)在水平面内。移动铣刀架检验。

将主轴旋转180°，重复检验一次。

a)、b)误差分别计算。误差以两次测量结果的代数和之半计

G10

检验项目

工件主轴轴线与尾架顶尖轴线的重合度：

a) 尾架顶尖距工件主轴端部 50 处；

b) 尾架顶尖距工件主轴端部 150 处

简图

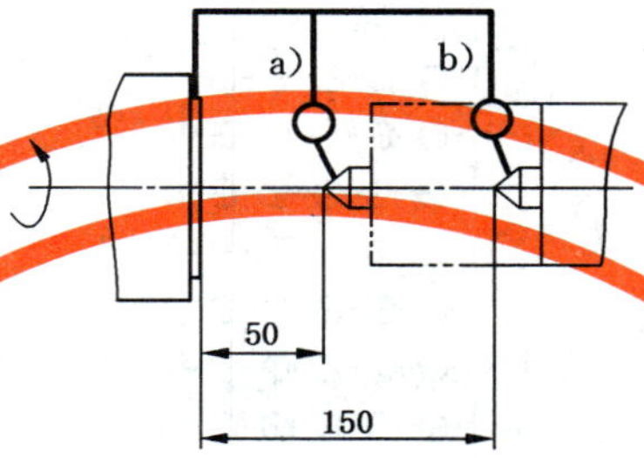

公差

$D \leqslant 40$	$D > 40 \sim 80$
a) 0.006	a) 0.010
b) 0.015	b) 0.020

检验工具

指示器

检验方法(按 GB/T 17421.1—1998 的有关条文:5.4.4.2)

移动尾架上移动导轨滑板及尾架下移动导轨尾座在位置 a)和 b)处固定。在主轴上固定指示器，使其测头触及尾架顶尖锥面:a)尾架顶尖距工件主轴端部 50 处;b)尾架顶尖距工件主轴端部 150 处。旋转主轴检验。

a)、b)误差分别计算。误差以指示器读数的最大差值之半计

5 位置精度检验

检验项目 P1

Z 轴双向定位精度 A

简图

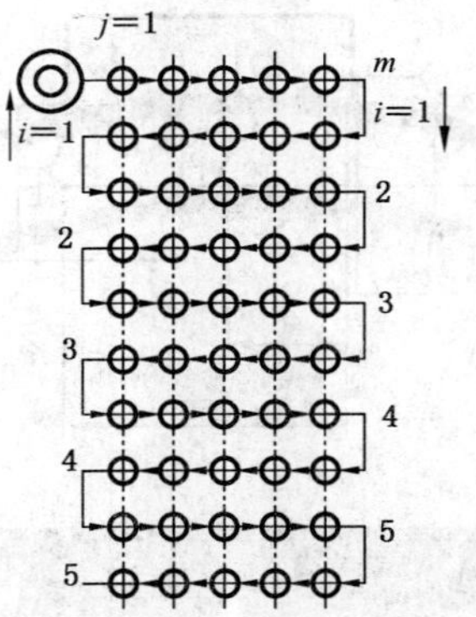

公差

$D \leqslant 40$	$D > 40 \sim 80$
0.012	0.015

检验工具

双频激光干涉仪或其他长度检测装置

检验方法（按 GB/T 17421.2—2000 的有关条文：5.5.1）

非检测轴线上的运动部件置于行程的中间位置。

固定激光干涉仪，使其光束平行于运动方向。在运动部件上固定反射镜，使其靠近安装面。在轴线全行程上至少选取 5 个测点。以这些测点的位置作为目标位置 P_i，以一致的进给速度分别对各目标位置从正、负两个方向趋近（符号 ↑ 表示正向趋近，符号 ↓ 表示负向趋近），各进行 5 次定位，并停留足够的时间，测出正、负方向每次定位时运动部件的位置 P_{ij} 与目标位置 P_i 之差值（$P_{ij}-P_i$），即位置偏差 X_{ij}。

按 GB/T 17421.2—2000 规定的方法，计算出在轴线全行程的各目标位置上，正、负向定位时的平均位置偏差（$\overline{X}_i\uparrow$，$\overline{X}_i\downarrow$）和标准不确定度（$S_i\uparrow$，$S_i\downarrow$）。

误差 A 以（$\overline{X}_i\uparrow+2S_i\uparrow$）、（$\overline{X}_i\downarrow+2S_i\downarrow$）中的最大值与（$\overline{X}_i\uparrow-2S_i\uparrow$）、（$\overline{X}_i\downarrow-2S_i\downarrow$）中最小值之差值计。即：$A=\max(\overline{X}_i+2S_i)-\min(\overline{X}_i-2S_i)$

检验项目	P2
单向重复定位精度 R 和反向差值 B： a) Z 轴； b) X 轴	

简图

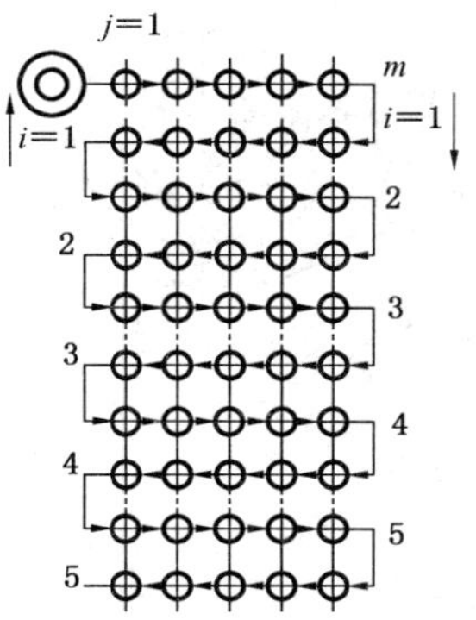

公差

	$D\leqslant 40$	$D>40\sim 80$
R：	a) 0.006	a) 0.008
	b) 0.006	b) 0.008
B：	a) 0.008	a) 0.010

检验工具

双频激光干涉仪或其他长度检测装置

检验方法(按 GB/T 17421.2—2000 的有关条文:5.5.1)

检验方法同 P1。

按 GB/T 17421.2—2000 规定的方法,计算出在轴线全行程的各目标位置上,正、负向定位时的平均位置偏差($\overline{X}_i\uparrow$,$\overline{X}_i\downarrow$)和标准不确定度($S_i\uparrow$,$S_i\downarrow$)。

误差 R 以 $4S_i\uparrow$、$4S_i\downarrow$ 中的最大值计,即:$R=\max 4S_i$。

注:X 轴单向重复定位精度 R 的检查位置在铣刀主轴轴线±5 的范围内用指示器检验,误差以指示器读数的最大差值计。

误差 B 以($\overline{X}_i\uparrow-\overline{X}_i\downarrow$)中的最大绝对值计。即:$B=\max|B_i|$

P3

检验项目

工件主轴双向定位精度 A(连续分度)

简图

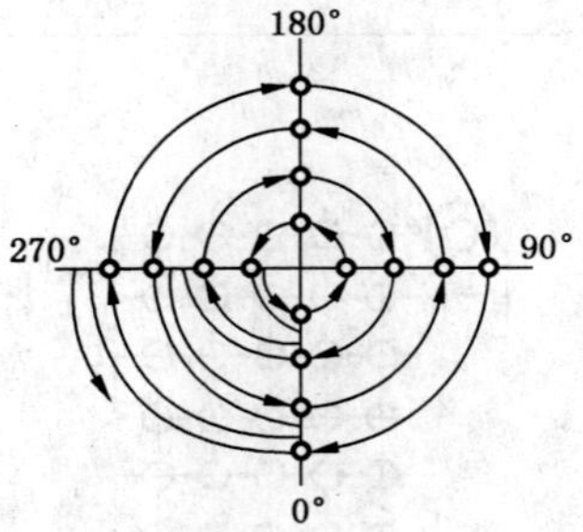

公差

$D \leqslant 40$	$D > 40 \sim 80$
120″	150″

检验工具

多面体、自准直仪

检验方法(按 GB/T 17421.2—2000 的有关条文:5.5.1)

非检测轴线上的运动部件置于行程的中间位置。

将多面体置于主轴轴线中心处。固定调整自准直仪,使其与多面体成一直线。在轴线一转范围内至少选取 8 个测点。以这些测点的位置作为目标位置 P_i,以一致的进给速度分别对各目标位置从正、负两个方向趋近(符号↑表示正向趋近,符号↓表示负向趋近),各进行 5 次定位,并停留足够的时间,测出正、负方向每次定位时运动部件的位置 P_{ij} 与目标位置 P_i 之差值($P_{ij}-P_i$),即位置偏差 X_{ij}。

按 GB/T 17421.2—2000 规定的方法,计算出在轴线一转范围内轴线各目标位置上,正、负向定位时的平均位置偏差($\overline{X}_i\uparrow$,$\overline{X}_i\downarrow$)和标准不确定度($S_i\uparrow$,$S_i\downarrow$)。

误差 A 以($\overline{X}_i\uparrow+2S_i\uparrow$)、($\overline{X}_i\downarrow+2S_i\downarrow$)中的最大值与($\overline{X}_i\uparrow-2S_i\uparrow$)、($\overline{X}_i\downarrow-2S_i\downarrow$)中最小值之差值计。即:$A=\max(\overline{X}_i+2S_i)-\min(\overline{X}_i-2S_i)$

P4

检验项目

工件主轴单向重复定位精度 R 和反向差值 B（连续分度）

简图

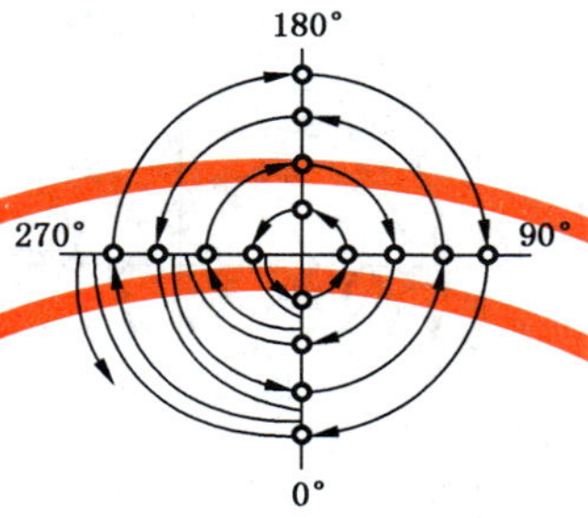

公差

$D \leqslant 40$	$D > 40 \sim 80$
R：40″	R：60″
B：80″	B：100″

检验工具

多面体　自准直仪

检验方法（按 GB/T 17421.2—2000 的有关条文：5.5.1）

检验方法同 P3。

按 GB/T 17421.2—2000 规定的方法，计算出在轴线一转范围内各目标位置上，正、负向定位时的平均位置偏差（$\overline{X}_i\uparrow$，$\overline{X}_i\downarrow$）和标准不确定度（$S_i\uparrow$，$S_i\downarrow$）。

误差 R 以 $4S_i\uparrow$、$4S_i\downarrow$ 中的最大值计。即：$R=\max 4S_i$

误差 B 以（$\overline{X}_i\uparrow - \overline{X}_i\downarrow$）中的最大绝对值计。即：$B=\max|B_i|$

P5

检验项目

工件主轴双向平均位置偏差 M(连续分度)

简图

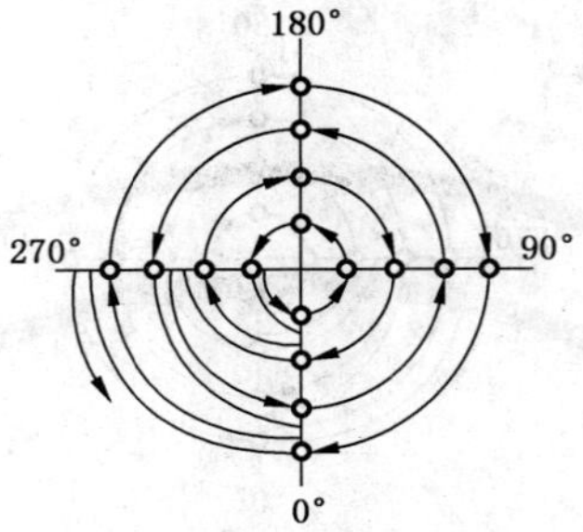

公差

$D \leqslant 40$	$D > 40 \sim 80$
40″	60″

检验工具

多面体　自准直仪

检验方法(按 GB/T 17421.2—2000 的有关条文:5.5.1)

检验方法同 P3。

按 GB/T 17421.2—2000 规定的方法,计算出正、负双向定位时的平均位置偏差($\overline{X}_i\uparrow$,$\overline{X}_i\downarrow$)。

误差 M 以双向平均位置偏差的最大值与最小值之差值计,即:$M=\max(\overline{X}_i\uparrow)-\min(\overline{X}_i\downarrow)$

6 工作精度检验

检验项目 M1

a) 螺旋线误差 f_{hL}；

b) 轴向齿距偏差 f_{px}；

c) 轴向齿距累积误差 f_{pxL}

简图

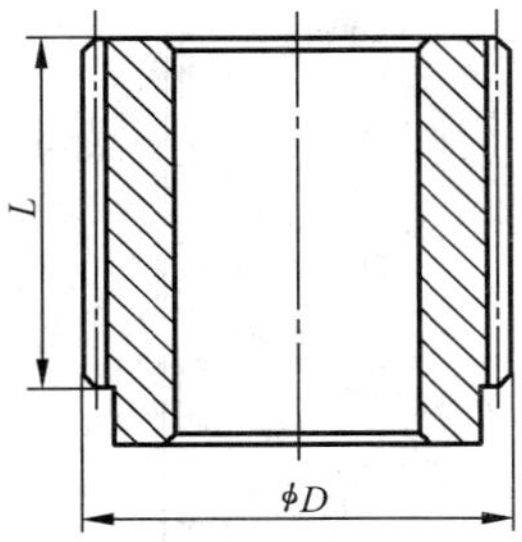

蜗杆类型:锥面包络圆柱蜗杆；

试件直径 D=0.7 最大工件直径；

蜗杆头数 $Z \geqslant 3$；

试件材料:20Cr

法向模数 M_n=1/2 最大加工模数；

法向齿形角 $n=20°$；

切削长度 L=1/3 最大加工长度；

切削条件

1) 试件安装在心轴上。心轴径向跳动允差 0.004 ;工件外圆径向跳动允差 0.005 。

2) 刀具及切削参数按设计规定。

3) 逆铣或顺铣。

4) 采用二次方框循环加工。

5) 连续切削 2 件

检验工具

三坐标测量机、万能工具显微镜

公差

a)、b)、c)符合 GB/T 10089—1988 的 6 级精度。

ICS 25.040.20
J 56

中华人民共和国国家标准

GB/T 25660.2—2010

数控小型蜗杆铣床 第2部分：技术条件

CNC small size worm milling machines—
Part 2: Specifications

2010-12-23 发布　　2011-07-01 实施

中华人民共和国国家质量监督检验检疫总局
中国国家标准化管理委员会　发布

前　言

GB/T 25660《数控小型蜗杆铣床》分为两个部分：

——第1部分：精度检验；

——第2部分：技术条件。

本部分为GB/T 25660的第2部分。

本部分由中国机械工业联合会提出。

本部分由全国金属切削机床标准化技术委员会(SAC/TC 22)归口。

本部分起草单位：四川普什宁江机床有限公司、成都仪表机床研究所。

本部分主要起草人：钱文明、黄伟灵、张勤。

数控小型蜗杆铣床
第2部分:技术条件

1 范围

GB/T 25660 的本部分规定了数控小型蜗杆铣床设计、制造、检验与验收的要求。

本部分适用于最大工件直径至 80 mm、最大加工模数至 3.5 mm 的数控小型蜗杆铣床(以下简称“机床”)。

2 规范性引用文件

下列文件中的条款通过 GB/T 25660 的本部分的引用而成为本部分的条款。凡是注日期的引用文件,其随后所有的修改单(不包括勘误的内容)或修改版均不适用于本部分,然而,鼓励根据本部分达成协议的各方研究是否可使用这些文件的最新版本。凡是不注日期的引用文件,其最新版本适用于本部分。

GB 5226.1—2008 机械电气安全 机械电气设备 第1部分:通用技术条件(IEC 60204-1:2005 IDT)

GB/T 7284—1998 框架木箱

GB/T 7932—2003 气动系统 通用技术条件(ISO 4414:1998,IDT)

GB/T 9061—2006 金属切削机床 通用技术条件

GB 15760 金属切削机床 安全防护通用技术条件

GB/T 16768—1997 金属切削机床 振动测量方法(neq IIS B6003:1993)

GB/T 16769—2008 金属切削机床 噪声声压级测量方法

GB/T 17421.3—2010 机床检验通则 第3部分:热效应的评定(ISO 230-3:2001,IDT)

GB/T 23572—2009 金属切削机床 液压系统通用技术条件

GB/T 25373—2010 金属切削机床 装配通用技术条件

GB/T 25374—2010 金属切削机床 清洁度的测量方法

GB/T 25376—2010 金属切削机床 机械加工件通用技术条件

GB/T 25660.1—2010 数控小型蜗杆铣床 第1部分:精度检验

JB/T 8832—2001 机床数控系统 通用技术条件

3 技术要求

3.1 概述

本部分是对 GB/T 9061、GB/T 25736、GB/T 25373 等标准的具体化和补充。机床设计、制造、检验与验收时除应符合本部分的规定外,还应符合上述标准中未经本部分具体化的其余有关内容的规定。

3.2 附件和工具

3.2.1 应随机供应表1所列的附件和工具。

表 1

名 称	用 途	数 量
弹簧夹头油缸	提供夹持工件的动力	1套
调整垫块	安装机床	1套
专用装拆调整工具	装拆调整机床	1套

3.2.2 扩大机床使用性能的特殊附件，根据用户要求按协议提供。

3.3 安全防护

3.3.1 机床的安全防护应符合 GB 15760、GB 5226.1 的有关规定。

3.3.2 机床空运转噪声声压级应符合 4.6.5 的规定。

3.4 加工和装配质量

3.4.1 床身、尾座、滑板、安装板、偏心套、回转座、摆动座等为重要铸件，在粗加工后应进行时效处理。必要时在半精加工后再进行一次时效处理。

3.4.2 各运动导轨副应采用耐磨铸铁等耐磨措施。

3.4.3 下列结合面(不仅局限于)为"特别重要固定结合面"：

——尾座与安装板；

——摆动座与板。

3.4.4 下列导轨副(不仅局限于)为"滑(滚)动导轨"：

——床身与滑板；

——床身与夹子；

——尾座与滑板。

3.4.5 特别重要固定结合面、滑(滚)导轨的接触指标按 GB/T 25373 的Ⅳ级精度进行考核。

3.4.6 重要部位的紧固螺钉其紧固力矩应符合设计文件的规定。

3.4.7 安装板与尾座的定位销，其接触长度不应小于定位销工作长度的 65%。

3.4.8 带的张紧机构装配后，应有足够的调整量。主、从动带轮的对称面应重合，传动时带应无明显的脉动现象。

3.4.9 各运动坐标的滚珠丝杠与电机联轴器联接应紧密，不应有间隙。

3.4.10 按 GB/T 25374 检查(批量生产时抽查 5%，但不少于一台)机床总装后的清洁度。其中铣刀主轴组件内部清洁度按重量法进行检测，其脏物的重量不应超过 300 mg。其他部位用目测、手感法进行检测，不应有明显的脏物。

4 检验与验收

4.1 概述

4.1.1 每台机床应在制造厂经检验合格后出厂。特殊情况下经用户同意可在机床使用处进行检验。当在机床使用处验收机床时，其验收的项目由用户与制造厂商定。

4.1.2 机床检验分为型式试验和出厂检验。

4.1.2.1 属于下列形式之一，应进行型式试验：

a) 新产品鉴定、定型鉴定；

b) 机床结构、性能较基型有重大改动时。

型式试验的项目，除包括出厂检验项目(见 4.1.2.2)外还宜包括以下项目：

a) 振动试验(试验方法按 GB/T 16768)；

b) 热变形试验(试验方法按 GB/T 17421.3)；

c) 加工精度和能力试验(试验方法按设计规范)。

4.1.2.2 机床的检验与验收(出厂检验)宜包括以下内容：

a) 外观检验；

b) 附件和工具检验；

c) 参数检验；

d) 空运转试验；

e) 负荷试验；

f) 最小设定单位进给试验；

g) 原点返回试验；

h) 精度检验。

4.2 一般要求

4.2.1 机床检验时应防止气流、光线和热辐射的干扰对环境温度变化的影响，宜在精度标准规定的温度条件下进行检验与验收。

4.2.2 机床检验前按制造厂的产品使用说明书安装和调平机床。

4.2.3 机床检验过程中，不应调整影响机床精度和性能的机构和零件。否则应复检调整后受到影响的有关项目。

4.2.4 机床检验原则上是在制造完毕的成品上进行，特殊情况下可按制造厂的产品使用说明书拆卸某些零部件，拆卸的零部件不应对机床精度造成影响。

4.3 外观检验

4.3.1 按 GB/T 9061—2006 中 3.2 评定机床的布局和造型(仅在型式试验时进行)。

4.3.2 按 GB/T 9061—2006 中 3.15 检验机床的外观质量。

4.4 附件和工具检验

按 3.2 及设计文件检验随机的附件和工具。

4.5 参数检验(抽查)

按设计文件检验机床的参数以及机床与工夹量具、附件等连接部位的型式和尺寸。

4.6 空运转试验

4.6.1 温升试验

机床铣刀主轴和工件主轴(安装随机附件时)各以不少于 5 级转速从低速到高速进行空运转，每级转速的运转时间不应少于 2 min，高速的运转时间不应少于 1 h。当主轴轴承达到稳定温度时，在靠近主轴轴承处分别检验其温度和温升：铣刀主轴温度不应超过 65 ℃，温升不应超过 35 ℃；工件主轴温度不应超过 60 ℃，温升不应超过 30 ℃。

工件主轴(不安装随机附件时)在 200 r/min 时空运转不少于 1 h，在靠近主轴轴承处检验其温度不应超过 60 ℃，温升不应超过 30 ℃。

4.6.2 主运动和进给运动检验(抽查)

机床的主运动和进给运动，分别以低、中、高速度(转速/进给量)和快速移动速度进行空运转，其速度偏差不应超过公称值的－2%～＋6%。

当机床在高速进给和快速移动时，只在除行程两端之外的 2/3 全行程上进行检验。

试验时机床的运动部件移动应平稳、灵活、无明显爬行和振动，限位应可靠。

4.6.3 动作试验

4.6.3.1 按低、中、高的进给量，在铣刀轴径向进给工作范围内做工作进给和 10 m/min 的快速移动速度试验。其中快速行程应大于 1/2 全行程。正、反向启动、停止连续操作试验 10 次，动作应灵活、可靠。

4.6.3.2 工件主轴做低、中、高转速的操作试验 5 次，动作应灵活、可靠、准确。

4.6.3.3 机床做顺铣、逆铣各种方框循环动作试验 5 次，动作应平稳、可靠、准确。

4.6.3.4 主轴弹簧夹头连续进行 10 次夹紧、放松操作试验，动作应灵活、可靠。

4.6.3.5 对机床的坐标联动，坐标选择，定位，直线和圆弧插补，程序暂停，急停等数控功能逐一进行试验，其功能应可靠，动作应灵活、准确。

4.6.3.6 有夹紧机构的运动部件在各自全部运动范围内的任意工作位置上(一般选 3 个～5 个位置)进行夹紧试验，动作应可靠、灵活。

4.6.3.7 以步进方式移动各坐标上的运动部件，其动作应灵活、准确。

4.6.4 安全防护装置检验

4.6.4.1 机床防护罩应牢固,性能应可靠;防护罩门应便于操作,移动应灵活,其门上的观察窗应便于察看机床的运行。

4.6.4.2 机床防护罩门的关闭和打开与机床起动和停止的联锁功能应可靠(调整状态除外)。

4.6.4.3 主轴旋转和停止与工件夹紧和放松的联锁功能应可靠。

4.6.4.4 机床的限位装置功能应可靠。

4.6.5 噪声检验

按一次逆铣切削的方式测量机床的空运转噪声,其噪声声压级不应超过 83 dB(A)。机床空运转时不应有不正常的尖叫声和冲击声。

机床噪声测量方法按 GB/T 16769 的规定。

4.6.6 空运转功率试验(抽查)

在机床主轴各级速度运转至功率稳定后,测量主传动系统的空运转功率不应超过主电机额定功率的 30%。

注:检验空运转的功率时,当电机直接装在主轴上时(自驱式主轴)则不扣除电机本身消耗的功率。否则应扣除电机本身消耗的功率。

4.6.7 电气系统和数控系统检验

4.6.7.1 机床的电气系统应符合 GB 5226.1 的有关规定。机床的数控系统宜符合 JB/T 8832 有关规定。

4.6.7.2 机床的电气系统和数控系统应满足机床使用性能的要求,其功能应可靠,稳定。

4.6.8 气动、冷却、液压系统检验

4.6.8.1 机床气动系统应符合 GB/T 7932 的有关规定。

4.6.8.2 机床的冷却系统应保证冷却充分、可靠。

4.6.8.3 机床的液压系统应符合 GB/T 23572 的有关规定。

4.6.8.4 机床的气动系统、冷却系统、液压系统不应有漏气(液)现象。

4.6.9 整机连续空运转试验

4.6.9.1 用加工工作精度试件的程序,按一次切削方框循环方式做不切削的连续空运转,连续空运转时间为 36 h。每次循环之间的休止时间不超过 1 min。

4.6.9.2 连续空运转的过程中。机床运转应正常、平稳、可靠,不应发生故障。否则在故障排除后应重新进行连续空运转。

4.7 负荷试验(抽查)

机床的负荷试验用铣削最大规格尺寸试件的方式进行试验。

试件材质及热处理:45 钢,正火;

试件尺寸:最大直径,最大(法向)模数;

试切件数:1 件;

刀具及切削参数:按制造厂规定。

在进行负荷试验时,机床工作应正常。

4.8 最小设定单位进给试验

4.8.1 试验方法

先以快速使直线坐标上的运动部件向正(或负)向移动一定距离,停止后,向同方向给出数个最小设定单位的指令,以此位置作为基准位置,每次给出 1 个,共给出 20 个最小设定单位指令,向同方向的移动,测量各指令的停止位置。从上述的最终位置,继续向同方向给出数个最小设定单位的指令,停止后,向负(或正)向给出数个最小设定单位的指令,约返回到上述的最终测量位置,这些正向和负向的数个最小设定单位指令停止位置不作测量。然后从上述最终位置开始，每次给出 1 个，共给出 20 个最小设定单位指令，继续向负(或正)向移动，测量各指令停止位置，见图 1。

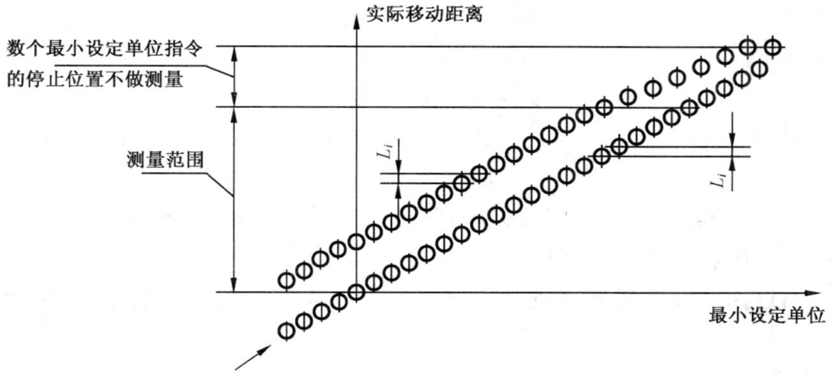

图 1

各直线坐标均需至少在行程的中间及两端 3 个位置分别进行试验。按 4.8.2 的规定计算误差，以 3 个位置上的最大误差值作为该项的误差。

具备螺距误差、间隙补偿装置的机床，可在使用这些装置的情况下进行试验。

4.8.2 **误差计算方法**

4.8.2.1 最小设定单位误差 S_a 按公式(1)计算。

$$S_a = |L_i - m|_{max} \qquad \cdots\cdots(1)$$

式中：

L_i——1 个最小设定单位指令的实际位移，单位为毫米(mm)；

注：实际位移的方向如与给出的方向相反，其位移应为负值。

m——1 个最小设定单位指令的理论位移，单位为毫米(mm)。

4.8.2.2 最小设定单位相对误差 S_b 按公式(2)计算。

$$S_b = \frac{\left|\sum_{i=1}^{20} L_i - 20m\right|_{max}}{20m} \times 100\% \qquad \cdots\cdots(2)$$

式中：

$\sum_{i=1}^{20} L_i$——20 个最小设定单位指令的实际位移的总和，单位为毫米(mm)。

4.8.3 **允差**

S_a：按设计规定；

S_b：25%。

4.8.4 **检验工具**

激光干涉仪或读数显微镜和金属线纹尺。

4.9 **原点返回试验**

4.9.1 **试验方法**

各直线坐标上的运动部件，从行程上的任意点按相同的移动方向，以快速进行 5 次返回原点 P_0 试验。测量每次实际位置 P_{i0} 与原点理论位置 P_0 的偏差 X_{i0}($i=1,2,\cdots\cdots5$)，见图 2。

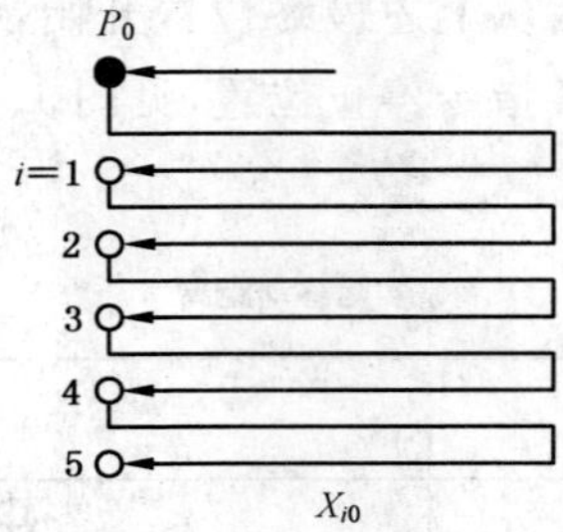

图 2

各直线坐标至少在行程的中间及靠近两端的任意 3 个位置进行试验，按 4.9.2 的规定计算误差，以 3 个位置上的最大误差值作为该项的误差。

设有向原点自动返回功能的机床宜进行本项试验。具备螺距误差、间隙补偿装置的机床，可在使用这些装置的情况下进行试验。

4.9.2 误差计算方法

各直线坐标中，原点返回试验时的 4 倍标准不确定度的最大值，即为原点返回误差。按公式(3)计算。

$$R_0 = 4S_0 \qquad \cdots\cdots(3)$$

式中：

R_0——原点返回误差，单位为毫米(mm)；

S_0——原点返回时的标准不确定度，单位为毫米(mm)。

注：S_0 根据 GB/T 17421.2 的有关公式进行计算。

4.9.3 允差

按制造厂规定。

4.9.4 检验工具

激光干涉仪或读数显微镜和金属线纹尺。

4.10 精度检验

4.10.1 机床的精度按 GB/T 25660.1 进行检验。

4.10.2 机床工作精度检验时，试件表面粗糙度 Ra 最大允许值 1.6 μm。

4.10.3 机床其他精度可按技术协议的要求进行检验。

5 包装

5.1 机床在包装前应进行防锈处理。

5.2 机床的包装宜符合 GB/T 7284 等标准的规定。

5.3 应随机供应一套技术文件，其中使用说明书宜提供 2 份。

参 考 文 献

[1] GB/T 17421.2—2000 机床检验通则 第2部分:数控轴线的定位精度和重复定位精度的确定(eqv ISO 230-2:1997).

ICS 25.080.20
J 54

中华人民共和国国家标准

GB/T 25661.1—2010

高架横梁移动龙门加工中心 第1部分:精度检验

Plano-machining centres with traveling overhead cross rail—
Part 1: Testing of the accuracy

2010-12-23 发布

2011-07-01 实施

中华人民共和国国家质量监督检验检疫总局
中国国家标准化管理委员会 发布

前　言

GB/T 25661《高架横梁移动龙门加工中心》分为以下两个部分：

——第1部分：精度检验；

——第2部分：技术条件。

本部分为GB/T 25661的第1部分。

本部分由中国机械工业联合会提出。

本部分由全国金属切削机床标准化技术委员会(SAC/TC 22)归口。

本部分起草单位：四川长征机床集团有限公司。

本部分主要起草人：王晓慧、徐中行、刘立新。

高架横梁移动龙门加工中心
第1部分:精度检验

1 范围

GB/T 25661 的本部分规定了高架横梁移动龙门加工中心的几何精度、定位精度和工作精度的要求及检验方法。

本部分适用于工作台面宽度 1 000 mm～3 000 mm 一般用途的高架横梁移动龙门加工中心及数控高架横梁移动龙门铣床。

2 规范性引用文件

下列文件中的条款通过 GB/T 25661 的本部分的引用而成为本部分的条款。凡是注日期的引用文件,其随后所有的修改单(不包括勘误的内容)或修订版均不适用于本部分,然而,鼓励根据本部分达成协议的各方研究是否可使用这些文件的最新版本。凡是不注日期的引用文件,其最新版本适用于本部分。

GB/T 17421.1—1998 机床检验通则 第1部分:在无负荷或精加工条件下机床的几何精度(eqv ISO 230-1:1996)

GB/T 17421.2—2000 机床检验通则 第2部分:数控轴线的定位精度和重复定位精度的确定(eqv ISO 230-2:1997)

GB/T 19660—2005 工业自动化系统与集成 机床数值控制 坐标系和运动命名(ISO 841:2001,IDT)

3 一般要求

3.1 计算单位

本部分中所有线性尺寸及相应的公差均用毫米(mm)表示;角度尺寸用度(°)表示,角度偏差及相应的公差一般用比值表示。但在有些情况下为了清晰,也用微弧度(μrad)或角秒(″)表示。其换算关系见下式:

$$0.010/1\,000 = 10\ \mu\text{ard} \approx 2''$$

3.2 执行标准

使用本部分时应按 GB/T 17421.1—1998 中第3章,尤其是机床检验前的安装、主轴和其他运动部件的空运转升温、检验方法和检验工具的推荐精度。

3.3 检验顺序

本部分规定的检验顺序并不表示实际检验顺序。为了使装拆检验工具和检验方便起见,可按任意次序进行检验。

3.4 检验项目

检验机床时,根据结构特点并不是必须检验本部分中的所有项目。为了验收目的而要求检验时,可由用户取得制造厂同意选择一些感兴趣的检验项目,但这些检验项目应在机床订货时明确提出。

3.5 检验工具

本部分所规定的检验工具仅为例子,可以使用相同指示量或具有至少相同精度的其他检验工具。指示器应具有 0.001 mm 或更高的分辨率。

3.6 几何精度检验

几何精度检验中规定了工作台最大长度为 10 000 mm 机床的允差，当机床的工作台面长度超过上述尺寸时，允差应由制造商和用户协商规定。

3.7 工作精度检验

工作精度检验应在精加工后进行。

3.8 最小公差

当实测长度与本部分规定的长度不同时，允差应根据 GB/T 17421.1—1998 中 2.3.1.1 的规定，按能够测量的长度折算。折算结果小于 0.005 mm 时，仍按 0.005 mm 计。

3.9 轴线及运动方向命名

机床的轴线及运动方向命名应符合 GB/T 19660 的规定。

机床轴线及运动方向见图 1。

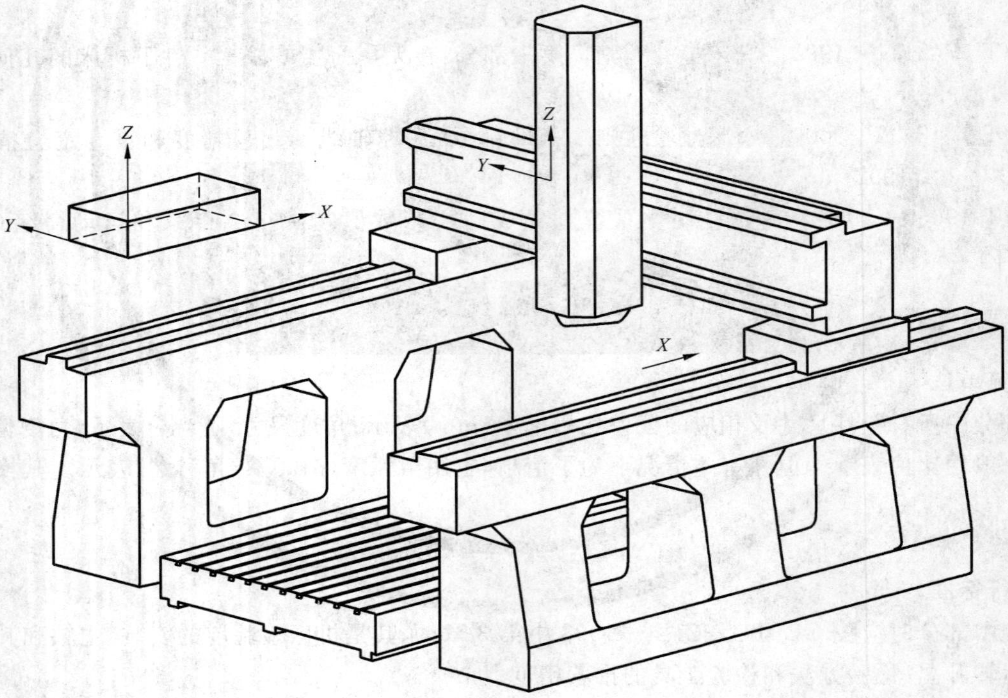

图 1

4 几何精度检验

检验项目 G1

横梁移动（X 轴线）在 XY 水平面内的直线度

简图

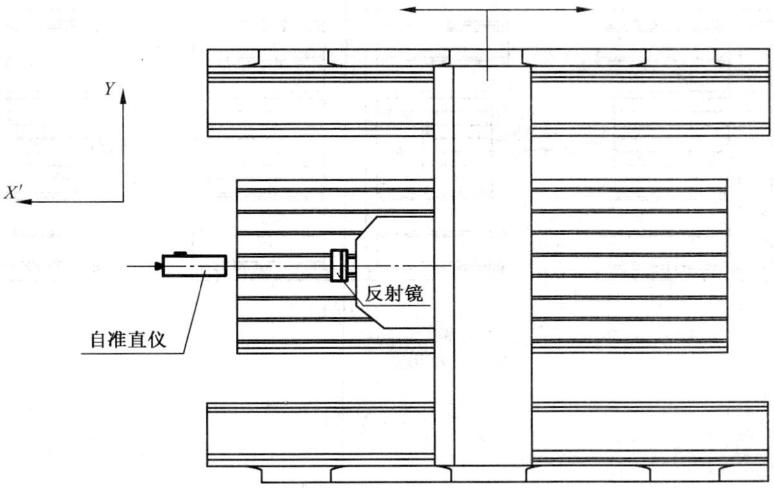

公差

2 000 测量长度内为 0.02

测量长度每增加 1 000，公差增加 0.01。

最大公差：0.10

局部公差：在任意 1 000 测量长度上为 0.01

检验工具

自准直仪、或显微镜和钢丝或其他光学仪器

检验方法（按 GB/T 17421.1—1998 的有关条文：5.2.1.2.1.2、5.2.1.2.2.2）

主轴滑枕位于 Y 向行程的中间位置，并位于 Z 向行程的下端位置。

将自准直仪的反射镜安装在主轴滑枕上的下方中间位置，横梁沿 X 方向移动。

误差以自准直仪读数的最大差值计。

局部误差以任意局部测量长度上自准直仪读数的最大差值计

检验项目 G2

横梁移动(X 轴线)的角度偏差:

a) 在 ZX 垂直平面内(俯仰);

b) 在 YZ 垂直平面内(倾斜);

c) 在 XY 水平面内(偏摆)

简图

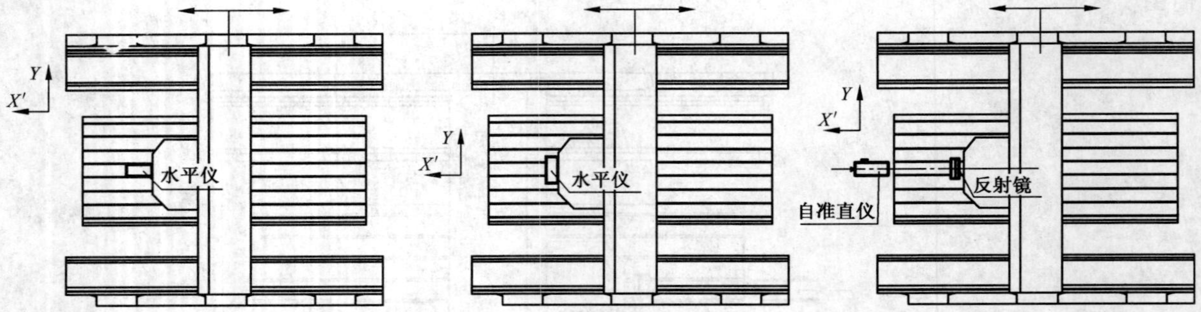

a) b) c)

公差

	a)和 c)	b)
$X \leqslant 4\ 000$	0.04/1 000	0.02/1 000
$X > 4\ 000$	0.06/1 000	0.02/1 000

局部公差:在任意 1 000 测量长度上为 0.02/1 000

检验工具

精密水平仪、专用工装、自准直仪

检验方法(按 GB/T 17421.1—1998 的有关条文:5.2.3.1.3、5.2.3.2.2)

主轴滑枕位于 Y 向行程的中间位置,并位于 Z 向行程的下端位置。

a) 将精密水平仪沿 X 轴线方向放置在主轴滑枕的专用工装上;

b) 将精密水平仪沿 Y 轴线方向放置在主轴滑枕的专用工装上;

c) 将反射镜装在主轴上,沿 Z 轴线方向,自准直仪水平放置。

沿 X 轴线移动横梁,在全行程等距离的五个位置上检验。

应在每个位置的两个运动方向测取读数。误差以精密水平仪或光学仪器读数值的最大代数差值计。

当墙体与工作台相连,测量 a)、b)项时,在工作台中间位置上放一基准水平仪,误差以各个位置测量水平仪与基准水平仪之差中的最大差值减最小差值计

检验项目	G3

检验项目

滑座横向移动(*Y* 轴线)的直线度：

a) 在 *XY* 水平面内；

b) 在 *YZ* 垂直平面内

简图

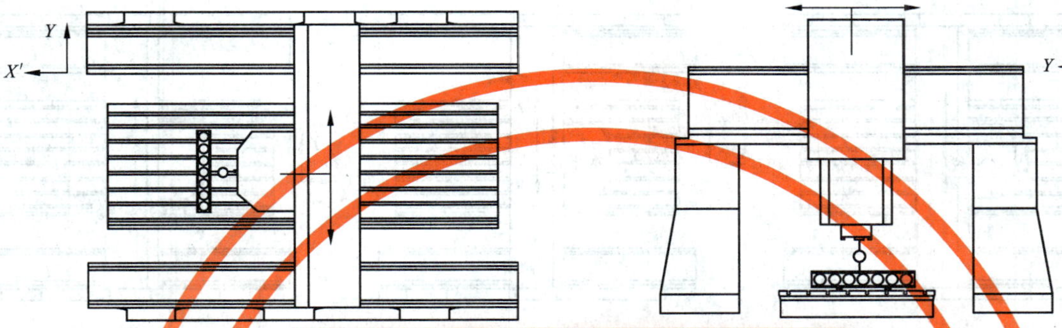

a) b)

公差

a)和 b)

1 000 测量长度内为 0.02

测量长度每增加 1 000,公差增加 0.01

最大公差:0.04

局部公差:在任意 500 测量长度上为 0.01

检验工具

平尺、指示器、可调量块

检验方法(按 GB/T 17421.1—1998 的有关条文:5.2.1.2.1.1.2、5.2.1.2.1.1.1)

横梁位于 *X* 向行程的中间位置。

平尺平行于 *Y* 轴线移动方向放置在工作台中间位置:a)在 *XY* 水平面内;b)在 *YZ* 垂直平面内,在主轴滑枕上固定指示器,使其测头触及平尺检验面,并使指示器在平尺两端的读数相等。*Y* 向移动主轴滑枕进行检验。

a)、b)误差分别计算,误差以指示器读数的最大差值计。

局部误差以任意局部测量长度上指示器读数的最大差值计

检验项目 G4

滑座横向移动(*Y* 轴线)的角度偏差：

a) 在 *YZ* 垂直平面内(俯仰)；

b) 在 *ZX* 垂直平面内(倾斜)；

c) 在 *XY* 水平面内(偏摆)

简图

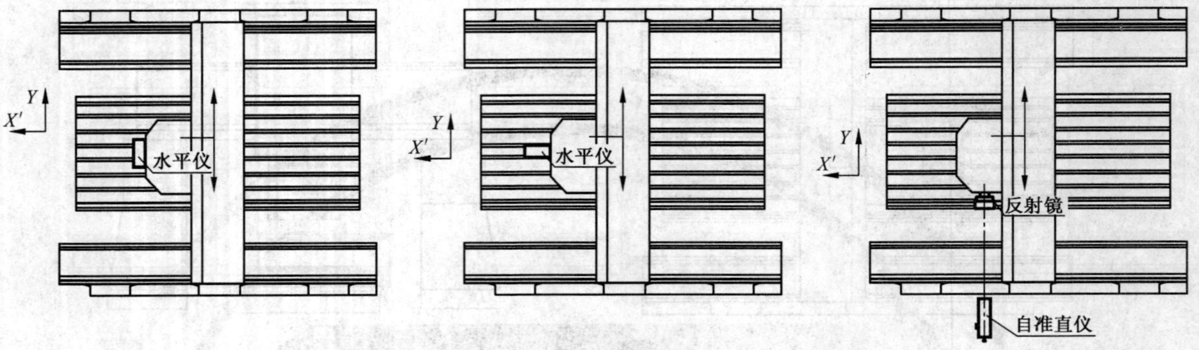

a) b) c)

公差

a)、b)和 c)

0.04/1 000

局部公差：在任意 300 测量长度上为 0.02/1 000

检验工具

精密水平仪、专用工装、自准直仪

检验方法(按 GB/T 17421.1—1998 的有关条文：5.2.3.1.3、5.2.3.2.2)

横梁位于 *X* 向行程的中间位置，并位于 *Z* 向行程的下端位置。

a) 将精密水平仪沿 *Y* 轴线方向放置在主轴滑枕的专用工装上；

b) 将精密水平仪沿 *X* 轴线方向放置在主轴滑枕的专用工装上；

c) 将反射镜装在主轴上，沿 *Y* 轴线方向，自准直仪水平放置。

沿 *Y* 轴线移动滑座，在全行程等距离的五个位置上检验。

应在每个位置的两个运动方向测取读数。误差以精密水平仪、光学仪器读数值的最大代数差值计。

当墙体与工作台相连，测量 a)、b)项时，在工作台中间位置上放一基准水平仪，误差以各个位置测量水平仪与基准水平仪之差中的最大差值减最小差值计

检验项目 G5

主轴滑枕垂向移动(*Z* 轴线)的直线度:

a) 在 *YZ* 垂直平面内;

b) 在 *XZ* 垂直平面内

简图

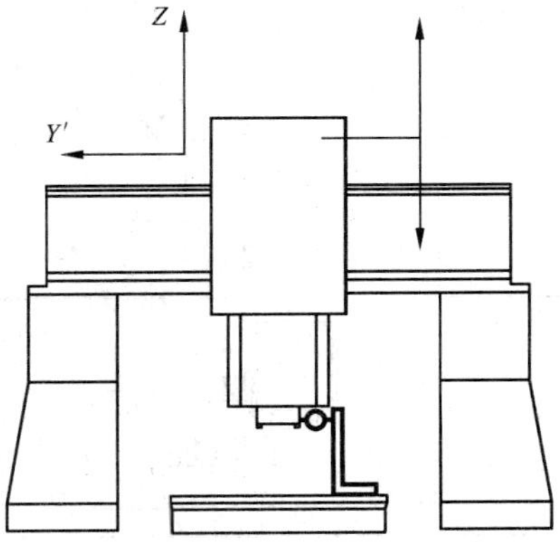

a)

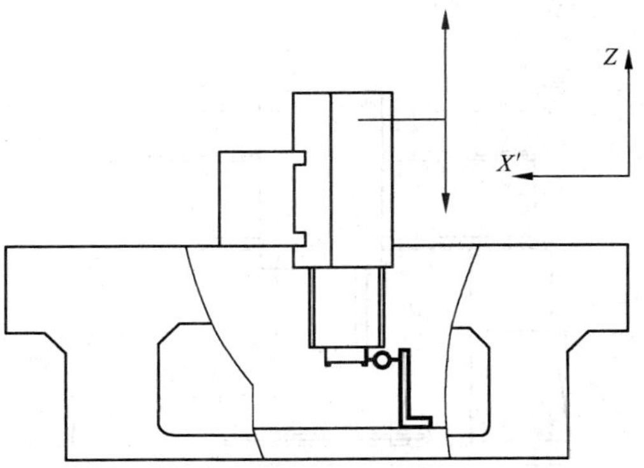

b)

公差

a)和 b)

1 000 测量长度内为 0.01

测量长度每增加 1 000,公差增加 0.01

局部公差:在任意 200 测量长度上为 0.006

检验工具

指示器、角尺

检验方法(按 GB/T 17421.1—1998 的有关条文:5.2.3.2.1.1)

横梁位于 *X* 向行程的中间位置、主轴箱位于 *Y* 向行程的中间位置。

用角尺的垂直边代替平尺,在工作上放置角尺,将指示器固定在主轴上:a)在 *YZ* 垂直面内;b)在 *XZ* 垂直平面内,使其测头触及角尺表面,并使其在角尺的两端读数相等。垂向移动主轴滑枕进行检验。

a)、b)误差分别计算,误差以读数的最大差值计

检验项目 G6

主轴滑枕垂向运动(Z 轴线)的角度偏差:

a) 在 YZ 垂直平面内;

b) 在 XZ 垂直平面内

简图

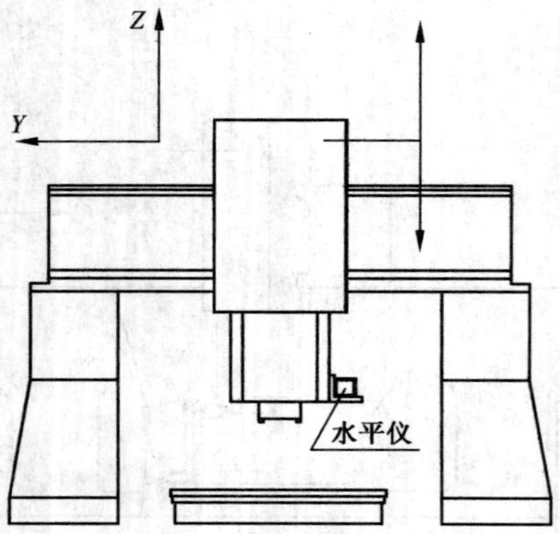

a)

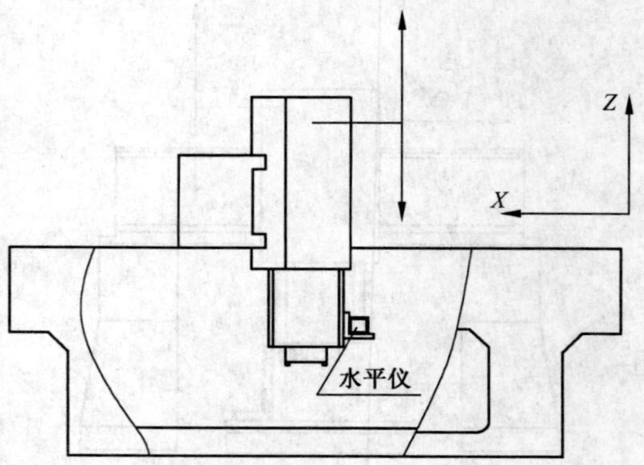

b)

公差

a)和 b)

0.04/1 000

局部公差:在任意 300 测量长度上为 0.02/1 000

检验工具

精密水平仪、专用工装

检验方法(按 GB/T 17421.1—1998 的有关条文:5.2.3.2.2.1)

横梁位于 X 向行程的中间位置、主轴滑枕位于 Y 向行程的中间位置。

a) 将精密水平仪沿 Y 轴线方向放置在主轴滑枕的专用工装上;

b) 将精密水平仪沿 X 轴线方向放置在主轴滑枕的专用工装上;

沿 Z 轴线移动滑枕,在全行程等距离的五个位置上检验。

应在每个位置的两个运动方向测取读数。误差以精密水平仪或光学仪器读数值的最大代数差值计。

当墙体与工作台相连,测量 a)、b)项时,在工作台上放一基准水平仪,误差以各个位置测量水平仪与基准水平仪之差中的最大差值减最小差值计

检验项目	G7
滑座横向移动(Y 轴线)对横梁纵向移动(X 轴线)的垂直度	

简图

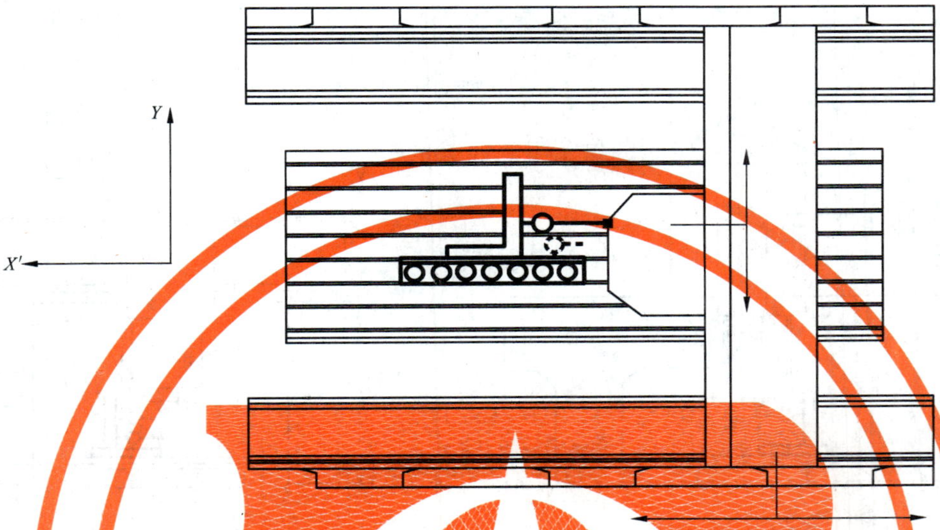

公差

0.03/1 000

检验工具

指示器、平尺、角尺

检验方法(按 GB/T 17421.1—1998 的有关条文:5.5.2.2.4)

滑枕位于 Z 行程的中间位置。

指示器放在铣头上。平尺水平放置在工作台上,并平行于横梁移动方向(X 轴线)。

将角尺的一边紧贴平尺放置,并使指示器测头触及角尺的另一边。沿测量长度移动滑座。至少在五个等距离的位置测取读数,并记录读数的最大差值。

为使测量更精确,将角尺回转 180°,重复上述检验。

计算每个测点读数的平均值,并记录最大差值。

如果工作台宽度超过 2 000 mm,应沿工作台宽度在不同位置处重复检验。

在 X 行程两端和中间三个位置上进行测量。以三个最大差值中的最大值作为垂直度偏差

检验项目	G8

检验项目

主轴滑枕垂直移动(Z 轴线)对:

a) 横梁移动(X 轴线)的垂直度;

b) 滑座移动(Y 轴线)的垂直度

简图

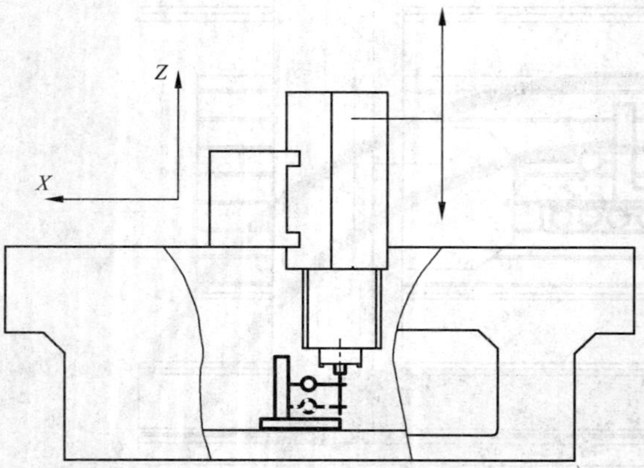

a)

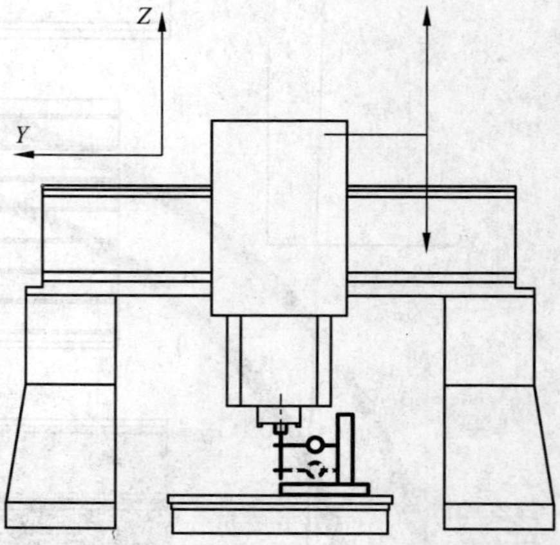

b)

公差

a)及 b)

0.02/500

检验工具

指示器、平板、圆柱角尺

检验方法(按 GB/T 17421.1—1998 的有关条文:5.5.2.2.4)

横梁位于 X 行程的中间位置。

在工作台面放一平板,移动横梁、主轴滑枕,使其平板顶面 a)平行于 X 向,b)平行于 Y 向。在平板的中央位置放一圆柱角尺,在主轴的端面固定指示器,使其测头触及圆柱角尺的检验面,垂直移动主轴滑枕检验。

将圆柱角尺回转 180°,再检验一次。

a)、b)误差分别计算,误差以两次测量结果的代数和之半计。

工作台宽度大于等于 2 000 mm 时,滑枕在 Y 向行程的中间位置和两极限位置处进行检验。以三个最大差值中的最大值作为垂直度偏差

G9

检验项目

工作台面的平面度

简图

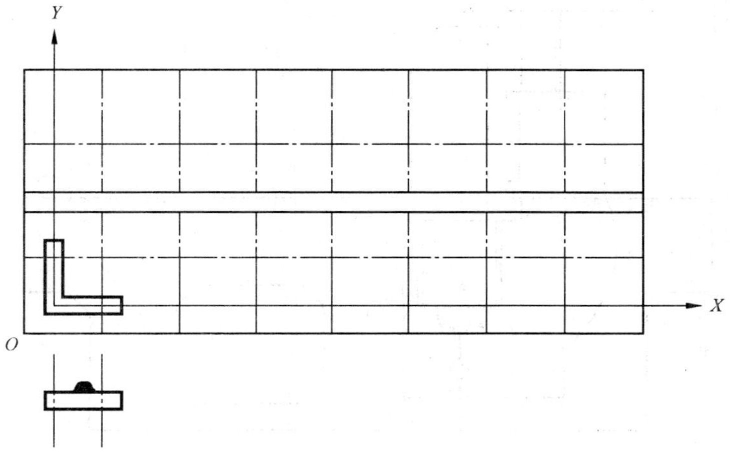

公差

$X \leqslant 10\ 000$

任意 1 000 测量长度内为 0.02

测量长度每增加 1 000,公差增加 0.01

最大公差:0.10

检验工具

精密水平仪、桥板或其他光学仪器

检验方法(按 GB/T 17421.1—1998 的有关条文:5.3.2.3.1 和 5.3.2.4.1)

将精密水平仪和桥板放置在工作台上,沿 *O-X* 和 *O-Y* 方向,在间距为 500 mm 的不同位置处进行测量,并测取读数。

也可用 G10 和 G11 的检验方法进行平面度检验

G10

检验项目

横梁移动(*X* 轴线)对工作台面的平行度

简图

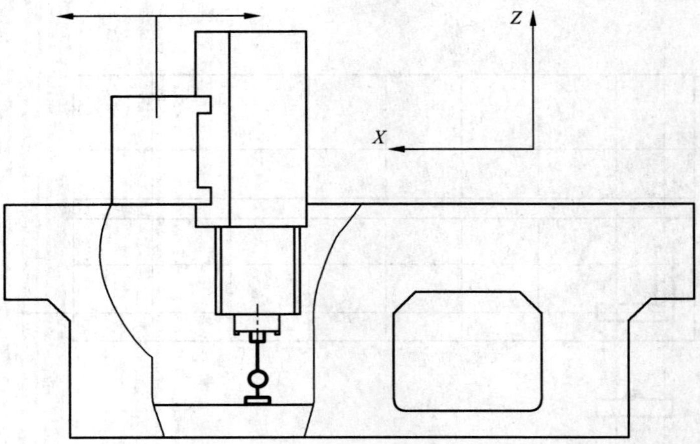

公差

2 000 测量长度内为 0.02

测量长度每增加 1 000,公差增加 0.005

最大允差:0.05

局部公差:在任意 1 000 测量长度上为:0.01

检验工具

指示器、量块

检验方法(按 GB/T 17421.1—1998 的有关条文:5.4.2.2.2.1)

在主轴上且靠近主轴处固定指示器,指示器测头应垂直触及工作台面或量块表面。

滑枕位于 *Z* 向行程的中间位置和 *Y* 向行程的中间位置。沿 *X* 方向移动横梁,在全行程上检验。并记录指示器读数的最大差值。

将滑枕置于中间位置对称的其他两个位置(即靠近工作台两侧边缘处)重复上述检验。同样记录指示器读数的最大差值。

误差以指示器读数的最大差值计,以三个最大差值中的最大值作为平行度误差。

局部误差以任意局部测量长度上指示器读数的最大差值计

检验项目	G11
滑座横向移动(*Y* 轴线)对工作台面的平行度	

简图

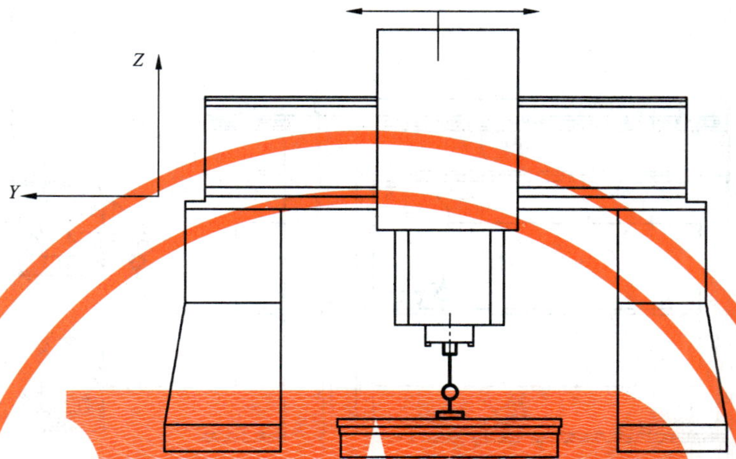

公差

2 000 测量长度内为 0.020
测量长度每增加 1 000,公差增加 0.005
局部公差:在任意 1 000 测量长度上为 0.010

检验工具

指示器、平尺、等高量块

检验方法(按 GB/T 17421.1—1998 的有关条文:5.4.2.2.2.1)

在主轴上且靠近主轴处固定指示器,指示器测头应垂直触及工作台面或量块表面。

滑枕位于 *Z* 向行程的中间位置,横梁位于 *X* 向于行程的中间位置。沿 *Y* 方向移动滑座,在全行程上检验。并记录指示器读数的最大差值。

将横梁置于中间位置及对称的其他两个位置重复上述检验。同样记录指示器读数的最大差值。

误差以三个最大差值中的最大值计。

局部误差以任意局部测量长度上指示器读数的最大差值计

G12

检验项目

基准T型槽对横梁移动(X轴线)的平行度

简图

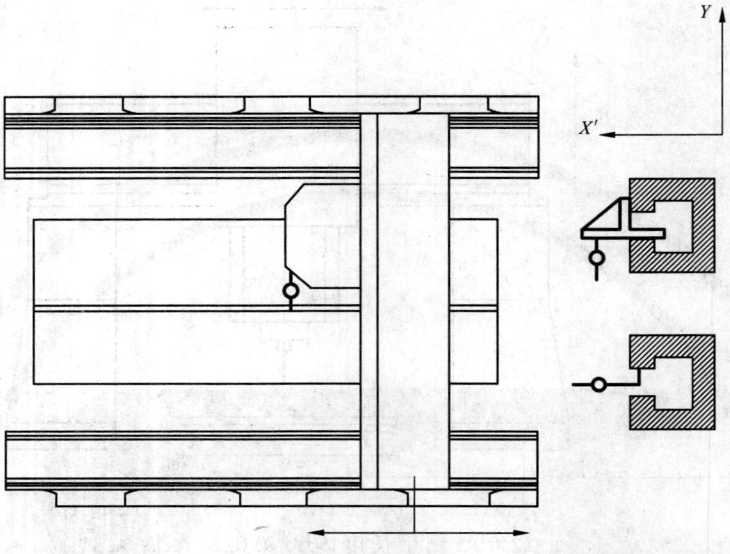

公差

2 000测量长度内为0.03

测量长度每增加1 000,公差增加0.01

最大公差:0.10

局部公差:在任意1 000测量长度上为0.02

检验工具

指示器、T形角尺

检验方法(按GB/T 17421.1—1998的有关条文:5.4.2.2.2)

在主轴滑枕上固定指示器,使其测头触及基准T形槽的测面或专用尺的检验面上。移动横梁,在全行程上检验。

误差以指示器读数的最大差值计。

局部误差以任意局部测量长度上指示器读数的最大差值计。

基准T形槽的两个侧面均需检验

检验项目	G13

检验项目

主轴锥孔轴线的径向跳动：

a） 靠近主轴端部；

b） 距主轴端部 300 mm 处

简图

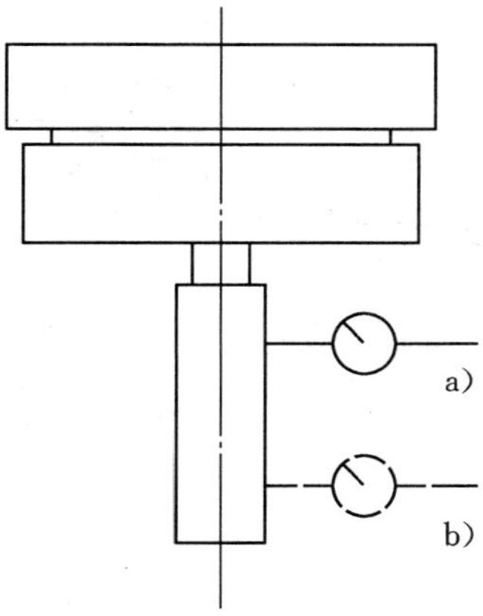

公差

$D \leqslant 200$　　a） 0.010　　b） 0.020

$D > 200$　　a） 0.015　　b） 0.030

D 为定心轴颈的直径

检验工具

指示器、检验棒

检验方法（按 GB/T 17421.1—1998 的有关条文：5.6.1.2.3）

在主轴锥孔内插入一检验棒。固定指示器，使其测头触及检验棒表面：

a） 靠近主轴端部；

b） 距主轴端部 300 mm 处。旋转主轴检验。

拔出检验棒，旋转 90°，重新插入，再依次检验三次。

a)、b)误差分别计算，误差以四次测量结果的平均值计

检验项目	G14

检验项目

a) 定心轴径的径向跳动；

b) 端面跳动(包括周期性轴向窜动)；

c) 周期性轴向窜动

简图

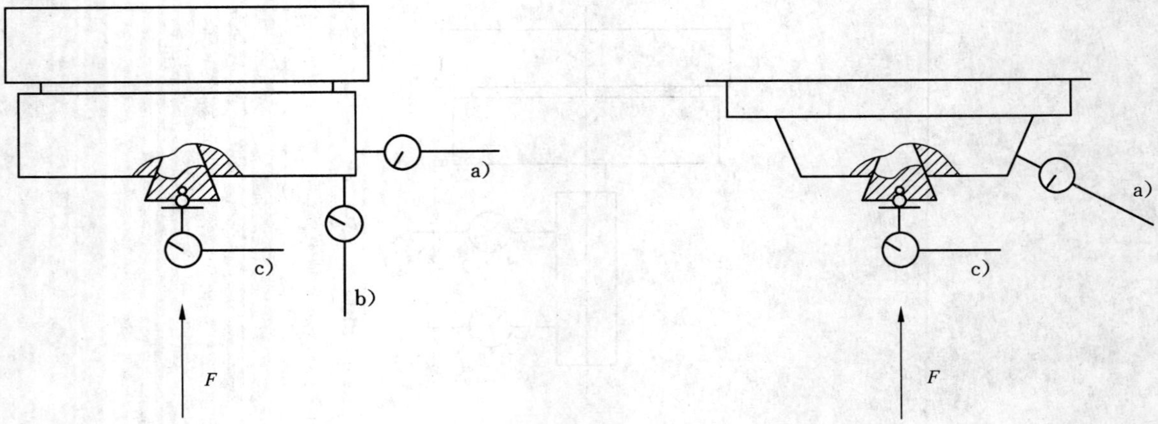

公差

D≤200	a)	0.010	b)	0.015	c)	0.010
D>200	a)	0.015	b)	0.020	c)	0.015

D 为定心轴颈的直径

检验工具

指示器、专用检验棒、钢球

检验方法(按 GB/T 17421.1—1998 的有关条文：5.6.1.2.2、5.6.3.2、5.6.2.2.1 和 5.6.2.2.2)

在铣头上或机床的固定部件上固定指示器，使其测头分别触及：a)主轴定心轴颈表面；b)主轴端面靠近边缘处；c)插入主轴锥孔的专用检验棒的钢球表面。旋转主轴检验。

a)、b)、c)误差分别计算。误差以指示器读数的最大差值计。

b)、c)项检验时，应通过主轴轴线施加一个由制造厂规定的轴向力 F(对已消除轴向游隙的主轴，可不加力)

检验项目 G15

主轴旋转轴线对：

a） 横梁沿 X 轴线移动的垂直度；

b） 滑座沿 Y 轴线移动的垂直度

简图

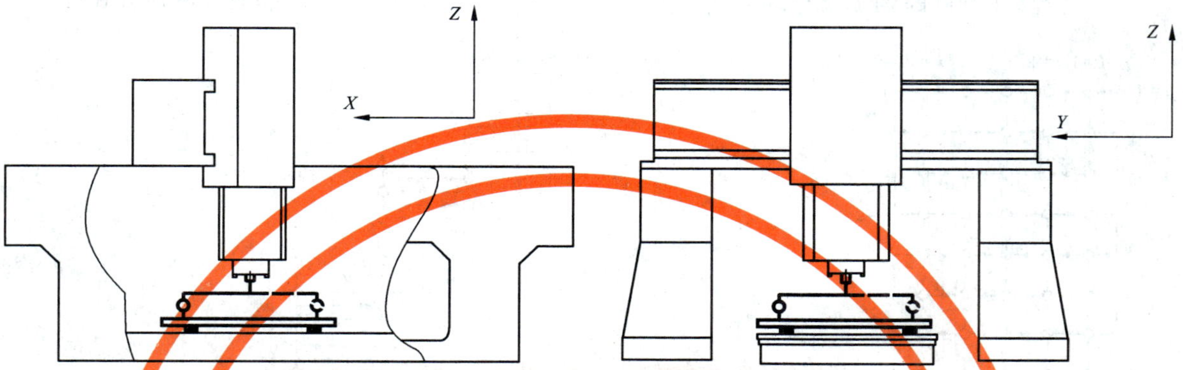

a)　　　　　　　　　　　　　　　　b)

公差

a)及 b)

0.04/1 000

检验工具

指示器、专用检具、可调量块、平尺或平板

检验方法(按 GB/T 17421.1—1998 的有关条文:5.5.1.2.5.2)

横梁位于其行程的中间位置。

滑座位于横梁的中间位置。

在工作台面上放一平板，沿 X 轴线移动横梁和 Y 轴线移动滑座，使其平行于 X 轴线和 Y 轴线方向。或在工作台面上放可调量块，分别沿 X 方向和 Y 方向放一平尺，没 X 方向移动横梁和 Y 方向移动滑座，使其平行于 X 和 Y 轴线方向。将指示器和专用检具固定在主轴上，使其指示器的测头触及平板或平尺的检验面，测取读数。回转主轴 180°，再测取读数。

将横梁置于与中间位置对称的其他两个位置重复上述检验。同样记录指示器读数的最大差值。

a)、b)误差分别计算，误差以指示器读数的最大差值计

5 定位精度检验

检验项目 P1

线性轴线的定位精度

简图

行程≤6 000 时的测量循环方式

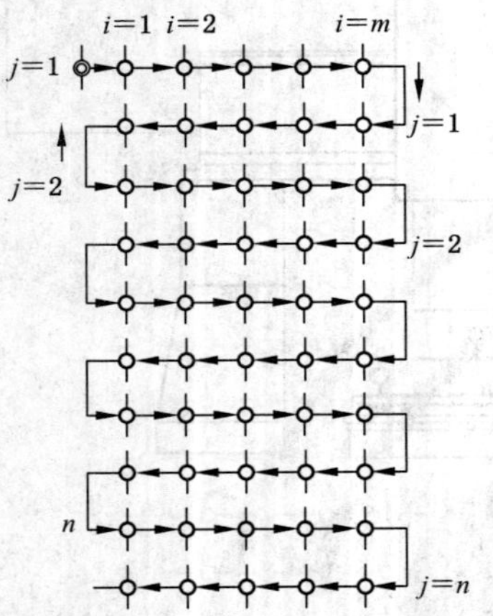

行程>6 000 时的测量循环方式

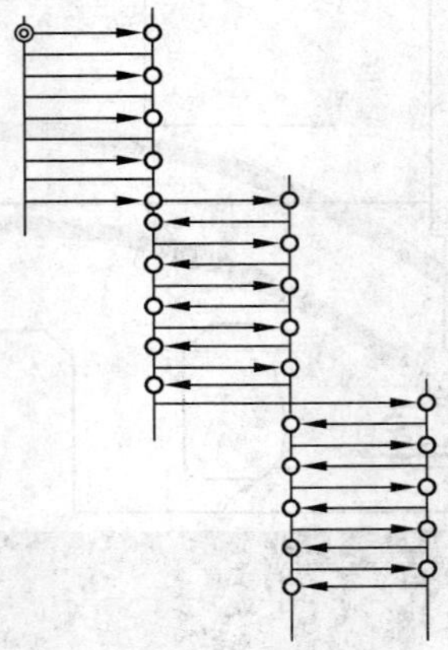

公差		测量长度		
		≤500	≤1 000	≤2 000
轴线行程至 2 000 mm				
轴线双向定位精度	*A*	0.020	0.025	0.032
轴线双向重复定位精度	*R*	0.012	0.015	0.018
轴线反向差值	*B*	0.010	0.013	0.016
轴线双向定位系统偏差	*E*	0.016	0.020	0.025
轴线双向平均位置偏差	*M*	0.010	0.013	0.016
轴线行程大于 2 000 mm				
轴线反向差值	*B*	0.016+(测量长度每增加 1 000,公差增加 0.003)		
轴线双向定位系统偏差	*E*	0.025+(测量长度每增加 1 000,公差增加 0.005)		
轴线双向平均位置偏差	*M*	0.016+(测量长度每增加 1 000,公差增加 0.003)		

检验工具

线性标尺或激光测量装置

检验方法(按 GB/T 17421.1—2000 的有关条文:第 3 章、第 4 章和第 7 章)

非检测轴线上的运动部件置于其行程的中间位置。

每个线性轴线均应检验

6 工作精度检验

检验性质　　　　M1

沿 X 轴方向，对 B 面进行精铣，接刀处重叠 5 mm～10 mm

简图

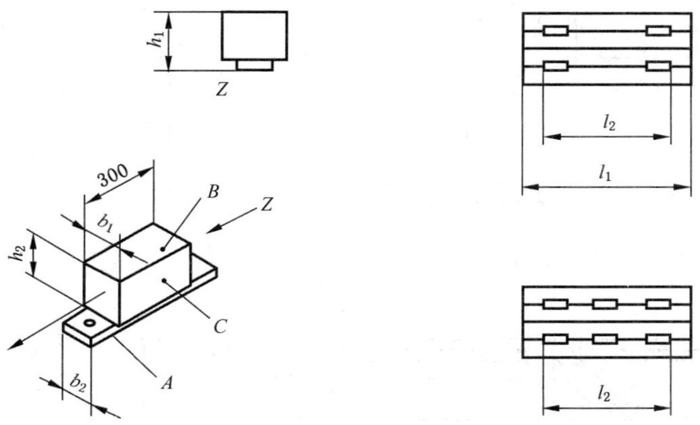

$b_1 = h_1 = 150$ mm

$b_2 = h_2 = 110$ mm

l_1——工作台面长度；

l_2——试件安装总长度；

$l_1 - l_2 = 600$ mm

工作台长度小于等于 2 000 mm 时，铣削 4 个试件。

当工作台长度大于 2 000 mm 时，可如简图所示放置 6 个（或 8 个）试件。

试件材料：铸铁。

序号	检验项目	公　差	检验工具	说　明 参照 GB/T 17421.1—1998 的有关条文：3.1、3.2.2、4.1、4.2、5.3.2.1 和 5.4.1.2.2
a)	每个试件 B 面的平面度	0.02	平尺和量块或指示器 平板和测微计	试切前：确保 A 面平直； ——试件平行于横梁移动方向（X 轴线）放置； ——铣刀安装推荐采用下列要求： 1）径向跳动≤0.02； 2）端面跳动≤0.03
b)	试件高度 h_1 应等高	1 个试件或 $l_2 \leqslant 2\ 000$　　0.03 $2\ 000 < l_2 \leqslant 5\ 000$　　0.05 $5\ 000 < l_2 \leqslant 10\ 000$　　0.08		

切削条件

应使用装在垂直铣头主轴上的端铣刀或镶齿铣刀进行加工。

其他切削条件（刀具材质和规格、切削速度和进给率）应由供应商/制造商规定。

试所有试件应具有相同的硬度

检验性质	M2

检验性质

a） 通镗位于试件中心直径为 50 mm 的孔；

b） 加工边长为 500 mm 的外正方形；

c） 加工位于正四方形之上边长为 300 mm 的菱形(倾斜 60°的正方形)；

d） 加工位于菱形之上直径为 280 mm 的圆；

e） 镗削直径为 43 mm 的四个孔和直径为 45 mm 的四个孔；加工时，直径为 43 mm 的孔沿轴线正向趋进，直径为 45 mm 的孔沿轴线负向趋进

简图

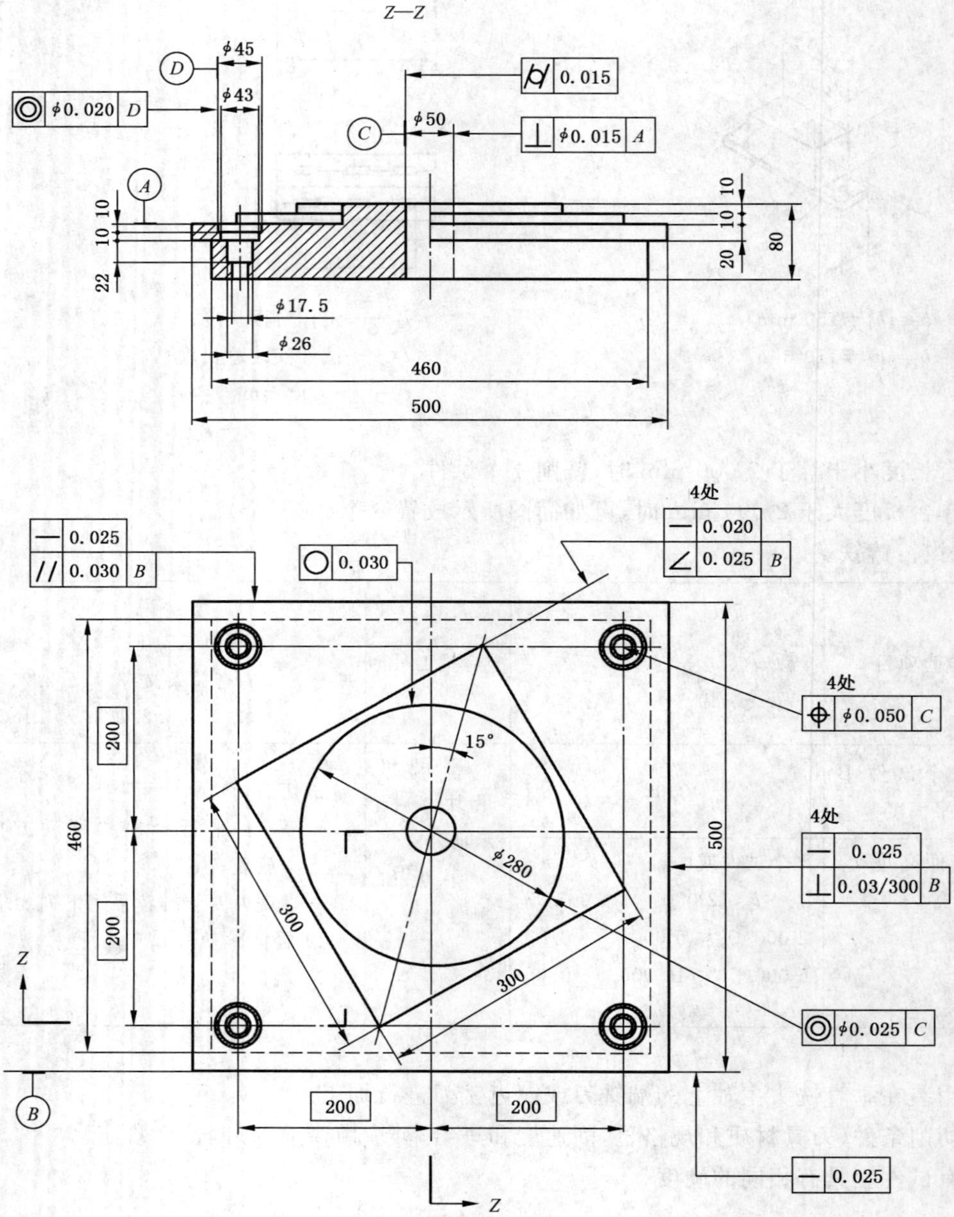

试件材料：铸铁或铸铝

注：试件被重新使用时，其特征尺寸应保持在上图中所给出的特征尺寸的±10%以内

检验项目	公差	检验工具
中心孔 a) 圆柱度 b) 孔中心轴线与基面 A 的垂直度	 a) 0.015 b) ϕ0.015	 a) 坐标测量机 b) 坐标测量机
正四方形 c) 侧面的直线度 d) 相邻面与基面 B 的垂直度 e) 相对面对基面 B 的平行度	 c) 0.025 d) 0.03/300 e) 0.03	 c) 坐标测量机或平尺和指示器 d) 坐标测量机或角尺和指示器 e) 坐标测量机或高度规或指示器
菱形 f) 侧面的直线度 g) 侧面对基面 B 的倾斜度	 f) 0.020 g) 0.025	 f) 坐标测量机或平尺和指示器 g) 坐标测量机或正弦规和指示器
圆 h) 圆度 i) 外圆和内圆孔 C 的同轴度	 h) 0.03 i) ϕ0.025	 h) 坐标测量机或指示器或圆度测量仪 i) 坐标测量机或指示器或圆度测量仪
镗孔 j) 内孔对外孔 D 的同心度 k) 孔相对于内孔 C 的位置度	 j) ϕ0.020 k) ϕ0.050	 j) 坐标测量机或圆度测量仪 k) 坐标测量机

说明

1) 如果条件允许，可将试件放在坐标测量机上进行测量。

2) 对直边(正四方形、菱形和斜面)而言，为获得直线度，垂直度和平行度的偏差，测头至少在10点处触及被测表面。

3) 对于圆度(或圆柱度)检验，如果测量为非连续性的，则至少检验15个点(圆柱度在每个测量平面内)

切削条件

切削参数(推荐)

a) 刀具直径：用直径为32 mm的同一把立铣刀加工轮廓加工试件的所有表面；

b) 刀具材料：硬质合金；

c) 切削速度：铸铁约为90 m/min，铝件约为300 m/min；

d) 进给量：约为0.05 mm/齿～0.10 mm/齿；

e) 切削深度：铣削径向切削深度为0.2 mm

M3

检验性质

镗孔精度

沿 X、Y 轴方向进行定位精镗孔 D

简图

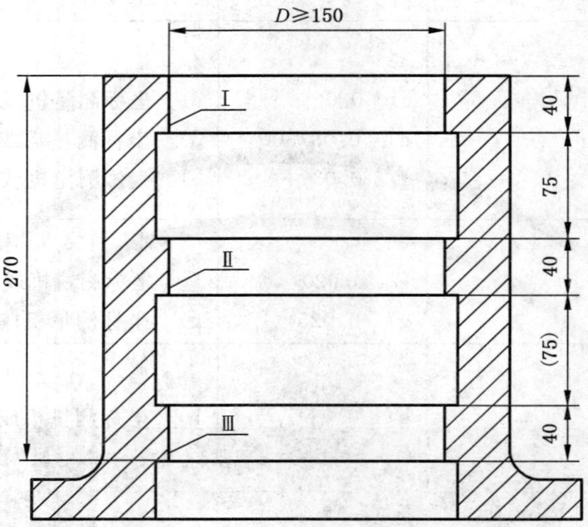

试件材料：铸铁

检验项目	公　差	检验方法 参照 GB/T 17421.1—1998 的有关条文：4.1、4.2
a)　圆度	a)　0.010	a)　分别在Ⅰ、Ⅱ、Ⅲ三处同一深度的横截面上，测出相互夹角约为45°的四个直径值。 圆度误差以每个横截面上最大直径差值之半中的最大值计。
b)　直径尺寸一致性	b)　0.024	b)　分别在相互夹角约为45°的同一轴向截面上，测出Ⅰ、Ⅱ、Ⅲ三处直径值。 直径一致性误差以每个轴向截面上最大直径差值中的最大值计

检验工具

检验棒块规或坐标测量机

切削条件

切削刀具：硬质合金镗刀。

切削深度：$t<0.2$ mm。

试件安装在工作台的中间位置

ICS 25.080.20
J 54

中华人民共和国国家标准

GB/T 25661.2—2010

高架横梁移动龙门加工中心
第2部分:技术条件

Plano-machining centres with traveling overhead cross rail—
Part 2:Specifications

2010-12-23 发布 2011-07-01 实施

中华人民共和国国家质量监督检验检疫总局
中国国家标准化管理委员会 发布

前　言

GB/T 25661《高架横梁移动龙门加工中心》分为以下两个部分：

——第1部分：精度检验；

——第2部分：技术条件。

本部分为GB/T 25661的第2部分。

本部分由中国机械工业联合会提出。

本部分由全国金属切削机床标准化技术委员会(SAC/TC 22)归口。

本部分起草单位：四川长征机床集团有限公司。

本部分主要起草人：王晓慧、徐中行、刘立新。

高架横梁移动龙门加工中心
第2部分:技术条件

1 范围

GB/T 25661 的本部分规定了高架横梁移动龙门加工中心的的设计、制造和验收要求。

本部分适用于工作台面宽度 1 000 mm～4 000 mm 一般用途的高架横梁移动龙门加工中心及数控高架横梁移动龙门铣床(以下简称"机床")。

2 规范性引用文件

下列文件中的条款通过 GB/T 25661 的本部分的引用而成为本部分的条款。凡是注日期的引用文件,其随后所有的修改单(不包括勘误的内容)或修订版均不适用于本部分,然而,鼓励根据本部分达成协议的各方研究是否可使用这些文件的最新版本。凡是不注日期的引用文件,其最新版本适用于本部分。

GB 5226.1—2008 机械电气安全 机械电气设备 第1部分:通用技术条件(IEC 60204-1:2005,IDT)

GB/T 6576—2002 机床润滑系统(ISO 5170:1977,EQV)

GB/T 7932—2003 气动系统 通用技术条件(ISO 4414:1998,IDT)

GB/T 9061—2006 金属切削机床 通用技术条件

GB 15760 金属切削机床安全防护通用技术条件

GB/T 16769—2008 金属切削机床 噪声声压级测量方法

GB/T 23570—2009 金属切削机床 焊接件通用技术条件

GB/T 23572—2009 金属切削机床 液压系统通用技术条件

GB/T 25373—2010 金属切削机床 装配通用技术条件

GB/T 25374—2010 金属切削机床 清洁度的测量方法

GB/T 25376—2010 金属切削机床 机械加工通用技术条件

GB/T 25661.1—2010 高架横梁移动龙门加工中心 第1部分:精度检验

3 一般要求

按本部分验收机床时,应同时对 GB/T 9061、GB/T 25376、GB/T 25373 等标准中未经本部分具体化的其余有关的验收项目进行检验。

4 附件和工具

4.1 为保证机床的基本性能,应随机供应下列附件和工具见表1。

表1

名 称	数 量
机床垫铁	全套
拉钉	1套
专用调整工具	1套

4.2 扩大机床使用性能的特殊附件，根据用户要求按技术协议供应。

5 安全要求

5.1 机床电气系统的安全应符合 GB 5226.1 的规定。

5.2 机床液压系统的安全应符合 GB/T 23572 的规定。

5.3 机床的安全防护除应符合 GB 15760 的有关规定外，还应符合下列要求：

a) 机床的自动拉刀机构功能应安全可靠；

b) 机床的变速、换向、停止和锁紧机构应安全可靠；

c) 直线运动轴线上的运动部件应有限位和防止碰撞的保险装置。

5.4 按 GB/T 16769 的规定测量整机的噪声，机床在空运转条件下噪声声压级不应超过 85 dB(A)。

6 加工和装配质量

6.1 墙体、工作台、横梁、主轴箱、滑座、主轴滑枕等为重要铸件(或焊接件)，应在粗加工后进行时效处理或采取其他消除内应力的措施。必要时在半精加工后再进行一次时效处理。

6.2 主轴、丝杠副、高速、重载齿轮等零、部件的易磨损部位应采取与寿命相适应的耐磨措施。

6.3 下列导轨副为重要副，应采用直线导轨、耐磨铸铁、镶钢、贴塑或高(中)频感应淬火等耐磨措施：

a) 横梁与墙体导轨副；

b) 滑座与横梁导轨副；

c) 滑座与滑枕导轨副。

6.4 重要固定结合面应紧密贴合，紧固后用 0.04 mm 塞尺检验时均不应插入。

下列结合面应按“重要固定结合面”的要求考核：

a) 滑动导轨压板的结合面；

b) 直线导轨的结合面；

c) 滚动导轨滑块与其相配件的结合面；

d) 滚珠丝杠托架的结合面；

e) 墙体与墙体的结合面(适用于对接墙体)；

f) 功能头与滑枕的结合面；

g) 工作台与工作台的结合面(适用于对接工作台)。

6.5 特别重要固定结合面应紧固贴合，除用涂色法检验外，紧固前、后用 0.03 mm 塞尺检验均不应插入(与水平面垂直的特别重要固定结合面可在紧固后检验)。

6.6 重要固定结合面和特别重要固定结合面，用塞尺检验时，允许局部(1 处～2 处)插入深度小于结合面宽度的 1/5，但不大于 5 mm；插入部位的长度小于或等于结合面长度的 1/5，但不大于 100 mm 则按 1 处计。

下列结合面应按“特别重要固定结合面”的要求考核：

a) 滚珠丝杠螺母座的结合面；

b) 镶钢导轨的结合面；

c) 进给齿轮装置的固定结合面；

d) 进给齿条的固定结合面。

6.7 下列导轨副应按“滑(滚)动导轨”的要求考核：

a) 墙体导轨副；

b) 横梁导轨副；

c) 滑枕导轨副。

6.8　滑动导轨表面除用涂色法检验外，还应用 0.04 mm 塞尺检验，塞尺在导轨、镶条、压板端部的滑动面间插入深度不应大于 25 mm。

6.9　两配合件的结合面均是刮研面，用配合件的结合面（研具）做涂色法检验时，刮研点应均匀。按规定的计算面积平均计算，在每 25 mm×25 mm 的面积内，接触点数不应少于表 2 的规定。

表 2

滑(滚)动导轨		移置导轨		镶条、压板滑动面	特别重要固定结合面
每条导轨宽度/mm					
≤250	>250	≤100	>100		
接　触　点　数					
10	8	8	6	6	6

6.10　两配合件的结合面一个是刮研面，另一个是机械加工面，用配合件的机械加工面检验刮研面的接触点数时，不应少于表 2 中规定点数的 75%。

6.11　采用机械加工方法加工的两配合件的结合面的涂色法检验时，接触应均匀，接触指标不应低于表 3 规定。

表 3

滑(滚)动导轨		移置导轨		特别重要固定结合面	
接触指标/%					
全长上	全宽上	全长上	全宽上	全长上	全宽上
75	60	65	45	65	40

6.12　多段拼接镶钢导轨的接合处宜留有 0.02 mm～0.04 mm 的缝隙。接合处导轨面的错位量应小于 0.005 mm。

6.13　镶钢导轨淬火后应进行探伤检查，不应有裂纹。

6.14　贴塑和涂层导轨与基体应贴合紧密，粘接牢固可靠，不应有缝隙和气泡；与相配导轨的接触应均匀，并应符合有关规定。导轨边缘应倒角修圆。

6.15　滚动导轨安装的基面应符合设计文件的规定。组装后运动应轻便、灵活，无阻滞现象。

6.16　滚珠丝杠副，组装后应进行多次运转，线性轴未补偿的反向间隙不应大于 0.03 mm。进给齿轮齿条传动装配时，应保证齿轮齿条的安装距离符合设计要求，组装后应进行多次运转，线性轴未补偿的反向间隙不应大于 0.10 mm。

6.17　焊接件和焊接件的质量应符合 GB/T 23570 的规定。重要焊接构件应进行探伤检查，不应有裂纹。

6.18　拉刀机构及其他重要机构所用碟形弹簧，组装后进行工作压力试验，应符合图样和技术文件规定的要求。

6.19　重要的压力油缸，组装后应按系统设计压力的 150%进行不少于 0.5 h 的保压试验，不应有渗漏现象。

6.20　高速旋转的主轴组件，装配后应做动平衡试验。

6.21　重要定位销应做涂色法检验，其接触长度不应低于工作长度的 60%。

6.22　按 GB/T 25374 规定检验机床的清洁度。一般用目测法、手感法检验，必要时采用重量法抽查。其杂质、污物限值主传动箱不应超过 400 mg/L、液压系统不应超过 100 mg/L。

6.23　机床电气系统的装配应符合 GB 5226.1 的规定。

6.24　机床液压系统的装配应符合 GB/T 23572 的规定。

6.25　机床气动系统的装配应符合 GB/T 7932 的规定。

6.26 机床润滑系统应符合 GB/T 6576 的规定。

7 机床的空运转试验

7.1 温升试验及主运动和进给运动检验

7.1.1 机床主运动机构应从最低转速起，依次运转，每级速度的运转时间不应少于 2 min，无级变速的机床，可做包括低、中、高速在内的不少于 10 种速度的运转。在最高速度运转时，时间不应少于 1 h，使主轴轴承达到稳定温度，并在靠近主轴定心轴承处测量温度和温升，其温度不应超过 60 ℃，温升不应超过 30 ℃。在各级速度运转应平稳，工作机构应正常、可靠。

7.1.2 在空运转条件下，有级传动的各级主轴转速和进给量的实际偏差，不应超过标牌指示值的－2%～＋6%（仅在型式试验时进行）；无级变速传动的主轴转速和进给量的实际偏差，不应超过设计文件的±10%。（抽查）

7.1.3 机床主传动系统的空运转功率（不包括主电动机空载功率）不应超过设计文件的规定（抽查）。

7.2 机床功能试验

7.2.1 手动功能试验

用手动或数控手动方式操作机床各部件进行试验。

7.2.1.1 对主轴连续进行不少于 5 次的锁刀、松刀和吹气的动作试验，动作应灵活、可靠、准确。

7.2.1.2 用中速连续对主轴进行 10 次的正、反转的起动、停止（包括制动）和定向操作试验，动作应灵活、可靠、准确。

7.2.1.3 无级变速的主轴至少应在低、中、高的转速范围内，有级变速的主轴应在各级转速进行变速，操作应灵活、可靠、准确。

7.2.1.4 对各轴线上的运动部件，用中等进给速度连续进行各 10 次的正向、负向的起动、停止的操作试验，并选择适当的增量进给正向、负向的操作试验，动作应灵活、可靠、准确。

7.2.1.5 对进给系统在低、中、高进给速度和快速范围内，进行不少于 10 种的变速操作试验，动作应灵活、可靠、准确。

7.2.1.6 对刀库、机械手以任选方式进行换刀试验。刀库上刀具配置应包括设计规定的最大重量、最大长度和最大直径的刀具；换刀动作应灵活、可靠、准确。机械手的承载重量和换刀时间应符合设计规定（适用于带有自动换刀装置的机床）。

7.2.1.7 对机床数字控制的各种指示灯、控制按钮、数据输出输入设备等进行空运转试验，应灵活、可靠。

7.2.1.8 对机床的安全、保险、防护装置进行必要的试验，功能灵活、可靠、准确。

7.2.1.9 对机床的液压、润滑、冷却系统进行试验，应密封可靠，冷却充分，润滑良好，动作灵活、可靠，各系统不应渗漏。

7.2.1.10 对机床的各附属装置进行试验，工作应灵活、可靠。

7.2.2 数控功能试验

用数控程序操作机床各部件进行试验。

7.2.2.1 用中速连续进行 10 次的正、反转起动、停止（包括制动）和定向的操作试验，动作应灵活、可靠。

7.2.2.2 无级变速的主轴至少在低、中、高转速范围内，有级变速的主轴在各级转速进行变速操作试验，动作应灵活、可靠。

7.2.2.3 对各轴线上的运动部件，用中等速度连续进行正、负向的起动、停止和增量进给方式的操作试验，动作应灵活、可靠、准确。

7.2.2.4 对进给系统至少进行低、中、高进给速度和快速的操作试验，动作应灵活、可靠。

7.2.2.5 对刀库总容量中包括最大重量刀具在内的每把刀具，以任选方式进行不少于 3 次的自动换刀试验,动作应灵活、可靠(适用于带有自动换刀装置的机床)。

7.2.2.6 对机床所具备的轴线联动、轴线选择、机械锁定、定位、直线及圆弧等各种插补,螺距、间隙、刀具等各种补偿,程序的暂停、急停等各种指令,有关部件、刀具的夹紧、松开以及液压、冷却、气动润滑系统的起动、停止等数控功能逐一进行试验,其功能应可靠,动作应灵活、可靠。

7.3 机床的连续空运转试验

7.3.1 连续空运转试验应在完成 7.2.1 和 7.2.2 试验之后,精度检验之前进行。

7.3.2 连续空运转试验应用包括各种主要功能在内的数控程序,操作机床各部件进行连续空运转。时间应不少于 48 h。

7.3.3 连续空运转的整个过程中,机床运转应正常、平稳、可靠,不应发生故障,否则应重新进行运转。

7.3.4 连续空运转程序中应包括下列内容:

a) 主轴速度应包括低、中、高在内的 5 种以上正转、反转停止和定位,其中高速运转时间一般不少于每个循环程序所用时间的 20%;

b) 进给速度应把各轴线上的运动部件包括低、中、高速度和快速的正向、负向组合在一起,在接近全程范围内运行,并可选任意点进行定位,运行中不允许使用倍率开关,高速进给和快速运行时间在每个循环程序所用时间为 20%~30%;

c) 刀库中各刀位上的刀具不少于 2 次的自动交换(仅适用于带有自动换刀装置的机床);

d) 各联动轴线的联动运行;

e) 各循环程序间的暂停时间不应超过 0.5 min;

f) 特殊附件的联机运转。

8 机床的负荷试验

8.1 机床应做下列负荷试验

a) 机床主传动系统最大扭矩的试验;

b) 机床最大切削抗力的试验;

c) 机床主传动系统达到最大功率的试验(抽查)。

8.2 机床主传动系统最大扭矩的试验

8.2.1 在机床主轴恒扭矩调速范围内,选择一适当的主轴转速,采用铣削方式进行试验。改变进给速度或切削深度,使机床主传动系统达到设计文件所规定的最大扭矩。

8.2.2 切削试件材料为 HT200 或 45 钢;切削刀具为端铣刀。

8.2.3 试验时,机床传动系统各元、部件和变速机构工作应正常、可靠,运转应平稳、准确。

8.3 机床最大切削抗力的试验

8.3.1 在机床主轴恒扭矩调速范围内,选择一适当的主轴转速,采用铣削方式进行试验。改变进给速度或切削深度,使机床达到设计文件所规定的最大切削抗力。

8.3.2 切削试件材料为 HT200;切削刀具为端铣刀。

8.3.3 试验时机床工作应正常,各运动机构应灵活、可靠,过载保护装置应正常、可靠。

8.4 机床主传动系统达到最大功率的试验

8.4.1 在机床主轴恒功率调速范围内,选择一适当的主轴转速,采用铣削方式进行试验,改变进给速度或切削深度,使机床达到主电动机的额定功率或设计规定的最大功率。

8.4.2 切削试件材料为 45 钢;切削刀具为端铣刀。

8.4.3 试验时,机床各部分工作应正常、可靠,无明显的颤振现象,并记录金属切除率(单位:cm^3/min)。

9 最小设定单位试验

9.1 一般要求

试验某一轴线时，其他运动部件原则上置于行程的中间位置。试验可在使用螺距误差补偿和反向间隙补偿的条件下进行。

9.2 试验方法

先以快速使直线运动轴线上的运动部件向正(或负)向移动一定距离后停止，再向同方向给出数个最小设定单位的指令，使运动部件停止在某一位置，以此位置作为基准位置。然后仍向同方向每次给出1个，共给出20个最小设定单位的指令，使运动部件连续移动、停止，并测量其在每个指令下的停止位置。从上述的最终测量位置，继续向同方向给出数个最小设定单位的指令，使运动部件移动并停止。从而再向负(或正)向给出数个最小设定单位的指令，使运动部件大约返回到上述最终的测量位置，在这些正向和负向的数个最小设定单位指令下运动部件的停止位置均不作测量。然后从上述的最终测量位置开始，仍向负(或正)向每次给出1个，共给出20个最小设定单位的指令，继续使运动部件连续移动、停止，大约返回到基准位置，测量其在每个指令下的停止位置，见图1。

注：要注意实际移动的方向。

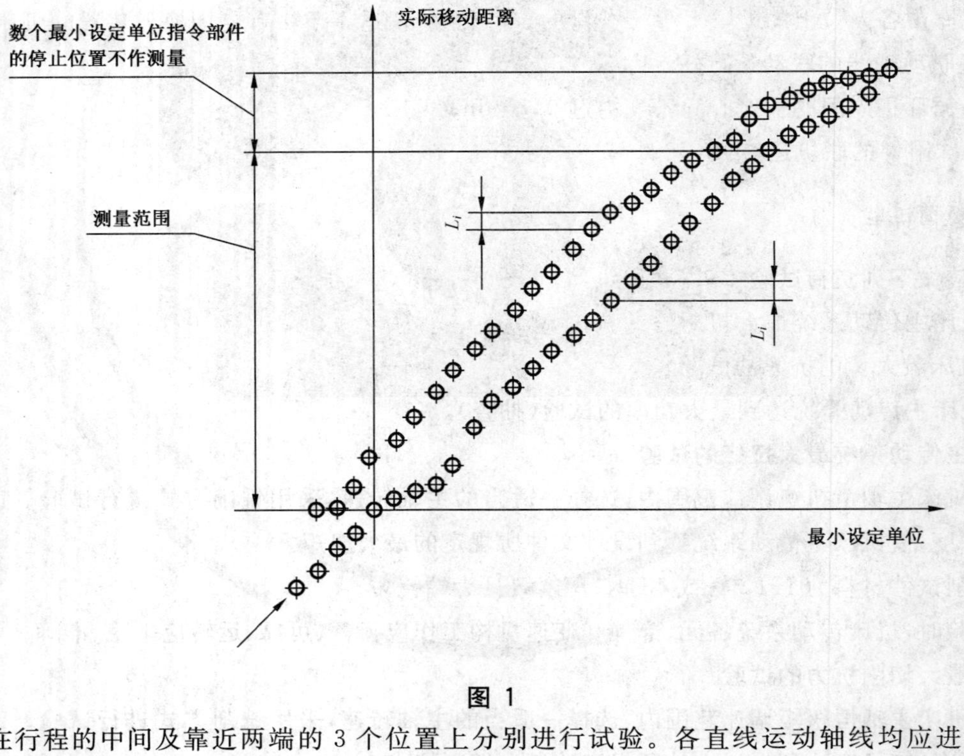

图 1

至少在行程的中间及靠近两端的3个位置上分别进行试验。各直线运动轴线均应进行试验。按9.3的规定计算误差，以3个位置上的最大误差值计。

9.3 误差计算

误差分为最小设定单位误差和最小设定单位相对误差。

9.3.1 最小设定单位误差 S_a

见式(1)。

$$S_a = |L_i - m|_{max} \quad \cdots\cdots(1)$$

式中：

S_a——最小设定单位误差，单位为毫米(mm)；

L_i——某个最小设定单位指令的实际位移值，单位为毫米(mm)；

m——一个最小设定单位指令的理论值，单位为毫米(mm)。

注：实际位移的方向如与指令的方向相反，其位移量应为负值。

9.3.2 最小设定单位相对误差 S_b

见式(2)。

$$S_b = \frac{\left| \sum_{i=1}^{20} L_i - 20m \right|_{max}}{20m} \times 100\% \quad \cdots\cdots(2)$$

式中：

S_b——最小设定单位相对误差；

$\sum_{i=1}^{20} L_i$——连续 20 个最小设定单位指令的实际位移值之和，单位为毫米(mm)。

9.4 允差

S_a：根据机床的具体情况由设计规定(推荐不大于 5 个最小设定单位)。

S_b：不应大于 25%。

9.5 检验工具

激光干涉仪。

10 原点返回试验

10.1 一般要求

试验某一轴线时，其他运动部件原则上置于行程的中间位置。试验可在使用螺距误差补偿和反向间隙补偿的条件下进行。

10.2 试验方法

分别使各直线运动轴线上的运动部件，从行程上的任意点按相同的移动方向，以快速进行 5 次返回某一设定原点 P_0 的试验。测量运动部件每次实际位置 P_{j0} 与原点理论位置 P_0 之差值，即原点返回偏差 X_{j0}(j=1、2、3、4、5)，见图 2。

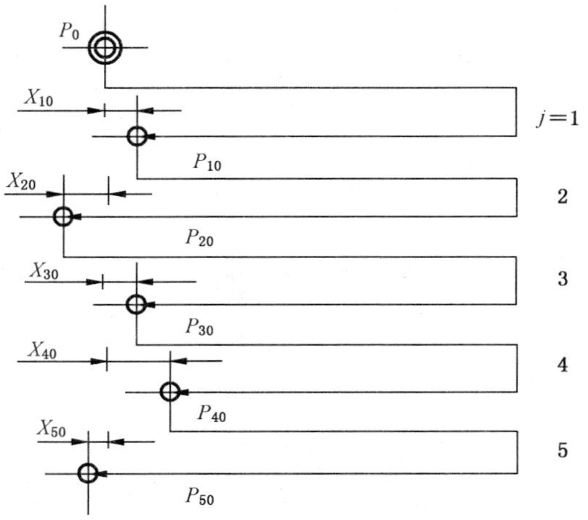

图 2

各直线运动轴线均应至少在行程的中间及靠近两端的 3 个位置上分别进行试验。按 10.3 的规定计算误差，以 3 个位置上的最大误差值计。

10.3 误差计算

原点返回误差，以在各直线运动轴线上至少 3 个位置试验中通过计算得到的原点返回偏差的最大标准不确定度的估算值的4倍计，见式(3)。

$$R_0 = 4S_0 \qquad (3)$$

式中：

R_0——原点返回误差，单位为毫米(mm)；

S_0——原点返回偏差标准不确定度的估算值，单位为毫米(mm)。

注：S_0 根据 GB/T 17421.2 的有关公式进行计算。

10.4 允差

根据机床的具体情况由设计规定(推荐 R_0 不大于重复定位精度的 1/2)。

10.5 检验工具

激光干涉仪。

11 机床的精度检验

11.1 机床的几何精度检验。按 GB/T 25661.1—2010 进行，其中 G5、G8、G13、G15 项的检验应在机床主轴达到中速稳定温度时进行。

11.2 机床的线性及回转轴线定位精度和重复定位精度检验应在负荷试验后、工作精度检验前进行。

11.3 精加工试件精度应一次交验合格。

11.4 精加工试件精度试件的铣削平面表面粗糙度 Ra 最大允许值为 3.2 μm，镗削孔表面粗糙度 Ra 最大允许值为 1.6 μm。

12 随机技术文件

12.1 机床使用说明书应随机供应2份。

12.2 当用户需要时，机床合格证明书中应附上有关定位精度检验的数据和图表。

参 考 文 献

［1］ GB/T 17421.2—2000 机床检验通则 第2部分:数控轴线的定位精度和重复定位精度的确定(eqv ISO 230-2:1997).

ICS 25.040.20
J 56

中华人民共和国国家标准

GB/T 25662—2010

数控弧齿锥齿轮铣齿机　精度检验

Numerical control spiral bevel gear milling machines—Testing of the accuracy

2010-12-23 发布　　2011-07-01 实施

中华人民共和国国家质量监督检验检疫总局
中国国家标准化管理委员会　发布

前　言

本标准由中国机械工业联合会提出。

本标准由全国金属切削机床标准化技术委员会(SAC/TC 22)归口。

本标准起草单位:天津第一机床总厂、上海第一机床厂、重庆机床(集团)有限责任公司。

本标准主要起草人:程良范、刘德全、阎发治、江明申。

数控弧齿锥齿轮铣齿机　精度检验

1　范围

本标准规定了数控弧齿锥齿轮铣齿机的几何精度和工作精度检验的要求及检验方法。

本标准适用于最大工件直径 120 mm～1 600 mm 摇台式结构的数控弧齿锥齿轮铣齿机(以下简称"机床")。

2　规范性引用文件

下列文件中的条款通过本标准的引用而成为本标准的条款。凡是注日期的引用文件,其随后所有的修改单(不包括勘误的内容)或修订版均不适用于本标准,然而,鼓励根据本标准达成协议的各方研究是否可使用这些文件的最新版本。凡是不注日期的引用文件,其最新版本适用于本标准。

GB/T 8170—2008　数值修约规则与极限数值的表示和判定

GB/T 17421.1—1998　机床检验通则　第1部分:在无负荷或精加工条件下机床的几何精度(eqv ISO 230-1:1996)

GB/T 17421.2—2000　机床检验通则　第2部分:数控轴线的定位精度和重复定位精度的确定(eqv ISO 230-2:1997)

3　一般要求

3.1　使用本标准时应按 GB/T 17421.1 的规定进行,尤其是精度检验前的安装、主轴和其他部件空运转的升温、检验方法和检验工具的精度。

3.2　按 GB/T 17421.1—1998 中 3.1 调整机床安装水平,在调整机床水平时,回转板按刻度游标置于45°位置,其他各移动部件置于行程的中间位置。在机床床鞍环形导轨上放置水平仪,水平仪在纵向和横向的读数均不应超过 0.02/1 000。

3.3　机床的几何精度检验项目的顺序并不表示实际检验顺序,检验时一般可按安装、拆卸检验工具和检验方便的要求安排实际顺序。

3.4　在用户参与验收时,本部分规定的检测项目,不总是需要全部进行检验,用户可根据需要,同制造厂协商相应的检测项目,但应在订货协议中明确。

3.5　工作精度检验时,试件的检验应在精铣后进行。

3.6　当实测长度与本标准规定的长度不同时,允差应根据 GB/T 17421.1—1998 中的 2.3.1.1 的规定按能够测量的长度折算,允差计算结果的尾数按 GB/T 8170 的规定修约,精确到 0.001 mm。

4 几何精度检验

序号	简图	检验项目	允差/mm	检验工具	检验方法 按 GB/T 17421.1—1998 的有关条款
G1	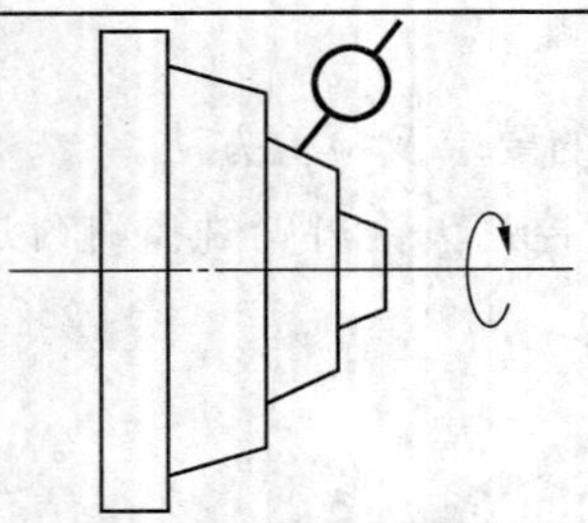	刀具主轴轴颈的径向跳动	最大工件直径 ≤200　0.004 >200～320　0.005 >320～500　0.006 >500～800　0.008 >800～1 250　0.010 >1 250　0.012	指示器	5.6.1.2.2 固定指示器，使其测头垂直地触及刀具主轴轴颈表面。旋转主轴检验。 误差以指示器读数的最大差值计。 每个轴颈表面均应检验
G2	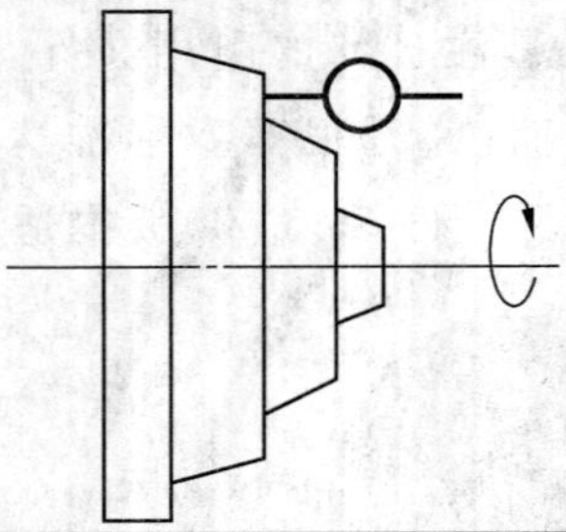	刀具主轴支承端面的端面跳动	最大工件直径 ≤200　0.003 >200～320　0.004 >320～500　0.005 >500～800　0.006 >800～1 250　0.008 >1 250　0.010	指示器	5.6.3.2 固定指示器，使其测头触及刀具主轴支承端面靠近最大直径处。旋转主轴检验。 误差以指示器读数的最大差值计。 每个支承端面均应检验
G3	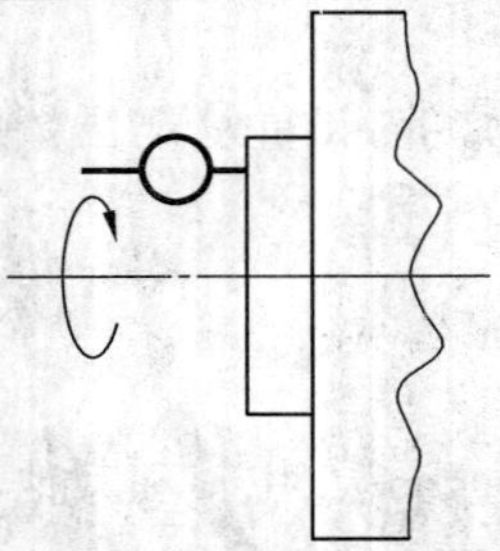	工件箱主轴的端面跳动	最大工件直径 ≤200　0.003 >200～320　0.004 >320～500　0.005 >500～800　0.006 >800～1 250　0.008 >1 250　0.010	指示器	5.6.3.2 固定指示器，使其测头触及工件箱主轴端面靠近最大直径处。旋转主轴检验。 误差以指示器读数的最大差值计
G4	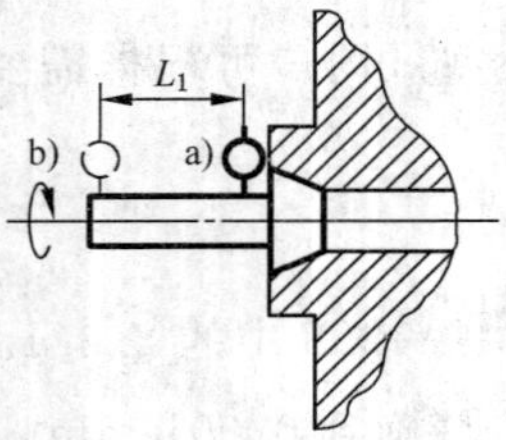	工件箱主轴锥孔轴线的径向跳动： a) 靠近主轴端处； b) 距 a)点 L_1 处	最大工件直径 ≤200　a) 0.004　b) 0.006　L_1=150 >200～320　a) 0.005　b) 0.008　L_1=150 >320～500　a) 0.006　b) 0.010　L_1=150 >500～800　a) 0.008　b) 0.012　L_1=150 >800～1 250　a) 0.008　b) 0.016　L_1=200 >1 250　a) 0.010　b) 0.025　L_1=300	检验棒、指示器	5.6.1.2.3 在工件箱主轴锥孔中插入检验棒。固定指示器，使其测头触及检验棒的圆柱面：a) 靠近主轴端处；b) 距 a)点 L_1 处。旋转主轴检验。 拔出检验棒，并相对主轴锥孔转 90°，重新插入检验棒，依次检验，共四次。 a)、b)的误差分别计算。误差以指示器四次测量结果的平均值计

序号	简　　图	检验项目	允差/mm				检验工具	检验方法 按 GB/T 17421.1—1998 的有关条款
G5	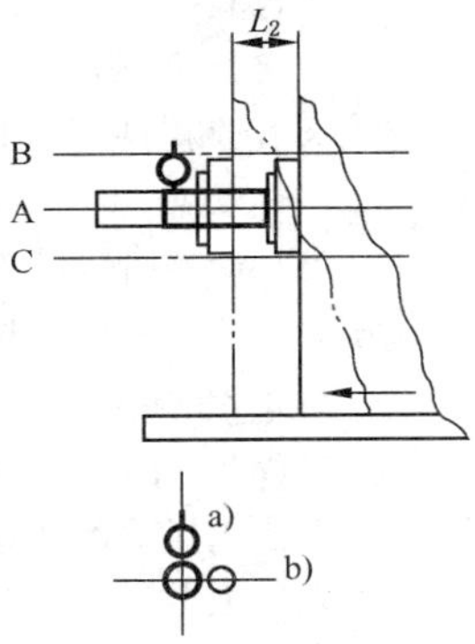	工件箱主轴轴线对工件箱纵向移动的平行度： A. 工件箱位于零位； B. 工件箱位于上极限； C. 工件箱位于下极限	最大工件直径	≤200	A	0.006	检验棒、指示器	5.4.1.2 紧固回转板，在工件箱主轴锥孔内插入检验棒。固定指示器，使其测头触及检验棒的圆柱面：a）垂直平面；b）水平平面。工件箱沿回转板导轨移动，在规定的测量长度 L_2 的两端及中间位置紧固螺钉检验。 然后，将工件箱主轴连同检验棒回转 180°，再同样测量一次。 a)、b)的误差分别计算。误差以两次测量结果的代数和之半计。 在工件箱位于 A. 零位（中间位置）；B. 上极限；C. 下极限三个高度上（紧固螺钉）分别进行检验
					B及C	0.010		
					$L_2=100$			
				>200～320	A	0.012		
					B及C	0.016		
					$L_2=200$			
				>320～500	A	0.016		
					B及C	0.020		
					$L_2=250$			
				>500～800	A	0.020		
					B及C	0.025		
					$L_2=300$			
				>800～1 250	A	0.020		
					B及C	0.030		
					$L_2=300$			
				>1 250	A	0.025		
					B及C	0.035		
					$L_2=350$			
G6	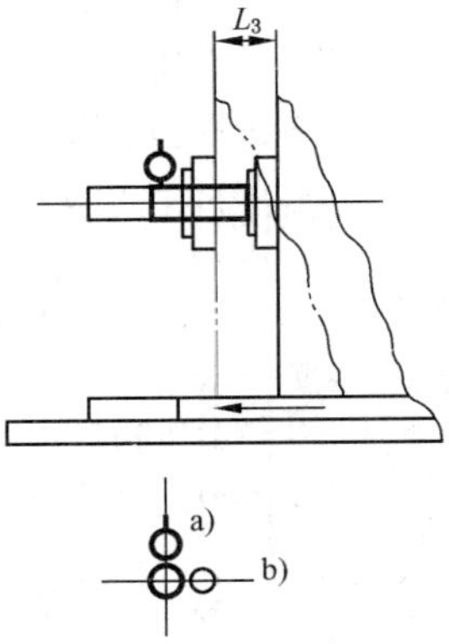	工件箱主轴轴线对床鞍（或摇台座）纵向移动的平行度	最大工件直径	≤200	0.005		检验棒、指示器	5.4.1.2 在工件箱主轴锥孔内插入检验棒。调整回转板，使检验棒侧母线与床鞍（或摇台座）纵向移动方向平行。 固定指示器，使其测头触及检验棒圆柱面：a）垂直平面；b）水平平面。沿床身导轨在规定的测量长度 L_3 上移动床鞍（或摇台座）进行检验。 然后，将工件箱主轴连同检验棒回转 180°，再同样测量一次。 a)、b)的误差分别计算。误差以两次测量结果的代数和之半计
					$L_3=50$			
				>200～320	0.008			
					$L_3=75$			
				>320～500	0.010			
					$L_3=75$			
				>500～800	0.015			
					$L_3=75$			
				>800～1 250	0.018			
					$L_3=75$			
				>1 250	0.030			
					$L_3=150$			

<table>
<tr><th>序号</th><th>简　　图</th><th>检验项目</th><th colspan="4">允差/mm</th><th>检验工具</th><th>检验方法
按 GB/T 17421.1—1998 的有关条款</th></tr>
<tr><td rowspan="15">G7</td><td rowspan="15">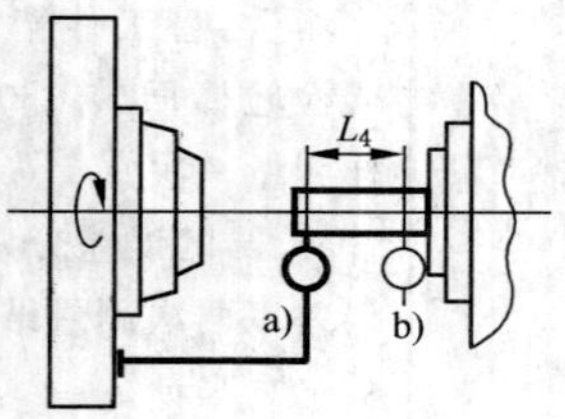</td><td rowspan="15">摇台回转轴线与工件箱主轴轴线的同轴度：
a)　机床中心处；
b)　距 a)点 L_4处</td><td rowspan="15">最大工件直径</td><td rowspan="3">≤200</td><td>a)</td><td>0.006</td><td rowspan="15">检验棒、指示器</td><td rowspan="15">5.4.4.2
回转板置于90°位置，工件箱按立柱的垂直刻度调整于零位，床鞍安置在工作位置。
在工件箱主轴锥孔内插入检验棒。在摇台端面上固定指示器，使其测头触及检验棒的圆柱面：a)机床中心处；b)距 a)点 L_4处。调整回转板及工件箱在立柱上的位置并在紧固后回转摇台进行检验。a)、b)的误差分别计算。误差以指示器读数的最大差值之半计。
然后，将工件箱主轴连同检验棒回转 180°，再同样测量一次。
误差以两次测量结果的代数和之半计</td></tr>
<tr><td>b)</td><td>0.015</td></tr>
<tr><td colspan="2">$L_4=75$</td></tr>
<tr><td rowspan="3">>200～320</td><td>a)</td><td>0.008</td></tr>
<tr><td>b)</td><td>0.030</td></tr>
<tr><td colspan="2">$L_4=150$</td></tr>
<tr><td rowspan="3">>320～500</td><td>a)</td><td>0.010</td></tr>
<tr><td>b)</td><td>0.040</td></tr>
<tr><td colspan="2">$L_4=150$</td></tr>
<tr><td rowspan="3">>500～800</td><td>a)</td><td>0.012</td></tr>
<tr><td>b)</td><td>0.050</td></tr>
<tr><td colspan="2">$L_4=150$</td></tr>
<tr><td rowspan="3">>800～1 250</td><td>a)</td><td>0.015</td></tr>
<tr><td>b)</td><td>0.060</td></tr>
<tr><td colspan="2">$L_4=200$</td></tr>
<tr><td rowspan="3">G7 (续)</td><td rowspan="3"></td><td rowspan="3"></td><td rowspan="3"></td><td rowspan="3">>1 250</td><td>a)</td><td>0.025</td><td rowspan="3"></td><td rowspan="3"></td></tr>
<tr><td>b)</td><td>0.100</td></tr>
<tr><td colspan="2">$L_4=300$</td></tr>
<tr><td rowspan="6">G8</td><td rowspan="6">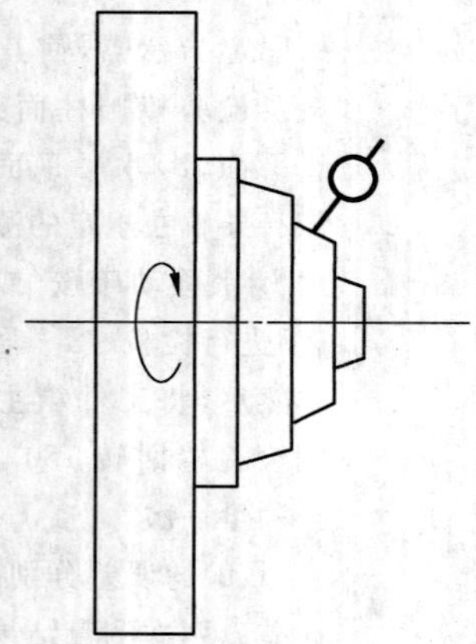</td><td rowspan="6">刀具主轴轴线和摇台轴线的同轴度</td><td rowspan="6">最大工件直径</td><td>≤200</td><td colspan="2">0.025</td><td rowspan="6">指示器</td><td rowspan="6">5.4.4.2
偏心鼓轮(或滑板)按游标刻度尺调整于零位。
固定指示器，使其测头触及刀具主轴轴颈表面上。回转摇台并调整偏心鼓轮进行检验。
误差以指示器读数的最大差值之半计</td></tr>
<tr><td>>200～320</td><td colspan="2">0.030</td></tr>
<tr><td>>320～500</td><td colspan="2">0.040</td></tr>
<tr><td>>500～800</td><td colspan="2">0.050</td></tr>
<tr><td>>800～1 250</td><td colspan="2">0.065</td></tr>
<tr><td>>1 250</td><td colspan="2">0.080</td></tr>
</table>

序号	简　　图	检验项目	允差/mm			检验工具	检验方法 按 GB/T 17421.1—1998 的有关条款
G9	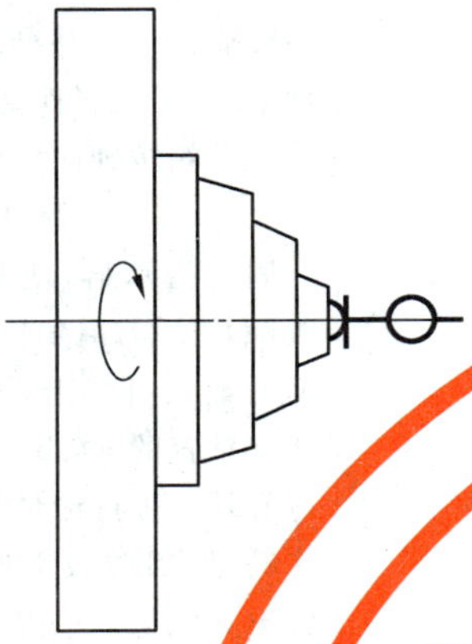	摇台的轴向窜动	最大工件直径	≤200	0.008	钢球、指示器	5.6.2.2 偏心鼓轮(或滑板)按游标刻度尺调整于零位。 在刀具主轴的中心孔中装入一检验钢球。固定指示器,使其平测头沿刀具主轴轴线方向触及钢球。回转摇台进行检验。 误差以指示器读数的最大差值计
				>200～320	0.012		
				>320～500	0.015		
				>500～800	0.020		
				>800～1 250	0.025		
				>1 250	0.030		
G10	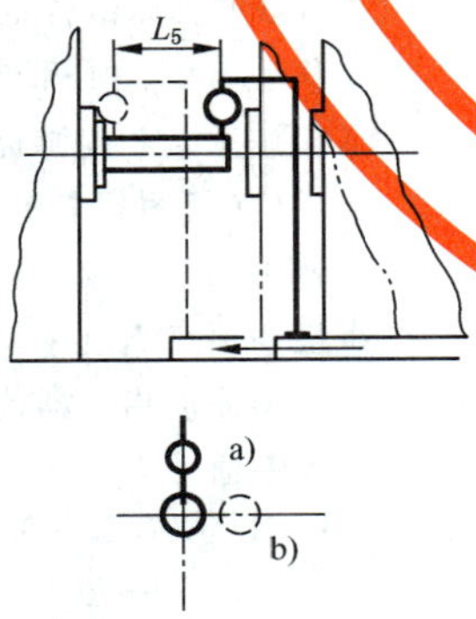	刀具主轴轴线对床鞍(或摇台座)移动的平行度	最大工件直径	≤200	0.030 $L_5=50$	检验棒、指示器	5.4.1.2 在刀具主轴支承端面上装一检验棒。使其轴线与刀具主轴轴线重合。 在床鞍上固定指示器,使其测头触及检验棒圆柱面:a)垂直平面;b)水平平面。沿床身导轨在规定的测量长度 L_5 上移动床鞍(或摇台座)进行检验。 然后,将刀具主轴连同检验棒回转 180°,再同样测量一次。 a)、b)的误差分别计算。误差以两次测量结果的代数和之半计。 偏心鼓轮在三个不同位置测量,误差以各次测得误差中的最大值计
				>200～320	0.045 $L_5=75$		
				>320～500	0.060 $L_5=75$		
				>500～800	0.080 $L_5=75$		
				>800～1 250	0.100 $L_5=75$		
				>1 250	0.200 $L_5=150$		

<table>
<tr><th>序号</th><th>简 图</th><th>检验项目</th><th colspan="4">允差/mm</th><th>检验工具</th><th>检验方法
按 GB/T 17421.1—1998
的有关条款</th></tr>
<tr><td rowspan="20">G11</td><td rowspan="20">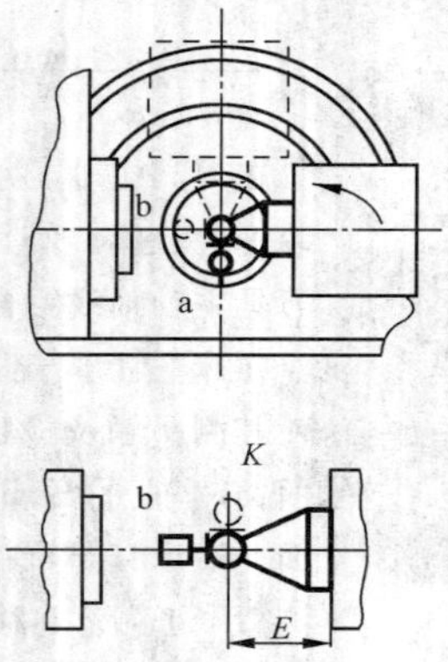</td><td rowspan="20">（1）回转板回转轴线与工件箱主轴轴线的相交度：
A. 工件箱位于零位；
B. 工件箱位于上极限；
C. 工件箱位于下极限
（2）工件箱在不同角度安装时，其主轴轴线位置的等高度</td><td rowspan="20">最大工件直径</td><td colspan="3">(1)</td><td rowspan="20">球形检验棒、指示器</td><td rowspan="20">（1）在工件箱主轴锥孔中插入一球形检验棒，使检验棒凸肩的支承面紧贴于主轴端面，检验棒凸肩支承面至圆球中心的距离为 E。
工件箱按轴向位置调整至尺寸 E，并用螺钉紧固。
固定指示器，使其平测头触及检验棒圆球水平截面的最大直径上，分别在相互垂直的 a)、b)两位置（如图示）进行测量。紧固床鞍，使回转板沿床鞍的圆形导轨从一极限位置转到另一极限位置，并分别在两极限位置及中间位置紧固回转板进行检验。
a)、b)的误差分别计算。误差以指示器读数的最大差值计。
在工件箱位于 A. 零位（中间位置）、B. 上极限、C. 下极限三个高度上（紧固螺钉）分别进行检验（A、B、C 位置见 G5 简图）。
（2）机床部件的安装和移动与（1）项相同。工件箱按垂直刻度游标安置于零位（紧固螺钉），使指示器平测头触及检验棒圆球最高顶点 K 上。
误差以指示器读数的最大差值计</td></tr>
<tr><td rowspan="2">≤200</td><td>A</td><td>0.020</td></tr>
<tr><td>B及C</td><td>0.030</td></tr>
<tr><td rowspan="2">＞200～320</td><td>A</td><td>0.030</td></tr>
<tr><td>B及C</td><td>0.050</td></tr>
<tr><td rowspan="2">＞320～500</td><td>A</td><td>0.040</td></tr>
<tr><td>B及C</td><td>0.060</td></tr>
<tr><td rowspan="2">＞500～800</td><td>A</td><td>0.050</td></tr>
<tr><td>B及C</td><td>0.080</td></tr>
<tr><td rowspan="2">＞800～1 250</td><td>A</td><td>0.060</td></tr>
<tr><td>B及C</td><td>0.090</td></tr>
<tr><td rowspan="2">＞1 250</td><td>A</td><td>0.080</td></tr>
<tr><td>B及C</td><td>0.100</td></tr>
<tr><td colspan="3">(2)</td></tr>
<tr><td colspan="2">≤200</td><td>0.020</td></tr>
<tr><td colspan="2">＞200～320</td><td>0.025</td></tr>
<tr><td colspan="2">＞320～500</td><td>0.030</td></tr>
<tr><td colspan="2">＞500～800</td><td>0.040</td></tr>
<tr><td colspan="2">＞800～1 250</td><td>0.050</td></tr>
<tr><td colspan="2">＞1 250</td><td>0.060</td></tr>
</table>

<table>
<tr><th>序号</th><th>简　　图</th><th>检验项目</th><th colspan="4">允差/mm</th><th>检验工具</th><th>检验方法
按 GB/T 17421.1—1998 的有关条款</th></tr>
<tr><td rowspan="20">G12</td><td rowspan="20">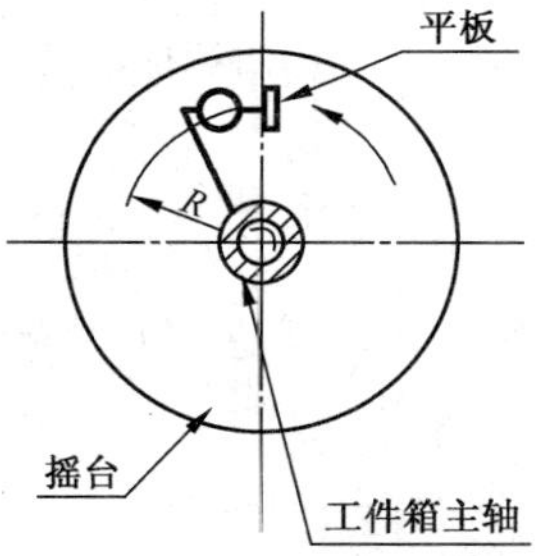</td><td rowspan="20">滚切传动精度：
(1) 同步精度
a) 指示器读数的最大差值；
b) 指示器读数的最大跳动值。
(2) 重复精度 C</td><td rowspan="20">最大工件直径</td><td colspan="3">(1)</td><td rowspan="20">指示器、平板</td><td rowspan="20">调整机床，使摇台回转轴线与工件箱主轴轴线同轴，并紧固工件箱。确定滚切传动比，使摇台和工件箱主轴同步旋转。床鞍置于工作位置。
在工件箱主轴上固定指示器，使其测头垂直地触及固定于摇台半径 R 处的平板上（$R=D/2$，D—最大工件直径）。
摇台和工件箱同步旋转按工作行程方向缓慢地回转一工作行程角 60°，分别在工件箱主轴相对摇台转动三个角度（每个角度 60°）时进行检验。
三次测得的误差分别计算。误差以其最大值计。
(2) 机床部件和检验工具的安装同(1)，工件箱主轴固定不动，摇台按工作行程方向缓慢地回转一工作行程角 60°，然后反向回转至起始位置，如此重复 5 次记录下 5 次测量的位置偏差：
C_{y1}、C_{y2}…C_{y5}。
摇台重复精度 C_y
$C_y=(C_{y1}+C_{y2}+\cdots+C_{y5})/5$
然后摇台固定，工件箱主轴按工作行程方向缓慢回转一工作行程角 60°，然后反向回转至起始位置，如此重复 5 次记录下 5 次测量的位置偏差：
C_{g1}、C_{g2}…C_{g5}。
工件箱主轴重复精度 C_g：
$C_g=(C_{g1}+C_{g2}+\cdots+C_{g5})/5$</td></tr>
<tr><td rowspan="2">≤200</td><td>a)</td><td>0.045</td></tr>
<tr><td>b)</td><td>0.010</td></tr>
<tr><td rowspan="2">>200～320</td><td>a)</td><td>0.060</td></tr>
<tr><td>b)</td><td>0.015</td></tr>
<tr><td rowspan="2">>320～500</td><td>a)</td><td>0.080</td></tr>
<tr><td>b)</td><td>0.020</td></tr>
<tr><td rowspan="2">>500～800</td><td>a)</td><td>0.100</td></tr>
<tr><td>b)</td><td>0.025</td></tr>
<tr><td rowspan="2">>800～1 250</td><td>a)</td><td>0.120</td></tr>
<tr><td>b)</td><td>0.030</td></tr>
<tr><td rowspan="2">>1 250</td><td>a)</td><td>0.150</td></tr>
<tr><td>b)</td><td>0.035</td></tr>
<tr><td colspan="3">(2)</td></tr>
<tr><td colspan="2">≤200</td><td>0.012</td></tr>
<tr><td colspan="2">>200～320</td><td>0.014</td></tr>
<tr><td colspan="2">>320～500</td><td>0.017</td></tr>
<tr><td colspan="2">>500～800</td><td>0.020</td></tr>
<tr><td colspan="2">>800～1 250</td><td>0.024</td></tr>
<tr><td colspan="2">>1 250</td><td>0.028</td></tr>
</table>

序号	简图	检验项目	允差/mm	检验工具	检验方法 按 GB/T 17421.2—2000 的有关条款
G13	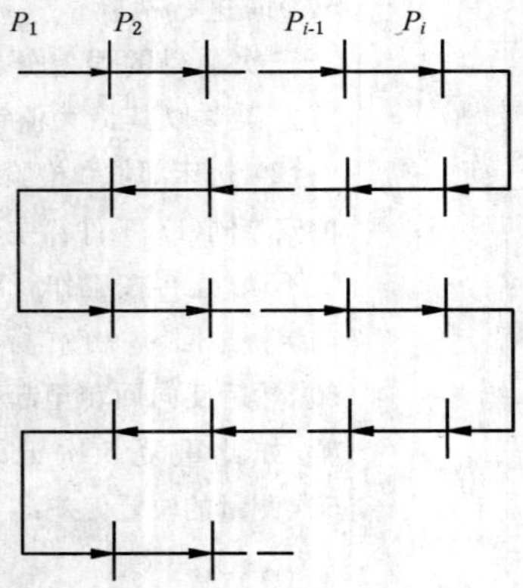	床鞍(或摇台)纵向移动轴线的定位精度、重复定位精度: a) 单向定位精度 $A\uparrow$ 或 $A\downarrow$; b) 单向重复定位精度 $R\uparrow$ 或 $R\downarrow$	a) $A\uparrow$ 或 $A\downarrow$ 为 0.040; b) $R\uparrow$ 或 $R\downarrow$ 为 0.015	激光干涉仪或具有类似精度的其他测量系统	在床鞍(或摇台)纵向移动的工作行程上,不少于 5 个均布的目标位置测量。 床鞍(或摇台)从一个基准点,快速趋近各目标位置,而后快速返回,经各目标位置回到基准点,如此重复 5 次,测量任意目标位置 P_i 处的位置偏差; $Y_{i1}\uparrow, Y_{i2}\uparrow, \cdots, Y_{i5}\uparrow$ $Y_{i1}\downarrow, Y_{i2}\downarrow, \cdots, Y_{i5}\downarrow$ 平均位置偏差: $\overline{Y}_i\uparrow=(Y_{i1}\uparrow+Y_{i2}\uparrow+\cdots+Y_{i5}\uparrow)/5$ $\overline{Y}_i\downarrow=(Y_{i1}\downarrow+Y_{i2}\downarrow+\cdots+Y_{i5}\downarrow)/5$ 单向标准不确定度的估算值: $S_i\uparrow=\sqrt{\frac{1}{4}\sum_{j=1}^{5}(Y_{ij}\uparrow-\overline{Y}_i\uparrow)^2}$ $S_i\downarrow=\sqrt{\frac{1}{4}\sum_{j=1}^{5}(Y_{ij}\downarrow-\overline{Y}_i\downarrow)^2}$ a) 单向定位精度 $A\uparrow$ 或 $A\downarrow$: 以各目标位置的($\overline{Y}_i\uparrow+2S_i\uparrow$)中的最大值与($\overline{Y}_i\uparrow-2S_i\uparrow$)中的最小值之差或($\overline{Y}_i\downarrow+2S_i\downarrow$)中的最大值与($\overline{Y}_i\downarrow-2S_i\downarrow$)中的最小值之差的较大值计; b) 单向重复定位精度 $R\uparrow$ 或 $R\downarrow$: 以各目标位置的单向重复定位精度 $R_i\uparrow$($4S_i\uparrow$)或 $R_i\downarrow$($4S_i\downarrow$)中的最大值计

5 工作精度

5.1 试切齿轮的参数、材料、切削参数以及检验要求按P1项的规定。

5.2 切削刀具、切削规范、试件齿坯精度及其他切削条件由制造厂确定。

5.3 当用户有要求时，试切齿轮的参数、材料、齿坯几何精度及切削规范等要求可以在订货协议时给予确定。

序号	试件尺寸	检验性质	切削条件	检验项目	允差/μm	检验工具
P1	(1) 试件材料： 中碳钢(45正火) (2) 试件直径 d_p： $d_p=(0.5\sim0.75)d$ (3) 试件模数 m_p： $m_p=(0.6\sim0.75)m$ (4) 试件齿数 z_p： 不等于分度蜗轮的齿数或其倍数。 注：d——机床最大工件直径，mm； m——机床最大加工模数，mm	试件装夹方式和加工方式由制造厂确定	精铣	a) 齿距累积偏差 F_p； b) 齿距偏差 f_{pt}	a) $3.15\sqrt{d_p}+6.3$ b) $\pm(0.75m_p+0.25\times0.75\sqrt{d_p}+9.3)$	齿距仪

ICS 25.080.40
J 54

中华人民共和国国家标准

GB/T 25663—2010

数控龙门移动多主轴钻床

CNC movable gantry type multi-spindle drilling machine

2010-12-23 发布　　2011-07-01 实施

中华人民共和国国家质量监督检验检疫总局
中国国家标准化管理委员会　发布

前 言

本标准由中国机械工业联合会提出。

本标准由全国金属切削机床标准化技术委员会(SAC/TC 22)归口。

本标准起草单位:山东法因数控机械股份有限公司。

本标准主要起草人:高天真、黄成、赵勇、庄庆刚。

数控龙门移动多主轴钻床

1 范围

本标准规定了数控龙门移动多主轴钻床制造、验收的基本要求和几何精度、定位精度、工作精度的要求及检验方法。

本标准适用于工作台面宽度 1 000 mm～8 000 mm 的数控龙门移动多主轴钻床(以下简称“机床”)。

2 规范性引用文件

下列文件中的条款通过本标准的引用而成为本标准的条款。凡是注日期的引用文件,其随后所有的修改单(不包括勘误的内容)或修订版均不适用于本标准,然而,鼓励根据本标准达成协议的各方研究是否可使用这些文件的最新版本。凡是不注日期的引用文件,其最新版本适用于本标准。

GB/T 1184—1996 形状和位置公差 未注公差值(eqv ISO 2768-2:1989)

GB/T 1804—2000 一般公差 未注公差的线性和角度尺寸的公差(eqv ISO 2768-1:1989)

GB 5226.1—2008 机械电气安全机械电气设备 第1部分:通用技术条件(IEC 60204-1:2005,IDT)

GB/T 6576 机床润滑系统(GB/T 6576—2002,eqv ISO 5170:1977)

GB/T 9061 金属切削机床 通用技术条件

GB/T 14039—2002 液压传动 油液 固体颗粒污染等级代号(ISO 4406:1999,MOD)

GB 15760—2004 金属切削机床 安全防护通用技术条件

GB/T 16769—2008 金属切削机床 噪声声压级测量方法

GB/T 17421.1—1998 机床检验通则 第1部分:在无负荷或精加工条件下机床的几何精度(eqv ISO 230-1:1996)

GB/T 17421.2—2000 机床检验通则 第2部分:数控轴线的定位精度和重复定位精度的确定(eqv ISO 230-2:1997)

GB/T 19660 工业自动化系统与集成 机床数值控制 坐标系和运动命名(GB/T 19660—2005,ISO 841:2001,IDT)

GB/T 23570 金属切削机床 焊接件通用技术条件

GB/T 25373 金属切削机床 装配通用技术条件

GB/T 25374 金属切削机床 清洁度的测量方法

GB/T 25376 金属切削机床 机械加工件通用技术条件

3 技术要求

3.1 一般要求

本标准是对 GB/T 9061、GB/T 25376、GB/T 23570、GB/T 25373等标准的具体化和补充。按本标准验收机床时,应同时对上述标准中未经本标准具体化的其余有关验收项目进行检验。

3.2 附件和工具

3.2.1 应随机供应下列附件和工具:

a) 安装机床用专用扳手,1套;

b) 地脚螺栓、螺母、垫圈、调整垫铁,1套;

c) 试车用刀具接杆，1 件。

3.2.2 扩大机床使用性能的特殊附件，根据用户要求按协议供应。

3.3 安全卫生

3.3.1 机床各直线运动轴线上的运动部件应有限位和防止碰撞的保险装置。

3.3.2 当机床不允许在运转过程中变换主轴转速时，应在靠近操纵位置部位设置相应的警示标志。

3.3.3 龙门架移动导轨副、横梁滑板移动导轨副、钻削头垂直移动导轨副应设有防护装置。

3.3.4 排屑器离开床身以外的部分，除切屑排出口外的其他部位应设有封闭的安全防护装置。

3.3.5 机床床身四周应设有防护装置。

3.3.6 机床的各运动机构运行应正常，不应有异常振动、冲击声和尖叫声。质量小于或等于 10 t 的机床，其空运转噪声声压级不应大于 83 dB(A)；质量大于 10 t 的机床，其空运转噪声声压级不应大于 85 dB(A)。测量方法应符合 GB/T 16769—2008 的有关规定。

3.3.7 按本标准验收机床时，应同时对 GB 15760—2004 和 GB 5226.1—2008 中未经本标准具体化的有关项目进行检验。

3.4 加工和装配质量

3.4.1 机械加工零件的未注公差尺寸极限偏差不应低于 GB/T 1804—2000 中规定的 m 级公差要求。

3.4.2 机械加工零件的未注形状和位置公差应符合 GB/T 1184—1996 中规定的 K 级公差要求。

3.4.3 床身、工作台、立柱、横梁、溜板、滑板、连接板、主轴箱体为重要焊接件，焊后应进行时效处理。如上述零件采用铸件，则应在粗加工后进行时效处理。

3.4.4 龙门架移动导轨副、横梁滑板移动导轨副、钻削头垂直移动导轨副为重要导轨副，当其采用滑动导轨副时，应采取相应的耐磨措施。对于套筒进给式主轴箱，其主轴套筒外圆柱面应采取与寿命相适应的耐磨措施。

3.4.5 重要固定结合面应紧密贴合，紧固后用 0.04 mm 塞尺检验时不应插入。下列结合面应按“重要固定结合面”的要求进行考核：

a) 立柱与横梁结合面；

b) 立柱与溜板结合面；

c) 床身与连接板(过桥)结合面；

d) 工作台(或梯形槽块)与床身结合面；

e) 主轴箱与滑板结合面。

3.4.6 特别重要固定结合面应紧密贴合，除用涂色法检验外，在紧固前、后用 0.03 mm 塞尺检验时均不应插入(与水平面垂直的特别重要固定结合面只在紧固后检验)。下列结合面应按“特别重要固定结合面”的要求考核：

a) 齿条与床身结合面；

b) 滚珠丝杠支座及螺母座与其相配件的结合面；

c) 导轨及滑块与其相配件的结合面。

3.4.7 各运动轴线安装的滚珠丝杠副，装配后应进行多次运转，其普通级机床的反向间隙不应大于 0.05 mm，精密级机床的反向间隙不应大于 0.03 mm。

3.4.8 固体颗粒污染度按下列不同部件检测(抽查)，检测方法应符合 GB/T 25374 及其他相关标准的规定：

a) 主轴箱内部的固体颗粒污染度按重量法测量，其污染物质量不应超过表 1 的规定。

表 1 主轴箱内部固体颗粒污染度

最大钻孔直径/mm	≤50	>50
污染物质量/mg	4 500	5 000

b) 液压泵站的固体颗粒污染度可采用颗粒计数法或重量法测量,用颗粒计数法测量时污染等级不应高于 GB/T 14039—2002 中规定的 19/16(显微镜计数)或－/19/16(自动颗粒计数器计数);用重量法测量时其污染物质量不应大于 20 mg/100 mL。

3.4.9 机床润滑系统应符合 GB/T 6576 的有关规定。集中润滑应能保证各润滑点供油充足,管路联接处应密封可靠,不应泄漏。独立润滑的各润滑点应有明显标志,并便于润滑。

3.4.10 拖链应固定端正,拖链中的软管和电缆应排列整齐,不应有缠绕、交叉现象。

4 试验

4.1 机床空运转试验

4.1.1 空运转试验

4.1.1.1 机床主运动机构应从最低转速起依次运转(无级变速的主轴作低、中、高三档转速运转,有级变速的主轴为全部转速逐级运转),每级(档)转速的运转时间不应少于 2 min,在最高转速时的运转时间不应少于 1 h,使主轴轴承达到稳定温度。在靠近主轴轴承处测量轴承的温度和温升,其温度不应超过 65 ℃,温升不应超过 35 ℃。

4.1.1.2 无级变速传动的主轴转速和进给速度的实际偏差,不应超过指示值的±10%;有级变速传动的各级主轴转速和进给速度的实际偏差,不应超过指示值的－2%～＋6%。主轴的转速调节和进给速度调节应灵敏,对应的显示应正确。

4.1.1.3 对机床直线运动轴线上的运动部件分别以低、中、高速进行空运转试验,运动部件移动时应平稳、灵活、可靠、无明显爬行和振动现象。

4.1.1.4 主传动系统空运转功率(不包括主电动机空载功率)不应超过主电动机额定功率的 25%。

4.1.2 手动功能试验

用手动方式操作机床各部位进行如下功能试验:

4.1.2.1 用中速对主轴进行正、反转的起动、停止和定向操作试验,连续操作不应少于 10 次,动作应灵活、平稳、可靠。

4.1.2.2 对无级变速的主轴至少应包括低、中、高在内的转速,对有级变速的主轴在各级转速,进行变速操作试验,动作应灵活、可靠。

4.1.2.3 用中等速度,分别对各直线运动轴线上的运动部件连续进行正、反方向的启动、停止操作试验,试验次数不应少于 10 次。并选择适当的增量进行正、负向的操作试验,动作应灵活、可靠、准确。

4.1.2.4 对机床的各种指示灯、控制按钮、通讯、通风系统等进行试验,功能应准确、可靠、动作灵活。

4.1.2.5 对机床液压、冷却、润滑系统进行试验,各系统应调整方便、动作平稳、功能可靠,不应有渗漏现象。自动润滑的各润滑点应能充分润滑,冷却系统应冷却充分。

4.1.2.6 对机床的各安全防护、调整、夹紧、联锁、限位装置和机构进行试验,动作应灵敏、准确,功能应可靠。

4.1.3 自动功能试验

用数控程序操作机床各部位进行如下功能试验:

4.1.3.1 用中速对主轴连续进行 10 次正、反转的起动、停止和定向操作试验,动作应灵活、平稳、可靠。

4.1.3.2 对无级变速的主轴至少应包括低、中、高在内的转速,对有级变速的主轴在各级转速,进行变速操作试验，动作应灵活、可靠。

4.1.3.3 用中等速度，分别对各直线运动轴线上的运动部件连续进行正、反方向的起动、停止操作试验，试验次数不应少于 10 次。并选择适当的增量进行正、负向的操作试验，动作应灵活、可靠、准确。

4.1.3.4 对进给系统进行低、中、高进给速度和快速的变速操作试验，动作应灵活、可靠。

4.1.3.5 对机床的轴线联动、定位等数控功能逐一进行试验，其功能应可靠，动作应灵活、准确。

4.1.4 连续空运转试验

4.1.4.1 在 4.1.1～4.1.3 所述试验完成之后，精度检验之前，用包括机床各种主要加工功能在内的数控程序操作机床各部件进行不切削的连续空运转试验。

4.1.4.2 整机连续空运转试验时间不应少于 36 h。

4.1.4.3 连续空运转试验的整个过程中，机床运转应正常、平稳、可靠，不应发生故障，否则应重新进行运转。

4.1.4.4 在连续空运转试验结束后测量油箱内吸油口的油温不应超过 60 ℃。

4.2 机床负荷试验

4.2.1 一般要求

在进行机床负荷试验时，应对每个主传动系统进行试验，试验包括下列项目：

a) 主传动系统最大扭矩试验；

b) 最大切削抗力试验；

c) 主传动系统最大功率试验。

4.2.2 主传动系统最大扭矩试验

4.2.2.1 主传动系统最大扭矩试验，是用扩孔或镗孔方法(加冷却液)进行试验。试验条件如下：

a) 刀具：标准高速钢麻花钻或镗刀；

b) 试件材料：HT200；

c) 切削用量：按设计规定。

4.2.2.2 计算方法见式(1)。

$$T = 9\,550\,\frac{P - P_0}{n} \qquad \cdots\cdots(1)$$

式中：

T——扭矩，单位为牛米(N·m)；

P——切削时电动机输入功率，单位为千瓦(kW)；

P_0——机床带刀具时的空载功率，单位为千瓦(kW)；

n——主轴转速，单位为转每分(r/min)。

4.2.2.3 对于成批生产的机床，允许在 2/3 最大扭矩下进行试验，也可用仪器代替切削试验，但应定期进行最大扭矩试验。

4.2.3 最大切削抗力试验

4.2.3.1 最大切削抗力试验，是用钻孔方法(无冷却液)进行试验。试验条件如下：

a) 刀具：标准高速钢麻花钻；

b) 试件材料：HT200；

c) 切削用量：按设计规定。

4.2.3.2 计算方法见式(2)。

$$F \approx 595\,DS^{0.8} \qquad \cdots\cdots(2)$$

式中：

F——切削抗力，单位为牛(N)；

D——加工孔径，单位为毫米(mm)；

S——进给量，单位为毫米每转(mm/r)。

4.2.3.3 对于成批生产的机床，允许在2/3最大抗力下进行试验，也可用压力计代替切削试验，但应定期进行最大切削抗力试验。

4.2.4 主传动系统最大功率试验(抽查)

4.2.4.1 主传动系统最大功率试验，是用钻孔方法(无冷却液)进行试验。试验条件如下：

a) 刀具：标准高速钢麻花钻；

b) 试件材料：HT200；

c) 切削用量：按设计规定。

4.2.4.2 调整切削用量，使机床达到主电动机的额定功率或设计规定的最大功率。

4.3 直线运动轴线最小设定单位试验

4.3.1 试验方法

4.3.1.1 先以快速使直线运动轴线上的运动部件向正(或负)方向移动一定距离，停止后，向同方向给出数个最小设定单位的指令，再停止，以此位置作为基准位置，每次给出一个，共给出20个最小设定单位的指令，向同方向移动，测量各个指令的停止位置。从上述的最终位置，继续向同方向给出数个最小设定单位的指令，停止后，向负(或正)向给出数个最小设定单位的指令，约返回到上述的最终测量位置，这些正向或负向的数个最小设定单位指令的停止位置不作测量。然后从上述的最终位置开始，每次给出一个，共给出20个最小设定单位的指令，继续向负(或正)向移动，测量各指令的停止位置，见图1。

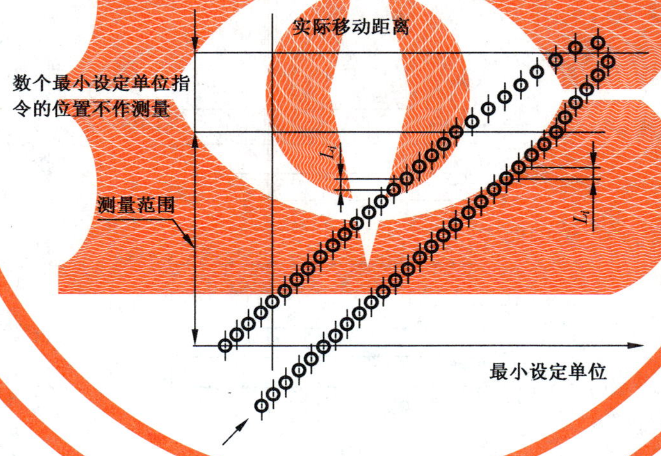

图 1

4.3.1.2 对各直线运动轴线至少在行程的中间及两端的三个位置分别进行试验，按4.3.2的规定计算误差，以三个位置上的最大误差值作为最小设定单位误差。各直线运动轴线需分别计算。

4.3.2 误差计算

误差分为最小设定单位误差 S_a 和最小设定单位相对误差 S_b。

4.3.2.1 最小设定单位误差 S_a

见式(3)。

$$S_a = | L_i - m |_{max} \quad \cdots\cdots\cdots (3)$$

式中：

S_a——最小设定单位误差，单位为毫米(mm)；

L_i——某个最小设定单位指令的实际位移值，单位为毫米(mm)；

m——一个最小设定单位指令的理论位移值，单位为毫米(mm)。

注：实际位移的方向若与给出的方向相反，其位移 L_i 为负值。

4.3.2.2 **最小设定单位相对误差 S_b**

见式(4)。

$$S_b = \frac{\left| \sum_{i=1}^{20} L_i - 20m \right|_{max}}{20m} \times 100\% \quad \cdots\cdots\cdots\cdots (4)$$

式中：

S_b——最小设定单位相对误差，%；

$\sum_{i=1}^{20} L_i$——连续 20 个最小设定单位指令的实际位移值之和，单位为毫米(mm)；

m——一个最小设定单位指令的理论位移值，单位为毫米(mm)。

4.3.3 **允差**

S_a：根据机床的具体情况，由制造厂予以规定。

S_b：不应大于 25%。

4.3.4 **检验工具**

激光干涉仪。

4.4 **直线运动轴线原点返回试验**

4.4.1 **试验方法**

4.4.1.1 分别使各直线运动轴线上的运动部件，从行程上的任意点按相同的移动方向，以快速进行 5 次返回某一设定原点 P_0 的试验。测量运动部件每次实际位置 P_{j0} 与原点理论位置 P_0 之差值，即原点返回偏差 X_{j0}(j=1、2、3、4、5)，见图 2。

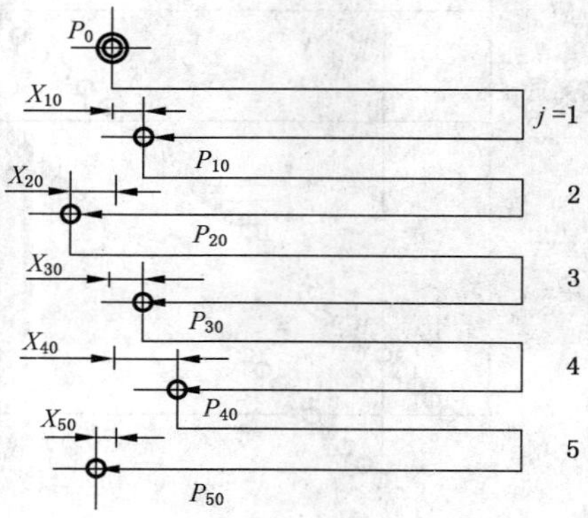

图 2

4.4.1.2 对各直线运动轴线至少在行程的中间及靠近两端的任意三个位置进行试验，按 4.4.2 的规定计算误差，以三个位置上的最大误差值作为原点返回误差。

4.4.2 **误差计算**

原点返回误差，以在各直线运动轴线上至少 3 个位置试验中通过计算得到的原点返回偏差的标准不确定度的估算值，取其最大值的 4 倍计，见式(5)。

$$R_0 = 4S_{0max} \quad \cdots\cdots\cdots\cdots (5)$$

式中：

R_0——原点返回误差，单位为毫米(mm)；

S_{0max}——原点返回偏差的标准不确定度的估算值中的最大值，单位为毫米(mm)。

注：S_0 根据 GB/T 17421.2—2000 的有关公式进行计算：$S_0 = \sqrt{\frac{1}{n-1}\sum_{i=1}^{n}(X_{i0} - \overline{X_0})^2}$；$\overline{X_0} = \frac{1}{n}\sum_{i=1}^{n} X_{i0}$。

4.4.3 **允差**

根据机床的具体情况，由制造厂予以规定。

4.4.4 检验工具

激光干涉仪。

5 精度检验

5.1 一般要求

5.1.1 计量单位

本标准中所有线性尺寸和相应的公差均用毫米(mm)表示;角度偏差和相应的公差用比值表示。

5.1.2 检验顺序

本标准所给出的检验项目的顺序并不表示实际检验顺序。为了装拆检验工具和检验方便,可按任意次序进行检验。

5.1.3 检验项目

检验机床时,根据结构特点并不是必须检验本标准中的所有项目。为了验收目的而要求检验时,可由用户取得制造厂同意选择一些感兴趣的检验项目,但这些检验项目必须在机床订货时明确提出。

5.1.4 检验工具

本标准所规定的检验工具仅为举例,可以使用相同指示量和具有至少相同精度的其他检验工具。指示器应具有 0.001 mm 或更高的分辨率。

5.1.5 最小公差

当实测长度与本标准规定的长度不同时,公差应根据 GB/T 17421.1—1998 中 2.3.1.1 的规定,按能够测量的长度折算。折算结果小于 0.005 mm 时,仍按 0.005 mm 计。

5.1.6 轴线及运动方向命名

机床的轴线及运动方向命名按 GB/T 19660 的规定。

机床轴线及运动方向见图 3。

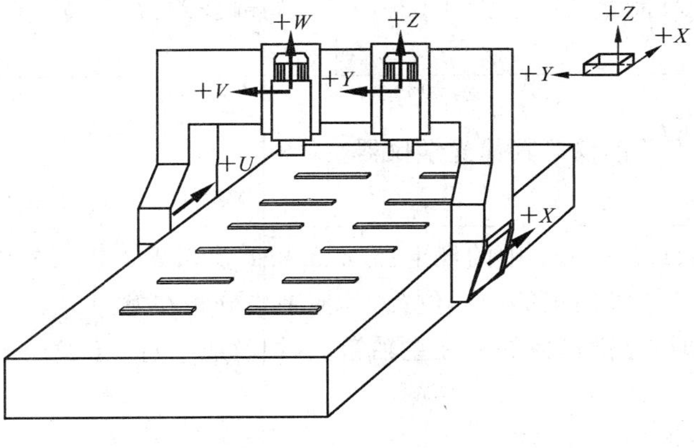

图 3

5.1.7 其他

5.1.7.1 使用本标准时应参照 GB/T 17421.1—1998 的规定,尤其是精度检验前的安装、主轴及其他部件的空运转、温升、检验方法。

5.1.7.2 当确因机床结构限制,无法按简图所示位置放置检验工具时,允许改变检验工具的位置,但不能改变检验原理,并且位置偏离应最小。

5.1.7.3 除非特别说明,不参与检验的移动部件应置于行程的中间位置并锁紧,主轴箱按其数量平均分布在横梁上。

5.2 几何精度检验

检验项目 G1

龙门架移动（X 轴线）在 XY 水平面内的直线度

简图

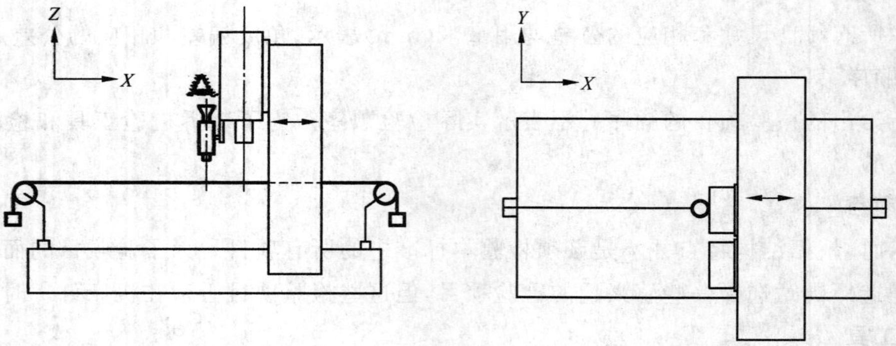

公差

普通级	精密级
2 000 测量长度内为 0.035 测量长度每增加 1 000，公差增加 0.015 最大公差：0.200 局部公差：在任意 1 000 测量长度上为 0.020	2 000 测量长度内为 0.030 测量长度每增加 1 000，公差增加 0.012 最大公差：0.160 局部公差：在任意 1 000 测量长度上为 0.015

检验工具

显微镜和钢丝或激光干涉仪等其他光学仪器

检验方法（按 GB/T 17421.1—1998 中的规定：5.2.3.2.1.2、5.2.3.2.1.3 和 5.2.3.2.1.4）

将其中一个主轴箱位于龙门架的中间位置，其他平均分布在龙门架上。

当用显微镜和钢丝时，显微镜应放置在主轴箱上，钢丝应平行* 于龙门架 X 轴线移动方向固定在工作台两端之间。

龙门架沿 X 轴线移动，测取读数。

当采用其他光学方法时，标靶应放置在主轴端部或主轴箱上靠近主轴的位置。

测量仪器放置在工作台上使其光轴平行于 X 轴线移动方向，并同标靶在水平方向成一直线。

龙门架沿 X 轴线移动，测取读数

* 平行是指显微镜在钢丝的两端读数相等。在此情况下检测，显微镜读数的最大差值即为直线度偏差。

检验项目 龙门架移动(*X* 轴线)在 *XZ* 垂直平面内的直线度		G2
简图 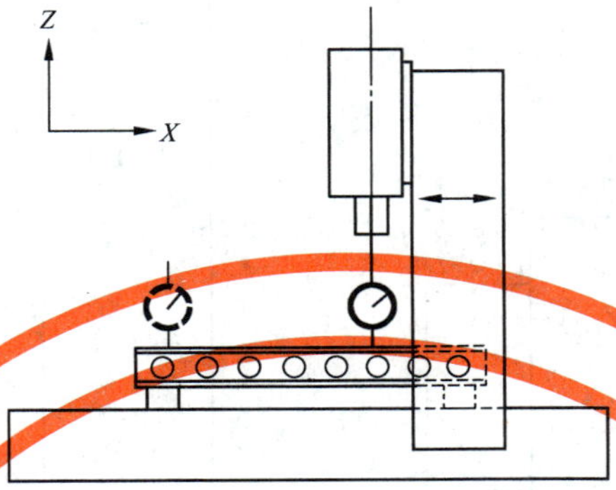		
公差		
普通级	精密级	
2 000 测量长度内为 0.035 测量长度每增加 1 000,公差增加 0.015 最大公差:0.200 局部公差:在任意 1 000 测量长度上为 0.020	2 000 测量长度内为 0.030 测量长度每增加 1 000,公差增加 0.012 最大公差:0.160 局部公差:在任意 1 000 测量长度上为 0.015	
检验工具 平尺、可调量块、指示器或激光干涉仪等其他光学仪器或水平仪		
检验方法(按 GB/T 17421.1—1998 中的规定:5.2.3.2.1.1、5.2.3.2.1.2、5.2.3.2.1.3 和 5.2.3.2.1.4) 将其中一个主轴箱位于龙门架的中间位置,其他平均分布在龙门架上。 平尺平行* 于龙门架 *X* 轴线移动方向放置在工作台上的可调量块上。 指示器固定在主轴箱上,其测头应垂直于平尺的基准面。 龙门架沿 *X* 轴线移动,测取读数。 当采用其他光学方法时,标靶应放置在主轴端部或主轴箱上靠近主轴的位置。 测量仪器放置在工作台上使其光轴平行于 *X* 轴线移动方向,并同标靶在水平方向成一直线。 龙门架沿 *X* 轴线移动,测取读数		
* 平行是指指示器在平尺的两端读数相等。在此情况下检测,指示器读数的最大差值即为直线度偏差。		

检验项目 G3

主轴箱移动(*Y* 轴线)的直线度：

a) 在 *XY* 水平面内；

b) 在 *YZ* 垂直平面内

简图

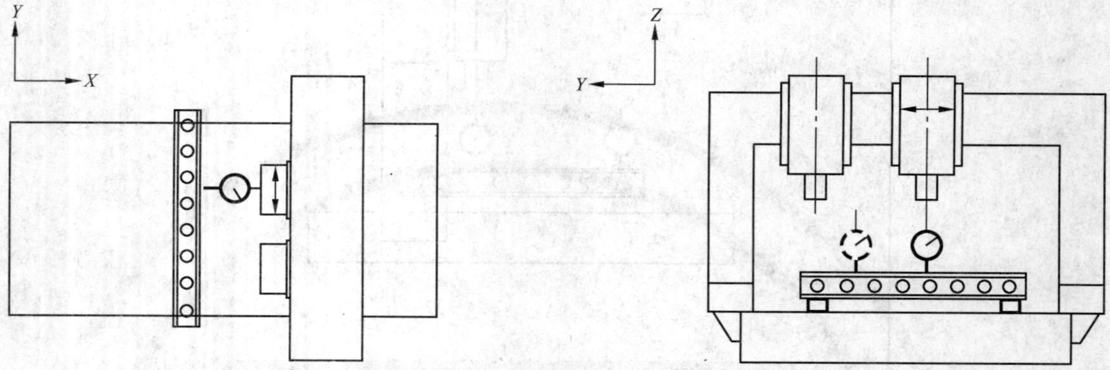

a)　　　　　　　　b)

公差

普通级	精密级
a)和 b) 1 000 测量长度内为 0.020 测量长度每增加 1 000,公差增加 0.015 最大公差:0.120 局部公差:在任意 1 000 测量长度上为 0.020	a)和 b) 1 000 测量长度内为 0.015 测量长度每增加 1 000,公差增加 0.012 最大公差:0.080 局部公差:在任意 1 000 测量长度上为 0.015

检验工具

平尺、可调量块、指示器或显微镜和钢丝(仅用于在水平面测量)或激光干涉仪等其他光学仪器

检验方法(按 GB/T 17421.1—1998 中的规定:5.2.3.2.1.1、5.2.3.2.1.2、5.2.3.2.1.3 和 5.2.3.2.1.4)

将龙门架置于行程的中间位置。

平尺平行* 于主轴箱 *Y* 轴线移动方向放置在工作台面上:a)在水平面内;b)在垂直平面内。

指示器固定在主轴箱上,其测头应垂直于平尺的基准面。

主轴箱沿 *Y* 轴线移动,测取读数。

当采用其他光学方法时,标靶应放置在主轴端部或主轴箱上靠近主轴的位置。

测量仪器放置在工作台上使其光轴平行于 *Y* 轴线移动方向,并同标靶在水平方向成一直线。

主轴箱沿 *Y* 轴线移动,测取读数

* 平行是指指示器在平尺的两端读数相等。在此情况下检测,指示器读数的最大差值即为直线度偏差。

G4

检验项目

工作台面对：

a) 龙门架移动（*X* 轴线）的平行度；

b) 主轴箱移动（*Y* 轴线）的平行度

简图

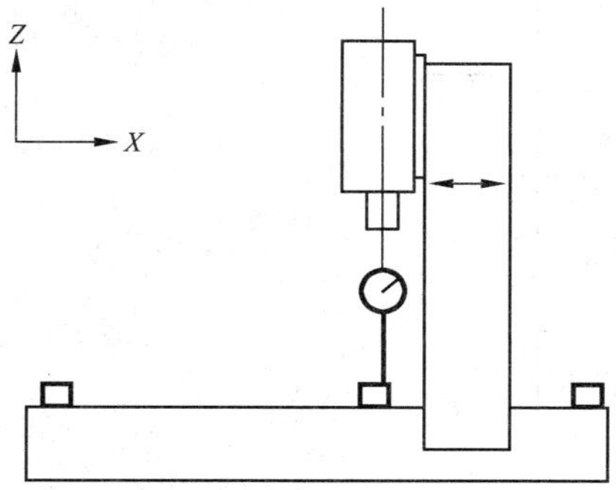

a)

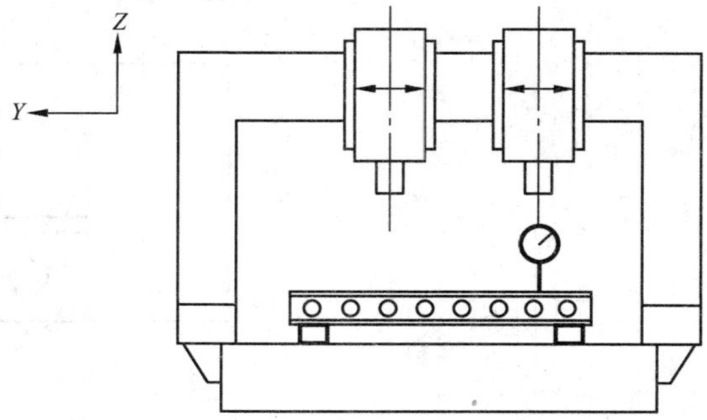

b)

公差

普通级	精密级
a)和 b) 2 000 测量长度内为 0.20 测量长度每增加 1 000，公差增加 0.07 最大公差：1.20 局部公差：在任意 1 000 测量长度上为 0.12	a)和 b) 2 000 测量长度内为 0.17 测量长度每增加 1 000，公差增加 0.05 最大公差：0.80 局部公差：在任意 1 000 测量长度上为 0.08

检验工具

平尺、指示器、等高量块

检验方法（按 GB/T 17421.1—1998 中的规定：5.4.2.2.2.2）

a) 在工作台面上沿 *X* 轴线放两个等高量块，其上放一平尺，在主轴上固定指示器，使其测头触及平尺上表面，移动龙门架，在全行程上检验。

当工作台较长时，可用等高量块代替平尺。

应分别在工作台中间和靠近两侧边缘处检验。

b) 在工作台面上沿 *Y* 轴线放两个等高量块，其上放一平尺，在主轴上固定指示器，使其测头触及平尺上表面，移动主轴箱，在全行程上检验。

当工作台较宽时，可用等高量块代替平尺。

应分别在工作台中间和靠近两侧边缘处检验。

a)、b)误差分别计算。误差以指示器读数的最大差值计。

局部误差以任意局部测量长度上指示器读数的最大差值计

G5

检验项目

主轴箱移动(Y 轴线)对龙门架移动(X 轴线)的垂直度

简图

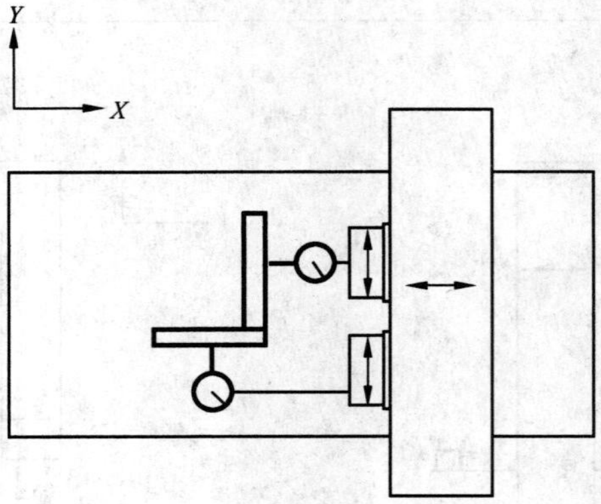

公差

普通级	精密级
1 000 测量长度上为 0.08	1 000 测量长度上为 0.06

检验工具

指示器、直角尺

检验方法(按 GB/T 17421.1—1998 中的规定:5.5.1.2.1、5.5.2.2.4、5.4.2)

将龙门架置于行程的中间位置。

在工作台面中央位置放一直角尺,在主轴上固定指示器,使其测头触及直角尺的检验面,调整直角尺,使直角尺的检验面与龙门架移动方向(X 轴线)平行,变换指示器位置,使其测头触及直角尺另一面。沿 Y 轴线移动主轴箱检验。

误差以指示器读数的最大差值计

检验项目	G6

检验项目

主轴锥孔轴线的径向跳动：

a） 靠近主轴端部；

b） 距主轴端部 300 处

简图

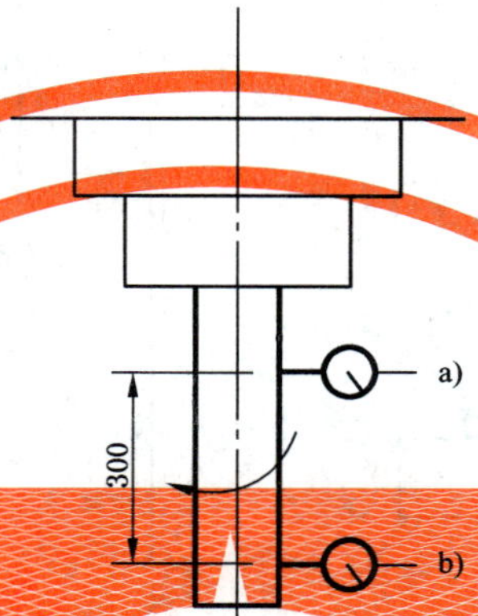

公差

普通级	精密级
a） 0.02 b） 0.04	a） 0.01 b） 0.03

检验工具

检验棒、指示器

检验方法(按 GB/T 17421.1—1998 中的规定:5.6.1.2.3)

在主轴锥孔内插入一检验棒，固定指示器，使其测头触及检验棒表面：

a） 靠近主轴端部；

b） 距主轴端部 300 处。

旋转主轴检验。

拔出检验棒，相对主轴旋转 90°重新插入，再依次检验三次。

a)、b)误差分别计算。误差以四次测量结果的算术平均值计。

在 *X-Z* 平面内和 *Y-Z* 平面内均需检验。

每个主轴均需按上述方法进行检验，并单独记录

G7

检验项目

主轴旋转轴线对：

a） 龙门架沿 X 轴线移动的垂直度；

b） 主轴箱沿 Y 轴线移动的垂直度

简图

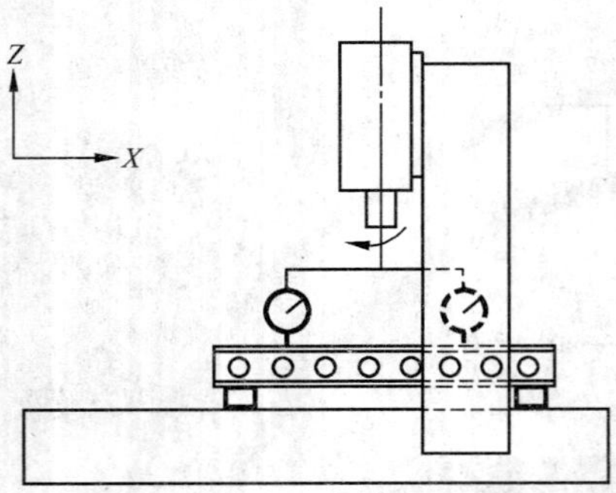

a）

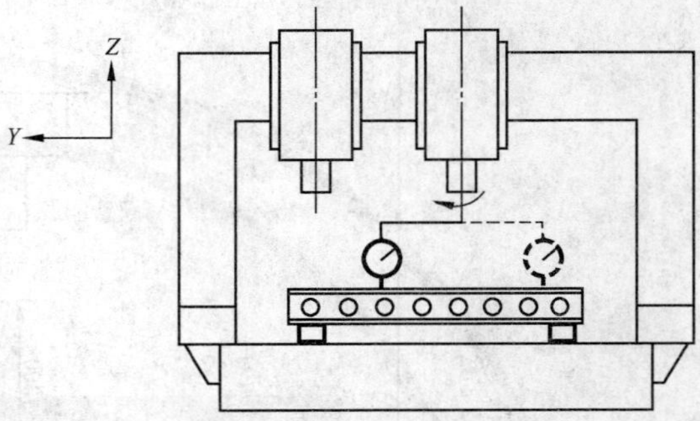

b）

公差

普通级	精密级
a）和 b） 0.040/300*	a）和 b） 0.025/300*

检验工具

等高量块、可调量块、指示器/支架、平尺或平板

检验方法（按 GB/T 17421.1—1998 中的规定：5.5.1.2.4.2、5.5.1.2.1）

主轴箱、龙门架位于行程的中间位置。主轴缩回至原始位置。

在工作台面中央位置放置等高块和可调量块，其上放一平尺（或平板），使其上平面与 X 轴线和 Y 轴线方向平行。在主轴上固定指示器，使其测头触及平尺（或平板）的检验面，测取读数。然后将主轴回转 180°，再测取读数。误差以两次读数的差值除以两测点间的距离计。分别在 X 轴线和 Y 轴线方向检验。

a）、b）误差分别计算。

每个钻削头主轴均需按上述方法进行检验，并单独记录

* 两测点间的距离。

检验项目	G8

检验项目

钻削头垂向移动(*Z* 轴线)对：

a) 龙门架移动(*X* 轴线)的垂直度；

b) 主轴箱移动(*Y* 轴线)的垂直度

简图

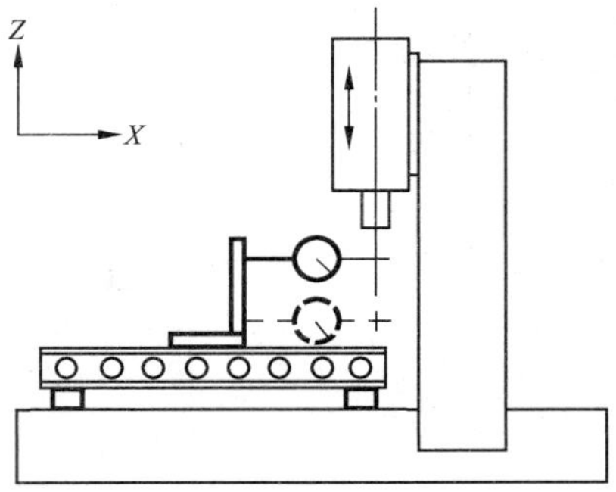

a)

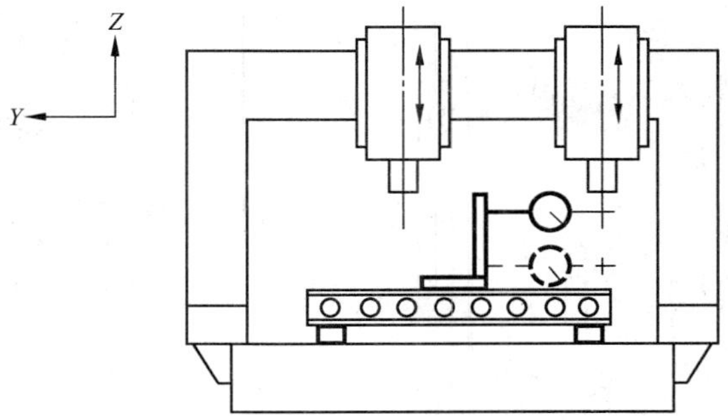

b)

公差

普通级	精密级
a)和 b) 300 测量长度上为 0.040	a)和 b) 300 测量长度上为 0.025

检验工具

等高量块、可调量块、指示器、平尺或平板、直角尺

检验方法(按 GB/T 17421.1—1998 中的规定：5.5.2.2.2)

龙门架位于行程的中间位置。

在工作台面中央位置放置等高块和可调量块，其上放一平尺(或平板)，使其上平面与 *X* 轴线和 *Y* 轴线方向平行。在平尺(或平板)上放一直角尺，在主轴上或靠近主轴处固定指示器，使其测头触及直角尺检验面，沿 *Z* 轴线移动钻削头检验。误差以指示器读数的最大差值计。分别在 *X* 轴线和 *Y* 轴线方向检验。

a)、b)误差分别计算。

每个钻削头均需按上述方法进行检验，并单独记录

检验项目 G9

各主轴轴线在 Y 轴线移动方向上的共面误差

简图

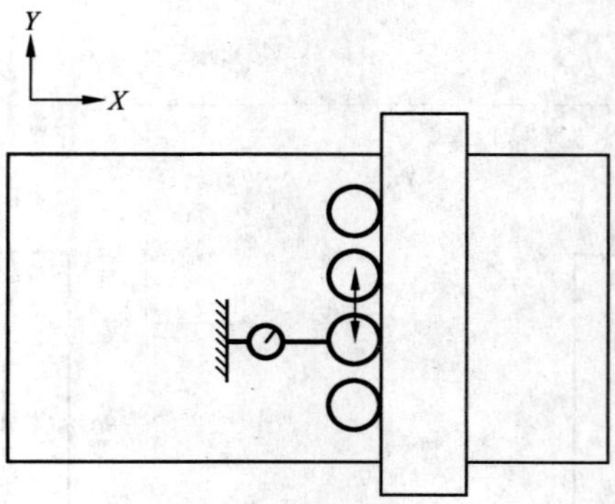

公差

普通级	精密级
0.08	0.05

检验工具

指示器、检验棒

检验方法

龙门架位于行程的中间位置。

在各主轴锥孔中插入检验棒，将指示器固定在工作台上，指示器测头触及检验棒外表面，Z 轴线保持不动，沿 Y 轴线移动主轴箱，分别记下各主轴上检验棒最高点的指示器读数。

误差以指示器读数的最大差值计

5.3 **数控轴线的定位精度和重复定位精度检验**

检验项目	P1
a) 龙门架 *X* 轴线移动的定位精度和重复定位精度； b) 主轴箱 *Y* 轴线移动的定位精度和重复定位精度	

简图

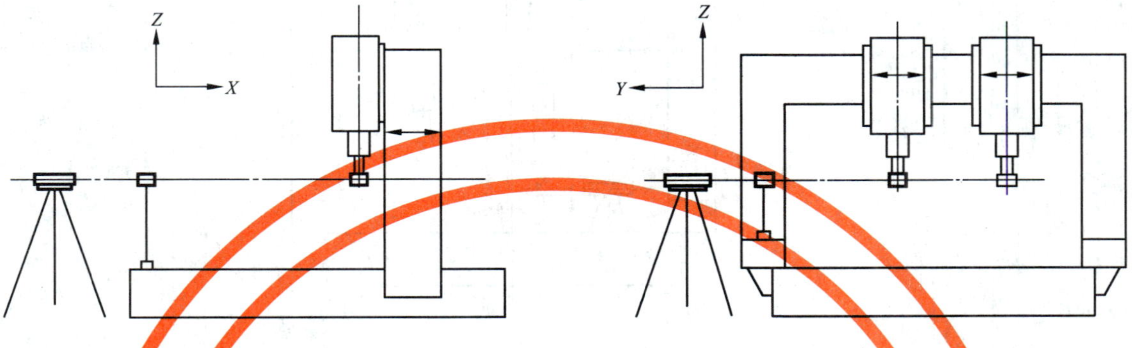

a) b)

公差

轴线行程至 2 000		
项目	普通级 a)和 b)	精密级 a)和 b)
轴线双向定位精度 *A*	0.050	0.040
轴线单向重复定位精度 *R*↑和 *R*↓	0.030	0.026
轴线反向差值 *B*	0.025	0.022
轴线双向定位系统偏差 *E*	0.040	0.035
轴线双向平均位置偏差 *M*	0.025	0.022

轴线行程大于 2 000		
项目	普通级 a)和 b)	精密级 a)和 b)
轴线双向定位系统偏差 *E*	0.040+(测量长度每增加 1 000，公差增加 0.012)	0.035+(测量长度每增加 1 000，公差增加 0.010)
轴线双向平均位置偏差 *M*	0.025+(测量长度每增加 1 000，公差增加 0.008)	0.022+(测量长度每增加 1 000，公差增加 0.006)
轴线反向差值 *B*	0.025+(测量长度每增加 1 000，公差增加 0.008)	0.022+(测量长度每增加 1 000，公差增加 0.006)

检验工具

激光干涉仪

检验方法

非检验轴线上的运动部件置于其行程的中间位置。

参照 GB/T 17421.2—2000 中第 3 章、第 4 章和第 7 章确定检验条件、检验程序和结果的表达。

a)、b)误差分别计算

检验项目 | P2

钻削头 Z 轴线移动的定位精度和重复定位精度

简图

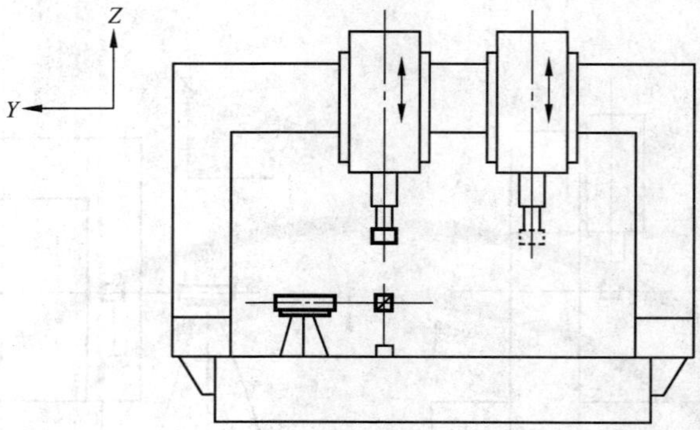

公差

项目	普通级	精密级
轴线双向定位精度 A	0.050	0.040
轴线单向重复定位精度 $R\uparrow$ 和 $R\downarrow$	0.030	0.026
轴线反向差值 B	0.025	0.022
轴线双向定位系统偏差 E	0.040	0.035
轴线双向平均位置偏差 M	0.025	0.022

检验工具

激光干涉仪

检验方法

非检验轴线上的运动部件置于其行程的中间位置。

参照 GB/T 17421.2—2000 中第 3 章、第 4 章和第 7 章确定检验条件、检验程序和结果的表达。

当 Z 轴线移动采用可编程控制器(PLC)控制或液压控制时，不考核此项

5.4 工作精度检验

M1

检验性质

钻孔定位加工精度

简图

试件材料：Q235-A 钢板一件

试件尺寸(长×宽×厚)：550×450×30

加工孔径：$d=(1/2\sim2/3)D$

式中：

D——机床最大钻孔直径。

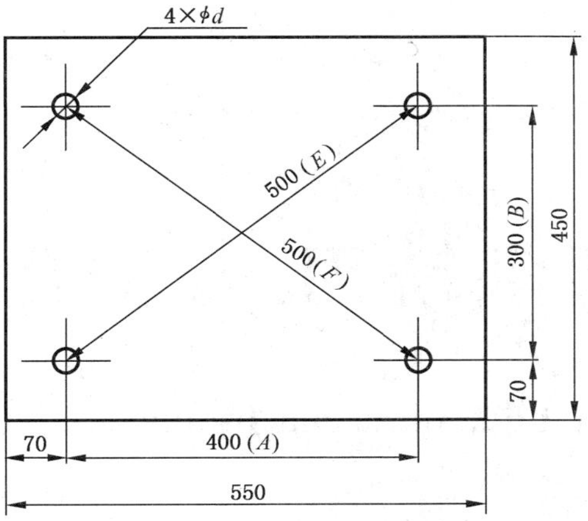

检验项目

X 轴线、*Y* 轴线方向及对角线方向的孔距精度

公差

尺寸代号	编程尺寸	普通级	精密级
A	400	0.20	0.15
B	300	0.20	0.15
E	500	0.30	0.20
F	500	0.30	0.20

检验工具

游标卡尺

说明(按 GB/T 17421.1—1998 中的规定：4.1、4.2)

试件装卡在工作台中央位置。

按图中所示尺寸编程。

用中心钻预钻孔后，再用普通高速钢麻花钻头钻孔。

用游标卡尺测量 *A*、*B*、*E*、*F* 各尺寸。

误差以孔距实测值与指令值之差的最大值计

注：用户有特殊要求时，其工作精度的检验亦可按供货合同的要求进行。

ICS 25.100.20
J 41

中华人民共和国国家标准

GB/T 25664—2010/ISO 15641:2001

高速切削铣刀　安全要求

Milling cutters for high speed machining—Safety requirements

(ISO 15641:2001,IDT)

2010-12-23 发布　　2011-07-01 实施

中华人民共和国国家质量监督检验检疫总局
中国国家标准化管理委员会　发布

前　言

本标准等同采用 ISO 15641:2001《高速切削铣刀　安全要求》(英文版)。

本标准与 ISO 15641:2001 有下列差异:

——删除 ISO 前言、目次;

——部分规范性引用文件使用对应的国家标准:ISO 3855 用我国国家标准 GB/T 21019 代替,ISO 1940-1 用我国国家标准 GB/T 9239.1 代替,ISO 3002-1 用我国国家标准 GB/T 12204 代替;

——"本国际标准"和"本欧洲标准"用"本标准"代替;

——用符号"."代替用作小数点的符号",";

——国际标准第 3 章涉及的术语和定义的格式和内容按我国国家标准规定编写。

本标准附录 A 和附录 B 为资料性附录。

本标准由中国机械工业联合会提出。

本标准由全国刀具标准化技术委员会(SAC/TC 91)归口。

本标准主要起草单位:成都工具研究所、上海工具厂有限公司。

本标准主要起草人:许刚、查国兵、邱易、沈士昌、刘刚、励政伟。

引　言

本标准的目的是帮助铣刀的设计者、制造商和供应商满足铣刀高速切削条件的要求。本标准对设计、验证试验以及制造商和供应商应提供的使用信息均制定了要求。

本标准的首要目的是确保铣刀在高速切削时能够安全承受与转速的平方成正比增加的离心力。

本标准是基于一个德国研究高速切削铣刀的适用性的合作研究项目。

本标准仅涉及刀具的安全性，仅此不能充分保证高速切削的安全性。机械的安全性应由其他相关的安全标准来处理。

本标准考虑的切削条件仅为制造商所需提供的使用信息。

资料性附录A对设计减少危险提供了指导性意见，资料性附录B说明了限定的使用范围。

高速切削铣刀　安全要求

1　范围

本标准涉及了铣刀(例如符合 GB/T 21019 的铣刀)用在金属切削机床上以高速进行切削加工(以很高的圆周速度切削)时产生的基本危险，规定了安全要求。

本标准规定了设计方法、离心力的试验程序、操作极限和信息提供，以将危险降至最低程度或完全消除。

本标准适用于按照图 1、图 2 所示速度运行的铣刀。

这些图表分别规定了相应铣刀直径的转速极限和圆周速度极限。

注：详细说明见附录 B。

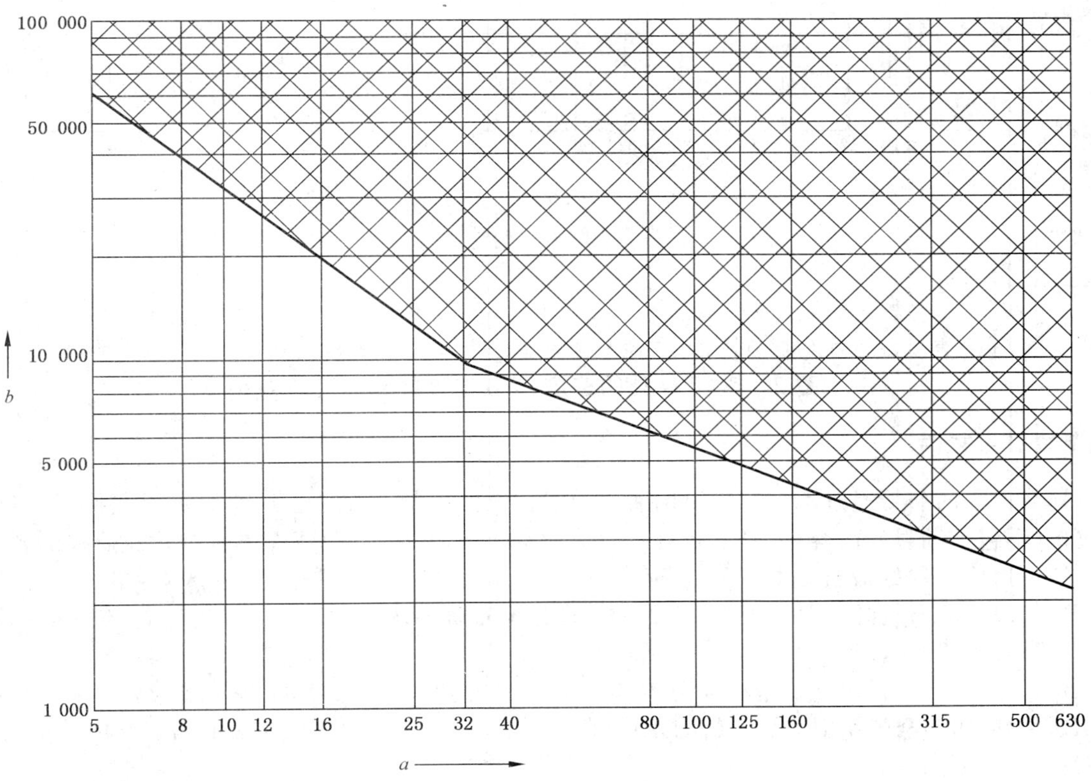

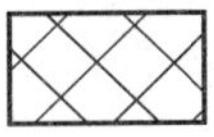——本标准适用范围；

a——刀具最大直径 D，单位：mm；

b——转速 n，单位：min^{-1}。

图 1　转速 n 与刀具最大直径 D

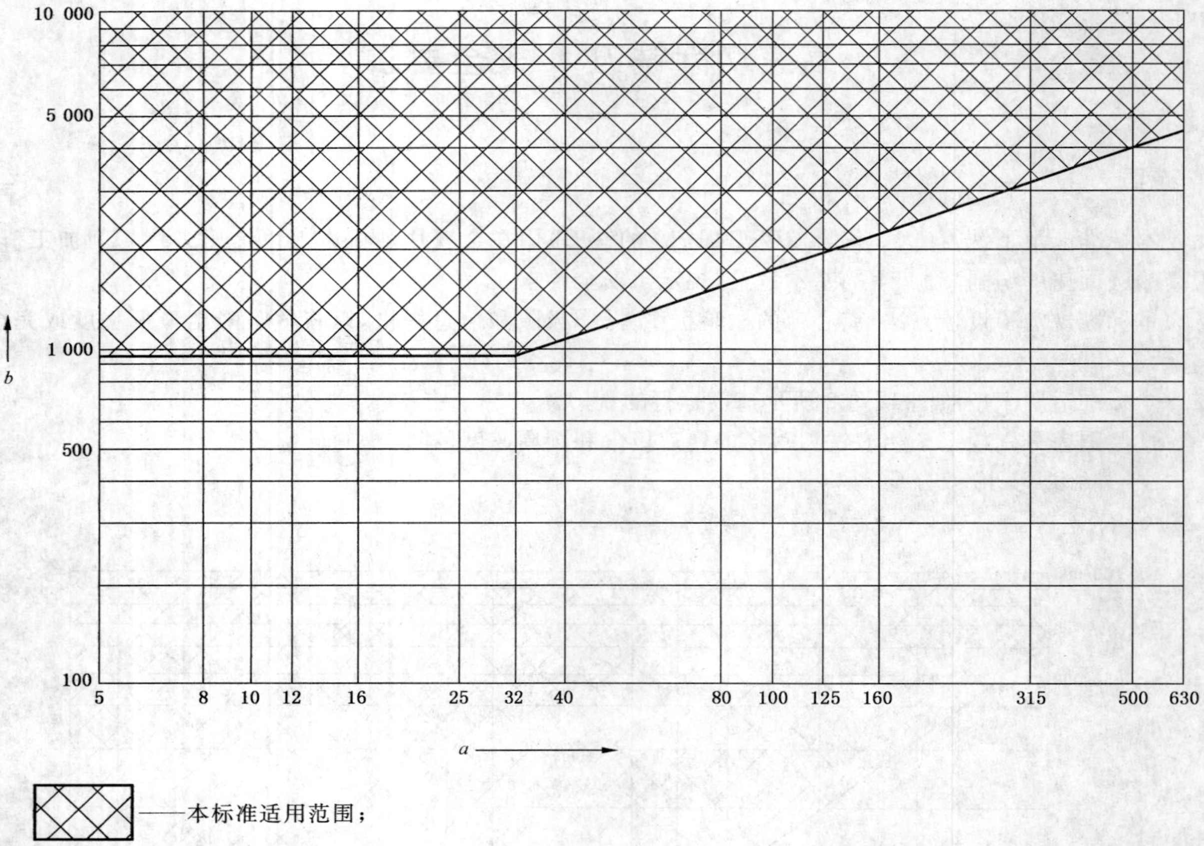

a——刀具最大直径 D,单位:mm;

b——直径 D 处的速度(刀具最大直径 D 处的速度 V_D),单位:m/min。

图2　直径 D 处的速度(V_D)与刀具最大直径 D

2　规范性引用文件

下列文件中的条款通过本标准的引用而成为本标准的条款。凡是注日期的引用文件,其随后所有的修改单(不包括勘误的内容)或修订版均不适用于本标准,然而,鼓励根据本标准达成协议的各方研究是否可使用这些文件的最新版本。凡是不注日期的引用文件,其最新版本适用于本标准。

GB/T 9239.1　机械振动　恒态(刚性)转子平衡品质要求　第1部分:规范与平衡允差的检验(GB/T 9239.1—2006,ISO 1940-1:2003,IDT)

GB/T 12204　金属切削　基本术语(GB/T 12204—1990,neq ISO 3002-1:1982)

GB/T 21019　金属切削刀具　铣刀术语(GB/T 21019—2007,ISO 3855:1977,MOD)

EN 1070　机械安全　术语

3　术语和定义

EN 1070、GB/T 12204 确立的以及下列术语和定义适用于本标准。

3.1　刀具分类术语

3.1.1

整体或单件铣刀　solid or one-piece cutter

不带可拆卸部分的铣刀;其刀体和一个或多个切削部分为一整体。

3.1.2

焊(粘)接铣刀　composite cutter

将一个或多个切削部分(如刀片)用结合材料将其固定在刀体上的铣刀(如钎焊)。

3.1.3

组装铣刀　complex cutter

铣刀的一个或多个部分(如可转位刀片、刀夹、夹紧零件)通过机械联结(如运用摩擦锁紧(3.2.3)或成形锁紧(3.2.4)原理的键螺栓、螺栓或夹紧螺栓)紧固于刀体上。

3.2　固定型式

3.2.1

焊(粘)接式　bonding

用结合材料紧固刀具各部分,如钎焊、熔焊或粘接。

3.2.2

可拆式　separable

用可拆卸的紧固件紧固刀具的各部分。如:可重复安装、拆卸的摩擦锁紧(3.2.3)和成形锁紧(3.2.4),或者是两者的一个组合。

3.2.3

摩擦锁紧　friction lock

利用摩擦力防止刀具各部分在使用时发生位移的紧固方式。

3.2.4

成形锁紧　form lock

利用刀具各部分的形状和排列防止其在使用时发生位移的紧固方式。

3.3　几何参数术语

3.3.1

刀具最大直径　maximum diameter of tool

D

刀具旋转时形成最大圆的直径。

注:见图3、图4、图5中的D。

3.3.2

弯曲临界直径　critical diameter for bending

d

承受由于离心力和切削力产生的最大弯曲应力的直径。

注:见图3、图4、图5中的d。

3.3.3

刀具悬伸长度　protruding tool length

l_p

铣刀装卡后沿旋转轴线方向测量的自由伸出部分的长度。

注:见图3、图4、图5中的l_p。

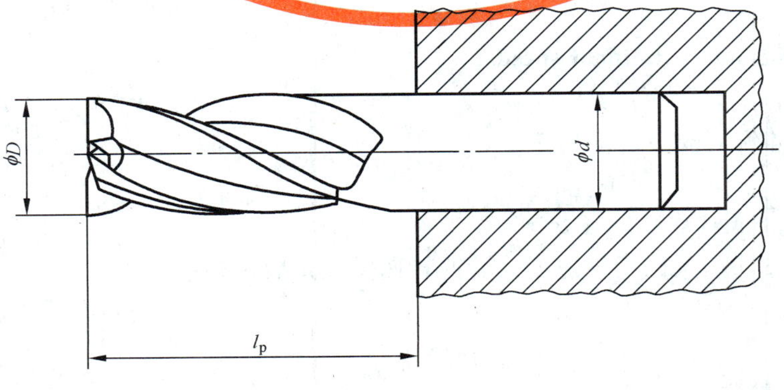

图3　整体、单件或焊(粘)接铣刀示例

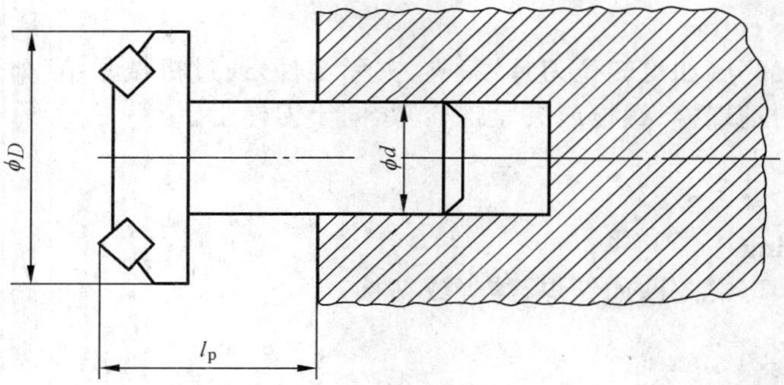

图 4　组装铣刀示例

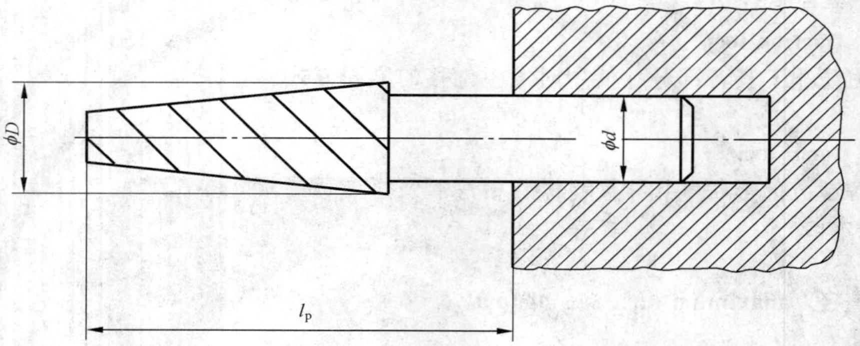

图 5　圆锥形整体刀具、单件或焊(粘)接铣刀示例

3.4　机械参数术语

3.4.1

铣刀质量　mass of milling cutter

m_w

完全安装就绪并准备待用的铣刀质量。

3.4.2

部件质量　component masses

m_t

组装铣刀(3.1.3)的所有部件的质量。

3.5　载荷参数术语

3.5.1

最高转速　maximum rotational speed

n_{max}

制造商针对具体铣刀规定的最高转速。

3.5.2

试验转速　rotational speed for test

最高转速(3.5.1)n_{max}乘以用于速度试验的转速安全系数得到的速度。

4　危险性

4.1　产生危险的因素

4.1.1　主要危险

当铣刀用于高圆周速度时，由于使用了高转速，离心力以转速的平方成正比增加，使相关的力超过了正常切削的情况。还要考虑刀具受到的其他型式的力，例如：夹紧在驱动端部的铣刀通过加速到达工作速度时，组装铣刀中的预应力和来自于空气或冷却液的流体力。离心力通常是主要载荷，而其作用的高能量导致了高的结构载荷，当这些载荷达到极限时，将导致刀具爆碎。

当铣刀用于高圆周切削速度时，具有高水平的旋转动能。当刀具损坏事故发生时，这些能量将可能释放出来。脱出的质体以不可预测的轨迹沿旋转方向或切线方向高速飞离原来的旋转轴。它们的能量只有通过在运动途中的一次或多次碰撞，或者机床部件的变形才能释放出来。

由于这种型式的刀具损坏，释放的能量足以损坏和穿透机床部件。这会对在机床旁或机床附近人员造成严重的人身伤害。由于这种高速切削加工操作的高动态性，事故发生时不可能期望操作人员能够停止机床或离开危险区域以及时避免受到这样的伤害。

4.1.2 操作危险

在加工之前、之后，操作人员在工作过程中所必需的刀具操作都可能产生危险(如：运输、装配、安装或拆卸、机床主轴上的夹固等)(见第 7 章)。

4.2 刀具的损坏型式

铣刀用于高圆周速度时的损坏可归纳为以下基本原因：

4.2.1 刀体损坏

由于结构超载导致铣刀刀体的变形或爆碎。原因如下：

——长悬伸铣刀由于切削力、离心力或不平衡导致刀具损坏。长悬伸铣刀的安装很关键，由于安装偏心产生的不平衡力会导致损坏在转速很低时就产生。

——短悬伸铣刀由于离心力产生的应力超过刀体材料的极限强度导致刀具损坏。

4.2.2 切削部分的固定零件损坏

由于离心力和(或)切削力造成的结构超载，使组装铣刀的刀体和切削部分(如可转位刀片或刀夹)的连接件损坏(如变形或破裂)。

4.2.3 切削部分损坏

由于离心力和(或)切削力造成切削部分的结构超载。

5 安全要求和(或)检测

5.1 通过设计保证安全

被设计用于高圆周速度的铣刀应能承受使用时产生的离心力。转速安全系数应取 2，这样，其与离心力的安全系数为 4∶1。转速安全系数也可以按 5.4.3 的要求取 1.6。

由于生产线上刀具的几何相似性，如果对来自于这样的生产线上至少一件刀具做离心力型式试验的结果是完全确实可靠的，那么，允许对刀具进行计算。

检验：通过计算和(或)离心力型式试验。

5.2 平衡的重要性

随着转速的增加，由偏心产生的不平衡力以二次方的比例增加。

为安全起见，铣刀在最高转速 n_{max}(见 3.5.1)时的平衡质量等级，按 GB/T 9239.1 应等于或优于 G40。

如果为提高性能(如提高刀具寿命或改善加工表面粗糙度)，也可采用一个可确保安全的较低的平衡质量等级(如 G6.3，G2.5)。

图 6 中的图线中的许用剩余不平衡度 U_G^* 建立于下面的公式且范围已扩大至较高的速度水平：

$$U_G^* = 3.8197 \times 10^5 \times \frac{1}{n_{max}}(\text{见 GB/T 9239.1 附录})$$

式中：

n_{max}——最高转速，单位为转每分钟(min^{-1})；

U_G^*——铣刀许用剩余不平衡度，单位为克毫米每千克(g·mm/kg)=许用剩余质量中心位移，单位为微米(μm)。

检验：测量铣刀的不平衡量。

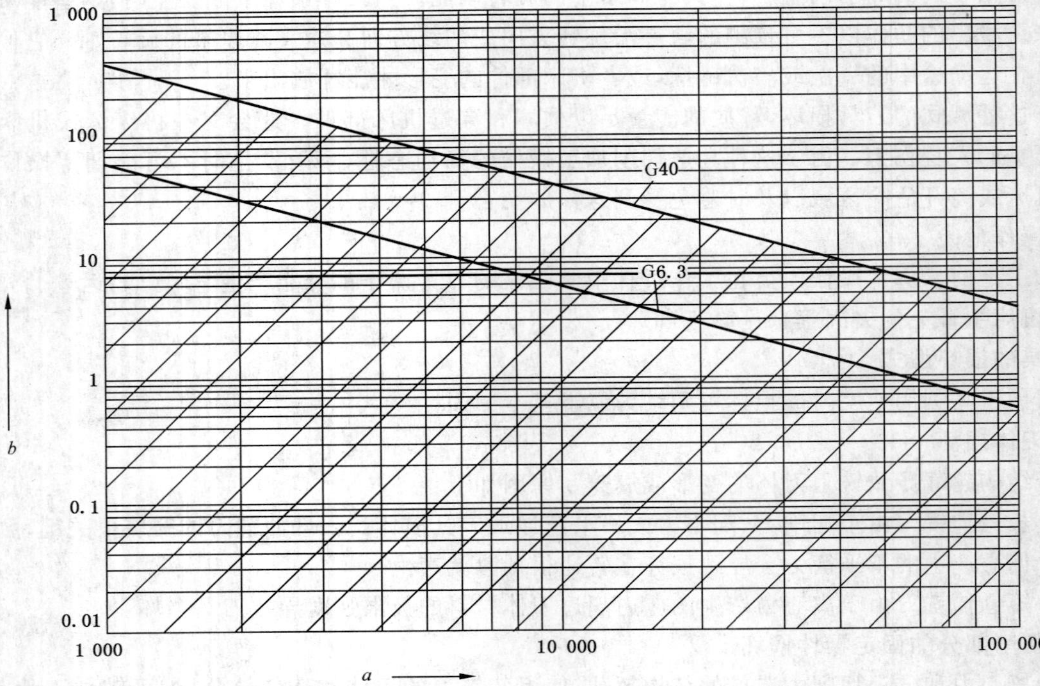

a——最高转速 n_{max}，单位 min^{-1}；

b——许用剩余不平衡度 U_G^*，单位：g·mm/kg 或 μm。

图6 不平衡质量等级 G6.3、G40 的许用剩余不平衡度

5.3 制造的完善性

为确保铣刀在高圆周速度时安全使用，刀具的生产应确保其质量的一致性，且没有热处理产生的物理缺陷或其他原因的裂纹。

检验：制造商的质量规程。

5.4 离心力型式试验

5.4.1 一般要求

为确保铣刀在高速加工时安全使用，应对每一种结构类型的铣刀进行离心力型式试验。

型式试验应包括：

a) 审核设计图纸的一致性，且如有必要还需对设计计算进行审核；

b) 视觉检查，测量和检查铣刀的装配情况。

5.4.2 整体、单件或焊(粘)接铣刀的试验

整体、单件或焊(粘)接铣刀以两倍于铣刀标明最高转速的实验转速做离心力型式试验，铣刀没有损坏或破裂现象。

5.4.3 组装铣刀的试验

组装铣刀可按5.4.2进行试验。但是，充分保证铣刀对离心力的抵抗能力也可以下述方法证实，即当试验转速达到标明最高转速的1.6倍时，刀具没有损坏或破裂，并且没有永久变形或(组成刀具的零件)位移不超过0.05 mm。

5.4.4 试验转速的持续时间

根据5.4.2或5.4.3的试验转速，至少应持续1 min。

6 铣刀标记

高速切削铣刀至少应清晰、明显、永久的标记以下信息：

——最高转速；

并且，如果可能，至少还应标记以下信息：

——制造商或供应商的名称或商标；

——特定代码，根据此代码能从制造商的随行文件中查到刀具的特性。

检验：视觉检查铣刀，检验相关图纸、文件的说明。

7 使用所需的文件和信息

制造商应提供刀具的随行文件。文件中应包含或给出刀具安全使用的参考信息，至少包括：

——刀具最高转速 n_{max} 的说明；

——型式试验的证明文件；

——所有零部件正确装配、拆卸的详细说明；

——用明确的文本对刀具上的代码进行解释；

——有关刀具的修复和维护的信息，特别是备用件和磨损件的信息；

——决定刀具最大允许悬伸量 l_p 的信息(见 3.3.3)；

——关于刀具平衡条件的信息；

——关于铣刀正确使用的信息(对高速切削的安全性尤为重要)；

——合理切削及其他可换零件的信息；

——刀具正确装夹的信息。

制造商或供应商在使用或出售的产品资料中，应说明铣刀是否按本标准制造。

附 录 A
（资料性附录）
关于危险的设计说明

A.1 关于危险的设计说明

刀具以很高的圆周速度进行切削时承受着巨大的离心力，并随着速度的增加以 2 次方的比例增加，它大大的超过了切削力。这类刀具的设计是以最高转速 n_{max} 为基础的，设计时不仅要考虑切削过程的载荷，更要考虑由离心力引起的结构载荷。只要刀具达到切削所需转速时，无论是否切削，刀具都将承受上述载荷。

考虑到第 5 章所说的力，以及潜在危险和损坏模式，刀具设计时应考虑以下基本建议。

A.2 刀具的总质量或刀具部件质量

因刀具质量直接影响离心力的大小，从而影响由于离心力而引起的应力负荷，因此建议：

a) 特别注意：最大限度的减轻刀具质量或所有组成刀具的单个零件的质量；

b) 应避免质量集中在大半径上，这特别涉及到部件质量（如可转位刀片和夹头）的分布，以及安装机构。

A.3 不平衡

转子以很高的圆周速度运转时对不平衡要求特别苛刻，所以应采取设计措施以防止或消除不平衡。

a) 防止不平衡：
   1) 采用与回转中心对称的刀具结构；
   2) 放弃受安装影响且不能重复安装的连结件、调整和夹持机构。

b) 用设计参量消除不平衡：
   1) 在适合的平面上均衡不平衡量（修正）；
   2) 用某种设计均衡不平衡量（例如表面涂覆、去除重量、机械平衡零件如外部安装调节螺钉及类似零件）。

A.4 刀具结构

a) 材料的选用

   刀具以很高的圆周速度切削时主要承受因离心力而产生的高应力，因此，应采用有适宜韧性且没有裂纹的材料。

   计算两种主要型式（带柄和带孔）刀具的应力载荷，首先应采用近似的分析方法。由于刀具不同的功能而采用的不同结构，其实际零件的几何形状是多种的，不同于理想模式，每一种具体情况下，应根据相应的直径和远大于材料的极限强度值选择材料。

b) 应力集中减至最低程度

   在设计高速切削加工铣刀时，应尽可能避免结构上的凹槽以免产生过度的应力集中。但在许多情况下，这种要求与刀具所要求的功能是矛盾的（如分屑槽、切削刃区及类似情况），这时，应考虑通过在凹槽内适当设计较大的内圆角以过度的应力集中最小。

c) 根据载荷选择和安排零件结构

组装刀具零件的选择和安排应避免夹紧力因离心力作用而减小。成形锁紧方式优于摩擦锁紧方式。对于切削部分不可换的刀具，采用结合材料固定被证明是成功的。

d) 分离点和连接件

连接件、调整件、夹持机构及分离点应减到所需的最低限度，因为它们可能导致刀具的损伤。

附 录 B
(资料性附录)
适用范围的说明

本标准第1章定义的适用范围应满足下列数学条件：

$$V_D/A \geqslant 1 \quad \cdots\cdots(B.1)$$

$A=958$ m/min。

和

$$\frac{n^2 \cdot D}{B} \geqslant 1 \quad \cdots\cdots(B.2)$$

$B=2.9\times10^9$ mm/min²。

要适用本标准就应同时满足这两个条件。

本标准在第1章中的适用范围，是根据对所考虑的刀具需有一个统一和通用的规范来规定的。做极限曲线图(见图1、图2)，以具有下列结构特性的假想组装刀具为基础：

a) 径向上的质量块是用摩擦锁紧方式在刀具最大直径上夹固的；

b) 用特性等级为8.8的M3螺钉在该质量块中心孔处夹固；

c) 被夹持质量块 $m=0.015$ kg；

d) 接触线内的摩擦系数 $\mu=0.1$。

计算极限曲线时，根据摩擦锁紧失效将引起被夹持质量块滑移的刀具最大直径来决定极限速度。

根据上述规范，用切削直径的函数关系来计算极限速度：

$$\mu \cdot F_V \geqslant F_F = m \cdot \frac{D \cdot 10^{-3}}{2} \cdot (2 \cdot \pi \cdot n)^2 \quad \cdots\cdots(B.3)$$

$$n \leqslant \sqrt{\frac{\mu \cdot F_V}{2 \cdot m \cdot \pi^2 \cdot D \cdot 10^{-3}}} \quad \cdots\cdots(B.4)$$

$$n \leqslant \sqrt{\frac{0.1 \cdot 2\ 390}{2 \cdot 0.015 \cdot \pi^2 \cdot D \cdot 10^{-3}}} \cdot 60 \quad \cdots\cdots(B.5)$$

式中：

μ——摩擦系数；

F_V——螺钉的预应力，单位为牛顿(N)；

F_F——离心力，单位为牛顿(N)；

m——切削部分的质量，单位为千克(kg)；

D——刀具最大直径，单位为毫米(mm)；

n——转速，单位为转每分种(min^{-1})；

V_D——直径 D 处的速度，单位为米每分钟(m/min)。

通过以上计算确定的极限速度落在安全一侧。这已通过实验验证。

ICS 25.100.20
J 41

中华人民共和国国家标准

GB/T 25665—2010

整体硬切削材料直柄圆弧立铣刀　尺寸

Solid end mills with corner radii and cylindrical shanks made of hard cutting materials—Dimensions

(ISO 22037:2007,MOD)

2010-12-23 发布　　2011-07-01 实施

中华人民共和国国家质量监督检验检疫总局
中国国家标准化管理委员会　发布

前　言

本标准修改采用 ISO 22037:2007《整体硬切削材料直柄圆弧立铣刀　尺寸》(英文版)。

本标准与 ISO 22037:2007 相比有下列差异:

——删除了国际标准的前言;

——本国际标准改为本标准;

——规范性引用文件中的国际标准用我国国家标准替代;

——用小数点'.'代替作为小数点的逗号',';

——表 3 中半径 $r=0.3$ 系列根据国内实际情况修改为 0.4,相关数据亦做相应修改。

本标准由中国机械工业联合会提出。

本标准由全国刀具标准化技术委员会(SAC/TC 91)归口。

本标准起草单位:成都工具研究所。

本标准主要起草人:曾宇环、沈士昌。

整体硬切削材料直柄圆弧立铣刀　尺寸

1　范围

本标准规定了材料按 GB/T 2075—2007 的整体硬切削材料直柄圆弧立铣刀的尺寸。

本标准适用于整体硬切削材料直柄圆弧立铣刀。

2　规范性引用文件

下列文件中的条款通过本标准的引用而成为本标准的条款。凡是注日期的引用文件，其随后所有的修改单(不包括勘误的内容)或修订版均不适用于本标准，然而，鼓励根据本标准达成协议的各方研究是否可使用这些文件的最新版本。凡是不注日期的引用文件，其最新版本适用于本标准。

GB/T 1800.2—2009　产品几何技术规范(GPS)　极限与配合　第 2 部分：标准公差等级和孔、轴极限偏差表(ISO 286-2：1988，MOD)

GB/T 2075—2007　切削加工用硬切削材料的分类和用途　大组和用途小组的分类代号(ISO 513-2004，IDT)

3　圆弧立铣刀的型式

圆弧立铣刀分为两种型式：

——型式 1：短型圆弧立铣刀，见图 1 和表 1；

——型式 2：长型圆弧立铣刀，见图 2 和表 2；

注：两种型式的圆弧立铣刀均可设计成带颈或不带颈。颈部尺寸(颈部直径)d_3 在图 1 和图 2 中表示。

4　尺寸

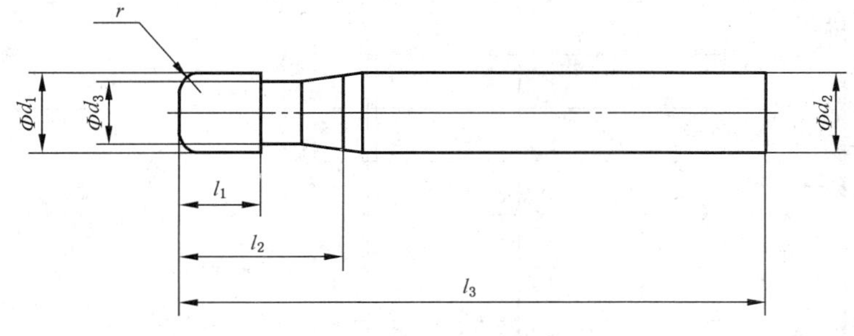

图 1　型式 1：短型圆弧立铣刀

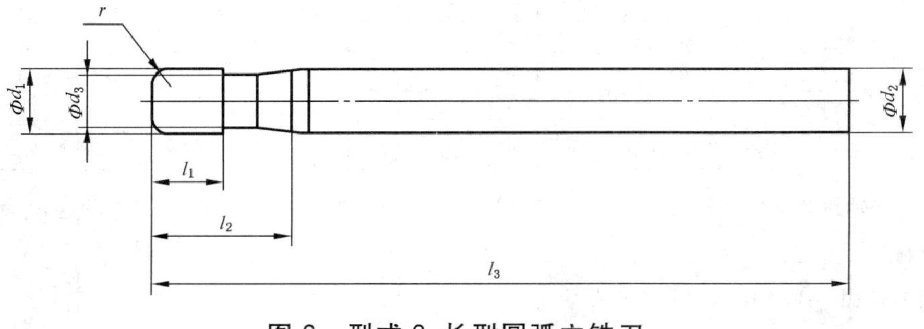

图 2　型式 2：长型圆弧立铣刀

表 1　短型圆弧立铣刀

单位为毫米

<table>
<tr><th>切削直径
d_1</th><th>圆弧半径
r[d]</th><th>切削刃长
l_1
最小值</th><th>悬伸长度
l_2[a]
最小值</th><th>颈部直径
d_3[b]</th><th>总长
l_3
$^{+2}_{0}$</th><th>柄部直径
d_2[c]
h6</th></tr>
<tr><td>0.5</td><td rowspan="29">—</td><td>0.5</td><td>1.0</td><td rowspan="29">—</td><td rowspan="3">38.0</td><td rowspan="3">3.0</td></tr>
<tr><td>0.6</td><td>0.6</td><td>1.2</td></tr>
<tr><td>0.8</td><td>0.8</td><td>1.6</td></tr>
<tr><td>1.0</td><td>1.0</td><td>2.0</td><td rowspan="6">43.0</td><td rowspan="6">4.0</td></tr>
<tr><td>1.2</td><td>1.2</td><td>2.4</td></tr>
<tr><td>1.4</td><td>1.4</td><td>2.8</td></tr>
<tr><td>1.5</td><td>1.5</td><td>3.0</td></tr>
<tr><td>1.6</td><td>1.6</td><td>3.2</td></tr>
<tr><td>1.8</td><td>1.8</td><td>3.6</td></tr>
<tr><td>2.0</td><td>2.0</td><td>4.0</td><td rowspan="9">57.0</td><td rowspan="9">6.0</td></tr>
<tr><td>2.5</td><td>2.5</td><td>5.0</td></tr>
<tr><td>3.0</td><td>3.0</td><td>6.0</td></tr>
<tr><td>3.5</td><td>3.5</td><td>7.0</td></tr>
<tr><td>4.0</td><td>4.0</td><td>8.0</td></tr>
<tr><td>4.5</td><td>4.5</td><td>9.0</td></tr>
<tr><td>5.0</td><td>5.0</td><td>10.0</td></tr>
<tr><td>5.5</td><td>5.5</td><td>11.0</td></tr>
<tr><td>6.0</td><td>6.0</td><td>12.0</td></tr>
<tr><td>7.0</td><td>7.0</td><td>14.0</td><td rowspan="2">63.0</td><td rowspan="2">8.0</td></tr>
<tr><td>8.0</td><td>8.0</td><td>16.0</td></tr>
<tr><td>9.0</td><td>9.0</td><td>18.0</td><td rowspan="2">72.0</td><td rowspan="2">10.0</td></tr>
<tr><td>10.0</td><td>10.0</td><td>20.0</td></tr>
<tr><td>11.0</td><td>11.0</td><td>22.0</td><td rowspan="4">83.0</td><td rowspan="2">12.0</td></tr>
<tr><td>12.0</td><td>12.0</td><td>24.0</td></tr>
<tr><td>13.0</td><td>13.0</td><td>26.0</td><td rowspan="2">14.0</td></tr>
<tr><td>14.0</td><td>14.0</td><td>28.0</td></tr>
<tr><td>16.0</td><td>16.0</td><td>32.0</td><td rowspan="2">92.0</td><td>16.0</td></tr>
<tr><td>18.0</td><td>18.0</td><td>36.0</td><td>18.0</td></tr>
<tr><td>20.0</td><td>20.0</td><td>40.0</td><td>104.0</td><td>20.0</td></tr>
</table>

a　l_2 是平行于轴线测量的悬伸长度，大小为从立铣刀端部到颈部锥面上直径等于切削直径 d_1 处的距离。

b　尺寸由制造厂自定。

c　d_2 的公差按照 GB/T 1800.2—2009 规定。

d　见表 3。

表 2　长型圆弧立铣刀

单位为毫米

切削直径 d_1	圆弧半径 r^{d}	切削刃长 l_1 最小值	悬伸长度 $l_2{}^{a}$ 最小值	颈部直径 $d_3{}^{b}$	总长 l_3 $^{+2}_{0}$	柄部直径 $d_2{}^{c}$ h6
0.5	—	0.5	1.0	—	50.0	3.0
0.6		0.6	1.2			
0.8		0.8	1.6			
1.0		1.0	2.0		60.0	4.0
1.2		1.2	2.4			
1.4		1.4	2.8			
1.5		1.5	3.0			
1.6		1.6	3.2			
1.8		1.8	3.6			
2.0		2.0	4.0		80.0	6.0
2.5		2.5	5.0			
3.0		3.0	6.0			
3.5		3.5	7.0			
4.0		4.0	8.0			
4.5		4.5	9.0			
5.0		5.0	10.0			
5.5		5.5	11.0			
6.0		6.0	12.0			
6.0		6.0	12.0		100.0	8.0
7.0		7.0	14.0			
8.0		8.0	16.0			
8.0		8.0	16.0			10.0
9.0		9.0	18.0			
10.0		10.0	20.0			
10.0		10.0	20.0		120.0	12.0
11.0		10.0	22.0			
12.0		12.0	24.0			
13.0		13.0	26.0			14.0
14.0		14.0	28.0			
13.0		13.0	26.0		140.0	16.0
14.0		14.0	28.0			
16.0		16.0	32.0			
18.0		18.0	36.0		160.0	18.0
18.0		18.0	36.0			20.0
20.0		20.0	40.0			

a　l_2 是平行于轴线测量的悬伸长度，大小为从立铣刀端部到颈部锥面上直径等于切削直径 d_1 处的距离。

b　尺寸由制造厂自定。

c　d_2 的公差按照 GB/T 1800.2—2009 规定。

d　见表 3。

表 3　短型和长型立铣刀圆弧半径

单位为毫米

直径	圆弧半径 r ±0.010										
	0.1	0.2	0.4	0.5	1	1.5	2	3	4	5	6
0.5	+										
0.6	+	+									
0.8	+	+									
1.0	+	+									
1.2	+	+	+								
1.4	+	+	+	+							
1.5	+	+	+	+							
1.6	+	+	+	+							
1.8	+	+	+	+							
2.0	+	+	+	+							
2.5		+	+	+							
3.0		+	+	+	+						
3.5		+	+	+	+						
4.0		+	+	+	+						
4.5			+	+	+						
5.0			+	+	+						
5.5			+	+	+	+					
6.0			+	+	+	+					
7.0				+	+	+	+				
8.0				+	+	+	+				
9.0				+	+	+	+				
10.0				+	+	+	+				
11.0					+	+	+	+			
12.0					+	+	+	+	+		
13.0					+	+	+	+	+		
14.0					+	+	+	+	+		
16.0					+	+	+	+	+	+	+
18.0					+	+	+	+	+	+	+
20.0					+	+	+	+	+	+	+

说明：

+	第一选择：已被该标准包括的半径
	空白区域，第二选择：未被该标准包括的半径
	阴影区域：不推荐的半径

ICS 25.100.30
J 41

中华人民共和国国家标准

GB/T 25666—2010

硬质合金直柄麻花钻

Parallel shank twist drills with carbide tips

2010-12-23 发布　　2011-07-01 实施

中华人民共和国国家质量监督检验检疫总局
中国国家标准化管理委员会　发布

前　言

本标准由中国机械工业联合会提出。

本标准由全国刀具标准化技术委员会(SAC/TC 91)归口。

本标准起草单位:成都工具研究所、哈尔滨量具刃具集团公司。

本标准主要起草人:夏千、于海宏。

硬质合金直柄麻花钻

1 范围

本标准规定了焊硬质合金刀片的直柄麻花钻的型式和尺寸、技术要求、标志和包装的基本要求。

本标准适用于直径 d 为 5 mm～20 mm 的硬质合金直柄麻花钻(以下简称“麻花钻”)。

2 规范性引用文件

下列文件中的条款通过本标准的引用而成为本标准的条款。凡是注日期的引用文件，其随后所有的修改单(不包括勘误的内容)或修订版均不适用于本标准，然而，鼓励根据本标准达成协议的各方研究是否可使用这些文件的最新版本。凡是不注日期的引用文件，其最新版本适用于本标准。

GB/T 1442　直柄工具用传动扁尾及套筒　尺寸

GB/T 2075　切削加工用硬切削材料的分类和用途　大组和用途小组的分类代号

YS/T 79　硬质合金焊接刀片

3 型式和尺寸

3.1 麻花钻的型式按图 1 所示，尺寸由表 1 给出。硬质合金刀片按 YS/T 79 选用。

图 1

表 1

单位为毫米

d h8	d_1 h8	l 短型	l 标准型	l_1 短型	l_1 标准型	硬质合金刀片型号 参考
5.00	5.0	70	86	36	52	E106
5.10	5.0					
5.20	5.0					
5.30	5.0					
5.40	5.0	75	93	40	57	
5.50	5.0					
5.60	5.5					E107
5.70	5.5					

表 1（续）

单位为毫米

d h8	d_1 h8	l		l_1		硬质合金刀片型号
		短型	标准型	短型	标准型	参考
5.80	5.5	75	93	40	57	E107
5.90	5.5					
6.00	5.5					
6.10	6.0	80	101	42	63	
6.20	6.0					
6.30	6.0					
6.40	6.0					
6.50	6.0					
6.60	6.5					E108
6.70	6.5					
6.80	6.5	85	109	45	69	
6.90	6.5					
7.00	6.5					
7.10	7.0					
7.20	7.0					
7.30	7.0					
7.40	7.0					
7.50	7.0					
7.60	7.5	95	117	52	75	E109
7.70	7.5					
7.80	7.5					
7.90	7.5					
8.00	7.5					
8.10	8.0					
8.20	8.0					
8.30	8.0					
8.40	8.0					
8.50	8.0					
8.60	8.5	100	125	55	81	E110
8.70	8.5					
8.80	8.5					
8.90	8.5					
9.00	8.5					
9.10	9.0					

表 1（续）

单位为毫米

<table>
<tr><th rowspan="2">d
h8</th><th rowspan="2">d_1
h8</th><th colspan="2">l</th><th colspan="2">l_1</th><th>硬质合金
刀片型号</th></tr>
<tr><th>短型</th><th>标准型</th><th>短型</th><th>标准型</th><th>参考</th></tr>
<tr><td>9.20</td><td>9.0</td><td rowspan="4">100</td><td rowspan="4">125</td><td rowspan="4">55</td><td rowspan="4">81</td><td rowspan="4">E110</td></tr>
<tr><td>9.30</td><td>9.0</td></tr>
<tr><td>9.40</td><td>9.0</td></tr>
<tr><td>9.50</td><td>9.0</td></tr>
<tr><td>9.60</td><td>9.5</td><td rowspan="11">105</td><td rowspan="11">133</td><td rowspan="11">60</td><td rowspan="11">87</td><td rowspan="5">E210</td></tr>
<tr><td>9.70</td><td>9.5</td></tr>
<tr><td>9.80</td><td>9.5</td></tr>
<tr><td>9.90</td><td>9.5</td></tr>
<tr><td>10.00</td><td>9.5</td></tr>
<tr><td>10.10</td><td>10.0</td><td rowspan="10">E211</td></tr>
<tr><td>10.20</td><td>10.0</td></tr>
<tr><td>10.30</td><td>10.0</td></tr>
<tr><td>10.40</td><td>10.0</td></tr>
<tr><td>10.50</td><td>10.0</td></tr>
<tr><td>10.60</td><td>10.5</td></tr>
<tr><td>10.70</td><td>10.5</td><td rowspan="12">110</td><td rowspan="12">142</td><td rowspan="12">65</td><td rowspan="12">94</td></tr>
<tr><td>10.80</td><td>10.5</td></tr>
<tr><td>10.90</td><td>10.5</td></tr>
<tr><td>11.00</td><td>10.5</td></tr>
<tr><td>11.10</td><td>11.0</td><td rowspan="10">E213</td></tr>
<tr><td>11.20</td><td>11.0</td></tr>
<tr><td>11.30</td><td>11.0</td></tr>
<tr><td>11.40</td><td>11.0</td></tr>
<tr><td>11.50</td><td>11.0</td></tr>
<tr><td>11.60</td><td>11.5</td></tr>
<tr><td>11.70</td><td>11.5</td></tr>
<tr><td>11.80</td><td>11.5</td></tr>
<tr><td>11.90</td><td>11.5</td><td rowspan="7">120</td><td rowspan="7">151</td><td rowspan="7">70</td><td rowspan="7">101</td></tr>
<tr><td>12.00</td><td>11.5</td></tr>
<tr><td>12.10</td><td>12.0</td><td rowspan="5">E214</td></tr>
<tr><td>12.20</td><td>12.0</td></tr>
<tr><td>12.30</td><td>12.0</td></tr>
<tr><td>12.40</td><td>12.0</td></tr>
<tr><td>12.50</td><td>12.0</td></tr>
</table>

表 1（续）

单位为毫米

d h8	d_1 h8	l		l_1		硬质合金刀片型号
		短型	标准型	短型	标准型	参考
12.60	12.5	120	151	70	101	E214
12.70	12.5					
12.80	12.5					
12.90	12.5					
13.00	12.5					
13.10	13.0					E215
13.20	13.0					
13.30	13.0	122	160	70	108	
13.40	13.0					
13.50	13.0					
13.60	13.5					
13.70	13.5					
13.80	13.5					
13.90	13.5					
14.00	13.5					
14.25	14.2	130	169	75	114	E216
14.50	14.2					
14.75	14.7					
15.00	14.7					
15.25	15.2	138	178	80	120	E217
15.50	15.2					
15.75	15.7					
16.00	15.7					
16.25	16.2		184		125	E218
16.50	16.2					
16.75	16.7					
17.00	16.7					
17.25	17.2		191		130	E219
17.50	17.2					
17.75	17.7					
18.00	17.7					
18.25	18.2		198		135	E220
18.50	18.2					
18.75	18.7					

表 1（续）

单位为毫米

d h8	d_1 h8	l		l_1		硬质合金刀片型号
		短型	标准型	短型	标准型	参考
19.00	18.7	138	198	80	135	E220
19.25	19.2		205		140	E221
19.50	19.2					
19.75	19.7					
20.00	19.7					

3.2 制造中间规格的短型和标准型直柄麻花钻时，总长和沟槽长度尺寸分别由表 2、表 3 给出。

表 2 短型直柄麻花钻的总长和沟槽长度

单位为毫米

直径范围 d	l	l_1
≥5.00～5.30	70	36
>5.30～6.00	75	40
>6.00～6.70	80	42
>6.70～7.50	85	45
>7.50～8.50	95	52
>8.50～9.50	100	55
>9.50～10.60	105	60
>10.60～11.80	110	65
>11.80～13.20	120	70
>13.20～14.00	122	
>14.00～15.00	130	75
>15.00～16.00	138	80
>16.00～17.00		
>17.00～18.00		
>18.00～19.00		
>19.00～20.00		

表 3 标准型直柄麻花钻的总长和沟槽长度

单位为毫米

直径范围 d	l	l_1
≥5.00～5.30	86	52
>5.30～6.00	93	57
>6.00～6.70	101	63
>6.70～7.50	109	69
>7.50～8.50	117	75
>8.50～9.50	125	81

表 3（续）

单位为毫米

直径范围 d	l	l_1
>9.50～10.60	133	87
>10.60～11.80	142	94
>11.80～13.20	151	101
>13.20～14.00	160	108
>14.00～15.00	169	114
>15.00～16.00	178	120
>16.00～17.00	184	125
>17.00～18.00	191	130
>18.00～19.00	198	135
>19.00～20.00	205	140

3.3 标记示例

直径 d=10 mm，刀片分类代号为 K30 的直柄麻花钻为：

硬质合金直柄麻花钻 10 K30 GB/T 25666—2010

直径 d=10 mm，刀片分类代号为 K30 的直柄短型麻花钻为：

硬质合金直柄麻花钻 短 10 K30 GB/T 25666—2010

4 技术条件

4.1 尺寸和位置公差

4.1.1 麻花钻总长(l)极限偏差按 2 倍的 js16，螺旋沟槽长(l_1)极限偏差按 3 倍的 js16。

4.1.2 制造带扁尾的直柄麻花钻时，扁尾部分的尺寸按 GB/T 1442 的规定。

4.1.3 麻花钻工作部分直径应有倒锥度。

4.1.4 麻花钻刀体导向部分向柄部方向允许有钻芯增量。

4.1.5 在刀片末端向柄部方向不大于 5 mm 长度上，应满足下列要求：

——刀体导向刃带上砂轮空刀槽的深度不应大于 0.20 mm；

——刀片前面高过刀体刃沟表面不应大于 0.30 mm。

4.1.6 麻花钻角度按下列规定：

——螺旋角：由制造厂自行规定，也可按供需双方的协议制造。

——顶角：由制造厂自行规定。极限偏差为±3°，适合于不同顶角的麻花钻。

4.1.7 麻花钻的位置公差由表 4 中给出。

表 4

单位为毫米

项 目	公 差	
	d≤10	d>10
工作部分对柄部轴线的径向圆跳动	0.08	0.12
切削刃对柄部轴线的斜向圆跳动	0.12	0.16

4.2 材料和硬度

4.2.1 麻花钻刀片材料按 GB/T 2075 选用。

4.2.2 刀体用 9SiGr 或其他同等性能的合金钢制造。

4.2.3 刀体导向部分硬度不低于55HRC。但在焊接刀片处和距两个刀片长度范围内允许稍低，其减低量不超过15HRC。

4.2.4 柄部和扁尾硬度不低于30HRC。

4.3 外观和表面粗糙度

4.3.1 刀片焊接应牢固，不应有裂纹、崩刃。麻花钻磨削表面不应有碰伤、锈迹等影响使用性能的缺陷。

4.3.2 非磨削表面、焊接和热处理后需经喷砂或其他表面处理。

4.3.3 麻花钻表面不应有堆积的残余焊料。

4.3.4 麻花钻表面粗糙度的上限值由表5中给出。

表5

单位为微米

项　　目	表面粗糙度
前面、后面及刃带表面	*Rz* 3.2
刀体导向刃带表面	*Rz* 6.3
刀体沟槽表面	*Rz* 12.5
柄部表面	*Ra* 0.8

5 标志和包装

5.1 标志

5.1.1 产品上应标志：

a) 制造厂或销售商商标；

b) 麻花钻直径；

c) 刀片的硬质合金代号或牌号。

5.1.2 包装盒上应标志：

a) 制造厂或销售商名称、地址、商标；

b) 麻花钻的名称、直径、标准编号(短型麻花钻在直径前面加“短”字)；

c) 刀片的硬质合金代号或牌号；

d) 件数；

e) 制造年月。

5.2 包装

麻花钻包装前应进行防锈处理。包装应牢靠，防止运输过程中的损坏。

ICS 25.100.30
J 41

中华人民共和国国家标准

GB/T 25667.1—2010

整体硬质合金直柄麻花钻
第1部分：直柄麻花钻型式与尺寸

Solid carbide twist drills with parallel shank—
Part 1: The types and dimensions for parallel shank twist drills

2010-12-23 发布　　2011-07-01 实施

中华人民共和国国家质量监督检验检疫总局
中国国家标准化管理委员会　发布

前　言

GB/T 25667《整体硬质合金直柄麻花钻》分为三个部分：

——第 1 部分：直柄麻花钻型式与尺寸；

——第 2 部分：2°斜削平直柄麻花钻型式与尺寸；

——第 3 部分：技术条件。

本部分为 GB/T 25667 第 1 部分。

本部分由中国机械工业联合会提出。

本部分由全国刀具标准化技术委员会(SAC/TC 91)归口。

本部分主要起草单位：上海工具厂有限公司、成都工具研究所。

本部分主要起草人：励政伟、张红、胡江林、沈士昌。

整体硬质合金直柄麻花钻
第1部分:直柄麻花钻型式与尺寸

1 范围

GB/T 25667 的本部分规定了整体硬质合金直柄麻花钻(以下简称“麻花钻”)的型式与尺寸。

本部分适用于直径为 1.9 mm～20 mm 的麻花钻。

2 型式与尺寸

2.1 麻花钻的型式分 A 型与 B 型两种,见图 1 和图 2 所示。

2.2 麻花钻的尺寸按表 1 和表 2 中的规定。

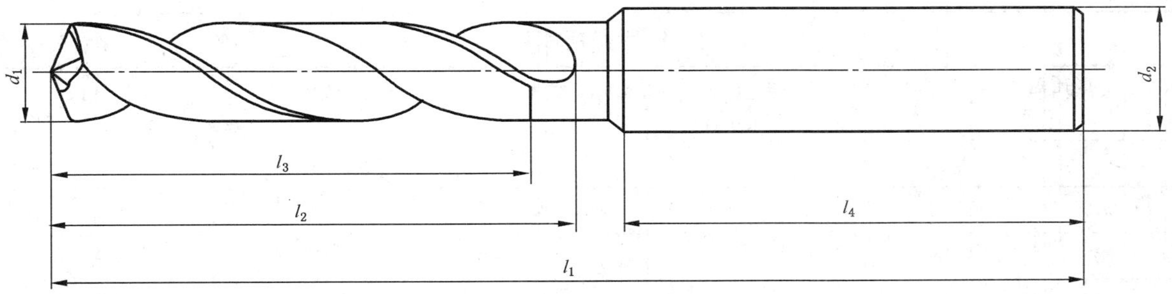

图 1 A 型直柄麻花钻型式

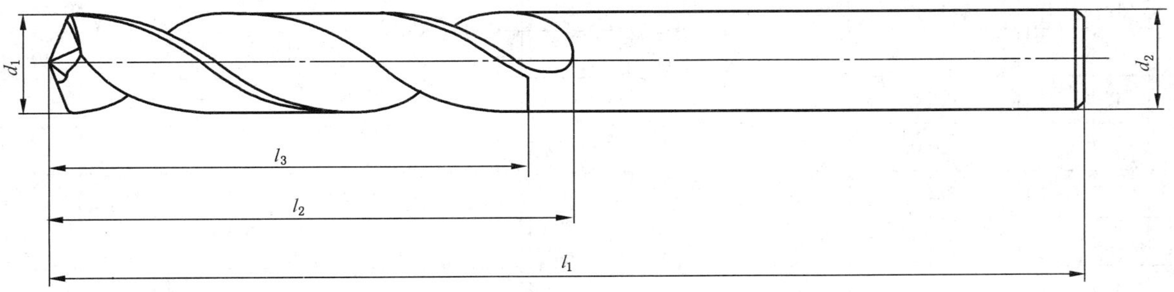

图 2 B 型直柄麻花钻型式

表 1　A 型直柄麻花钻尺寸

单位为毫米

<table>
<tr><th colspan="2">直径范围 d_1
m7</th><th rowspan="2">柄部直径
d_2
h6</th><th colspan="3">短系列</th><th colspan="3">长系列</th><th rowspan="2">柄长
l_4</th></tr>
<tr><th>></th><th>≤</th><th>总长
l_1</th><th>槽长
l_2
max</th><th>刃长
l_3
min</th><th>总长
l_1</th><th>槽长
l_2
max</th><th>刃长
l_3
min</th></tr>
<tr><td>2.9</td><td>3.75</td><td rowspan="3">6</td><td>62</td><td>20</td><td>14</td><td>66</td><td>28</td><td>23</td><td rowspan="5">36</td></tr>
<tr><td>3.75</td><td>4.75</td><td rowspan="2">66</td><td>24</td><td>17</td><td>74</td><td>36</td><td>29</td></tr>
<tr><td>4.75</td><td>6.00</td><td>28</td><td>20</td><td>82</td><td>44</td><td>35</td></tr>
<tr><td>6.00</td><td>7.00</td><td rowspan="2">8</td><td rowspan="2">79</td><td>34</td><td>24</td><td rowspan="2">91</td><td rowspan="2">53</td><td rowspan="2">43</td></tr>
<tr><td>7.00</td><td>8.00</td><td>41</td><td>29</td></tr>
<tr><td>8.00</td><td>10.00</td><td>10</td><td>89</td><td>47</td><td>35</td><td>103</td><td>61</td><td>49</td><td>40</td></tr>
<tr><td>10.00</td><td>12.00</td><td>12</td><td>102</td><td>55</td><td>40</td><td>118</td><td>71</td><td>56</td><td rowspan="2">45</td></tr>
<tr><td>12.00</td><td>14.00</td><td>14</td><td>107</td><td>60</td><td>43</td><td>124</td><td>77</td><td>60</td></tr>
<tr><td>14.00</td><td>16.00</td><td>16</td><td>115</td><td>65</td><td>45</td><td>133</td><td>83</td><td>63</td><td rowspan="2">48</td></tr>
<tr><td>16.00</td><td>18.00</td><td>18</td><td>123</td><td>73</td><td>51</td><td>143</td><td>93</td><td>71</td></tr>
<tr><td>18.00</td><td>20.00</td><td>20</td><td>131</td><td>79</td><td>55</td><td>153</td><td>101</td><td>77</td><td>50</td></tr>
</table>

表 2　B 型直柄麻花钻尺寸

单位为毫米

<table>
<tr><th colspan="2">直径范围 d_1
h7</th><th rowspan="2">柄部直径
d_2
h6</th><th rowspan="2">总长
l_1</th><th rowspan="2">槽长
l_2
≈</th><th rowspan="2">刃长
l_3
min</th></tr>
<tr><th>></th><th>≤</th></tr>
<tr><td>1.90</td><td>2.12</td><td rowspan="18">$d_2=d_1$</td><td>38</td><td>12</td><td>9</td></tr>
<tr><td>2.12</td><td>2.36</td><td>40</td><td>13</td><td>10</td></tr>
<tr><td>2.36</td><td>2.65</td><td>43</td><td>14</td><td>11</td></tr>
<tr><td>2.65</td><td>3.00</td><td>46</td><td>16</td><td>12</td></tr>
<tr><td>3.00</td><td>3.35</td><td>49</td><td>18</td><td>14</td></tr>
<tr><td>3.35</td><td>3.75</td><td>52</td><td>20</td><td>15</td></tr>
<tr><td>3.75</td><td>4.25</td><td>55</td><td>22</td><td>17</td></tr>
<tr><td>4.25</td><td>4.75</td><td>58</td><td>24</td><td>18</td></tr>
<tr><td>4.75</td><td>5.30</td><td>62</td><td>26</td><td>20</td></tr>
<tr><td>5.30</td><td>6.00</td><td>66</td><td>28</td><td>21</td></tr>
<tr><td>6.00</td><td>6.70</td><td>70</td><td>31</td><td>23</td></tr>
<tr><td>6.70</td><td>7.50</td><td>74</td><td>34</td><td>25</td></tr>
<tr><td>7.50</td><td>8.00</td><td rowspan="2">79</td><td rowspan="2">37</td><td rowspan="2">27</td></tr>
<tr><td>8.00</td><td>8.50</td></tr>
<tr><td>8.50</td><td>9.50</td><td>84</td><td>40</td><td>29</td></tr>
<tr><td>9.50</td><td>10.00</td><td>89</td><td>43</td><td>31</td></tr>
<tr><td>10.00</td><td>10.60</td><td>89</td><td>43</td><td>31</td></tr>
<tr><td>10.60</td><td>11.8</td><td>95</td><td>47</td><td>33</td></tr>
</table>

表 2（续）

单位为毫米

直径范围 d_1 h7 >	直径范围 d_1 h7 ≤	柄部直径 d_2 h6	总长 l_1	槽长 l_2 ≈	刃长 l_3 min
11.8	12.00	$d_2=d_1$	102	51	35
12.00	13.20				
13.20	14.00		107	54	37
14.00	15.00		111	56	38
15.00	16.00		115	58	
16.00	17.00		119	60	39
17.00	18.00		123	62	40
18.00	19.00		127	64	41
19.00	20.00		131	66	42

2.3 标记示例

直径 d_1=5 mm，总长 l_1=82 mm，A 型 长系列 整体硬质合金直柄麻花钻的标记为：

整体硬质合金直柄麻花钻　A 型 长 5×82 GB/T 25667.1—2010。

直径 d_1=5 mm，总长 l_1=66 mm，B 型 短系列 整体硬质合金直柄左旋麻花钻的标记为：

整体硬质合金直柄麻花钻　B 型 短 5×66-L GB/T 25667.1—2010。

ICS 25.100.30
J 41

中华人民共和国国家标准

GB/T 25667.2—2010

整体硬质合金直柄麻花钻 第2部分：2°斜削平直柄麻花钻型式与尺寸

Solid carbide twist drills with parallel shank—
Part 2: The types and dimensions for parallel shank twist drills with 2° angular flats

2010-12-23 发布 2011-07-01 实施

中华人民共和国国家质量监督检验检疫总局
中国国家标准化管理委员会 发布

前　言

GB/T 25667《整体硬质合金直柄麻花钻》分为三个部分：

——第 1 部分：直柄麻花钻型式与尺寸；

——第 2 部分：2°斜削平直柄麻花钻型式与尺寸；

——第 3 部分：技术条件。

本部分为 GB/T 25667 第 2 部分。

本部分由中国机械工业联合会提出。

本部分由全国刀具标准化技术委员会(SAC/TC 91)归口。

本部分主要起草单位：上海工具厂有限公司、成都工具研究所。

本部分主要起草人：励政伟、张红、胡江林、许刚。

整体硬质合金直柄麻花钻
第 2 部分:2°斜削平直柄麻花钻型式与尺寸

1 范围

GB/T 25667 的本部分规定了整体硬质合金 2°斜削平直柄麻花钻(以下简称"麻花钻")的型式与尺寸。

本部分适用于直径为 2.9 mm～20 mm 的麻花钻。

2 型式与尺寸

2.1 麻花钻的型式与尺寸按图 1 和表 1,柄部尺寸和偏差按表 2 的规定。

单位为毫米

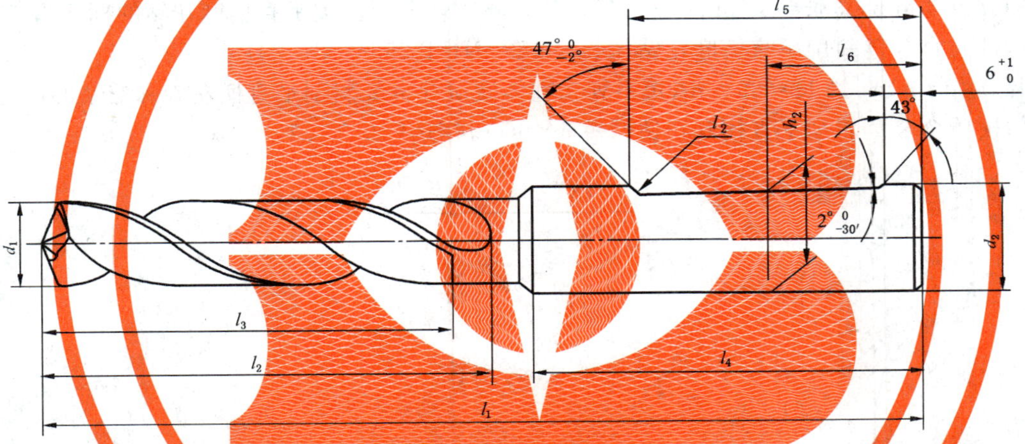

图 1 麻花钻型式

表 1 麻花钻尺寸

单位为毫米

直径范围 d_1 m7		柄部直径 d_2 h6	短系列			长系列			柄长 l_4 ${}^{+2}_{0}$
>	≤		总长 l_1	槽长 l_2 max	刃长 l_3 min	总长 l_1	槽长 l_2 max	刃长 l_3 min	
2.9	3.75	6	62	20	14	66	28	23	36
3.75	4.75		66	24	17	74	36	29	
4.75	6.00			28	20	82	44	35	
6.00	7.00	8	79	34	24	91	53	43	
7.00	8.00			41	29				
8.00	10.00	10	89	47	35	103	61	49	40
10.00	12.00	12	102	55	40	118	71	56	45
12.00	14.00	14	107	60	43	124	77	60	
14.00	16.00	16	115	65	45	133	83	63	48
16.00	18.00	18	123	73	51	143	93	71	
18.00	20.00	20	131	79	55	153	101	77	50

表 2　柄部尺寸和偏差

单位为毫米

d_2 h6	h_2 h11	l_4 $^{+2}_{0}$	l_5 $^{0}_{-1}$	l_6	r_2 min
6	5.1	36	25	18	1.2
8	6.9				
10	8.5	40	28	20	
12	10.4	45	33	22.5	
14	12.7				
16	14.2	48	36	24	1.6
18	16.2				
20	18.2	50	38	25	

2.2　标记示例

直径 d_1=5 mm，总长=82 mm，长系列　整体硬质合金 2°斜削平直柄麻花钻的标记为：

整体硬质合金 2°斜削平直柄麻花钻　长 5×82 GB/T 25667.2—2010

直径 d_1=5 mm，总长=66 mm，短系列　整体硬质合金 2°斜削平直柄左旋麻花钻的标记为：

整体硬质合金 2°斜削平直柄麻花钻　短 5×66-L GB/T 25667.2—2010

ICS 25.100.30
J 41

中华人民共和国国家标准

GB/T 25667.3—2010

整体硬质合金直柄麻花钻 第3部分：技术条件

Solid carbide twist drills with parallel shank—Part 3: Technical specifications

2010-12-23 发布

2011-07-01 实施

中华人民共和国国家质量监督检验检疫总局
中国国家标准化管理委员会 发布

前 言

GB/T 25667《整体硬质合金直柄麻花钻》分为三个部分：

——第 1 部分：直柄麻花钻型式与尺寸；

——第 2 部分：2°斜削平直柄麻花钻型式与尺寸；

——第 3 部分：技术条件。

本部分为 GB/T 25667 第 3 部分。

本部分的附录 A 为资料性附录。

本部分由中国机械工业联合会提出。

本部分由全国刀具标准化技术委员会(SAC/TC 91)归口。

本部分主要起草单位：上海工具厂有限公司、成都工具研究所。

本部分主要起草人：励政伟、张红、胡江林、查国兵。

整体硬质合金直柄麻花钻
第3部分：技术条件

1 范围

GB/T 25667 的本部分规定了整体硬质合金直柄麻花钻(以下均简称“麻花钻”)的尺寸、结构、材料、外观和表面粗糙度、标志和包装的技术要求。

本部分适用于按 GB/T 25667.1 和 GB/T 25667.2 生产的整体硬质合金直柄麻花钻。

2 规范性引用文件

下列文件中的条款通过 GB/T 25667 的本部分的引用而成为本部分的条款。凡是注日期的引用文件，其随后所有的修改单(不包括勘误的内容)或修订版均不适用于本部分，然而，鼓励根据本部分达成协议的各方研究是否可使用这些文件的最新版本，凡是不注日期的引用文件，其最新版本适用于本部分。

GB/T 2075 切削加工用硬切削材料的分类和用途 大组和用途小组的分类代号(GB/T 2075—2007,ISO 513:2004,IDT)

GB/T 1804 一般公差 未注公差的线性和角度尺寸的公差(GB/T 1804—2000,eqv ISO 2768-1:1989)

GB/T 25667.1 整体硬质合金直柄麻花钻 第1部分：直柄麻花钻的型式与尺寸

GB/T 25667.2 整体硬质合金直柄麻花钻 第2部分：2°斜削平直柄麻花钻的型式与尺寸

3 符号

d_1 麻花钻直径

l_1 总长度

δ_r 麻花钻的圆周刃对柄部轴心线的径向圆跳动

δ_h 麻花钻的切削刃对柄部轴心线的斜向圆跳动

4 尺寸和位置公差

4.1 麻花钻总长公差按 GB/T 1804 C 级。

4.2 直径大于 3 mm 的麻花钻，其工作部分直径应有倒锥，倒锥量为在 100 mm 长度上 0.02 mm～0.3 mm。

4.3 麻花钻的圆周刃对柄部轴心线的径向圆跳动 δ_r 最大不应超过 0.02 mm。

4.4 麻花钻切削刃对柄部轴心线的斜向圆跳动 δ_h 最大不应超过 0.02 mm。

5 材料和硬度

硬质合金材料按 GB/T 2075 选用。

6 结构

6.1 切削刃和螺旋槽方向

麻花钻结构一般为右螺旋槽的右切削刃，也可根据用户要求制成左螺旋槽左切削刃。

6.2 切削刃数量

麻花钻通常结构为 2 个切削刃，也可根据用户要求制成 3 个切削刃。

6.3 内冷却孔

麻花钻一般结构为不带内冷却孔，也可根据用户要求制成带内冷却孔。内冷却通道的设计由制造商选定，其最小壁厚 S 应满足图 1 和表 1 的规定。

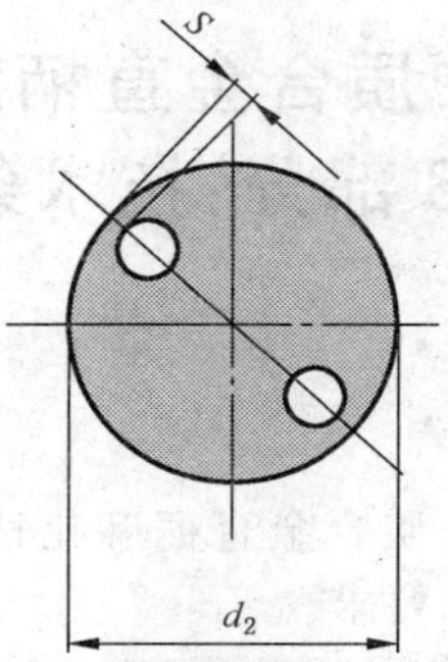

图 1

表 1 内冷却通道壁厚尺寸

单位为毫米

d_2	≤6	>6 ≤8	>8 ≤10	>10 ≤16	>16 ≤18	>18 ≤20
S_{min}	1.4	1.6	2.0	2.2	2.8	3.0

7 表面处理

麻花钻可根据用户要求针对不同的被加工材料及使用场合，由制造商或根据供货合同选定不同的表面涂层处理。

经表面涂层处理的麻花钻应在产品标志上有区别。

8 外观和表面粗糙度

8.1 麻花钻切削刃不应有崩刃，裂纹等影响使用性能的缺陷。

8.2 麻花钻表面粗糙度的上限值按表 2 规定：

表 2 表面粗糙度的上限值

单位为微米

检 测 面	表面粗糙度参数	表面粗糙度值
螺旋槽表面	Rz	6.3
后刀面		
刃带表面		
柄部表面	Ra	0.8

9 标志和包装

9.1 标志

9.1.1 产品上应标志(直径小于 4 mm 可不标志)：

a) 商标；

b) 麻花钻直径和螺旋槽方向(右螺旋槽可以不标、左螺旋槽用 L 表示)；

c) 硬质合金牌号或代号。

9.1.2 包装盒上应标志：

a) 制造商或销售商名称、地址和商标；

b) 麻花钻标志；

c) 件数；

d) 制造年月。

9.2 包装

麻花钻包装应牢靠，防止运输过程中的损伤。

附 录 A
（资料性附录）
整体硬质合金直柄麻花钻检测方法

A.1 麻花钻直径 d_1 的测量方法

如图 A.1 所示，在刀尖处的刃带上测量。

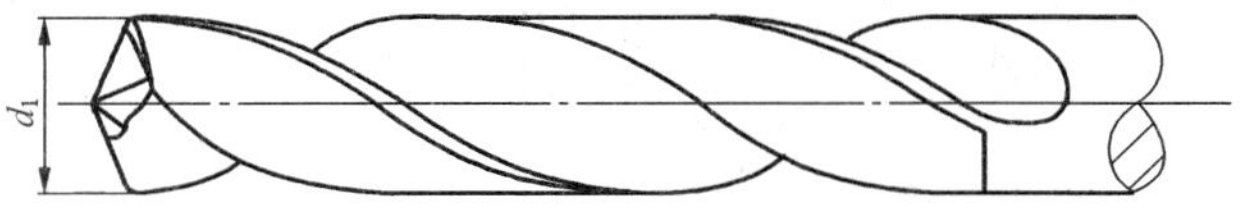

图 A.1

A.2 麻花钻圆周刃对柄部轴心线的径向圆跳动测量方法

如图 A.2 所示。

A.2.1 检测位置：在距刀尖约 1.5 mm 处刃带上测量。

A.2.2 检测工具：V 形铁、挡块、钢球、0.01 mm 分度值的指示表和磁力表架。

A.2.3 检测方法：将麻花钻柄部放在 V 形铁 V 形槽内，柄端部顶靠在钢球上，指示表测头触在靠近刀尖 1.5 mm 处的刃带上，将指示表读数调零，麻花钻转过约 $\frac{360°}{\text{切削刃数}}$，指示表测头依次触到相邻的圆周刃上读出表针偏摆值，指示表上最大偏摆值，为径向圆跳动的测量值。

A.3 麻花钻切削刃对柄部轴心线的斜向圆跳动测量方法

如图 A.2 所示。

A.3.1 检测位置：切削刃的中间位置。

A.3.2 检测工具：V 形铁、挡块、0.01 mm 分度值的指示表、钢球、磁力表架。

A.3.3 检测方法：将麻花钻柄部放在 V 形铁 V 形槽内，柄端部顶靠在钢球上，指示表测头与切削刃垂直并大致在中间的位置，将指示表调零，把麻花钻旋转约 $\frac{360°}{\text{切削刃度}}$，指示表测头依次触到相邻的切削刃上读出表针偏摆值，指示表上最大偏摆值，为斜向圆跳动的测量值。

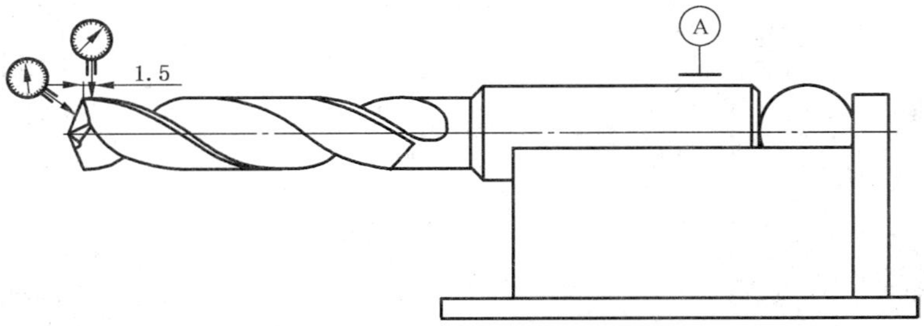

图 A.2